全国高职高专建筑类专业规划教材

建筑施工技术

(第2版)

主　编　包永刚
副主编　王廷栋　毕小兵
　　　　朱　敏　王彩瑞
主　审　满广生

黄河水利出版社
·郑州·

内容提要

本书是全国高职高专建筑类专业规划教材,是根据教育部对高职高专教育的教学基本要求及中国水利教育协会职业技术教育分会高等职业教育教学研究会组织制定的建筑施工技术课程标准编写完成的。在编写过程中采用了我国最新的设计、施工规范和行业标准,吸取了建筑施工的新技术、新工艺、新方法,其内容的深度和难度按照高等职业教育的特点,着重讲授理论知识在工程实践中的应用,培养学生的实践能力。全书主要内容包括土方工程施工、地基与基础工程施工、脚手架工程施工、砌筑工程施工、钢筋混凝土工程施工、预应力混凝土工程施工、结构安装工程施工、防水工程施工、建筑装饰工程施工等。

本书既可作为高等职业教育建筑工程类专业的教材,也可作为其他层次职业教育相关专业教材或供土建工程技术人员参考。

图书在版编目(CIP)数据

建筑施工技术/包永刚主编. —2版. —郑州:黄河水利出版社,2021.10
全国高职高专建筑类专业规划教材
ISBN 978-7-5509-3134-3

Ⅰ.①建… Ⅱ.①包… Ⅲ.①建筑施工-施工技术-高等职业教育-教材 Ⅳ.①TU74

中国版本图书馆CIP数据核字(2021)第207073号

组稿编辑:王路平 电话:0371-66022212 E-mail:hhslwlp@163.com
韩莹莹 66025553 hhslhyy@163.com

出 版 社:黄河水利出版社 网址:www.yrcp.com
地址:河南省郑州市顺河路黄委会综合楼14层 邮政编码:450003
发行单位:黄河水利出版社
发行部电话:0371-66026940、66020550、66028024、66022620(传真)
E-mail:hhslcbs@126.com
承印单位:河南承创印务有限公司
开本:787 mm×1 092 mm 1/16
印张:19
字数:440千字 印数:1—3 100
版次:2011年1月第1版 印次:2021年10月第1次印刷
2021年10月第2版

定价:55.00元

第 2 版前言

本书是贯彻落实中共中央办公厅、国务院办公厅《关于推动现代职业教育高质量发展的意见》(2021 年 10 月)等文件精神,在中国水利教育协会指导下,由中国水利教育协会职业技术教育分会高等职业教育教学研究会组织编写的第三轮建筑类专业规划教材。教材及时更新教学标准,将新技术、新工艺、新规范、典型生产案例及时纳入教学内容,力争实现项目化、模块化教学模式,突出现代职业教育理念,以学生能力培养为主线,体现出实用性、实践性、创新性的教材特色,是理论联系实际、教学面向生产的高职教育精品规划教材。

本书第 1 版自 2011 年 1 月出版以来,因其结构严谨完整、内容丰富详尽、文字精炼简明、可操作性强等特点,受到全国高职高专院校土建类专业师生及广大建筑从业人员的喜爱。由于近年来建筑工程领域的科学技术发展较快,建筑施工技术也相应有较大发展,对很多建筑施工涉及的标准、规范等都进行了修订。因此,为了更好地满足广大读者的需求,编者在第 1 版的基础上对原教材内容进行了全面修订、补充和完善,使之日臻完善。

建筑施工技术是高职高专建筑工程类专业中理论与实践紧密结合的主要专业课程之一,它主要研究建筑工程各工种工程的施工工艺和施工方法。在编写过程中,努力体现高等职业教育的教学特点,力求理论联系实际,综合运用有关学科的基本理论和知识,注重实践能力的整体培养,精选内容,在阐述建筑施工技术的基本理论、各工种施工工艺、施工方法和技术措施的同时,突出针对性和实用性,并结合现行的建筑施工规范,对各主要工种的施工工艺、施工技术和方法作了相应的修改,强调了保证施工质量、安全生产的措施。同时,还适当照顾了不同地区的特点和要求,力求反映建筑施工的新技术、新工艺、新方法。

本书编写单位及人员如下:河南水利与环境职业学院包永刚、王彩瑞,辽宁生态工程职业学院王廷栋,山西水利职业技术学院毕小兵,内蒙古机电职业技术学院朱敏。全书由包永刚担任主编,并负责全书统稿;由王廷栋、毕小兵、朱敏、王彩瑞担任副主编;由安徽水利水电职业技术学院满广生教授担任主审。

本书在编写过程中引用了大量的规范、专业文献和资料,在本书中未一一注明出处,在此对有关作者深表感谢!并对所有支持和帮助本书编写的人员表示谢意!

限于编者的水平,书中难免存在不足之处,恳切希望广大读者批评指正。

编　者

2021 年 8 月

目 录

绪 论

一、建筑施工技术课程的研究对象和主要内容

(一)建筑施工技术课程的研究对象

建筑物的施工从基础工程、主体工程到装饰工程等是一个复杂的过程。为了便于组织施工,通常将建筑物划分为若干分部、分项工程(如土方工程、砌体工程、钢筋混凝土工程、装饰工程等分部工程)。每一个分部、分项工程的施工,根据不同的施工环境和工程特点,可以采用不同的施工方案、施工方法,选择不同的施工机械设备,以及不同的劳动组织和施工组织来完成。建筑施工技术课程就是以建筑施工中各分部、分项工程为对象,研究其在不同施工条件下的施工工艺原理和施工方法等施工规律,运用先进施工技术,选择经济合理的施工方案和施工方法,保证工程质量和施工安全,做到技术与经济的统一。

(二)建筑施工技术课程的主要内容

一般建筑工程按照工程部位及施工的先后次序划分,包括地基与基础工程、主体结构工程、建筑屋面工程及建筑装饰装修工程等四个分部的内容;按照施工工种不同划分,包括土方工程、深基础工程、砌筑工程、钢筋混凝土工程、预应力钢筋混凝土工程、结构安装工程、防水工程和装饰工程等八个分部的内容。

二、建筑施工技术课程的特点和教学目标

(一)建筑施工技术课程的特点

建筑施工技术课程是建筑工程技术专业的一门主干专业课,是结合理论与实践的一门应用型课程,具有以下主要特点:

(1)综合性强。建筑施工技术课程与许多专业基础及专业课程联系紧密(如工程力学、工程测量、建筑材料、建筑机械、电工学、地基与基础、钢筋混凝土结构、砌体结构、钢结构、建筑施工组织与管理等),涉及的知识面广,对其他课程的依赖性强。

(2)实践性强。建筑施工技术课程的内容与工程实践联系密切。课程内容来源于实际工程,又可直接用于解决实际工程问题,在实践中得到创新。

(3)技术发展快。由于建筑施工技术课程具有综合性和实践性强的特点,建筑工程领域相关学科的发展和施工工艺、施工方法的创新,都会推动建筑施工技术的发展。近几年,建筑工程方面的新材料、新工艺、新技术不断推陈出新,每年都有大批重点推广科技项目应用于工程实践中。

(二)建筑施工技术课程的教学目标

针对建筑施工技术课程的特点,在教学中应采取相应的措施,满足以下教学目标

要求:

(1)实用性要求。即通过对建筑施工技术各工种工程施工工艺原理和施工方法的学习,使学生具备分析处理施工技术问题的基本知识,能够在毕业后尽快或直接应用于实际工程中。针对此项目标,要求教师首先应具备丰富的工程实践经验,在教学中,满足理论知识教学的同时,应注重与现行建筑工程施工及验收规范、技术标准的结合,组织现场教学或利用视频、录像等进行直观教学,加强工种实习、生产实习、毕业实习、技能训练等实践性教学环节。

(2)理论性要求。即培养学生具有较高的综合理论水平,在掌握施工技术知识的同时,能够结合相关的理论知识指导实际工程施工。针对此项目标,要求教师对本专业的综合理论知识掌握全面,要求学生具有良好的专业基础,同时应注重相关课程的知识衔接、开设顺序,避免课程内容的重复、遗漏和次序不当。

(3)先进性要求。即在教学过程中,教师应不断吸取和收集本行业的先进技术,尽量多地让学生了解当前先进的施工工艺和施工技术,拓展专业知识面,以更好适应工程实践的要求。

三、建筑施工规范与规程

建筑施工规范一般以施工质量验收规范或施工及验收规范的形式来表示,是为了提高建筑施工技术水平,保证工程质量,对施工技术质量要求所做的一系列规定,是由国务院有关部委根据科学的建筑工程技术和实践经验的综合成果,经有关方面综合研究、分析、协商一致后制定的国家标准。

建筑施工质量验收规范通常按照分部工程分别制定,对建筑材料、成品与半成品的质量标准和技术条件,以及施工准备工作、施工工艺要求、施工技术要点、质量检查方法和质量检验标准等均作了具体、明确的规定。因此,凡新建、改建、修复工程,在设计、施工和竣工验收时,均应严格遵守相应的施工质量验收规范。

建筑施工规程是比规范低一个等级的施工标准文件,一般由各部委或重要的科研单位编制,报送规范的管理单位批准或备案后发布施行。它主要是为了及时推广一些新结构、新材料、新工艺、新技术而制定的标准,有时将设计与施工合并为一册,如网架结构设计与施工规程、中型砌块建筑设计与施工规程等。

施工规程的内容不能与施工规范抵触,如有不同,应以规范为准。对于规范和规程中有关条目的解释,由其发布通知中指定的单位负责。随着建筑工程科学技术的发展,规范与规程每隔一定时间须作修订。例如,自2015年以来,我国建筑施工规范已修订了《建筑地基基础工程施工规范》(GB 51004—2015)、《混凝土结构工程施工质量验收规范》(GB 50204—2015)、《建筑装饰装修工程质量验收标准》(GB 50210—2018)、《建筑地基基础工程施工质量验收标准》(GB 50202—2018)、《建筑边坡工程施工质量验收标准》(GB/T 51351—2019)、《建筑节能工程施工质量验收标准》(GB 50411—2019)、《钢结构工程施工质量验收标准》(GB 50205—2020)、《钢结构通用规范》(GB 55006—2021)、《建筑与市政地基基础通用规范》(GB 55003—2021)、《砌体结构通用规范》(GB 55007—2021)、《木结构通用规范》(GB 55005—2021)、《混凝土结构通用规范》(GB 55008—2021)等。

项目一　土方工程施工

【学习目标】

了解土方工程的施工特点,土的分类与工程性质。理解土方工程分类方法,掌握土方工程的土方量计算方法。理解土方边坡的确定方法,掌握常见土壁支护的施工方法。掌握轻型井点降水的设计与施工方法。掌握常用土方施工机械的工作特点和适用范围。掌握土方的填筑和压实方法。熟悉土方工程的施工质量验收与安全技术要求。

任务一　土的分类与工程性质

一、土方工程的分类与施工特点

(一)土方工程的分类

土方工程是建筑工程施工的主要工程之一,主要包括土方的开挖、运输、回填、压实、路基修筑等过程,以及排水、降水和土壁支撑的准备及辅助工作。

一般在建筑工程中,土方工程的开挖可按其几何形体不同分为以下四类:

(1)场地平整。是将天然地面改造成所要求的设计平面时所进行的土方施工全过程,在"三通一平"工作中,包括确定场地设计标高,计算挖、填土方量,土方调配等,一般指挖、填平均厚度≤300 mm的土方施工过程。

(2)基坑开挖。是指开挖底面积≤150 m^2,且长宽比<3的土方施工过程。

(3)基槽开挖。是指开挖宽度≤7 m,且长宽比≥3的土方施工过程。

(4)地下大型土方开挖。是指山坡切土或挖填厚度>300 mm、开挖宽度>7 m、开挖底面积>150 m^2的土方施工过程。

(二)土方工程的施工特点

(1)土方工程的施工面广、量大、工期长、劳动强度大。大型建筑项目的土方工程施工,其施工面积可达数十平方千米,土方量达数万立方米;大型基坑的开挖,有的深度达20多米。

(2)土方工程的施工条件复杂。土方工程施工多为露天作业,受地质、水文、气候和邻近建筑物条件的影响较大,不确定因素多。

(3)土方工程的施工质量要求高。土方工程施工涉及的内容广,既要满足标高准确、土体强度与承载力的要求,又要满足土体边坡稳定、断面合理的要求。

因此,为了减轻劳动强度,提高劳动生产率,缩短工期,降低工程成本,在组织土方工程施工前,必须根据工程实际条件,认真研究和分析各项技术资料,做好施工组织设计,制订经济合理的施工方案,施工过程中科学管理,严格按设计要求和施工规范的规定进行质量检查与检验,以保证工程质量和较好的经济效果。

二、土的分类与工程性质

(一)土的分类

土的种类繁多,其分类方法也很多,如可按土的沉积年代、颗粒级配、密实度、液性指数等分类。

在建筑施工中,常根据土方施工时土的开挖难易程度,将土分为八类(如表 1-1 所示),即松软土、普通土、坚土、砂砾坚土、软石、次坚石、坚石、特坚石,前四类为土,后四类为岩石。

表 1-1 土的工程分类

土的分类	土的名称	密度(g/cm^3)	开挖方法及工具
一类土(松软土)	砂土,粉土,冲击砂土层,疏松的种植土,淤泥(泥炭)	0.6~1.5	用锹、锄头挖掘,少许用脚蹬
二类土(普通土)	粉质黏土,潮湿的黄土,夹有碎石、卵石的砂,粉土混卵(碎)石,种植土,填土	1.1~1.6	用锹、锄头挖掘,少许用镐翻松
三类土(坚土)	软及中等密实黏土,重粉质黏土、砾石土,干黄土,含有碎石、卵石的黄土、粉质黏土,压实的填土	1.75~1.9	主要用镐,少许用锹、锄头挖掘,部分用撬棍
四类土(砂砾坚土)	坚硬密实的黏性土或黄土,含碎石、卵石的中等密实的黏性土或黄土,粗卵石,天然级配砂石,软泥灰岩	1.9	整个先用镐、撬棍,后用锹挖掘,部分用楔子及大锤
五类土(软石)	硬质黏土,中密的页岩、泥灰岩、白垩土,胶结不紧的砾岩,软石灰及贝壳石灰石	1.1~2.7	用镐或撬棍、大锤挖掘,部分使用爆破方法
六类土(次坚石)	泥岩、砂岩、砾岩,坚实的页岩、泥灰岩,密实的石灰岩,风化花岗岩,片麻岩及正长岩	2.2~2.9	用爆破方法开挖,部分用风镐
七类土(坚石)	大理石,辉绿岩,玢岩,粗、中粒花岗岩,坚实的白云岩、砂岩、砾岩、片麻岩、石灰岩,微风化安山岩,玄武岩	2.5~3.1	用爆破方法开挖
八类土(特坚石)	安山岩,玄武岩,花岗片麻岩,坚实的细粒花岗岩、闪长岩、石英岩、辉长岩、角闪岩、玢岩、辉绿岩	2.7~3.3	用爆破方法开挖

注:土的级别相当于一般 16 级土分类级别。

(二)土的工程性质

土的工程性质对土方工程施工有直接影响,也是确定土方工程施工方案的基本资料。在进行土的成分分析时,土的性质较多,如土的密实度、孔隙率、抗剪强度、土压力、可松性、含水量、渗透性等,在这里仅对土方施工中常见的基本性质说明如下。

1. 土的含水量

土的含水量是指土中水的质量与固体颗粒质量的百分比,用 ω 表示,即:

$$\omega = \frac{m_w}{m_s} \times 100\% \tag{1-1}$$

式中 m_w——土中水的质量,kg;

m_s——土中固体颗粒的质量,kg。

土的含水量是反映土干湿程度的重要指标,一般采用烘干法测定。土的含水量大小对土方开挖、边坡稳定、回填土的压实等均有影响。天然土层的含水量变化范围很大,它与土的种类、埋藏条件及其所处的地理环境等有关。

2. 土的密度

1)土的天然密度

土在天然状态下单位体积的质量称为土的天然密度,用 ρ 表示,即:

$$\rho = \frac{m}{V} \tag{1-2}$$

式中 ρ——土的天然密度,kg/m³;

m——土的总质量,kg;

V——土的天然体积,m³。

2)土的干密度

单位体积土中固体颗粒的质量称为土的干密度,用 ρ_d 表示,即:

$$\rho_d = \frac{m_s}{V} \tag{1-3}$$

式中 ρ_d——土的干密度,kg/m³;

m_s——土中固体颗粒的质量,kg;

V——土的天然体积,m³。

土的密度通常采用环刀法和烘干法测定。工程上常把土的干密度作为评定土体密实程度的标准,以控制基底压实及填土工程的压实质量。

3. 土的可松性

土具有可松性,即自然状态下的土经开挖后,其体积因松散而增大,以后虽经回填压实,其体积仍不能恢复原状。土的可松性程度一般用可松性系数表示,即:

最初可松性系数 K_S
$$K_S = \frac{V_1}{V} \tag{1-4}$$

最终可松性系数 K'_S
$$K'_S = \frac{V_2}{V} \tag{1-5}$$

式中 V——土的天然体积,m³;

V_1——开挖后土的松散体积,m³;

V_2——回填压实后土的体积,m³。

在土方工程施工中,土的可松性对土方量的平衡调配、土方运输量和运土机具的数量、回填土预留量等均有很大影响。各类土的可松性系数参考数值见表1-2。

表 1-2 各类土的可松性系数参考数值

土的类别		体积增加百分比(%)		可松性系数	
		最初	最终	K_S	K'_S
一类土	种植土除外	8~17	1~3	1.08~1.17	1.01~1.03
	植物性土、泥炭	20~30	3~4	1.20~1.30	1.03~1.04
二类土		14~28	1.5~5	1.14~1.28	1.02~1.05
三类土		24~30	4~7	1.24~1.30	1.04~1.07
四类土	泥灰岩、蛋白石除外	26~32	6~9	1.26~1.32	1.06~1.09
	泥灰岩、蛋白石	33~37	11~15	1.33~1.37	1.11~1.15
五至七类土		30~45	10~20	1.30~1.45	1.10~1.20
八类土		45~50	20~30	1.45~1.50	1.20~1.30

4. 土的渗透性

土的渗透性是指土体被水透过的性质。土的渗透性一般用渗透系数表示,即水在单位时间内穿透土层的能力,表达公式为:

$$K = \frac{v}{I} \tag{1-6}$$

$$I = \frac{H_A - H_B}{L}$$

式中 K——土的渗透系数,m/d;

v——水在土中的渗流速度,m/d;

I——土的水力坡度;

H_A、H_B——A、B 两点的水位,m;

L——土层中水的渗流路程,m。

土的渗透系数的大小可反映出土体透水性的强弱,是计算降低地下水时涌水量的主要参数,它与土的种类、密实程度有关,一般可以通过室内渗透试验或现场抽水试验测定,表 1-3 可供参考。根据土的渗透性不同,可将土分为透水性土(如砂土)和不透水性土(如黏土)。

表 1-3 土的渗透系数参考数值

土的名称	渗透系数 K(m/d)	土的名称	渗透系数 K(m/d)
黏土	<0.005	中砂	5~20
粉质黏土	0.005~0.1	均质中砂	35~50
粉土	0.1~0.5	粗砂	20~50
黄土	0.25~0.5	圆砾石	50~100
粉砂	0.5~1	卵石	100~500
细砂	1~5	无填充物卵石	500~1 000

任务二　土方工程开挖

一、施工准备

土方工程施工前，应结合设计图纸对施工区域的地质、水文及周边环境进行认真查勘，制订经济合理的施工方案，做好施工场地清理、排除地面水、三通一平、修筑临时设施、测量放线等工作，并且要做好机具、材料和人员的准备工作。

(一)场地清理

场地清理包括清理地面及地下的各种障碍物，例如施工场地内的房屋、树木、古墓、架空管线、地下管线的拆除或迁移等。此项工作一般由建设单位完成，也可委托给施工单位。必要时，应与有关部门取得联系并办理相关手续后方可进行拆迁。

(二)排除地面水

地面水的排除一般采取排水沟、截水沟、挡水土坝等措施，使施工场地保持干燥，以便于土方工程施工。

(三)三通一平

三通一平工作主要是保证施工场地内道路通、水通、电通，完成施工场地的平整工作。

(四)修筑临时设施

施工现场临时设施主要是指供施工使用的生产、生活用房、料场、仓库、围墙等。现场所搭设的临时设施应报请当地的规划、市政、消防、交通、环保等有关部门审批后才能搭设。

(五)测量放线

1. 建立测量控制网

土方工程施工前，结合总平面图的要求，将规划确定的水准点和红线桩引至施工现场并做好固定和保护，在施工场地内按一定的距离布点，形成测量控制网，以控制施工场地的平面位置和高程。

2. 定位与放线

根据引入施工场地内的基准点，采用测量仪器确定拟建建筑物的所有轴线，并在施工场地的安全位置做好控制桩。结合施工图纸，利用控制桩进行基坑(槽)放线，确定土方开挖的边线。

二、土方边坡

在开挖基坑、沟槽或填筑路堤时，为了防止塌方，保证施工安全及边坡稳定，在施工场地许可的情况下可以采用放坡开挖的施工方案。

(一)边坡的形式

土方边坡的形式一般根据基坑(槽)开挖深度、土的工程性质、边坡附近地面堆载情况和工程的重要性设计确定。在满足土体边坡稳定的条件下，可做成直线形、折线形或阶梯形，见图1-1。

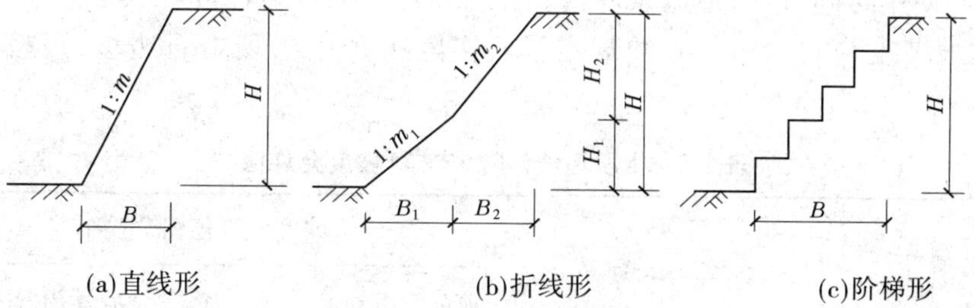

(a)直线形　　(b)折线形　　(c)阶梯形

图 1-1　基坑边坡形式

土方边坡的坡度是用土方开挖深度 H 与其底宽度 B 之比表示的,即:

$$\text{土方边坡坡度} = \frac{H}{B} = \frac{1}{B/H} = \frac{1}{m} \tag{1-7}$$

式中,$m=B/H$,称为边坡系数。

(二)边坡的确定

土方边坡的大小,应根据土质条件、开挖深度、施工方法、边坡留置时间、地下水位及排水情况、边坡上部的各种荷载情况、相邻建筑物的情况等因素综合考虑。

(1)当地质条件良好,土质均匀且地下水位低于基坑(槽)或管沟底面标高,敞露时间不长且挖方深度不超过表 1-4 规定时,可直壁开挖(不放坡)不加支撑。

表 1-4　直壁挖方的容许深度(不加支撑)

土的类别	挖方深度(m)
密实、中密的砂土和碎石类土(充填物为砂土)	1.00
硬塑、可塑的粉土及粉质黏土	1.25
硬塑、可塑的黏土和碎石类土(充填物为黏性土)	1.50
坚硬的黏土	2.00

(2)对于超过表 1-4 中规定深度的基坑(槽)开挖,根据《建筑地基基础工程施工质量验收标准》(GB 50202—2018)的规定,临时性边坡(不加支撑)坡度应符合表 1-5 的规定。

表 1-5　临时性边坡(不加支撑)坡度允许值

土的类别		边坡坡度(高:宽)
砂土(不包括细砂、粉砂)		1:1.25~1:1.50
一般黏性土	坚硬	1:0.75~1:1.00
	硬塑	1:1.00~1:1.25
	软	1:1.50 或更缓
碎石类土	充填坚硬、硬塑黏性土	1:0.50~1:1.00
	充填砂土	1:1.00~1:1.50

注:1. 设计有要求时,应符合设计标准。
2. 如采取降水或其他加固措施,可不受本表限制,但应计算复核。
3. 开挖深度,对软土不应超过 4 m,对硬土不应超过 8 m。

(3)对于使用时间较长,地质条件良好,土质较均匀,挖方深度在5 m或10 m以内不加支撑的边坡坡度应符合表1-6的规定。若实际工程中出现岩石边坡,可按规范规定取值。

表1-6 土质边坡(不加支撑)坡度允许值

土的类别	密实度或状态	坡度允许值(高:宽)	
		坡高在5 m以内	坡高为5~10 m
碎石土	密实	1:0.35~1:0.50	1:0.50~1:0.75
	中密	1:0.50~1:0.75	1:0.75~1:1.00
	稍密	1:0.75~1:1.00	1:1.00~1:1.25
黏性土	坚硬	1:0.75~1:1.00	1:1.00~1:1.25
	硬塑	1:1.00~1:1.25	1:1.25~1:1.50

注:1. 表中碎石土的充填物为坚硬或硬塑状态的黏性土。
2. 对于砂土或充填物为砂土的碎石土,其边坡坡度允许值均按自然休止角确定。
3. 坡度大小视坡顶荷载情况取值,无荷载时取陡值,有动荷载时取缓值,有静荷载时取中等值。
4. 非黏性土坡顶不得有振动荷载。

(三)防止边坡塌方的主要措施

(1)严格按规范的要求正确留置边坡,放足边坡。在土方开挖过程中,应随时观察边坡土体的变化情况,边挖边检查,每3 m左右修坡一次,确保边坡的稳定。

(2)基坑(槽)边缘堆置土方应与基坑(槽)边缘保持一定距离,一般距基坑(槽)上边缘不少于2 m,堆置高度不应超过1.5 m。在垂直的坑壁上,此安全距离还应适当加大。软土地区不宜在基坑边上堆置弃土。

(3)做好基坑(槽)周围的地面排水和防水工作,严防雨水、施工用水等地面水浸入边坡土体。在雨季施工时,应更加注意检查边坡的稳定性,必要时可加设支撑。

(4)基坑(槽)开挖后,可采用塑料薄膜覆盖、水泥砂浆抹面、挂网抹面、喷浆等方法进行边坡坡面防护,防止边坡失稳。

(5)基坑(槽)经验槽后,应及时进行垫层、基础施工及地下结构的施工。

三、土壁支护

开挖基坑(槽)时,如地质条件及周围条件允许,采用放坡开挖是经济的;但在建筑密集地区施工,有时不允许按要求放坡开挖,或者有防止地下水渗入基坑要求时,就需要采用支护结构,以保证施工安全,并减少对相邻已有建筑物的不利影响。采用支护结构应考虑施工方便,经济合理,并有利于土方开挖和地下工程的施工。

基坑(槽)支护结构主要由围护结构和撑锚两部分组成。其主要作用是支撑土壁,同时兼有不同程度的挡水作用,以保证基坑开挖和基础施工能安全顺利地进行,避免对周围的建筑物、道路和地下管线等产生危害。

(一)浅沟(槽)支护

开挖宽度不大、深5 m以内的浅沟(槽),多采用横撑式土壁支撑。横撑式土壁支撑根据挡土板设置的不同,分为水平挡土板式[见图1-2(a)]和垂直挡土板式[见图1-2(b)]两类,前者又分为间断式、断续式和连续式三种,后者又分为断续式和连续式两种。

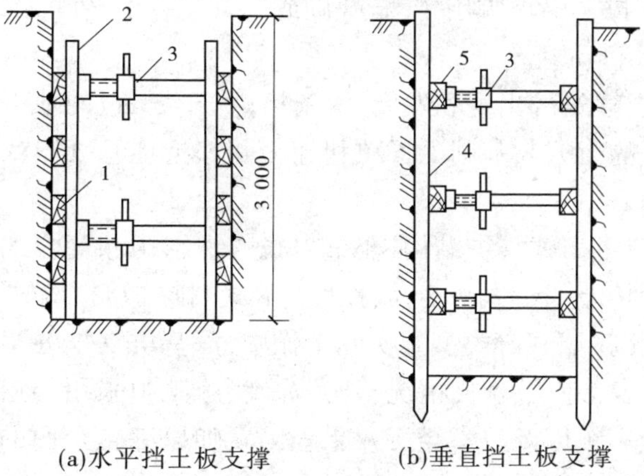

1—水平挡土板;2—竖楞木;3—工具式横撑;4—垂直挡土板;5—横楞木

图1-2　横撑式土壁支撑

1. 间断式水平挡土板支撑

支撑方法:两侧挡土板水平放置,用工具或横撑顶紧,挖一层土支顶一次。

适用条件:能保持直立壁干土或天然湿度的黏性类土,地下水很少,深度在2 m以内。

2. 断续式水平挡土板支撑

支撑方法:挡土板水平放置,中间留出间隙,在两侧同时对称立竖楞木,用工具或横撑上下顶紧。

适用条件:能保持直立壁干土或天然湿度的黏性类土,地下水很少,深度在3 m以内。

3. 连续式水平挡土板支撑

支撑方法:挡土板水平连续放置,在两侧同时对称立竖楞木,用工具或横撑上下顶紧。

适用条件:较松散的干土或天然湿度的黏性类土,地下水很少,深度为3~5 m。

4. 连续式垂直挡土板支撑或断续式垂直挡土板支撑

支撑方法:挡土板垂直放置,连续或留适当间隙,然后每侧上下各水平顶一根楞木,再用横撑顶紧。

适用条件:土质较松散或湿度大的土,地下水较少,深度不限。

采用横撑式土壁支撑时,应随撑随挖,支撑要牢固。施工中应经常检查,如有松动、变形等现象,应及时加固或更换。支撑的拆除应按回填顺序依次进行,多层支撑应自下而上逐层拆除,随拆随填。

(二)浅基坑支护

对于开挖宽度较大、深度不大的基坑,可采用下列方法进行支护:

(1)斜柱支撑。水平挡土板钉在柱桩内侧,柱桩外侧用斜撑支顶,斜撑底端支在木桩上,然后在挡土板内侧回填土。

(2)锚拉支撑。水平挡土板支在柱桩内侧,柱桩一端打入土中,另一端用拉杆与锚桩拉紧,然后在挡土板内侧回填土。

(3)短桩横隔板支撑。打入小短木桩,部分打入土中,部分露出地面,钉上水平挡土板,在背面填土、捣实。

(4)临时挡土墙支撑。沿坡脚用砖、石叠砌或用草袋装土、砂堆砌,使坡脚保持稳定。

(三)深基坑支护

随着高层和超高层建筑的出现和发展,深基坑(大于5 m)的地下建筑日益增多。因此,为了满足高层建筑的土方与基础工程顺利施工和邻近地基、已有建筑物的安全,必须进行深基坑支护。

深基坑支护一般有重力式支护结构、非重力式支护结构和复合式支护结构等三种形式;按其工作机制和围护墙的形式可分为水泥土墙式、排桩与板墙式、边坡稳定式(如土层锚杆、土钉墙)和逆作拱墙式等类型。实际工作中,深基坑支护方案的选择应根据基坑周边环境、土层构造、工程地质、水文情况、开挖深度、施工拟采用的挖方、排水方法、施工作业的设备条件、安全等级以及技术经济效果等因素加以综合全面的考虑。现将常用的几种支护结构介绍如下。

1. 水泥土墙式支护结构

一般水泥土墙式支护结构多采用深层搅拌水泥土桩墙(见图1-3),即通过深层搅拌机就地将水泥浆和土强制搅拌,制成水泥土桩,相互连续搭接形成的水泥土柱状加固体挡墙。其水泥土加固体的强度可达0.8~1.2 MPa,渗透系数不大于10^{-7} cm/s,既能挡土,又能止水防渗,一般适用于软土地区,深度≤7 m的基坑工程。

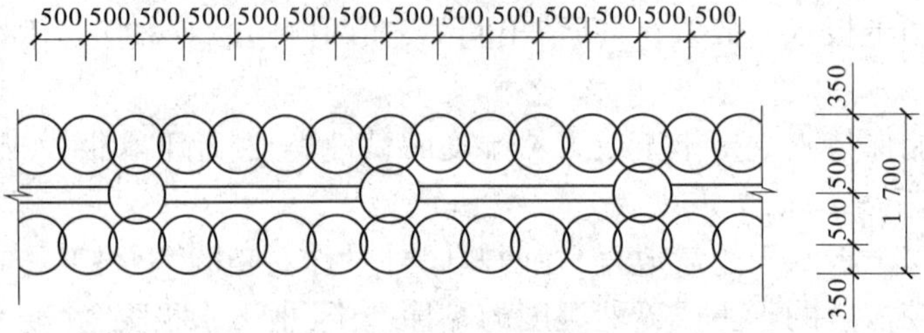

图1-3 深层搅拌水泥土桩墙平面示意

1)构造要求

水泥土桩墙通常布置成格栅式,相邻桩搭接长度不小于200 mm,截面置换率(加固土的面积:水泥土桩墙的总面积)为0.6~0.8。墙体的宽度b和插入深度h_d,根据坑深、土层分布及其物理力学性能、周围环境情况、地面荷载等计算确定。当基坑开挖深度$h\le5$ m时,可按经验取$b=(0.6\sim0.8)h$,$h_d=(0.8\sim1.2)h$。

支护结构的水泥土加固体多采用强度等级为32.5的普通硅酸盐水泥,水泥掺量(水泥质量与加固土体质量的比值)通常为12%~15%,水泥浆的水灰比≤0.45,水泥土围护墙的28 d龄期强度应不低于0.8 MPa,未达到设计强度前不得进行基坑开挖。

2)水泥土桩墙的计算

水泥土桩墙的全面计算应包括表 1-7 的内容,现主要介绍抗倾覆稳定验算、抗滑动稳定验算,图 1-4 为水泥土桩墙的计算简图。

表 1-7 水泥土桩墙的计算内容

项目	验算
抗倾覆稳定	必须验算
抗滑动稳定	必须验算
整体稳定	墙体下部为软弱土层时应验算
抗隆起稳定	墙体下部为软弱土层时应验算
抗管涌(抗渗透)稳定	坑底或墙体下部为砂石及砂土时应验算
桩体稳定	基坑开挖深度较大时应验算
基底地基承载力	墙体下部为软弱土层时应验算
格栅稳定	格栅分格较大时应验算
位移	对支护结构及墙背土体有位移控制要求时应验算

(1)抗倾覆稳定验算。如图 1-4 所示,对 C 点的平衡力矩为:

$$E_A h_A = GB/2 + E_P h_P$$

则抗倾覆安全系数 K_q 为:

$$K_q = \frac{GB/2 + E_P h_P}{E_A h_A} \geqslant 1.5 \tag{1-8}$$

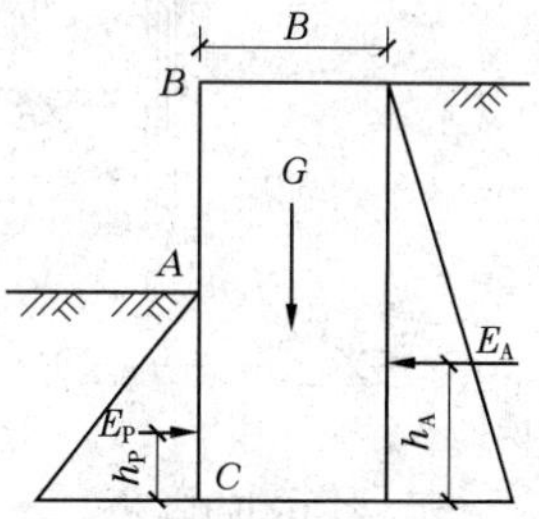

图 1-4 水泥土桩墙的计算简图

式中 G——挡土墙的自重,kN;

B——挡土墙的厚度,m;

E_A、E_P——主动土压力和被动土压力,kN;

h_A、h_P——主动土压力的力臂和被动土压力的力臂,m。

(2)抗滑动稳定验算。由于水泥土的重度接近土的重度,所以不做计算,则抗滑动安全系数 K_h 为:

$$K_h = \frac{\mu G + E_P}{E_A} \geqslant 1.3 \tag{1-9}$$

式中 μ——基底的摩擦系数;

其他符号意义同前。

3)深层搅拌水泥土桩墙的施工

深层搅拌水泥土桩墙的施工工艺、机械设备及施工方法详见项目二任务一中的“深层搅拌地基施工”。

2. 排桩与板墙式支护结构

排桩与板墙式支护结构形式很多,一般有板桩式、排桩式、板墙式、挡土灌注桩与深层搅拌水泥土桩组合式等。

1)板桩式支护

板桩式支护通常采用钢板桩(钢筋混凝土板桩)或型钢桩横挡板等支护形式对拟开挖的土壁进行支撑,适用于土质较好、地下水位较低、深度不大的一般黏性土和砂土基坑。由于这种支护需用大量的特制钢材,一次性投资较高,现已很少采用。

2)排桩式支护

排桩式支护通常采用钢管桩、预制混凝土桩、灌注桩等支护形式对拟开挖的土壁进行支撑,工程中多采用挡土灌注桩支护。挡土灌注桩具有刚度较大、抗弯强度高、变形相对较小、安全性好、设备简单、施工方便、费用较低等优点,适用于黏性土、开挖面积较大、较深(大于6 m)的基坑,以及在不允许邻近建筑物有较大下沉、位移时采用。一般土质较好可用于悬臂7~10 m的情况,若在顶部设拉杆、中部设锚杆,则可用于3~4层地下室开挖的支护。

(1)构造形式。挡土灌注桩主要有间隔式、双排式和连续式等三种构造形式,如图1-5所示。

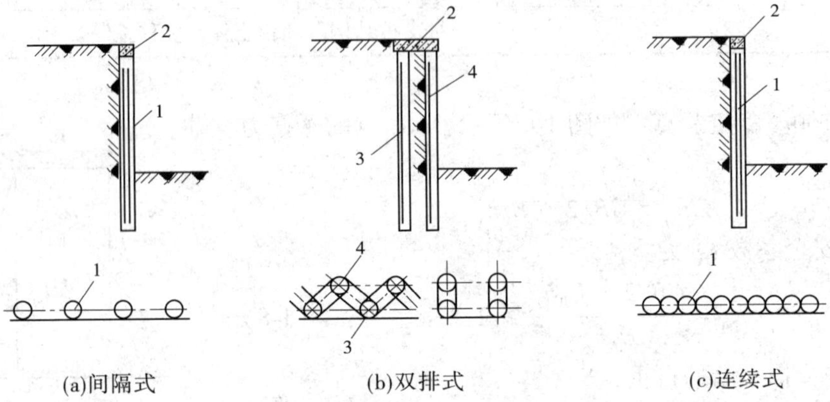

1—挡土灌注桩;2—连续梁(圈梁);3—前排桩;4—后排桩

图1-5 挡土灌注桩支护

间隔式:每隔一定距离设置一桩,成排设置,在顶部设置连续梁连成整体共同工作。

双排式:将按桩前后或呈梅花形两排布置,桩顶设置成连续梁门式刚架,以提高抗弯刚度,减少位移。

连续式:一桩连一桩形成一道排桩,在顶部设置连续梁连成整体共同工作。

(2)构造要求。挡土灌注桩间距一般为1~2 m,桩直径为0.5~1.1 m,埋深为基坑深度的0.5~1.0倍。桩配筋根据侧向荷载由计算而定,一般主筋直径为14~32 mm;当为构造配筋时,每桩不少于8根,箍筋采用8 mm,间距为100~200 mm。

(3)挡土灌注桩的施工。挡土灌注桩的施工工艺、机械设备及施工方法同现场灌注桩,详见项目二任务三中的“灌注桩施工”。

3)板墙式支护

板墙式支护一般采用地下连续墙作为土壁支护结构,即在开挖的基坑周围,先建造混凝土或钢筋混凝土地下连续墙,达到强度后,在墙中间用机械或人工挖土,直至要求深度。

当跨度、深度很大时，可在内部加设水平支撑及支柱。用于逆作法施工时，每下挖一层，把下一层梁、板、柱浇筑完成，以此作为地下连续墙的水平框架支撑，如此循环作业，直到地下室的底层全部浇筑完成。其适用于开挖较大、较深（10 m）、有地下水、周围有建筑物、公路的基坑，也可作为地下室结构的部分外墙使用。

4）挡土灌注桩与深层搅拌水泥土桩组合式支护

挡土灌注桩支护，一般采取每隔一定距离设置，缺乏阻水、抗渗功能，在地下水较大的基坑中应用时，会造成桩间土大量流失，影响支护土体的稳定。为提高挡土灌注桩的抗渗透功能，一般在挡土排桩的基础上，在桩间再加设水泥土桩，以形成一种挡土灌注桩与水泥土桩相互组合而成的支护体系，如图 1-6 所示。

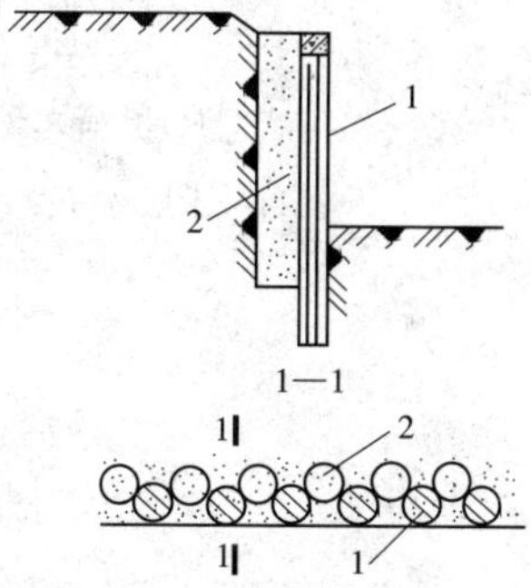

1—挡土灌注桩；2—水泥土桩

图 1-6　挡土灌注桩与水泥土桩组合支护

挡土灌注桩与深层搅拌水泥土桩组合支护具有既可挡土又可防渗，施工比连续排桩支护快速，节约水泥、钢材，造价较低等优点。其适用于土质条件差、地下水位高、要求既可挡土又可防渗的支护结构。

3. 土层锚杆支护结构

土层锚杆是一种受拉构件，它一端插入土层中，另一端与挡土结构拉结，借助锚杆与土层的摩擦产生的水平抗力抵抗土的侧压力来维护挡土结构的稳定。

1）土层锚杆的分类

土层锚杆的种类较多，有一般灌浆锚杆、扩孔灌浆锚杆、压力灌浆锚杆、预应力锚杆、重复灌浆锚杆、二次高压灌浆锚杆等多种，最常用的是前 4 种。

（1）一般灌浆锚杆。用水泥砂浆（或水泥浆）灌入孔中，将拉杆锚固于地层内部，拉杆所受的拉力通过锚固段传递到周围地层中。

（2）扩孔灌浆锚杆。在一般灌浆锚杆的基础上，采用特制的内部扩孔钻头扩大锚固段的直径，主要是利用扩孔部分的侧压力来抵抗拉拔力。

（3）压力灌浆锚杆。与一般锚杆不同的是，在灌浆时施加一定压力，在压力下水泥砂浆渗入孔壁四周的裂缝中，并在压力下固结，从而使锚杆具有较大的抗拔力。

（4）预应力锚杆。先对锚固段用快凝水泥砂浆进行一次压力灌浆，然后将锚杆与挡土结构相连接，施加预应力并锚固，最后在非锚固段进行二次灌浆。这种锚杆往往用于穿过松软地层而锚固在稳定土层中，并使穿过的底层和砂浆都预加压力，在土压力的作用下，可以减少挡土结构的位移。

土层锚杆根据支护深度和土质条件可设置一层或多层。当土质较好时，可采用单层锚杆；当基坑深度较大、土质较差时，可设置多层锚杆。土层锚杆通常会和排桩支护结合起来使用，如图 1-7 所示。

2）土层锚杆的构造与要求

土层锚杆由锚头、拉杆、锚固体等部分组成，见图 1-8。土层锚杆根据主滑动面可分为自由段 L_{fa}（非锚固段）和锚固段 L_C，见图 1-9。

（1）锚头。由台座、承压垫板和紧固器等组成，与钢横梁及支架组成传力结构。

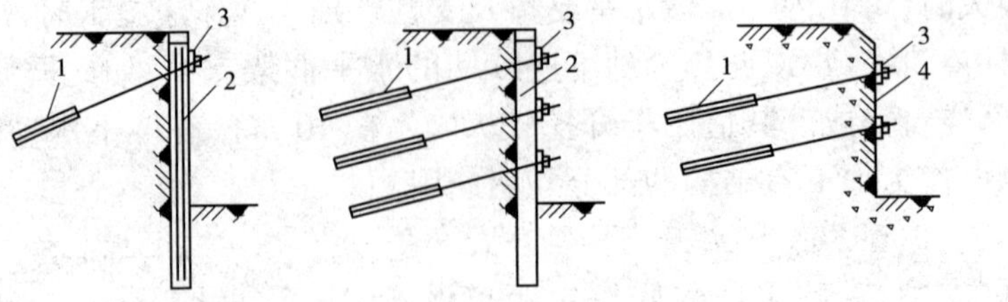

(a)单锚支护　(b)多锚支护　(c)破碎岩石支护

1—土层锚杆;2—挡土灌注桩或地下连续墙;3—钢横梁(撑);4—破碎岩土层

图 1-7　土层锚杆支护形式

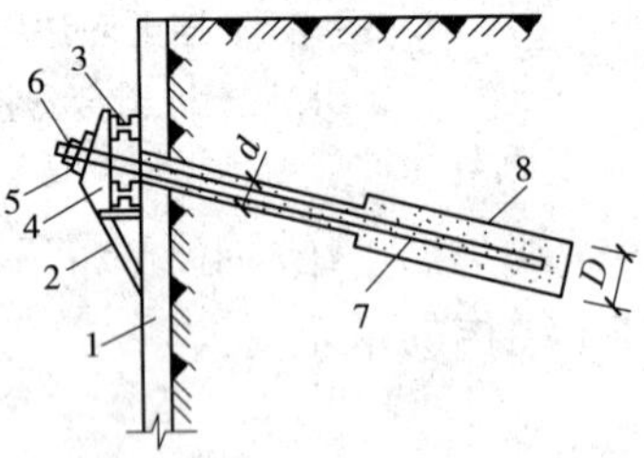

1—挡土灌注桩(支护);2—支架;3—横梁;4—台座;
5—承压垫板;6—紧固器(螺母);7—拉杆;8—锚固体

图 1-8　土层锚杆的构造

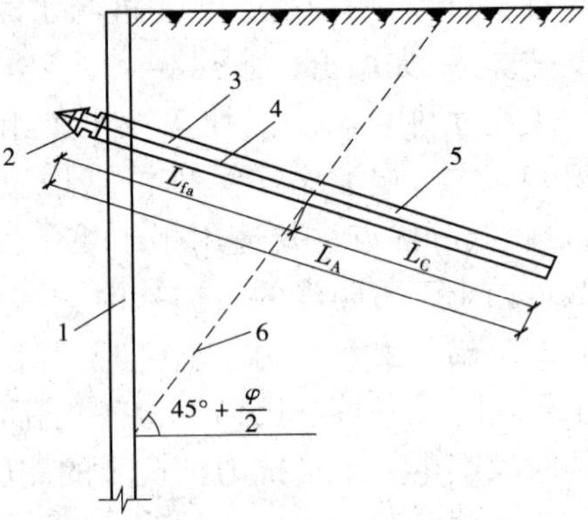

1—挡土灌注桩(支护);2—锚杆头部;3—锚孔;
4—拉杆;5—锚固体;6—主滑动面;L_A—锚杆长度;
L_{fa}—非锚固段长度;L_C—锚固段长度

图 1-9　土层锚杆长度的划分

(2)拉杆。由钢筋、钢管、钢丝束或钢绞线等制成,一般采用钢绞线和直径 22~32 mm 的变形钢筋。

(3)锚固体。由进入锚固段的拉杆与灌入水泥浆在压力下成型。锚固体是承载力的主要来源。

3)土层锚杆的布置

土层锚杆的布置包括确定锚杆的尺寸、埋深、层数、垂直间距和水平间距、倾角等。

(1)锚杆的长度。锚杆的长度一般不小于 10 m,通常长度为 15~25 m。其中:锚杆自由段的长度不宜小于 5 m,并应超过潜在滑裂面 1.5 m;锚固段长度一般为 5~7 m,有效锚固长度不宜小于 4 m,在饱和软黏土中锚杆的锚固段长度以 20 m 左右合适。

(2)锚杆的埋深、层数与间距。为保证不使锚杆引起地面隆起和地面不出现地基的剪切破坏,一般最上层锚杆的覆土厚度不小于 4~5 m;锚杆的层数应通过计算确定,一般上下层间距为 2.0~5.0 m,水平间距为 1.5~4.5 m,或控制在锚固体直径的 10 倍。

(3)锚杆的倾角。锚杆的倾角不宜小于 12.5°,一般宜与水平面呈 15°~25°倾斜角,且不应大于 45°。

4）土层锚杆的施工

土层锚杆施工一般先将支护结构施工完成，开挖基坑至土层锚杆标高，随挖随设置一层土层锚杆，逐层向下设置，直至完成。其主要施工工序如下：

施工准备→土方开挖→测量、放线定位→钻机就位→校正孔位、调整角度→钻孔→清孔→插放拉杆→（压力）灌浆→养护→安装横梁（或预应力锚具）→张拉（仅用于预应力锚杆）→锚头（锚具）锚固。

（1）成孔机具设备。一般采用螺旋式钻孔机、气动冲击式钻孔机、旋转冲击式钻孔机、履带全行走全液压万能钻孔机，也可采用改装的普通地质钻孔机成孔。在黄土地区，也可采用洛阳铲成孔。

（2）成孔。成孔方法的选择取决于土质和成孔机械。常用土层锚杆的钻孔方法主要有螺旋钻孔干作业法、压水钻孔湿作业法、潜钻成孔法。

螺旋钻孔干作业法：当土层锚杆处于地下水位以上、为非浸水状态时采用。该方法对黏土、粉质黏土、密实性和稳定性较好的砂土等土层都适用。

压水钻孔湿作业法：钻孔时不断供水冲洗，始终保持孔口的水位，待钻到设计孔深（一般钻孔深度要大于土层锚杆长 0.5～1.5 m）后，继续用压力水冲洗残留在孔中的土屑，直至水流不显浑浊。该方法将钻孔、出渣、固壁、清孔等工序一次完成，可防止塌孔，适用范围广，是土层锚杆施工应用较多的一种钻孔工艺。

潜钻成孔法：是利用风动冲击式潜孔冲击器成孔，多用于孔隙率较大、含水量较低的土层中。

（3）安放拉杆。拉杆使用前，应除锈和除油污，孔口附近拉杆钢筋应先涂一层防锈漆，并用两层沥青玻璃布包扎做好防锈层。成孔后将钢拉杆插入孔内，在拉杆表面设置定位器，间距在锚固段为 2 m 左右，在非锚固段为 4～5 m。在插入拉杆时应将灌浆管与拉杆绑在一起同时插入孔内，放至距孔底保持 50 cm。如果钻孔时使用套管，则在插入钢筋拉杆后将套管拔出。

（4）灌浆。灌浆的作用是将锚杆锚固在土层中形成锚固段。

灌浆材料多采用水泥浆，水灰比宜为 0.5；也可采用水泥砂浆，水泥砂浆的配合比宜为 1:1～1:2，水灰比宜为 0.38。

灌浆方法分为一次灌浆法和二次灌浆法两种。一次灌浆法是用压浆泵将水泥浆通过灌浆管注入锚孔，管端保持离底 150 mm，随着水泥浆灌入，逐步将灌浆管向外拔出，待浆液回流至孔口时，捣实并封口，再以 0.4～0.6 MPa 的压力进行补灌完成。二次灌浆法是待第一次灌浆初凝后，进行第二次灌浆。对于预应力锚杆灌浆，先灌注锚固段，在灌注的水泥浆具备一定强度后，对锚固段进行张拉，然后灌注非锚固段。

（5）张拉与锚固。预应力锚杆土层锚杆灌浆后，待锚固体强度达到 80% 设计强度以上时，便可对锚杆进行张拉和锚固。张拉设备与预应力结构张拉设备相同，预加应力时应正确估算预应力损失。钢拉杆为钢筋时一般采用螺母锚固，钢拉杆为钢丝束时可采用墩头锚具锚固。

4. 土钉支护结构

土钉支护亦称为喷锚支护或土钉墙（见图 1-10），是用于土体开挖和边坡稳定的一种新技术,即基坑开挖时,逐层在坡面上采用较密排列的钻孔注浆钉或击入钉,与土体形成复合体,并在土钉坡面上设置钢筋网,喷射混凝土,使土体、土钉群与混凝土面板结合为一体,增强了土体破坏延性,提高了边坡整体稳定和承受坡顶超载能力。

土钉支护主要适用于地下水位以上或经降水后的杂填土、普通黏性土或非松散性的砂土,基坑侧壁安全等级为二、三级,基坑开挖深度≤12 m 的土壁支护。由于其经济、可靠、施工简便、快速,已在我国得到广泛使用。

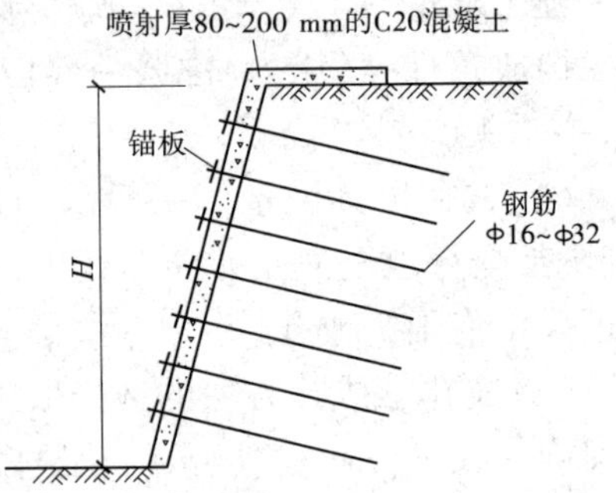

图 1-10 土钉支护

1)构造要求

土钉支护通常由土钉、面层和排水系统三部分组成。土钉支护的构造与土体特性、支护面的坡角、支护的功能(如临时或永久使用),以及环境安全要求等因素有关。

(1)土钉。一般有钻孔注浆钉、击入钉、注浆击入钉、高压喷射注浆击入钉、气动射入钉等,通常使用钻孔注浆钉。其主要参数如下:

①土钉钢筋。一般采用直径为 16~32 mm 的变形钢筋。

②土钉长度。一般为基坑开挖深度的 0.5~1.2 倍,顶部土钉长度应不小于 0.8 倍的基坑深度。

③土钉间距。水平和竖向间距宜为 1~2 m,沿面层布置的土钉密度不应低于每 6 m^2 一根,土钉的竖向间距应与每步开挖深度相对应。

④土钉倾角。土钉与水平面的向下夹角宜为 0°~20°。当利用重力向孔中注浆时,倾角≥15°;当上层为软弱土层时,可适当加大倾角。

⑤土钉孔径。一般为 70~120 mm。

⑥注浆材料。强度等级≥M10,宜采用强度≥20 MPa 的水泥浆或水泥砂浆。水泥浆的水灰比宜为 0.5,水泥砂浆配合比宜为 1:1~1:2(质量比),水灰比宜为 0.38~0.45。

(2)面层。土钉支护面层主要由钢筋网和喷射混凝土组成,厚度宜为 80~200 mm,常用 100 mm。

①钢筋网。一般采用直径为 6~10 mm 的Ⅰ级钢筋,间距 150~300 mm。当面层厚度大于 120 mm 时,宜设置二层钢筋网,上下段钢筋网搭接长度应大于 300 mm。

②混凝土。混凝土强度等级≥C20,3 d 龄期强度≥10 MPa。其施工配合比应通过试验确定,水泥宜采用 32.5 级的普通硅酸盐水泥,粗骨料最大粒径≤12 mm,水灰比≤0.45。

③土钉与混凝土面层的连接。宜将土钉做成螺纹端,通过螺母、垫板与面层连接,也可采用短钢筋焊接固定。

④土钉支护的混凝土面层通常应插入基坑底面以下 300~400 mm,在基坑顶部宜设置宽度 1~2 m 的喷设混凝土护顶。

(3)排水系统。为了防止地表水渗透喷设混凝土面层进入土体产生压力,降低土体强度和土体与土钉之间的黏结力，土钉支护必须具有良好的排水系统。排水系统主要包括地表排水、支护内部排水，以及基坑排水。支护内部排水通常在支护面层的背部插入直径≥40 mm 的水平排水管，间距为 1.5~2 m，将土体内的积水排出。

2）土钉支护施工

土钉支护施工通常采用边开挖边施工的方法，每段主要施工工序为：基坑开挖、修坡→定位→钻孔→插入土钉钢筋→注浆→绑扎钢筋网、喷射混凝土。

（1）基坑开挖、修坡。

基坑开挖应严格按照设计要求分层分段进行，在上一层作业面土钉与喷射混凝土面层达到设计强度的 70%以前，不得进行下一层土层的开挖。对土层地质条件较差的土壁边坡，修坡后应立即喷上一层薄的砂浆或混凝土，待凝结后再进行下一道工序施工。

（2）钻孔。

钻孔前，应根据设计要求定出土钉孔位并做出标记及编号。钻孔机具通常采用冲击钻机、螺旋钻机、回转钻机和洛阳铲等。成孔过程中应由专人做好记录，按土钉编号逐一记载取出的土体特征、成孔质量、事故处理等，若发现土体与设计认定的土质有较大偏差，应及时修改土钉的设计参数。土钉钻孔的质量应符合下列规定：孔距允许偏差为±100 mm，孔径允许偏差为±5 mm，孔深允许偏差为±30 mm，倾角允许偏差为±1°。

成孔后要进行清孔检查，若孔中出现局部渗水、塌孔或掉落松土，应立即处理。

（3）插入土钉钢筋。

插入土钉钢筋前应对土钉钢筋进行调直、除锈、除油处理，并在钢筋上安装对中定位支架（金属或塑料件），支架间距可为 2~3 m，以保证钢筋处于孔位中心且注浆后其保护层厚度不小于 25 mm。

（4）注浆。

注浆前要验收土钉钢筋安设质量是否达到设计要求。一般可采用重力、低压（0.4~0.6 MPa）或高压（1~2 MPa）注浆，水平孔应采用压力注浆。

重力注浆和低压注浆宜采用底部注浆方式，注浆导管底端应插至距孔底 250~500 mm 处；重力注浆以满孔为止，但在浆体初凝前应补浆 1~2 次；压力注浆应在孔口或规定位置设置止浆塞，注满后保持压力 3~5 min。同时，注浆时要设置排气措施，满足注浆的充盈系数>1。

（5）绑扎钢筋网、喷射混凝土。

绑扎、固定钢筋网应在喷射一层混凝土后铺设。钢筋网片可采用焊接或绑扎，牢固固定在边坡上，也可与插入土层中的钢筋固定，满足网格尺寸偏差≤10 mm，每边搭接长度≥200 mm（或一个网格边长），如为搭接焊则不小于 10 倍的网筋直径，钢筋保护层厚度≥20 mm。

喷射混凝土应分段进行，同一段内喷射顺序应由下而上，一次喷射厚度不宜小于 40 mm；当面层厚度≥100 mm 时，应分两次喷射，每次喷射厚度宜为 50~70 mm。

面层喷射混凝土终凝后 2 h，可根据当地环境条件，采用喷水、洒水或喷涂养护剂等方法养护，养护时间宜为 3~7 d。

任务三　土方工程量计算

在土方工程施工前,通常应计算土方工程量,以便根据土方工程量的大小,拟订土方工程施工方案,组织土方工程施工。

一、基坑、基槽土方量计算

(一)基坑土方量计算

基坑土方量可按立体几何中拟柱体(由两个平行的平面为底的一种多面体)体积公式计算(见图1-11),即:

$$V=\frac{H}{6}(A_1+4A_0+A_2) \tag{1-10}$$

式中　V——基坑土方量,m^3;

H——基坑开挖深度,m;

A_1、A_2——基坑上、下底面面积,m^2;

A_0——基坑的中截面面积,m^2。

(二)基槽土方量计算

基槽、管沟的土方量,可沿其长度方向分段后,再按基坑土方量计算方法分别计算各段土方量(见图1-12),汇总得到总土方量,即:

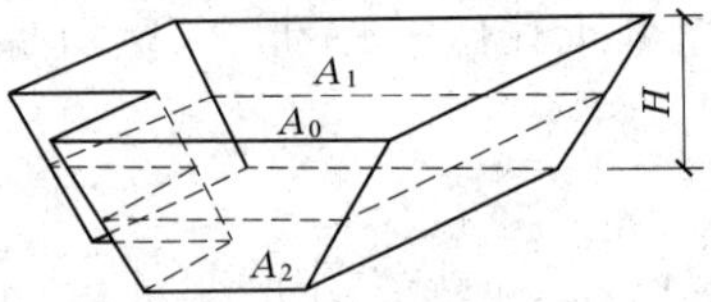

图1-11　基坑土方量计算

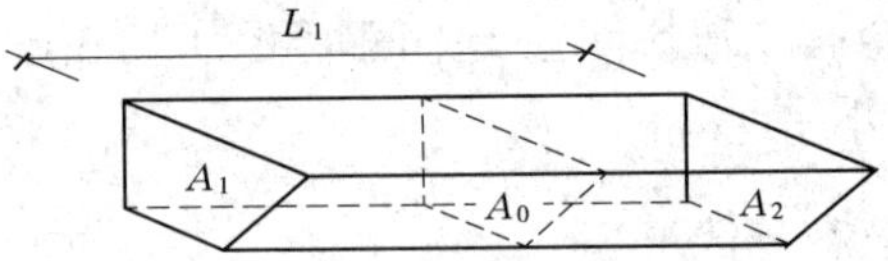

图1-12　基槽土方量计算

$$V_1=\frac{L_1}{6}(A_1+4A_0+A_2) \tag{1-11}$$

式中　V_1——第一段的土方量,m^3;

L_1——第一段的长度,m。

其他符号含义同前。

$$V_{槽}=\sum V_i \tag{1-12}$$

式中　V_i——基槽第 i 段的土方量,m^3。

一般在工程实际中,基槽土方量的计算多按照不同基槽断面,以基槽的长度乘以相应断面面积计算,即:

$$V_{槽}=\sum L_i\times A \tag{1-13}$$

式中　L_i——基槽所在断面的长度,m;

A——基槽所在断面的平均断面面积,m^2。

二、场地平整土方量计算

场地平整就是将现场天然地面改造成施工所要求的设计平面。首先要确定场地设计标高（通常由设计单位在总图规划和竖向设计中确定），然后计算挖、填土方工程量，确定土方调配方案，并根据工程现场施工条件、施工工期及现有机械设备条件，选择土方施工机械，拟订施工方案。

场地平整土方量的计算方法有方格网法和断面法两种。在场地地形较为平坦时宜采用方格网法，当场地地形比较复杂或挖、填深度较大及断面不规则时，宜采用断面法。

（一）方格网法

方格网法计算场地平整的土方量，即根据场地设计平面标高和方格网各方格角点的自然地面标高之差，得到相应角点的施工高度（填、挖高度），由此计算每一方格的土方量，并计算出场地边坡的土方量，从而求得整个场地的填、挖土方量，其计算步骤如下。

1. 划分方格网，计算各方格角点的施工高度

根据地形图（一般用 1∶500 的地形图）将建筑场地划分成若干个方格网，方格的边长一般采用 20～40 m，将相应设计标高和自然地面标高分别标注在方格点的右下角和左下角。将设计地面标高与自然地面标高的差值，即各角点的施工高度（挖或填），填在方格点的右上角，见图 1-13。各方格角点的施工高度可按式（1-14）计算：

$$h_n = H_n - H \tag{1-14}$$

式中　h_n——各角点的施工高度（挖方为“-”，填方为“+”），m；

H_n——各角点的设计标高，m；

H——各角点的自然地面标高，m。

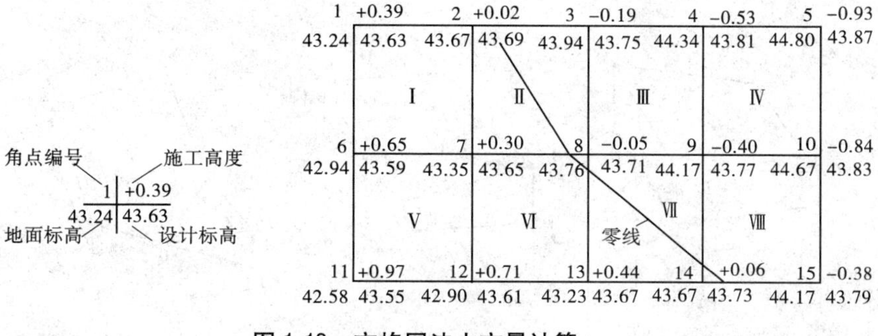

图 1-13　方格网法土方量计算

2. 计算零点位置，确定零线

在一个方格网内同时有填方和挖方时，首先确定方格网边上的零点位置，连接零点得到填方区与挖方区的分界线，即零线。零点的位置按式（1-15）计算（见图 1-14）：

$$x_1 = \frac{h_1}{h_1 + h_2} \times a \tag{1-15a}$$

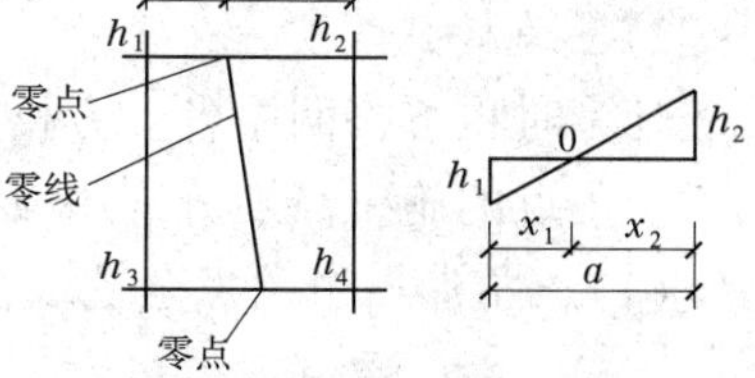

图 1-14　零点位置计算示意

$$x_2 = \frac{h_2}{h_1 + h_2} \times a \tag{1-15b}$$

式中 x_1、x_2——角点至零点的距离,m;

h_1、h_2——相邻两角点的施工高度,均用绝对值,m;

a——方格网的边长,m。

3. 计算方格土方工程量

方格中土方量的计算可采用四方棱柱体法或三角棱柱体法。

1)四方棱柱体法

(1)方格四个角点全挖或全填[见图1-15(a)]时,其挖、填方体积为:

$$V = \frac{a^2}{4}(h_1 + h_2 + h_3 + h_4) \tag{1-16}$$

式中 h_1、h_2、h_3、h_4——方格四个角点挖或填的施工高度,均取绝对值,m;

a——方格边长,m。

(2)方格四个角点中,部分挖方或填方[见图1-15(b)、(c)]时,其挖、填方体积分别为:

$$V_{挖} = \frac{a^2}{4}\frac{\left(\sum h_{挖}\right)^2}{\sum h} \tag{1-17}$$

$$V_{填} = \frac{a^2}{4}\frac{\left(\sum h_{填}\right)^2}{\sum h} \tag{1-18}$$

式中 $\sum h_{挖}$、$\sum h_{填}$——方格角点中挖、填方施工高度的总和,取绝对值,m;

$\sum h$——方格四个角点施工高度的总和,取绝对值,m;

a——方格边长,m。

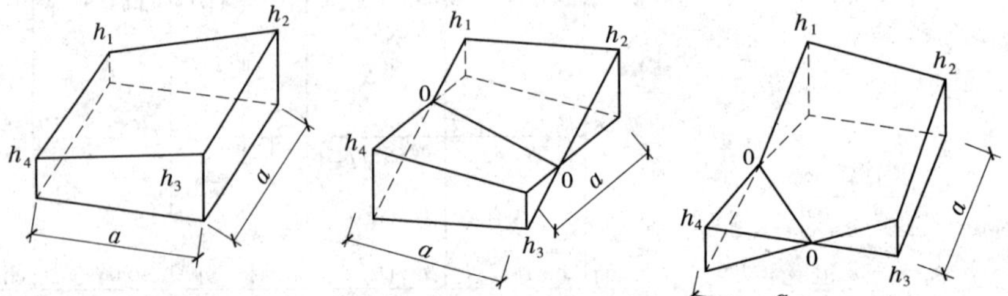

图1-15 四方棱柱体的体积计算

2)三角棱柱体法

计算时将方格网中各个方格顺地形等高线划分成三角形(见图1-16)。每个三角形的三个角点的施工高度分别用 h_1、h_2、h_3 表示。

(1)三角形三个角点全挖或全填[见图1-16(a)]时,其挖、填方体积为:

$$V = \frac{a^2}{6}(h_1 + h_2 + h_3) \tag{1-19}$$

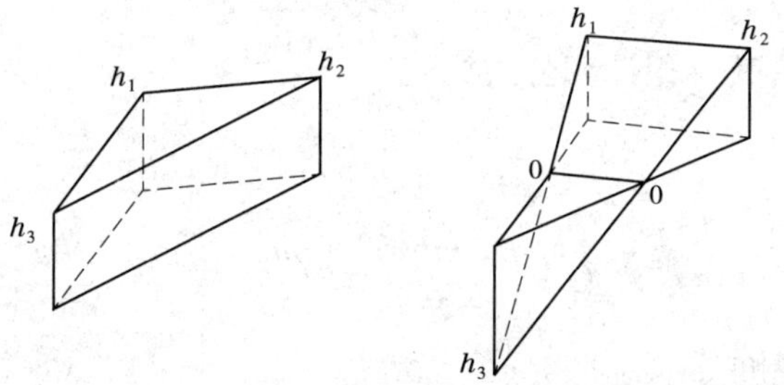

(a)全挖或全填　　(b)锥体部分为填方

图 1-16　三角棱柱体的体积计算

(2)三角形三个角点有挖有填时,零线将三角形分成两部分,一个是底面为三角形的锥体,一个是底面为四边形的楔体[见图 1-16(b)],其体积计算公式分别为:

$$V_{锥体}=\frac{a^2}{6}\frac{h_3^3}{(h_1+h_3)(h_2+h_3)} \tag{1-20}$$

$$V_{楔体}=\frac{a^2}{6}\left[\frac{h_3^3}{(h_1+h_3)(h_2+h_3)}-h_3+h_2+h_1\right] \tag{1-21}$$

式中　h_1、h_2、h_3——三角形各角点挖或填的施工高度,均取绝对值,m;

a——方格边长,m。

四方棱柱体的计算公式是根据平均中断面的近似公式推导得出的,计算简单,但当方格中地形起伏较大时,其精确度低;三角棱柱体的计算公式是根据立体几何体积计算公式推导得出的,精确度高,但计算复杂,适用于计算机计算。

4. 边坡土方量计算

场地平整时,为了保持土体的稳定和施工安全,在挖方和填方的边沿应做成一定的边坡。边坡土方量的计算通常采用近似几何形体计算,可划分为三角棱锥体或三角棱柱体(见图 1-17),其体积计算公式如下。

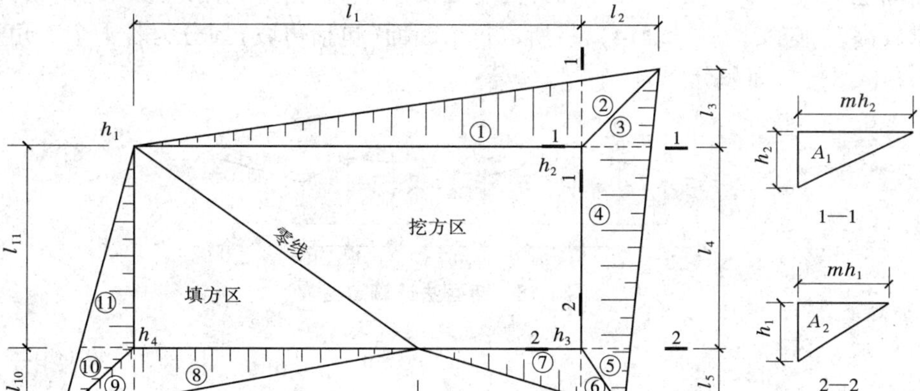

图 1-17　场地边坡平面图

1)三角棱锥体边坡体积

如图1-17所示的①,其体积计算公式为:

$$V_1 = \frac{1}{3}A_1 l_1 \tag{1-22}$$

$$A_1 = \frac{h_2(mh_2)}{2} = \frac{mh_2^2}{2}$$

式中 l_1——边坡①的长度,m;

A_1——边坡①的端面面积,m^2;

h_2——角点的挖土高度,m;

m——边坡的坡度系数,$m=\frac{坡宽}{坡高}$。

2)三角棱柱体边坡体积

如图1-17所示的④,其体积计算公式为:

$$V_4 = \frac{A_1 + A_2}{2}l_4 \tag{1-23a}$$

当两端横断面面积相差很大时,则:

$$V_4 = \frac{l_4}{6}(A_1 + 4A_0 + A_2) \tag{1-23b}$$

式中 l_4——边坡④的长度,m;

A_1、A_2、A_0——边坡④两端及中部的横断面面积,m^2。

5.计算土方总量

将所有方格的挖(填)方土方量和边坡的挖(填)方土方量汇总,即得到场地平整挖(填)方的工程量。

(二)断面法

沿场地取若干个相互平行的断面(当精度要求不高时,可利用地形图确定断面;当精度要求较高时,应实地测量确定),将所取每个断面(包括边坡)划分为若干个三角形和梯形(见图1-18),其面积分别为:

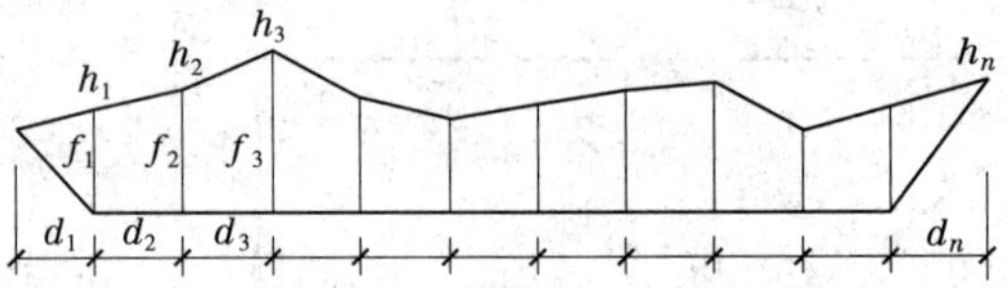

图1-18 断面法计算简图

$$f_1 = \frac{h_1}{2}d_1$$

$$f_2 = \frac{h_1 + h_2}{2}d_2$$

$$\vdots$$

$$f_n = \frac{h_n}{2} d_n$$

则该断面面积 $F_1 = f_1 + f_2 + \cdots + f_n$。

若令

$$d_1 = d_2 = \cdots = d_n = d$$

则

$$F_1 = d(h_1 + h_2 + h_3 + \cdots + h_n) \tag{1-24}$$

设各断面面积分别为 $F_1, F_2, F_3, \cdots, F_n$，相邻两断面间的间距依次为 $l_1, l_2, \cdots, l_n$，则所求土方量为：

$$V = \frac{F_1 + F_2}{2} l_1 + \frac{F_2 + F_3}{2} l_2 + \cdots + \frac{F_n + F_{n+1}}{2} l_n \tag{1-25}$$

任务四　降　水

在土方开挖过程中，当基底标高低于地下水位时，土的含水层被切断，地下水会不断地渗入坑内；雨期施工时，地面水也会流入坑内，对土方和基础施工影响很大。为了保证施工的正常进行，防止边坡塌方和地基承载能力的下降，必须做好基坑的降水工作。基坑降水的方法可分为重力降水（如集水井降水）和强制降水（如井点降水）。

一、集水井降水

集水井降水又称明排水，即在基坑（槽）开挖至地下水位以下时，沿坑底周围或中央开挖一定坡度的排水沟，设置集水井，使地下水经排水沟流入集水井，然后用水泵抽出坑外（见图 1-19）。

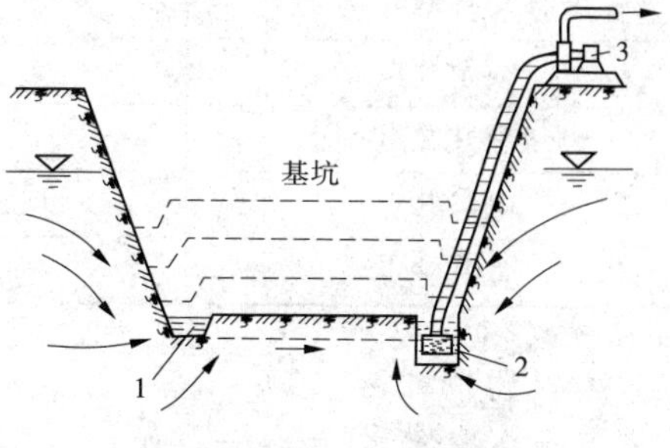

1—排水沟；2—集水井；3—水泵

图 1-19　集水井降水

排水沟及集水井应布置在地下水流的上游，基础范围 0.5 m 以外。

集水井一般沿排水沟内每 30～40 m 设置一个，其直径或宽度一般为 0.6～0.8 m，深度保持低于挖土面 0.8～1.0 m。当基坑（槽）挖至设计标高后，井底应低于坑底 1～2 m，并铺设碎石滤水层，以避免抽水时扰动井底土层，井壁可采用简易支撑加固。

排水沟一般设置在基坑（槽）周围或两侧，始终低于开挖土面不小于 0.3～0.4 m，底宽不小于 0.3 m，其纵向坡度宜控制在 1‰～2‰，坡向集水井。

采用集水井降水时，应根据现场土质条件保持边坡开挖的稳定。边坡坡面上如有局部渗出地下水，应在渗水处设置过滤层，防止土粒流失。

集水井降水设备简单，排水方便，较为经济，宜用于粗粒土层和渗水量较小的黏性土层。

当降水深度较大、涌水量较大或土质为细砂或粉砂时，采用集水井降水易产生流砂、管涌等现象，甚至造成边坡塌方及附近建筑物的下沉、倾倒。此时，应采用井点降水、水下挖土、打板桩、地下连续墙或枯水期施工等施工方法。

二、井点降水

井点降水法又称人工降低地下水位法,即在基坑开挖前,预先在基坑(槽)四周或两侧埋设一定数量的滤水管(井),利用抽水设备抽水,使地下水位降至基底以下,直至基础工程施工结束。这样,使基坑(槽)开挖始终保持干燥状态,从而改善了施工条件,从根本上防止了流砂的产生;同时,土层中水分排除后,增加了土层的有效应力,提高了地基土的承载能力。但在降水过程中,基坑(槽)附近的地基土层会有一定的沉降,对邻近建筑物会有一定的影响,施工时应加以注意。

井点降水方法有轻型井点、喷射井点、深井井点、电渗井点及管井井点等,施工中可根据土的渗透系数、降水深度、工程特点及设备条件综合选用,各种井点降水法的适用范围见表1-8。在实际工程中,一般轻型井点应用最为广泛,下面主要介绍轻型井点降水的施工方法。

表1-8　各种井点降水法的适用范围

井点类别	土的渗透系数(m/d)	降低水位深度(m)
单层轻型井点	0.5~50	3~6
多层轻型井点	0.5~50	6~10
喷射井点	0.1~20	8~20
深井井点	5~250	>10
电渗井点	<0.1	6~10
管井井点	1.0~200	>6

(一)轻型井点

轻型井点降水,是沿基坑外围以一定间距将井点管(下端为滤管)埋入蓄水层内,在地面上用集水总管将各井点管连接起来,利用抽水设备使地下水经滤管进入井点管,然后经总管排出,从而降低地下水位。

1. 轻型井点设备

轻型井点设备由管路系统和抽水设备组成,见图1-20。

1)管路系统

管路系统包括滤管、井点管、弯联管和集水总管等。

(1)滤管(见图1-21)。滤管通常采用直径38~110 mm、长度1.0~1.5 m的钢管,管壁上钻有直径为12~18 mm的滤孔,滤管下端为一铸铁头。管壁外包两层滤网,内层为细滤网(30~80目),外层为粗滤网(3~10目),滤网外面再绕一层粗钢丝保护网。滤管上端与井点管采用螺丝套头连接。

(2)井点管与弯联管。井点管常采用直径38~110 mm、长度5~7 m的钢管。井点管上部用弯联管与集水总管相连。弯联管常采用橡胶管或塑料管。

(3)集水总管。集水总管采用直径为75~110 mm的钢管,每段长4 m,每隔0.8~1.6 m设有与井点管连接的短接头。

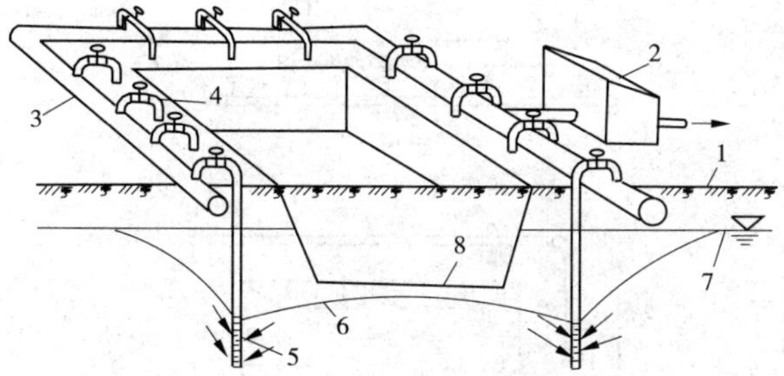

1—地面；2—水泵房；3—集水总管；4—弯联管；5—滤管；
6—降低后地下水位线；7—原地下水位线；8—基坑

图 1-20　轻型井点法降低地下水位

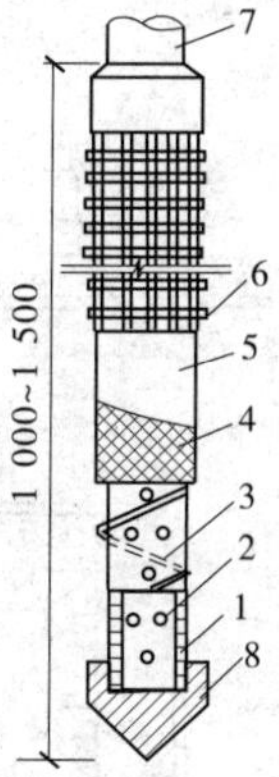

1—钢管；2—管壁上的小孔；3—缠绕的塑料管；
4—细滤网；5—粗滤网；6—粗钢丝保护网；
7—井点管；8—铸铁头

图 1-21　滤管构造

2）抽水设备

根据抽水机组不同，抽水设备一般有真空泵型、射流泵型及隔膜泵型等三种。在实际工程中，常采用前两种抽水设备。

（1）真空泵型抽水设备由真空泵、离心泵和水气分离器等组成。一般采用 V5 型或 V6 型真空泵与 B 型离心泵配合使用，真空度为 67~80 kPa，降水深度为 5.5~6 m，负荷长度（集水总管长度）可达 116 m，但设备复杂，维修困难，多用于较大的工程降水。

（2）射流泵型抽水设备由射流泵、离心泵和水箱等组成。一般采用ϕ50 型射流泵与 3BL 型离心泵配合使用，真空度可达 100 kPa，降水深度为 5~9 m，负荷长度（集水总管长度）约 50 m，设备简单，维修方便，应用日益广泛。

2. 轻型井点布置

轻型井点布置主要包括平面布置和高程布置。确定布置方案时，应根据基坑的大小与深度、土质、地下水位高低与流向及降水深度要求等确定。

1）平面布置

轻型井点降水的平面布置可采用单排布置、双排布置、环形布置及 U 形布置等四种形式，如图 1-22 所示。

（1）单排布置。适用于基坑（槽）宽度≤6 m，且降水深度≤5 m 的情况。井点应布置在地下水的上游一侧，两端延伸长度一般不小于基坑（槽）的宽度，见图 1-22（a）。

（2）双排布置。适用于基坑（槽）宽度>6 m 或土质不良的情况，见图 1-22（b）。

（3）环形布置及 U 形布置。环形布置适用于面积较大的基坑降水，见图 1-22（c）。有时为了施工需要，也可留出一段（地下水流下游方向）不封闭，形成 U 形布置，见图 1-22（d）。

平面布置时，井点管距离基坑壁一般不宜小于 0.7~1.0 m，以防止漏气；井点管间距一般为 0.8~1.6 m，应根据土质、降水深度等经计算或由经验确定。

一套抽水设备的负荷长度一般为 100~120 m，采用多套抽水设备时，井点系统要分段，各段长度应大致相等。

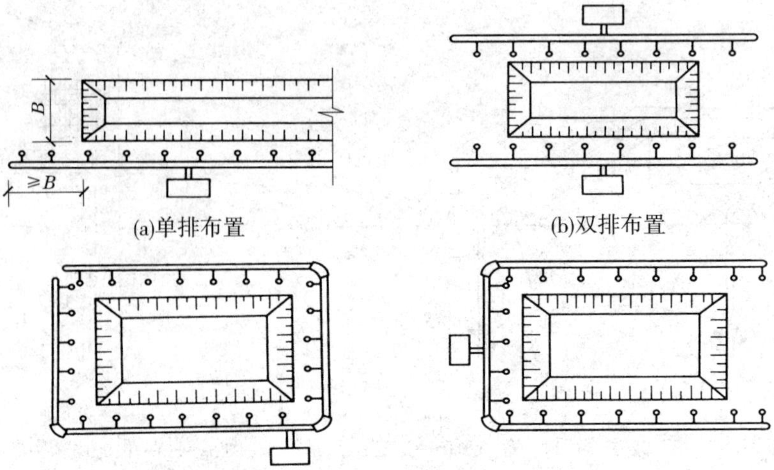

(a)单排布置　(b)双排布置　(c)环形布置　(d)U形布置

图1-22　轻型井点的平面布置

2)高程布置

轻型井点高程布置(见图1-23)是确定井点管的埋设深度,即滤管上口至总管埋设面的距离,可按式(1-26)计算:

$$H_{埋} \geqslant H_1 + h + IL \tag{1-26}$$

式中　$H_{埋}$——井点管的埋设深度,m;

H_1——井点管的埋设面至基底的距离,m;

h——基底至降低后地下水位的距离,m,一般为0.5~1.0 m;

I——水力坡度,单排井点为1/4~1/5,双排井点为1/7,环形井点为1/10;

L——井点管至基坑中心的水平距离,当单排井点布置时,为井点管至基坑另一侧坡脚的水平距离,当基坑井点管为环形布置时,取短边方向的长度,m。

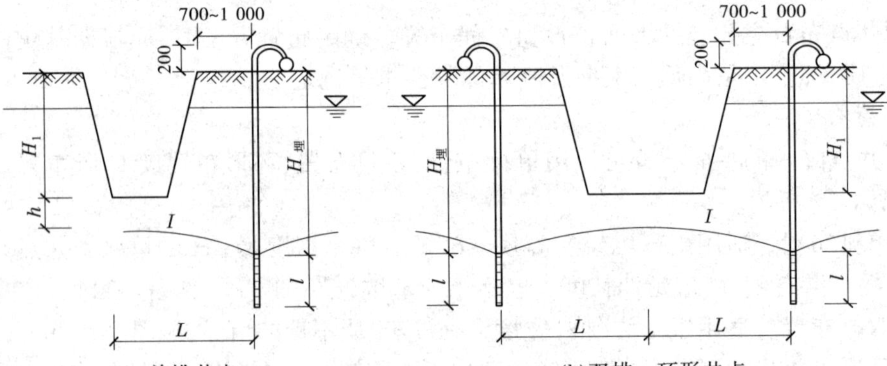

(a)单排井点　(b)双排、环形井点

图1-23　轻型井点高程布置

单层轻型井点的降水深度,在考虑抽水设备和管路系统的水头损失后,一般不超过6 m。此外,在确定井点管埋深时,还要考虑到井点管一般要露出地面0.2~0.3 m。

当计算出的$H_{埋}$值大于井点管长度(标准长度一般为6 m)时,可降低井点管埋设面

（不得低于地下水位），以满足降水深度的要求。当一级轻型井点达不到降水深度要求时，可采用二级井点或其他方法降水。

3. 轻型井点计算

轻型井点的计算包括涌水量计算、井点管数量与井距的确定及抽水设备的选用。

1）涌水量计算

井点系统的涌水量计算是以水井理论为依据进行的。在计算系统涌水量时，首先要判定水井的类型。

根据井底是否达到不透水层，水井分为完整井和非完整井。井底达到不透水层的称为完整井，否则称为非完整井。根据地下水有无压力，水井分为承压井和无压井。水井布置在地下两层不透水层之间的含水层中时，地下水面具有一定水压，称为承压井；水井布置在具有潜水自由面的含水层中时，地下水面为自由水面，称为无压井。水井可分为无压完整井、无压非完整井和承压完整井、承压非完整井，见图 1-24。各类水井的计算方法不同，其中以无压完整井的理论较为完善。

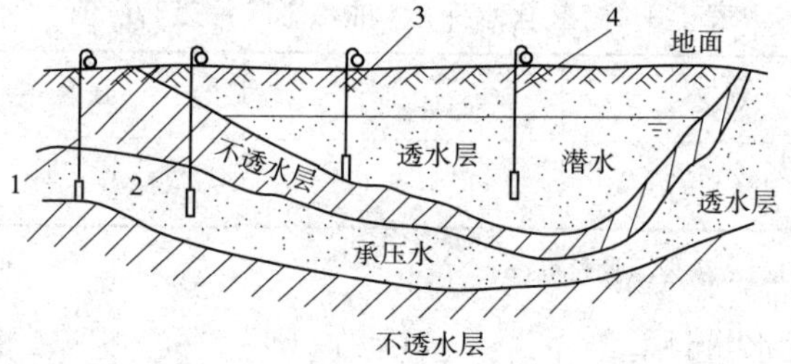

1—承压完整井；2—承压非完整井；3—无压完整井；4—无压非完整井

图 1-24　水井的分类

（1）无压完整井涌水量计算。

对无压完整井的环形井点系统［见图 1-25（a）］，涌水量计算公式为：

$$Q = 1.366K\frac{(2H - S)S}{\lg R - \lg x_0} \tag{1-27}$$

$$R = 1.95S\sqrt{HK} \tag{1-28}$$

式中　Q——井点系统的涌水量，m^3/d；

K——含水层土的渗透系数，m/d，可通过实验室或现场抽水试验确定；

H——含水层的厚度，m；

S——水位降低值，m；

R——抽水影响半径，m，最好通过现场抽水试验确定，也可按式（1-28）计算；

x_0——环形井点降水的假想半径，m，可按式（1-29）计算：

$$x_0 = \sqrt{\frac{F}{\pi}} \tag{1-29}$$

其中　F——环形井点系统所包围的面积，m^2。

（2）无压非完整井涌水量计算。

在实际工程中，经常遇到无压非完整井的井点系统［见图 1-25（b）］，地下水不仅从井

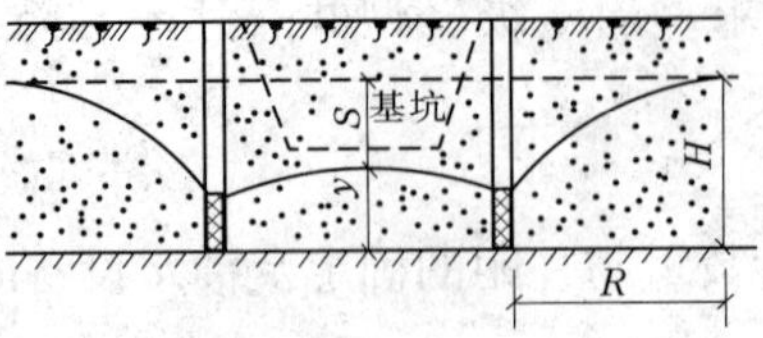

(a)无压完整井

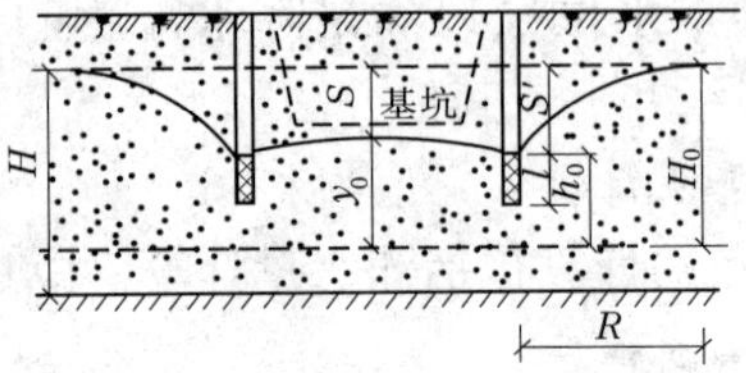

(b)无压非完整井

图 1-25 无压环形井点涌水量计算简图

的侧面流入,还从底部渗入,因此涌水量较完整井大。为了简化计算,对环形井点系统仍可采用式(1-27)。但此时式中 H 应换算为有效含水深度(抽水影响深度)H_0,即:

$$Q = 1.366K\frac{(2H_0 - S)S}{\lg R - \lg x_0} \tag{1-30}$$

式中:$R=1.95S\sqrt{H_0K}$,Q、K、S、x_0 含义同式(1-27);H_0 可按表 1-9 计算确定,当 $H_0 \geqslant H$ 时,取 $H_0=H$。

表 1-9 有效含水深度(抽水影响深度)H_0 值

$S'/(S'+l)$	0.2	0.3	0.5	0.8
H_0	$1.3(S'+l)$	$1.5(S'+l)$	$1.7(S'+l)$	$1.85(S'+l)$

注:S' 为井点管中水位降落值,m;l 为滤管长度,m。

(3)承压完整井涌水量计算。

对于含水层为均质的承压完整井环形井点系统,其涌水量计算公式为:

$$Q = 2.73K\frac{MS}{\lg R - \lg x_0} \tag{1-31}$$

式中 M——承压水含水层厚度,m;

其他符号含义同前。

(4)承压非完整井涌水量计算。

对于含水层为均质的承压非完整井环形井点系统,其涌水量计算公式为:

$$Q = 2.73K\frac{MS}{\lg R - \lg x_0}\sqrt{\frac{M}{l_0 + 0.5x_0}}\sqrt[4]{\frac{2M - l_0}{M}} \tag{1-32}$$

式中 l_0——井点进入承压水含水层的长度,m;

其他符号含义同前。

采用以上各式计算轻型井点系统涌水量时,首先应确定井点系统布置方式和基坑计算图形面积,当矩形基坑的长宽比>5 或基坑宽度大于抽水影响半径的 2 倍时,需将基坑划分为若干计算单元,然后分别计算各单元的涌水量和总涌水量。

2)井点管数量与井距的确定

(1)单根井点管的最大出水量计算。

根据含水土层的渗透系数、滤管的构造和尺寸,其计算公式为:

$$q = 65\pi dl\sqrt[3]{K} \tag{1-33}$$

式中　q——单根井点管的最大出水量，m^3/d；

d——滤管直径（内径），m；

l——滤管长度，m；

K——土的渗透系数，m/d。

（2）井点管数量计算。

根据井点系统涌水量 Q 和单根井点管的最大出水量 q，井点管的最少根数 n 可按式（1-34）计算：

$$n = m\frac{Q}{q} \tag{1-34}$$

式中　m——井点管备用系数，考虑井点管堵塞等因素，通常取 1.1；

其他符号含义同前。

（3）井点管间距计算。

根据井点系统布置方式和井点管数量，可求出井点管间距 D（m）为：

$$D = \frac{L}{n} \tag{1-35}$$

式中　L——集水总管的长度，m；

n——井点管的最少根数，根。

井点管间距经计算确定后，布置时还应注意以下几点：

①为避免井点管彼此干扰，井点管间距不能过小，一般取滤管周长的 5~10 倍。

②在基坑（槽）周围转角处和靠近地下水流方向一边的井点管应适当加密。

③采用多级井点降水时，下一级井点管间距应小于上一级井点管间距。

④井点管间距应与总管上端接头间距相适应（如 0.8 m、1.2 m、1.6 m）。

⑤当土层的渗透系数较小时，井点管间距应根据计算取值和抽水时间综合考虑。

3）抽水设备的选用

轻型井点通常采用真空泵型抽水设备，主要包括真空泵和离心泵的选用。

（1）真空泵的选用。常用 V5、V6 型真空泵，一般根据集水总管的长度选用。同时，满足抽水过程中的最低真空度要求。最低真空度 h_k 可由降水深度和水头损失计算得出，即：

$$h_k = (h' + \Delta h)g \tag{1-36}$$

式中　h_k——所需真空泵的最低真空度，Pa；

h'——降水深度，近似取井点管长度，m；

Δh——水头损失，包括滤管的水头损失、管道阻力、漏气损失等，近似取 1.0~1.5 m。

（2）离心泵的选用。主要根据井点系统涌水量和吸水扬程确定。水泵的抽水流量应比井点系统的涌水量增大 10%~20%，水泵的总扬程为吸水扬程与出水扬程之和。

4. 轻型井点的施工

轻型井点的施工一般包括准备工作和井点系统的安装、使用及拆除。

1）准备工作

轻型井点的准备工作主要包括材料、井点设备和水、电设施的准备，排水沟的开挖，附近建筑物的标高观测以及防止沉降措施的实施。

2)井点系统的安装

轻型井点的安装程序为:放线定位→铺设总管→埋设井点管→用弯联管连接井点管与总管→安装抽水设备→启动抽水设备试抽水、观测井中地下水位。

井点管的埋设是井点系统安装的关键工作。其埋设方法有射水法、钻孔法和冲孔法等,一般采用冲孔法。冲孔法埋设井点管可分为冲孔和埋管两个过程,见图1-26。

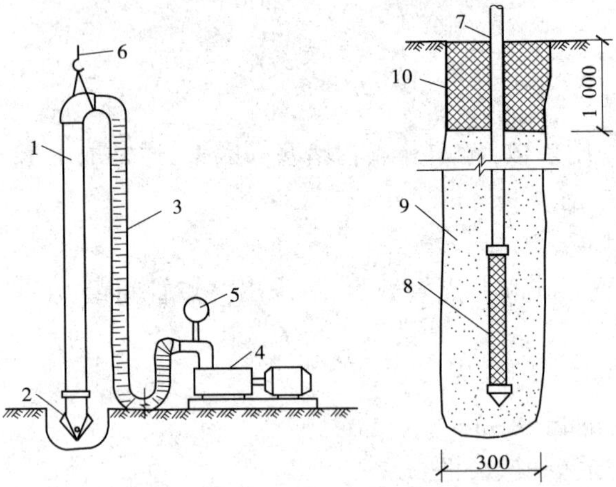

(a)冲孔　　(b)埋管

1—冲管;2—冲嘴;3—胶皮管;4—高压水泵;5—压力表;

6—起重机吊钩;7—井点管;8—滤管;9—填砂;10—黏土封孔

图1-26　井点管的埋设(冲孔法)

(1)冲孔。利用起重设备将冲管吊起并插在井点的位置上,启动高压水泵,将土冲松,冲管则边冲边下沉。冲孔直径一般为300 mm,冲孔深度宜比滤管底深0.5 m左右。

(2)埋管。井孔冲成后,立即拔出冲管,插入井点管于冲孔中心位置,并在井点管与孔壁之间迅速填砂滤层,以防孔壁塌土。砂滤层宜选用干净粗砂,填灌均匀,高度至少达到滤管顶以上1~1.5 m,以保证水流畅通。填灌砂滤层后,在地面下1 m范围内应用黏土填实封口,以防漏气。

井点系统安装完毕后,应进行试抽水,检查设备运转是否正常,有无漏气、淤塞现象。如有异常情况,应检修好方可使用。

3)井点系统的使用

轻型井点使用时,应保证连续抽水,以防地下水回升,造成边坡塌方等事故。在抽水过程中,应调整离心泵出水阀以控制出水量,使抽吸排水均匀。一般正常的出水规律是“先大后小,先浑后清”。

抽水过程中,要做好检查工作。应定时观测出水量、水位和真空度,并应保持真空度不低于55.3 kPa。若井点管出现淤塞、漏气等情况,应及时检修纠正;若严重影响降水效果,应逐个用高压水反冲井点管或拔出重新埋设。

4)井点系统的拆除

在地下结构工程施工完毕且基坑回填土后,井点系统方可拆除。井点管拔出后所留孔洞必须用砂或黏土填实。当地基有防渗要求时，地面下 2 m 范围内必须用黏土填实。

5. 轻型井点系统设计实例

某厂房设备基础施工，基坑底宽 10 m，长 14 m，深 4.5 m，挖土边坡为 1∶0.5。基坑平面、剖面如图 1-27 所示。经地质勘测查明，天然地面以下为 1.5 m 的亚黏土层，其下为厚 7.5 m 的细砂层，再下面为不透水的黏土层。自然地面标高为+0.500 m，地下水位标高为-1.000 m。经现场实测细砂层的渗透系数 $K=5$ m/d，决定采用轻型井点降低地下水位，试进行井点系统设计。

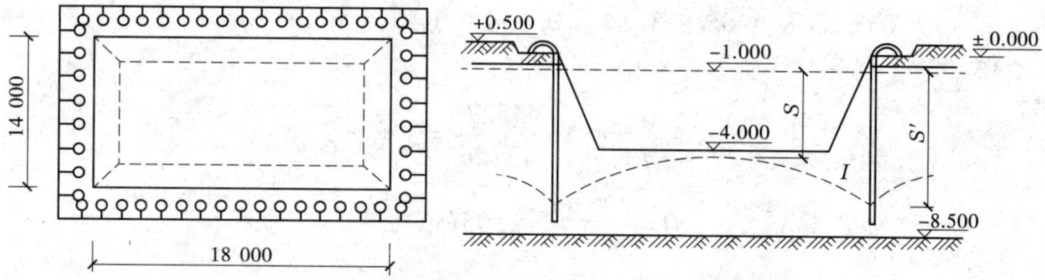

(a)井点系统平面布置　　(b)井点系统高程布置

图 1-27　基坑平面、剖面示意　(高程单位：m)

1) 井点系统布置

(1) 平面布置。

为使总管接近地下水位，将总管埋设在地面下 0.5 m 处，即先挖 0.5 m 的土层，在±0.000 m 标高处铺设总管。基坑上口平面尺寸为 14 m×18 m，拟定井管距基坑边缘 1 m，则井点管所围成的平面面积为 16 m×20 m。由于基坑长宽比小于 5，且基坑宽度小于 2 倍的抽水影响半径 R(见下面的计算)，故按环形井点布置。总管选用直径 100 mm，其长度 $L=2\times(16+20)=72$(m)。

(2) 高程布置。

拟定采用一级轻型井点降水，井点管的要求埋设深度 $H_{埋}$ 为：

$$H_{埋} \geqslant H_1 + h + IL = 4 + 0.5 + \frac{1}{10} \times \frac{16}{2} = 5.3(\text{m})$$

选用长 6 m、直径 38 mm 的井点管和长 1 m、直径 38 mm 的滤管，井点管埋设露出地面 0.2 m，则井点管的埋设深度 $=6-0.2=5.8(\text{m})>H_{埋}$。基坑中心降水深度 $S=4-1+0.5=3.5(\text{m})$，故高程布置符合降水要求。

2) 井点系统涌水量计算

由于井管埋入土层深度 $=(6-0.2)+1=6.8(\text{m})$，滤管底距不透水层为 1.7 m，故该井点系统为无压非完整井环形井点系统，可按式(1-30)计算。

(1) 确定有效深度 H_0。

由于

$$\frac{S'}{S'+l}=\frac{4.8}{4.8+1}=0.83$$

则

$$H_0=1.85(S'+l)=1.85\times(4.8+1)=10.73(\text{m})$$

由于实际含水层厚度 $H=7.5\ \text{m}<H_0$，则取 $H_0=H=7.5$ m。

(2)渗透系数 K,已由现场测定 $K=5$ m/d。

(3)$R=1.95S\sqrt{H_0K}=1.95\times3.5\times\sqrt{7.5\times5}=41.79(\text{m})$。

(4)
$$x_0=\sqrt{\frac{F}{\pi}}=\sqrt{\frac{16\times20}{3.14}}=10.10(\text{m})$$

则
$$Q=1.366K\frac{(2H_0-S)S}{\lg R-\lg x_0}=1.366\times5\times\frac{(2\times7.5-3.5)\times3.5}{\lg41.79-\lg10.10}=445.73(\text{m}^3/\text{d})$$

3)计算单根井点管出水量

$$q=65\pi dl\sqrt[3]{K}=65\times3.14\times0.038\times1\times\sqrt[3]{5}=13.26(\text{m}^3/\text{d})$$

4)计算井点管数量和井距

井点管数量 $$n=1.1\frac{Q}{q}=1.1\times\frac{445.73}{13.26}=37(\text{根})$$

井距 $$D=\frac{L}{n}=\frac{72}{37}=1.95(\text{m})$$

取 $D=1.6$ m,故井点管实际根数 $n'=\frac{72}{1.6}=45(\text{根})$。

5)选择抽水设备

(1)真空泵。抽水设备所带动的总管长度为 72 m,可选用 V5 型干式真空泵,所需最低真空度为(水头损失 Δh 取 1.2 m):

$$h_k=(h'+\Delta h)g=(6+1.2)\times9.8\times10^3=70\ 560(\text{Pa})$$

(2)水泵。

水泵所需流量 $Q_1\geqslant1.1Q=1.1\times445.73=490.3(\text{m}^3/\text{d})=20.43\ \text{m}^3/\text{h}$

水泵的吸水扬程 $H_s\geqslant6.0+1.0=7.0(\text{m})$

由于本工程出水高度低,水泵总扬程可不考虑。根据水泵所需的 Q_1 和 H_s,查《建筑施工手册》表 6-125 可选择 2B-31 型离心泵。

(二)其他井点简介

1. 喷射井点

当基坑(槽)开挖较深或降水深度超过 6 m 时,采用多级轻型井点已不够经济,当土层渗透系数为 0.1~2.0 m/d 的弱透水层时,采用喷射井点降水比较合适,其降水深度可达 20 m。

喷射井点根据工作时所用喷射材料不同,可分为喷水井点和喷气井点两种。一般采用喷水井点,其设备主要由喷射井管、高压水泵和管路系统组成。

喷射井点的平面布置有单排布置(基坑宽度≤10 m)、双排布置(基坑宽度>10 m)及环形布置(基坑面积较大时)三种,通常采用环形布置。每套喷射井点系统井管数不宜超过 30 根。

2. 深井井点

深井井点是在深基坑的周围埋设深入基底的井管,通过设置在井管内的潜水泵将地下水抽出,使地下水位低于坑底,属非真空抽水。该方法设备简单,降水深度可达 50 m。其适用于渗透系数较大($K=10$~250 m/d)、降水深的砂类土层。

深井井点系统主要由井管和水泵组成。井管由滤水管、吸水管和沉砂管三部分组成，可用钢管、塑料管或混凝土管制成，管径一般为 300 mm，内径宜大于潜水泵外径 50 mm；水泵多采用深井泵或深水潜水泵，每个井点设置一台。

井管的埋设通常采用钻孔或水冲成孔，孔径应比井管直径大 300 mm，成孔后立即安装井管。井管宜深入透水层 6~9 m，一般比设计降水深度深 6~8 m，间距相当于埋深，多为 15~30 m 埋设一个深井井点。

3. 电渗井点

电渗井点是以井点管作为阴极，以埋设在井点管内侧的金属棒（钢筋或钢管）作为阳极，阳极入土深度一般比井点管深 500 mm，露出地面 200~400 mm。阴、阳极数量相等，分别用导线联成通路。当通以直流电后，地下水会出现从金属棒（阳极）向井点管（阴极）流动的电渗现象，从而达到软土地基排水的目的。

电渗井点适用于土的渗透系数小于 0.1 m/d，用一般井点不可能降低地下水位的含水层中，尤其适用于淤泥质土层排水。

任务五　土方工程机械化施工

土方工程的施工过程主要包括土方开挖、运输、填筑与压实等。在施工中，除了不适宜采用机械施工或小型的土方工程，应尽量采用机械化施工，以减轻劳动强度，加快施工进度，缩短工期。常用的土方施工机械有推土机、铲运机、单斗挖土机及装载机等。

一、常用土方施工机械的性能

（一）推土机

推土机是土方工程施工的主要机械之一，是在拖拉机上安装铲刀等工作装置而成的机械，其行走方式有轮胎式和履带式两种。按照铲刀的操纵机构不同，可分为索式和液压式两种。液压式推土机切土较深，且能调整铲刀的升降和角度，目前较为常用。液压式 T_2-100 型推土机的外形见图 1-28。

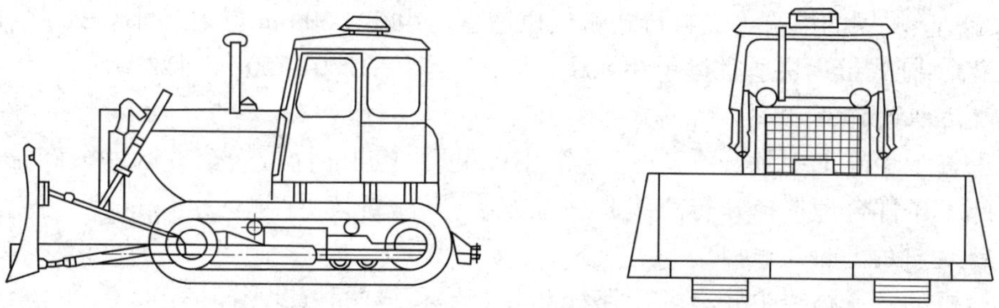

图 1-28　液压式 T_2-100 型推土机的外形

1. 推土机的特点及适用范围

推土机能够独立完成推土、运土和卸土等工作，具有操纵灵活、运转方便、所需工作面较小、行驶速度快、易于转移、能爬 30°左右的缓坡以及配合铲运机、挖土机工作等特点。能够推挖一至四类土，多用于场地清理与平整，开挖或堆筑 1.5 m 以内的基坑、路基、堤坝等。推土机的经济运距宜在 100 m 以内,效率最高的运距为 60 m。

2. 推土机的作业方法

推土机的生产率主要取决于每次推土体积和铲土、运土、卸土、回转等工作循环时间。为了提高生产率,可采用下坡推土、槽形推土、并列推土、多铲集运、铲刀附加侧板等施工方法。

(1)下坡推土。推土机沿下坡方向切土与推土,借助机械本身的重力作用,增加推土能力和缩短推土时间。当坡度在 15°以内时,一般可提高生产效率 30%~40%。

(2)槽形推土。推土机重复多次在一条作业线上切土和推土,使地面逐渐形成一条浅槽,以减少土从铲刀两侧流散,一般可增加推土量 10%~30%。

(3)并列推土。平整场地的面积较大时,可用 2~3 台推土机并列作业。铲刀相距 15~30 cm,平均运距宜控制在 20~50 m,一般可增加推土量 15%~30%。

(4)多铲集运。当土质较硬时,每次切土深度较小,推土量较少,可多次推土,分批集中,然后一次推送,缩短推运土时间。

(二)铲运机

铲运机由牵引机械和铲斗组成。按其行走方式可分为自行式铲运机(见图 1-29)和拖式铲运机(见图 1-30)两种,按铲斗的操纵系统可分为索式和液压式两种。

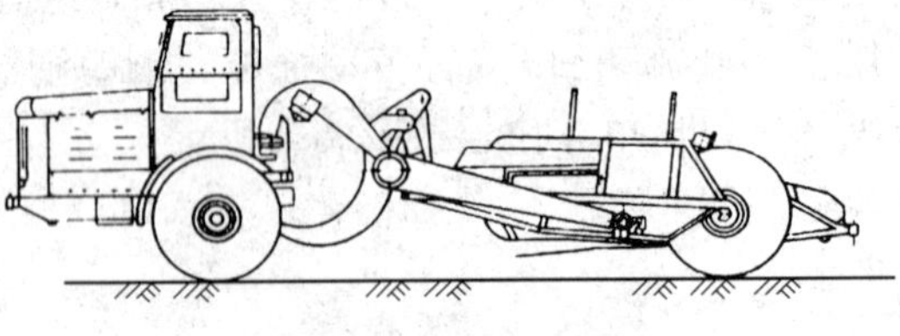

图 1-29　自行式铲运机

图 1-30　拖式铲运机

1. 铲运机的特点及适用范围

铲运机是一种能够独立完成铲土、运土、卸土、填筑和整平的土方机械。其具有操作灵活、行驶速度快、对道路要求低、生产率高等特点。适宜开挖含水量不超过 27%的一至四类土,对于硬土需松土后才能开挖。常用于坡度在 20°以内的大面积场地平整、大型基坑的开挖,以及路基、堤坝的填筑等。自行式铲运机适宜运距在 3 500 m 以内,运距在 800~1 500 m 时效率最高;拖式铲运机适宜运距在 800 m 以内,运距在 200~350 m 时效率最高。

2. 铲运机的作业方法

在土方工程施工中,铲运机在选定铲斗容量后,应根据填方、挖方区的分布情况并结合实际施工条件合理选择开行路线和施工方法,以提高其生产率。

1)铲运机的开行路线

铲运机的开行路线主要有环形路线和 8 字形路线两种(见图 1-31)。

(1)环形路线。当地形起伏不大、施工地段较短时,多采用环形路线开行[见图 1-31(a)],每一循环完成一次铲土和卸土。当挖、填方距离较短时可采用大环形路线[见图 1-31(b)],一个循环能完成多次铲土和卸土,这样可减少铲运机的转弯次数,提高生产率。

(2)8 字形路线。当施工地段较长或地形起伏较大时,多采用 8 字形路线开行[见

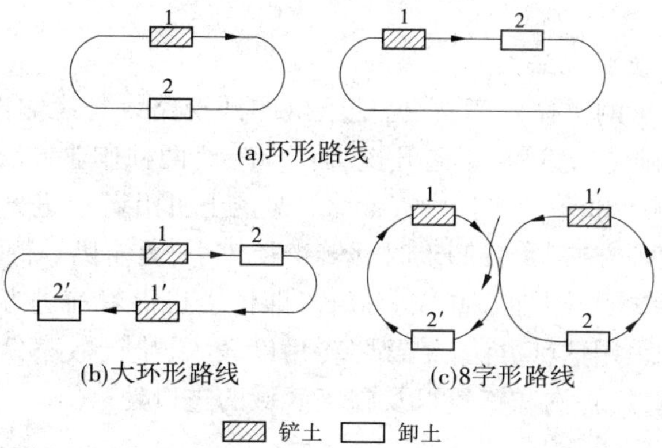

图 1-31　铲运机的开行路线

图 1-31(c)]，每一循环完成两次铲土和卸土。这种开行路线铲运机在上下坡时斜向行驶，避免了机械行驶的单侧磨损，减少了转弯次数和空驶距离，提高了生产率。

2)铲运机施工方法

为了提高铲运机的生产率，施工中常用下坡铲土、跨铲、助铲等施工方法。

(1)下坡铲土法。铲运机利用地形下坡铲土，借助铲运机的重力加深铲斗切土深度，缩短铲土时间。

(2)跨铲法。铲运机采用预留土埂，间隔铲土，可减少铲土时向外的撒土量，达到“铲土快，铲土满”的效果。一般土埂高度不大于 300 mm，宽度不大于拖拉机两履带间的净距。

(3)助铲法。在开挖较坚硬的土质时，可用推土机在铲运机后面顶推，协助助铲，缩短铲土时间。

(三)单斗挖土机

单斗挖土机在土方开挖中应用广泛，种类较多。按其行走装置不同分为履带式和轮胎式两类，按其工作装置不同分为正铲、反铲、拉铲和抓铲四种，见图 1-32。

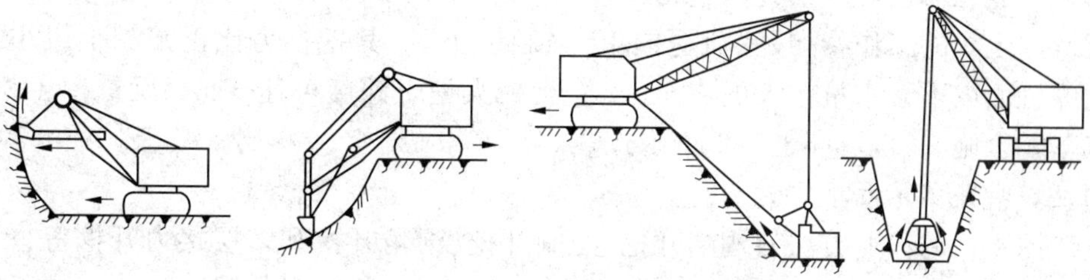

(a)正铲挖土机　(b)反铲挖土机　(c)拉铲挖土机　(d)抓铲挖土机

图 1-32　单斗挖土机

1. 正铲挖土机施工

1)正铲挖土机的特点及适用范围

正铲挖土机的工作特点是“前进向上，强制切土”。其挖土能力大，生产效率高。适用于开挖停机面以上含水量不超过 27%的一至四类土，与运输汽车配合可开挖大型干燥基坑及土丘等。

2)正铲挖土机的作业方法

为提高正铲挖土机的工作效率,根据挖土机的开挖路线与运输汽车的相对位置不同可采用“正向开挖,侧向卸土”和“正向开挖,后方卸土”两种作业方法。

(1)正向开挖,侧向卸土[见图1-33(a)]。即挖土机沿着前进方向挖土,运输工具停在侧面装土。采用这种方法,铲臂卸土时回转半径较小,运输机具行驶方便,生产效率高。

(2)正向开挖,后方卸土[见图1-33(b)]。即挖土机沿着前进方向挖土,运输工具停在挖土机后方装土。采用这种方法,铲臂回转角度较大,生产效率低,一般仅用于开挖工作面狭窄且较深的基坑、管沟和路堑以及施工区域的进口处。

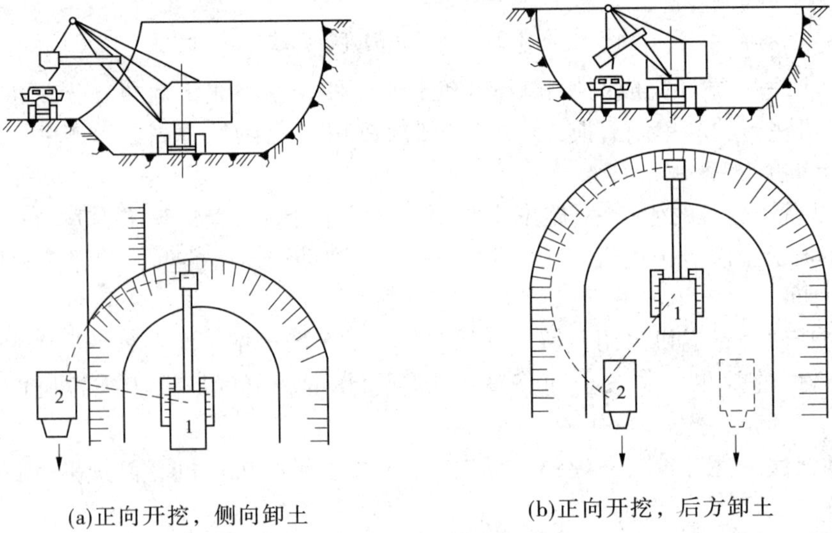

1—正铲挖土机;2—自卸汽车

图1-33　正铲挖土机的作业方法

2.反铲挖土机施工

1)反铲挖土机的特点及适用范围

反铲挖土机的工作特点是“后退向下,强制切土”。其挖掘力比正铲挖土机小,适用于开挖停机面以下含水量较大的一至三类土,最大挖土深度可达6 m。反铲挖土机可与运输汽车配合施工,也可弃土于坑槽附近。

2)反铲挖土机的作业方法

反铲挖土机的作业方法有沟端开挖、沟侧开挖、沟角开挖和多层接力开挖等,一般多采用沟端开挖和沟侧开挖,见图1-34。

(1)沟端开挖。即挖土机停在基坑的端部,后退挖土,向沟一侧弃土或装车运走[见图1-34(a)]。挖土宽度和深度较大,当基坑宽度超过1.7倍的最大挖土半径时,就要分次开挖或按之字形路线开挖。

(2)沟侧开挖。即挖土机停在基坑的一侧,沿坑槽边移动挖土[见图1-34(b)]。挖土宽度较小(一般为0.8R),边坡不易控制,机身稳定性较差,一般在无法使用沟端开挖或挖出的土不需要运走时采用。

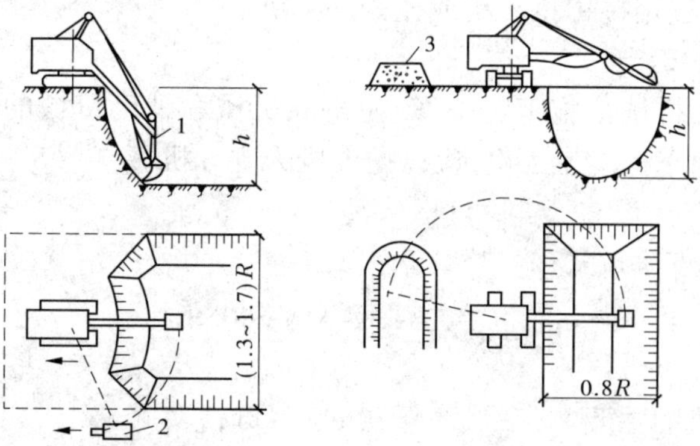

(a)沟端开挖　　(b)沟侧开挖

1—反铲挖土机；2—自卸汽车；3—弃土堆

图 1-34　反铲挖土机的作业方法

3. 拉铲挖土机施工

拉铲挖土机的工作特点是“后退向下，自重切土”。其挖土半径和挖土深度较大，但操纵性较差。它适用于开挖停机面以下的一至三类土，可用于开挖大型基坑及水下挖土等。其作业方法与反铲挖土机相似，可采用沟端开挖或沟侧开挖。

4. 抓铲挖土机施工

抓铲挖土机的工作特点是“直上直下，自重切土”。其挖土能力较小，操纵性较差。它适用于开挖停机面以下的一、二类土，常用于开挖土质松软、作业面较窄的深基坑、沟槽、沉井等，特别适宜于水下开挖。

二、土方施工机械的选择

土方施工机械的选择主要是确定机械的类型、型号和数量。

(一)机械类型及型号的选择

土方施工机械的类型应根据基坑深度、工程量大小、土层性质、地下水情况及土方施工机械的性能确定。其型号一般根据施工现场条件、设备供应情况和工期要求等确定。在实际工程中选择土方机械时，应当进行技术经济比较，选择效率高、费用低的土方机械或机械组合进行施工。

1. 场地平整

挖填高度不大、含水量较小的大面积平整场地，一般选用铲运机作业，运距在 100 m 以内时采用推土机作业；挖方高度较大、运距在 1 000 m 时，可选用正铲挖土机与自卸汽车配合作业。

2. 基坑(槽)开挖

(1)深度 2 m 以内、长度不大时，宜采用推土机或装载机作业。

(2)深度 2 m 以内、长度较大时，宜采用铲运机或加助铲作业。

(3)面积大且深度较大的土方开挖，土层含水量较大时，宜选用反铲挖土机与自卸汽车配合作业；土层含水量不大且土质较好时，可选用正铲挖土机或反铲挖土机与自卸汽车配合作业。

(4)水下挖土宜选用拉铲挖土机或抓铲挖土机。

(二)机械数量的确定

在组织土方工程机械化施工时,必须使主导机械和辅助机械的台数相互配套选用。以挖土机配合自卸汽车挖运土为例,应以挖土机为主导机械。

1. 挖土机数量的确定

(1)挖土机的生产率按式(1-37)计算:

$$P_d = 8P_h K_B = \frac{8 \times 3\ 600}{t} q \frac{K_C}{K_S} K_B \tag{1-37}$$

式中 P_d——挖土机的生产率(台班产量),m^3/台班;

P_h——挖土机的小时生产率,m^3/h;

t——挖土机每次作业循环时间,s;

q——挖土机机斗容量,m^3;

K_C——挖土机机斗的充盈系数,可取0.8~1.1;

K_S——土的最初可松性系数;

K_B——时间利用系数,一般取0.6~0.8。

(2)挖土机的数量按式(1-38)计算:

$$N = \frac{Q}{P_d} \frac{1}{TCK} \tag{1-38}$$

式中 N——挖土机的数量,台;

Q——土方工程量,m^3;

T——工期,d;

C——每天工作班数,小于等于3;

K——工作时间利用系数,一般取0.8~0.9。

2. 运输汽车数量的确定

$$N' = \frac{P_d}{P'_d} = \frac{T'}{t'} \tag{1-39}$$

式中 P_d、P'_d——挖土机、运输汽车的台班产量,m^3/台班;

T'——运输汽车每次装卸土作业循环时间,min;

t'——运输汽车装满一车土的时间,min。

任务六 土方的填筑与压实

在建筑工程中,很多情况下需要进行土方填筑与压实,如地基土压实、基础回填、室内回填、室外散水、坡道、台阶等。为保证填方工程的强度和稳定性要求,必须正确选择填土的土料和填筑、压实方法。

一、土料的选择

(1)碎石类土、砂土和爆破石渣(粒径≤每层铺土厚度的2/3),可作表层下的填料。

(2)含水量符合压实要求的黏性土,可作各层填料。

(3)淤泥和淤泥质土,一般不能用作填料,但在软土地区,经过处理含水量符合要求的,可用于填方中的次要部分。

(4)对于有机物含量或水溶性硫酸盐含量大于5%的土,以及耕植土、冻土、杂填土等均不能用作填土使用。

二、填土与压实的方法

土方填筑前,应对基底进行处理。清除基底上的垃圾、草皮、树根等杂物,排除坑穴中的积水、淤泥等。若填方基底为耕植土或松土,应将基底压实后进行填土。

(一)填土方法

(1)填土应尽量采用同类土填筑,并严格控制土的含水量在最优含水量范围内。

(2)填土应从场地最低处开始分层填筑,每层铺土厚度应根据压实机具及土的种类而定。当采用不同类土填筑时,应将透水性较大的土层置于透水性较小的土层之下,以避免在填方区形成水囊。

(3)坡地填土,应做好接槎,挖成1∶2阶梯形(一般阶高0.5 m、阶宽1.0 m)分层填筑,分段填筑时每层接缝处应做成大于1∶1.5的斜坡,以防填土横移。

(二)压实方法

填土的压实方法一般有碾压法、夯实法和振动压实法,也可利用运输工具压实。

1. 碾压法

碾压法,即利用沉重的滚轮压力使填土压实,适用于大面积填土压实工程。碾压机械有平碾(光碾压路机)、羊足碾和气胎碾。

(1)平碾。对砂土和黏性土均可压实,适用于薄层填土或表面压实、平整场地、修筑堤坝及道路工程等。

(2)羊足碾。单位面积压力较大,对土层的压实效果好,主要用于黏性土的压实。

(3)气胎碾。对土层碾压较均匀,压实质量较好。

碾压机械压实填方时,行驶速度不宜过快,一般平碾控制在2 km/h以内,羊足碾控制在3 km/h以内,否则会影响压实效果。

2. 夯实法

夯实法,即利用夯锤的冲击力使填土压实,适用于黏性较低的填土,多用于小面积填土工程。工程可采用人工夯实和机械夯实,机械夯实常用蛙式打夯机、柴油打夯机、电动立夯机及夯锤等。

3. 振动压实法

振动压实法,即利用振动碾或平板振动器使填土压实,主要用于非黏性土压实。

近年来,又将碾压与振动结合而设计和制造出振动平碾、振动凸块碾等新型压实机械,振动平碾适用于填料为爆破碎石渣、碎石类土、杂填土或粉土的大型填方,振动凸块碾则适用于粉质黏土或黏土的大型填方。

三、影响填土与压实质量的因素

影响填土与压实质量的因素很多,主要有土的压实功、含水量及铺土厚度。

(一)压实功的影响

填土与压实后的密度和压实机械在其上所施加的功有一定关系(见图1-35)。当土的含水量一定,开始压实时,土的密度急剧增加,待达到土的最大密度时,压实功虽然增加许多而土的密度则变化甚小。实际施工中,对于砂土只需碾压或夯实2~3遍,对亚砂土只需碾压或夯实3~4遍,对亚黏土或黏土只需碾压或夯实5~6遍。

(二)含水量的影响

在同一压实功的作用下,填土的含水量对压实质量有直接影响。土的含水量过小,土粒间的摩阻力较大,不易压实;土的含水量过大,土粒间的孔隙被水填充而呈饱和状态,易成橡皮土,难以压实。只有当具有适当的含水量时,土粒间的摩阻力由于水的润滑作用而减小,从而易于压实。土的最优含水量,即在压实功相同的条件下,能够使土获得最大干密度的含水量(见图1-36)。各种土的最大干密度ρ_{dmax}是当土处于最优含水量ω_{op}时,通过击实试验取得的,也可参考表1-10确定。

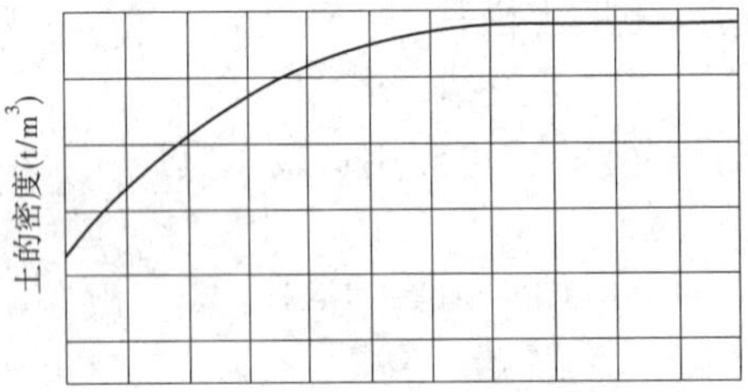

图1-35 土的密度与压实功的关系

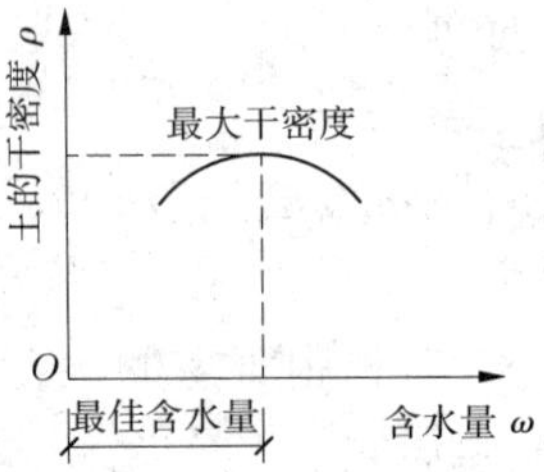

图1-36 土的干密度与含水量的关系

表1-10 土的最优含水量和最大干密度参考

土的类别	最优含水量(质量比,%)	最大干密度(g/cm³)
砂土	8~12	1.80~1.88
黏土	19~23	1.58~1.70
粉质黏土	12~15	1.85~1.95
粉土	16~22	1.61~1.80

注:1. 表中土的最大干密度应以现场实际达到的数字为准。
2. 一般性的回填可不作此项测定。

在实际工程中,为了保证填土处于最优含水量状态,当土过湿时,应予以翻松晾干,也可掺入同类干土或石灰等吸水材料;当土过干时,应预先洒水润湿。

(三)铺土厚度的影响

在填土与压实过程中,压实机具对土的压实应力随土层的深度增加而逐渐减小,见图1-37。其影响深度与压实机械、土的性质及含水量等有关。因此,铺土厚度应小于压实机械的有效作用深度，且应考虑最优铺土厚度。最优铺土厚度可使填土在获得规定密实度的情况下，压实机械所需的压实遍数最少，从而使压实功最低，可参照表 1-11。

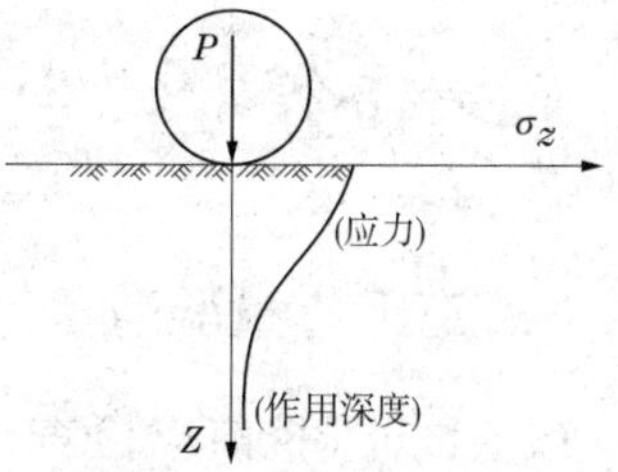

图 1-37　压实应力沿深度的变化

四、填土与压实的质量检查

填土与压实后应达到一定的密实度要求，通常以压实系数 λ_c 作为质量控制指标，即土的控制干密度 ρ_d 与最大干密度 ρ_{dmax} 的比值（$\lambda_c = \rho_d / \rho_{dmax}$）。土的压实系数一般根据工程结构性质、使用要求以及土的性质确定，无设计规定时，可参考表 1-12 确定。

表 1-11　填土施工时的分层厚度及压实遍数

压实工具	每层铺土厚度(mm)	每层压实遍数(遍)
平碾	250~300	6~8
振动压实机	250~350	3~4
蛙式打夯机	200~250	3~4
人工打夯	<200	3~4

表 1-12　填土的压实系数(密实度)要求

结构类型	填土部位	压实系数 λ_c
砌体承重结构和框架结构	在地基主要受力层范围内	≥0.97
	在地基主要受力层范围以下	≥0.95
排架结构	在地基主要受力层范围内	≥0.96
	在地基主要受力层范围以下	≥0.94

注：地坪垫层以下及基础标高以上的压实填土，压实系数不应小于 0.94。

土的最大干密度宜采用击实试验确定。当无试验资料时，可按式(1-40)计算：

$$\rho_{dmax} = \eta \frac{\rho_w d_s}{1 + 0.01\omega_{op} d_s} \tag{1-40}$$

式中　ρ_{dmax}——土的最大干密度，g/cm^3；

η——经验系数，黏土取 0.95，粉质黏土取 0.96，粉土取 0.97；

ρ_w——水的密度，g/cm^3；

d_s——土粒相对密度；

ω_{op}——最优含水量(%)，可按当地经验取值或取 ω_p+2%，或参考表 1-10 取值；

ω_p——土的塑限(%)。

填土的理论控制干密度可由规范规定的压实系数 λ_c 与土的最大干密度 ρ_{dmax} 的乘积表示。在实际施工中，若土的实际干密度大于等于理论控制干密度，则填土压实符合质量要求。

任务七　土方工程施工质量验收与安全技术

一、施工质量验收

(1)土方开挖前应检查定位放线、排水和降水系统,合理安排土方运输路线及弃土场地。

(2)土方开挖过程中应检查平面位置、水平标高、边坡坡度、压实度、排水及降水系统,并随时观测周围的环境变化。

(3)土方回填前应清除基底杂物和积水,验收基底标高。松土上填方应压实后进行。填方的基底处理,必须符合设计要求和施工规范规定。

(4)填方土料必须符合设计要求和施工规范规定。回填时必须按规定分层夯压密实。取样测定压实后的干密度应90%以上符合设计要求,其余10%的最低值与设计值的差不应大于0.08 g/cm^3,且不应集中。

土的实际干密度可用环刀法或灌砂(水)法测定。其取样组数为:基坑回填每20~50 m^3 取样一组(每坑不少于一组),基槽或管沟回填每层按长度20~50 m取样一组,室内填土每层按100~150 m^2 取样一组,场地平整填方每层按400~900 m^2 取样一组。取样部位应在每层压实后的下半部。

(5)填土施工过程中应检查排水措施,并控制每层铺土厚度、含水量和压实程度。

(6)平整场地的表面坡度应符合设计要求,如设计无要求,排水沟方向的坡度不应小于2‰。平整后的场地表面应逐点检查。检查点为每100~400 m^2 取1点,但不应少于10点;长度、宽度和边坡均为每20 m取1点,每边不应少于1点。

(7)土方工程开挖和填土的质量检验标准,应符合表1-13、表1-14的规定。

表1-13　土方开挖工程质量检验标准　(单位:mm)

项目	序号	检验项目	允许偏差或允许值					检查方法
			柱基基坑(基槽)	挖方场地平整		管沟	地(路)面基层	
				人工	机械			
主控项目	1	标高	0 -50	±30	±50	0 -50	0 -50	水准测量
	2	长度、宽度(由设计中线向两边量)	+200 -50	+300 -100	+500 -150	+100 0	设计值	全站仪,用钢尺量
	3	边坡	设计要求					目测法或用坡度尺检查
一般项目	1	表面平整度	±20	±20	±50	±20	±20	用2 m靠尺和楔形尺检查
	2	基底土性	设计要求					目测法或土样分析

注:地(路)面基层的偏差只适用于直接在挖、填方上做地(路)面的基层。

表 1-14　土方填土工程质量检验标准　　（单位：mm）

项目	序号	检验项目	允许偏差或允许值					检查方法
			柱基基坑（基槽）	挖方场地平整		管沟	地（路）面基层	
				人工	机械			
主控项目	1	标高	0 −50	±30	±50	0 −50	0 −50	水准测量
	2	分层压实系数	设计要求					按规定方法
一般项目	1	回填土料	设计要求					取样检查或直观鉴别
	2	分层厚度及含水量	设计要求					水准测量及抽样检查
	3	表面平整度	±20	±20	±30	±20	±20	2 m 靠尺

二、施工安全技术

（1）基坑（槽）开挖时，两人操作间距应大于 2.5 m。多台机械开挖，挖土机间距应大于 10 m。在挖土机械范围内，不许进行其他作业。挖土应由上而下逐层进行，严禁先挖坡脚或逆坡挖土。

（2）基坑（槽）开挖应严格按要求放坡。施工中应随时注意土壁的变动情况，如发现有裂缝或部分坍塌现象，应及时进行加固处理。

（3）在有支撑的基坑中使用机械挖土时，应防止碰坏支撑。在基坑（槽）边使用机械挖土时，应计算支撑强度，必要时应加强支撑。

（4）上下坑（槽）应先挖好阶梯或设置靠梯，并采取防滑措施，禁止踩踏支撑上下。

（5）坑槽四周应设置防护栏杆，跨过沟槽的通道应搭设渡桥，夜间应有照明设施。

（6）基坑和沟槽回填时，下方不得有人，所使用的电动机械（如打夯机等）要检查电器线路，并严格按照操作规程施工，防止漏电、触电。

（7）拆除护壁支撑时，应按照回填顺序，从下而上逐步拆除；更换支撑时，必须先安装新的，再拆除旧的。

练习题

1. 土方工程如何分类？有何特征？

2. 什么是土的含水量和最优含水量？对土方工程施工有何影响？

3. 土的可松性和渗透性在土方工程施工中有何作用？

4. 土方边坡如何表示？影响土方边坡稳定的因素有哪些？应采取什么措施防止边坡塌方？

5. 基坑（槽）支护的形式有哪些？简述深层搅拌水泥土桩墙和土钉支护的构造特征。

6. 土方量计算方法有哪几种？试述场地平整土方量计算的方法和步骤。

7. 基坑降水方法有哪些?简述其适用情况。

8. 简述轻型井点降水系统的组成,以及设计步骤和方法。

9. 何谓流砂现象?试分析产生流砂的原因及其防治措施。

10. 土方施工机械主要有哪几种类型?试述土方施工机械的性能和适用范围。

11. 试述正铲挖土机和反铲挖土机的作业方法。深基坑开挖主要采用哪些土方施工机械?

12. 填土土料的选用有何要求?填土与压实的方法有哪些?如何选用?

13. 填土压实的影响因素有哪些?分别对填土压实有何影响?如何检查填土压实的质量?

14. 某基坑底长 80 m、宽 60 m、深 8 m,四边放坡,边坡坡度 1∶0.5,试计算挖土土方工程量。如地下室的外围尺寸为 78 m×58 m,土的最终可松性系数为 K_S=1.03,试求出地下室部分回填土方量。

15. 某基坑面积为 20 m×30 m,基坑深 4 m,地下水位在地面下 1 m,不透水层在地下面 10 m,地下水为无压水,渗透系数 K=15 m/d,基坑边坡为 1∶0.5,拟采用轻型井点降水降低地下水水位,试进行井点系统的布置和设计(要求地下水位降至基底下 0.5 m)。

项目二 地基与基础工程施工

【学习目标】

熟悉地基处理的一般方法，了解换填地基、夯实地基的施工特点与要求。掌握深层密实地基与高压旋喷注浆地基的施工工艺与施工方法。熟悉地基处理的施工质量验收标准。了解浅基础的类型与特点，掌握砖基础与钢筋混凝土基础的基本构造与施工要求。熟悉钢筋混凝土预制桩的制作、运输、起吊、堆放等施工要求；掌握钢筋混凝土预制桩打桩机械的选择、沉桩方法、打桩顺序的确定以及施工要求；掌握钻孔灌注桩、沉管灌注桩的施工工艺与施工要求，以及施工中常见问题的预防和处理方法。

任务一 地基处理

在建筑工程中遇到工程结构的荷载较大，地基土质又较软弱(强度不足或压缩性大)，不能作为天然地基时，可针对不同情况，采取各种人工加固处理的方法，将地基土由松变实、含水量由高变低，以改善地基性质，提高承载力，增加稳定性，减少地基变形和基础埋置深度。

地基处理技术发展迅速，地基加固方法很多。常用的人工地基处理方法有换填法、夯实法、深层密实法、高压喷射注浆法等。

在选择地基处理方案时，应考虑上部结构、基础和地基的共同作用，并经过技术经济比较，选用地基处理方案或加强上部结构和处理地基相结合的方案。

一、换填地基

换填地基也称换土垫层法，是将在基础底面以下处理范围内的软弱土层部分或全部挖去，然后分层换填密度大、强度高、水稳定性好的砂、碎石或灰土等材料及其他性能稳定和无侵蚀性的材料，并夯实或压实，作为地基的持力层。

换填地基按其回填材料的不同可分为砂(石)地基、灰土地基等，其作用是提高浅基础下地基的承载力，满足地基稳定要求，减少沉降量，加速软弱土层的排水结固，防止持力层的冻胀或液化。

(一)砂(石)地基

砂(石)地基是采用级配良好的砂或砂砾石(碎石)混合物，经分层夯(压)实，作为地基的持力层，提高基础下部地基强度和承载力，并通过垫层的压力扩散作用，降低地基的压应力，减少沉降，而且由于砂(石)材料透水性大，可作为良好的排水层，加速下部软弱土层的排水固结。

砂(石)地基具有施工工艺简单、工期短、造价低等特点，应用范围广泛，适用于处理

3.0 m 以内的软弱、透水性强的黏性土地基,不宜用于加固湿陷性黄土和透水性小的黏性土地基。

1. 构造要求

1) 垫层厚度

垫层厚度应根据垫层底部软弱土层的承载力确定,即作用在地基底面处土的自重压力与附加压力之和不大于同一标高处软弱土层的容许承载力。一般垫层厚度为 0.5~2.5 m,不宜大于 3 m。

2) 垫层宽度

垫层宽度除应满足基础底面应力扩散的要求外,还应根据地基侧面土的容许承载力来确定,以防止地基向两边挤出。一般垫层宽度应超出基础底面每边不小于 300 mm,如果侧面地基土的土质较差,还要适当增加。

2. 材料要求

1) 砂

砂宜用颗粒级配良好、质地坚硬的中砂或粗砂,当用细砂、粉砂时,应掺加粒径 20~50 mm 的碎(卵)石,但要分布均匀。砂中有机质含量不超过 5%,含泥量应小于 5%,兼作排水垫层时,含泥量不得超过 3%。

2) 砂石

砂石宜用自然级配的砂砾石(卵石、碎石)混合物,砂石粒径不宜大于 50 mm,其含量应控制在 50%以内,不得含有植物残体、垃圾等杂物,含泥量小于 5%。

3. 施工要求

砂(石)地基施工时应满足以下要求:

(1) 铺设垫层前应验槽,将基底表面浮土、淤泥、杂物清除干净,同时应保证边坡稳定,防止振捣时塌方。

(2) 垫层底面标高不同时,土面应挖成阶梯或斜坡搭接,并按先深后浅的顺序施工,搭接处应夯压密实。分层铺设时,接头应做成斜坡或阶梯形搭接,每层错开 0.5~1.0 m,并注意充分捣实。

(3) 人工级配的砂、石材料,施工前应拌和均匀,再铺夯压实。

(4) 垫层铺设时,严禁扰动垫层下卧层及侧壁的土层,防止被践踏、受冻或受浸泡,降低其强度。

(5) 垫层应分层铺设,分层压实。其每层铺设厚度、最优含水量控制及施工机具、方法的选用参见表 2-1。夯实、碾压遍数、振实时间应通过试验确定。用细砂做垫层材料时,不宜使用振捣法或水撼法,以免产生液化现象。

(6) 当地下水位较高或在饱和的软弱地基上铺设垫层时,应加强基坑内外侧四周的降水、排水工作,并保持基坑边坡稳定。

(7) 当采用水撼法或插振法施工时,以振动棒振幅半径的 1.75 倍为间距(一般为 400~500 mm)插入振捣,依次振实,以不再冒气泡为准,直至完成;垫层接头应重复振捣,插入式振动棒振完所留孔洞应用砂填实;在振动首层的垫层时,不得将振动棒插入原土层或基槽边部,以避免使软土混入砂垫层而降低砂垫层的强度。

表 2-1 铺设厚度、最优含水量控制及施工机具、方法的选用

压实方法	每层铺设厚度(mm)	施工时最优含水量(%)	施工要点	说明
平振法	200~250	15~20	1. 用平板式振捣器往复振捣 2. 振捣器移动时,每行应搭接 1/3	不宜使用干细砂或含泥量较大的砂铺筑砂地基
插振法	振捣器插入深度	饱和	1. 用插入式振捣器 2. 插入间距可根据机械振幅大小确定 3. 不应插至下卧黏性土层 4. 插入振捣完毕,所留的孔洞应用砂填实	不宜使用干细砂或含泥量较大的砂铺筑砂地基
水撼法	250	饱和	1. 注水高度应超过铺设面层 2. 用钢叉摇撼捣实,插入点间距为 100 mm 左右;钢叉分四齿,齿间距 80 mm、长 300 mm	湿陷性黄土、膨胀土、细砂地基上不得使用
夯实法	150~200	8~12	1. 用木夯或机械夯 2. 木夯重 40 kg、落距 400~500 mm 3. 一夯压半夯,全面夯实	适用于砂石垫层
碾压法	150~350	8~12	6~10 t 压路机往复碾压 碾压次数以达到要求密实度为准,一般不少于 4 遍,用振动压实机械,宜振动 3~5 min	适用于大面积的砂石垫层,不宜用于地下水位以下的砂垫层

(8)垫层铺设完毕,应及时进行下道工序施工,及时回填。

4. 质量检查

1)环刀取样法

在捣实后的砂地基中,用容积不小于 200 cm^3 的环刀取样,测定其干密度,以不小于通过试验所确定的该砂料在中密状态时的干密度数值为合格。若是砂石地基,可在地基中设置纯砂检查点,在同样施工条件下取样检查。

2)贯入测定法

检查时先将表面的砂刮去 30 mm 左右,用直径 20 mm、长 1 250 mm 的平头钢筋距离砂层面 700 mm 自由下落,或用水撼法使用的钢叉距离砂层面 500 mm 自由下落。以上钢筋或钢叉的插入深度,可根据砂的控制干密度预先进行小型试验确定。

(二)灰土地基

灰土地基是将基础底面下要求范围内的软弱土层挖去,用石灰与土按一定体积比(2∶8或 3∶7)配合而成的灰土,在最优含水量的情况下,分层回填夯实或压实。

灰土地基具有一定的强度、水稳性和抗渗性,施工工艺简单,费用较低,是一种应用广泛、经济、实用的地基加固方法。其适用于加固深1~4 m厚的软弱土、湿陷性黄土、杂填土等,还可用作结构的辅助防渗层。

1. 构造要求

灰土地基的厚度确定原则同砂(石)地基,地基宽度一般为灰土顶面基础砌体宽度加2.5倍灰土厚度。

2. 材料要求

1) 土料

土料一般采用就地挖出的黏性土或塑性指数大于4的粉土,土中有机物含量不得超过5%。施工中,土料应过筛,其粒径不得大于15 mm。

2) 石灰

石灰宜采用达到国家三等石灰标准的生石灰,使用前经3~4 d消解并过筛,其粒径不应大于5 mm,不得夹有未熟化的生石灰块,也不得含有过多的水分。

3. 施工要求

灰土地基施工时应满足以下要求:

(1) 施工前对基槽(坑)应先验槽,夯底两遍,做到平整干净。如有积水、淤泥,应晾干;如局部有软弱土层或孔洞,应及时挖除并用灰土分层回填夯实。

(2) 灰土配合比应符合设计规定,施工中应拌和均匀,颜色一致,并适当控制含水量,一般最优含水量为16%左右,现场以手握成团、两指轻捏即散为宜。

(3) 铺灰应分段分层夯筑,每层虚铺厚度应按夯实机具参照表2-2确定,压实遍数按设计要求的干密度由试夯(或碾压)确定,一般不少于4遍。

表2-2 每层最大虚铺厚度

夯实机具种类	质量(t)	虚铺厚度(mm)	说明
石夯、木夯	0.04~0.08	200~250	人力送夯,落距400~500 mm,一夯压半夯,夯实后厚80~100 mm
轻型夯实机械	0.12~0.4	200~250	蛙式打夯机、柴油打夯机,夯实后厚100~150 mm
压路机	6~10	200~300	双轮

(4) 灰土地基分段施工时,不得在墙角、柱基及承重窗间墙下接缝,上下两层的接缝距离不得小于500 mm,接缝处应夯压密实,并做成直槎。当灰土地基高度不同时,应做成阶梯形,每阶宽不少于500 mm。

(5) 灰土地基应当日铺填夯压,入槽(坑)灰土不得隔日夯打。灰土垫层施工完毕后应及时进行基础施工与基坑回填,或在灰土表面作临时性覆盖,避免日晒雨淋,夯实后的灰土30 d内不得受水浸泡。

(6) 雨季施工时,应采取适当防雨、排水措施,以保证灰土在基槽(坑)内无积水的状态下进行。刚打完的灰土,如突遇雨,应将松软灰土除去,并补填夯实;稍受湿的灰土可在晾干后补夯。

(7)冬期施工时,不得采用冻土或夹有冻土的土料,并应采取有效的防冻措施。

4. 质量检查

灰土地基每层施工结束后,宜用环刀取样,测定其干密度。质量标准可按压实系数 λ_c 鉴定,一般为 0.93~0.95。压实系数 λ_c 为土在施工时实际达到的干密度与室内采用击实试验得到的最大干密度 ρ_{dmax} 之比。如无设计规定,最小干密度 ρ_{dmin} 可按表 2-3 的要求执行。如采用贯入仪检查灰土质量,应先进行现场试验以确定达到控制压实系数所对应的贯入度要求。

表 2-3　灰土地基最小干密度

土料种类	粉土	粉质黏土	黏土
最小干密度(g/cm^3)	1.55	1.50	1.45

二、夯实地基

夯实地基是利用起重机械将夯锤提升到一定高度后,利用自由下落时的冲击能来夯实地基土层,提高地基承载力,加固地基的方法。根据夯击能的大小和对地基的处理效果不同,一般可分为重锤夯实地基和强夯地基。

(一)重锤夯实地基

重锤夯实是利用起重机械将夯锤(一般为 2.0~3.0 t)提升到 2.5~4.5 m 的高度,然后自由落下,重复夯击地基土表面,使地基表面形成一层比较密实的硬壳层,从而使地基得到加固。该方法具有设备简单、施工简便、费用较低等特点。但其布点较密,夯击遍数多,施工工期相对较长,同时夯击能量小,孔隙水难以消散,加固深度有限,当土的含水量稍高时,易夯成橡皮土,处理较困难。其适用于处理地下水位 0.8 m 以上且稍湿的黏性土、砂土,饱和度 $S_r \leqslant 60$ 的湿陷性黄土、杂填土以及分层填土地基的加固处理。但当夯击对邻近建筑物有影响,或地下水位高于有效夯实深度时,不宜采用。

1. 机具设备

1)夯锤

夯锤可用 C20 钢筋混凝土制成,外形为截头圆锥体,底直径为 1.0~1.5 m,锤底面单位静压力宜为 15~20 kPa。

2)起重机

起重机可采用配置有摩擦式卷扬机的履带式起重机、打桩机、悬臂式桅杆起重机或龙门式起重机等。其起重能力为:当采用自动脱钩时,应大于夯锤重量的 1.5 倍;当直接用钢丝绳悬吊夯锤时,应大于夯锤重量的 3 倍。

3)吊钩

吊钩宜采用自制半自动脱钩器,以减少吊索的磨损和机械振动。

2. 施工要求

夯实地基施工时应满足以下要求:

(1)施工前应进行试夯,确定有关技术参数,如夯锤重量、底面直径及落距,最后下沉量及相应的夯击遍数和总下沉量。最后下沉量是指最后2击平均每击土层面的夯沉量，黏性土和湿陷性黄土取10~20 mm，砂土取5~10 mm。落距一般为4~6 m。夯击遍数由试验确定，一般为8~12遍。

(2)重锤夯实填土地基时，应分层进行，每层的虚铺厚度以相当于锤底直径为宜。夯实层数不宜少于2层。夯实完后，应将基坑(槽)表面修整至设计标高。

(3)基底标高不同时，应按先深后浅的程序逐层挖土夯实，不宜一次挖成阶梯形，以免夯击时在高低相交处发生坍塌。基坑的夯实宽度应比基坑每边宽0.2~0.3 m。

(4)夯实时地基土的含水量应控制在最优含水量范围以内，一般相当于土的塑限±2%。

(5)在大面积基坑或条形基槽内夯击时，应按一夯挨一夯的顺序进行[见图2-1(a)]。在一次循环中同一夯位应连夯两遍，下一循环的夯位应与前一循环错开1/2锤底直径，落锤应平稳，夯位应准确。在独立柱基基坑内夯击时，可采用先周边后中间[见图2-1(b)]或先外后内的跳打法[见图2-1(c)]进行。

(6)夯实结束后，应及时将夯松的表层浮土清除或将浮土在接近最优含水量状态下重新用1 m的落距夯实至设计标高。

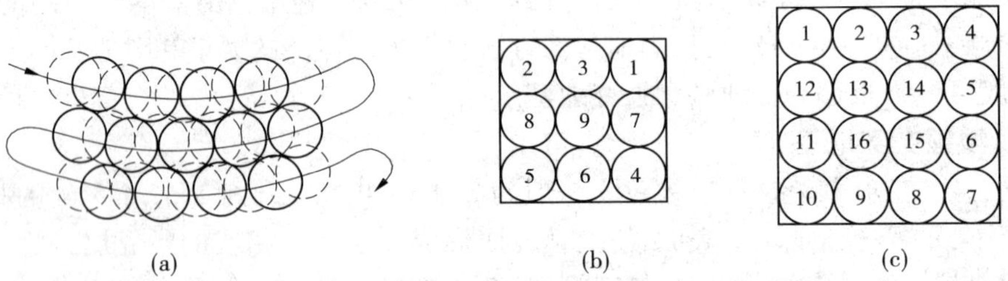

图2-1 重锤夯打顺序

3. 质量检查

(1)根据施工记录，检查最后夯击下沉量和总下沉量是否符合试夯时的下沉量要求。一般总下沉量合格率不得低于90%。

(2)检查点数：独立基础每个不少于1处，基槽每20 m不少于1处，整片地基每50~100 m^{2}不少于1处。

(二)强夯地基

强夯地基是利用起重机械将大吨位夯锤(一般10~60 t)起吊到6~30 m高度，然后自由落下，给地基土以强大的冲击能，迫使土中空隙压缩，土体局部液化，夯击点周围产生裂隙形成良好的排水通道，使土中的孔隙水(气)顺利溢出，土体迅速固结，从而降低此深度范围内土体的压缩性，提高地基承载力的一种有效的地基加固方法。同时，强夯技术可显著减少地基土的不均匀性，降低地基不均匀沉降。其主要适用于碎石土、砂土、低饱和度的粉土和黏性土、湿陷性黄土、杂填土和素填土等地基。对于软土地基，一般来说处理效果不显著。

1. 机具设备

1)夯锤

夯锤可用整个铸钢(铸铁)或用钢板壳内填筑C30混凝土制成，形状有圆台形和方形两种。夯锤底面积按土层性质和夯锤重量确定，夯锤底面单位静压力宜为25～80 kPa。对于粗颗粒土（砂质土和碎石类土），锤底面积一般为3～4 m^2；对于细颗粒土（黏性土或淤质土），锤底面积不宜小于6 m^2。一般10 t夯锤底面积宜用4.5 m^2，15 t夯锤底面积宜用6 m^2。夯锤中宜设置若干个上下贯通的气孔，以减少夯击时空气阻力。

2）起重机

起重机宜选用起重能力为150 kN以上的履带式起重机，也可采用专用三角起重架或龙门架做起重设备。起重机械的起重能力为：当直接用钢丝绳悬吊夯锤时，应大于夯锤的3~4倍；当采用自动脱钩装置时，应大于1.5倍的锤重。

3）吊钩

吊钩宜采用自制半自动脱钩器，常用的工地自制半自动脱钩器由吊环、耳板、销环、吊钩等组成，一般由钢板焊接制成。

2. 施工要求

强夯地基施工时应满足以下要求：

（1）强夯施工前，应进行地基勘察和试夯。通过对试夯前后试验结果对比分析，确定强夯施工的各项技术参数，包括锤重与落距、单位夯击能、夯击点布置与间距、单点夯击遍数、两遍间隔时间、处理范围及加固影响深度等。

（2）强夯前应平整场地，周围做好排水沟，按夯点布置测量放线确定夯位。地下水位较高时，应在表面铺0.5~2.0 m厚的砂（石）垫层，以防设备下陷和便于消散强夯产生的孔隙水压，或采取降低地下水位后再强夯。

（3）强夯应分段进行，顺序从边缘夯向中央。其加固顺序是：先深后浅，逐层夯实，最后一遍夯完后，再以低能量满夯一遍，如有条件以采用小夯锤夯击为佳。

（4）夯击点的布置应根据基础底面形状确定，施工时按由内向外、隔行跳打原则进行。夯实范围应大于基础边缘3 m。

（5）夯击时应按试验和设计确定的强夯参数进行，在每一遍夯击之后，要用土将夯击坑填平，再进行下一遍夯击，强夯后，基坑应及时修整，浇筑混凝土垫层封闭。

（6）强夯施工宜在旱季施工。雨季施工，应做好场地排水。冬期施工，应清除地表的冻土层再夯，夯击次数要适当增加，如有硬壳层，要适当增加夯次或提高夯击功能。

（7）强夯施工时应对每一夯实点的夯击能量、夯击次数和每次夯沉量等各项技术参数做好详细的现场记录。

（8）强夯施工时应注意安全，现场施工人员不得进入夯点30 m内，现场操作人员在夯锤起吊后，应迅速撤离10 m以外，以免飞石伤人。当强夯施工产生的振动对邻近建筑物和设备会产生影响时，应挖防振沟，并设置相应的监测点。

3. 质量检查

（1）施工结束后，应对强夯地基的强度和承载力进行检验。现场测试方法有标准贯入、静力触探、动力触探等，选用两种或两种以上的测试数据综合确定。

（2）检查点数：每单位工程不少于3处；1 000 m^2以上工程，每300 m^2不少于1处；3 000 m^2以上工程，每500 m^2不少于1处；每一个独立基础不少于1处；基槽每20 m不少于1处。对于复杂场地或重要的建筑物应增加检测点数。

三、深层密实地基

深层密实地基一般采用振冲法和深层搅拌法使地基中形成一个较大直径的密实桩体和天然地基形成复合地基,从而提高地基承载力,减少沉降和不均匀沉降,是一种快速、经济有效的加固方法。

(一)振冲地基施工

振冲地基又称砂石桩复合地基,具有设备简单、技术可靠、施工简便、加固速度快、节省三材、节约投资等特点。振冲地基一般用碎石、卵石、砂或矿渣等作填料,砂石桩具有良好的透水性,可加速地基固结,使地基承载力提高 1.2~1.35 倍,此外振冲过程中的预震效应,可使砂土地基增加抗液化能力。

振冲地基按加固机制和效果的不同,分为振冲置换法和振冲密实法两类。

1.振冲置换法

振冲置换法是在地基土中借振冲器成孔,振密填料置换,制成以碎石、砂砾等散粒材料组成的桩体,与原地基土一起构成复合地基,使地基承载力提高,沉降减少,故又称振冲置换碎石桩法。

1)适用范围

振冲置换法适用于处理不排水、抗剪强度不小于 20 kPa 的黏性土、粉土、饱和黄土和人工填土等地基,不适用于地下水位较高、土质松散易塌方和含有大块石等障碍物的土层中。

振冲置换法加固地基的深度一般为 14 m,最大达 18 m,置换率一般为 10%~30%,每米桩的填料量为 0.3~0.7 m^3,直径为 0.7~1.2 m。

2)施工工艺和施工顺序

振冲置换法施工工艺如图 2-2 所示,可按下列步骤进行:

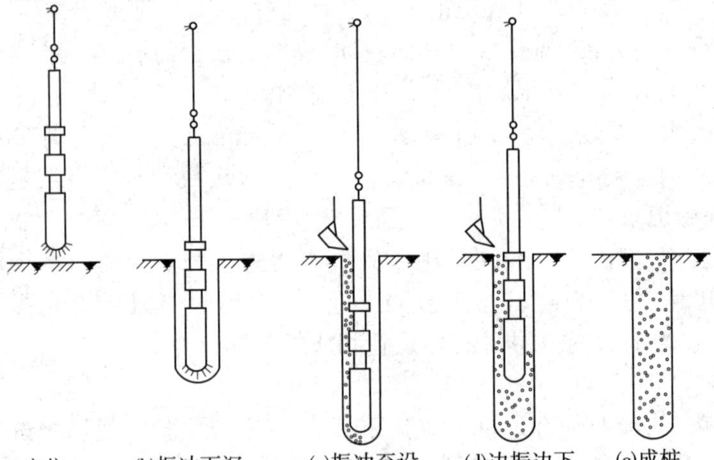

(a)定位　(b)振冲下沉　(c)振冲至设计标高并下料　(d)边振边下料、边上提　(e)成桩

图 2-2　振冲置换法施工工艺

（1）清理平整施工场地，布置桩位。

（2）施工机具就位，使振冲器对准桩位。

（3）启动水泵和振冲器，使振冲器徐徐沉入土中，直至达到设计处理深度以上0.3～0.5 m，记录振冲器经各深度的电流值和时间，提升振冲器至孔口。

（4）重复上一步骤1～2次，使孔内泥浆变稀，然后将振冲器提出孔口。

（5）向孔内倒入一批填料，将振冲器沉入填料中进行振密，此时电流随填料的密实而逐渐增大，电流必须超过规定的密实电流，若达不到规定值，应向孔内继续加填料、振密，记录这一深度的最终电流量和填料量。

（6）将振冲器提出孔口，继续制作上部的桩段。

（7）重复步骤（5）、（6），自下而上地制作桩体，直至孔口。

（8）关闭振冲器和水泵。

振冲置换法施工顺序一般有围幕法、排孔法、跳打法等，如图2-3所示。

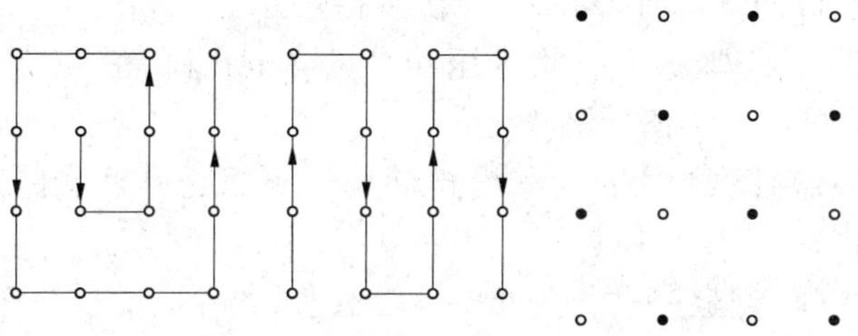

(a)围幕法　　(b)排孔法　　(c)跳打法

图2-3　振冲置换法施工顺序

3）施工要求

振冲置换法施工时应满足以下要求：

（1）施工前应先进行振冲试验，以确定成孔合适的水压、水量、成孔速度及填料方法，达到土体密实时的密实电流、填料量和留振时间。

（2）在黏性土层中制桩，成孔后要留有1～2 min清孔时间，以便回水把稠泥浆带出地面，降低孔内泥浆密度。

（3）在强度很低的软土地基施工中，应“先护壁，后制桩”，即在振冲孔到达第一层软弱土层时，适当填料进行初步挤振，将填料挤到此软弱土层周围以加固孔壁，接着用同样方法处理以下第二、三层软弱土层，直至加固深度。

（4）填料和振料方法，一般采取成孔后，将振冲器提出少许，从孔口往下填料，边填边振，直至该段振实，如此逐段施工。

（5）每次往孔内倒入的填料数量不宜过多，一般孔内堆积高度不超过0.8 m。

（6）每根桩的填料总量和密实度必须符合设计要求或施工规范的规定。

（7）若土层中央有硬土层，应适当进行扩孔，即在此硬土层中将振冲器多次往复上下几次，使孔径扩大以便填料。

（8）施工过程中，施工场地内应预先设置排浆系统，将成桩过程中产生的泥浆集中引入沉淀池。

(9)加固区的振冲桩施工完毕,在振冲桩上1 m左右时,由于土覆压力小,桩的密实度难以保证,故宜予以挖除另做垫层,或用振动碾压机进行碾压密实处理。

2. 振冲密实法

振冲密实法是利用振动和压力水使砂层液化,砂颗粒相互挤密,重新排列,孔隙减少,从而提高地基承载力和抗液化能力,故又称振冲挤密砂桩法。

1)适用范围

振冲密实法适用于处理砂土和粉土等地基,不加填料的振冲密实法仅适用于处理黏粒含量小于10%的粗砂、中砂地基。

2)施工工艺和施工顺序

振冲密实法施工工艺如图2-4所示,可按下列步骤进行:

(1)清理平整场地,布置振冲点。

(2)施工机具就位,在振冲点上安放钢护筒,使振冲器对准护筒的轴心。

(3)启动水泵和振冲器,使振冲器徐徐沉入砂层。

(4)振冲器达设计处理深度后,将水压和水量降至孔口有一定量回水,但无大量细颗粒带出的程度,将填料堆于护筒周围。

(5)填料在振冲器振动下依靠自重沿护筒周壁下沉至孔底,在电流升高到规定的控制值后,将振冲器上提0.3~0.5 m。

(6)重复上一步骤,直至完成全孔处理,详细记录各深度的最终电流值、填料量等。

(7)关闭振冲器和水泵。

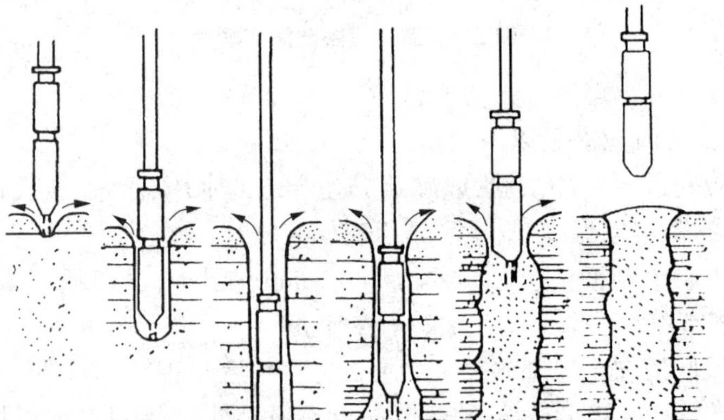

图2-4 振冲密实法施工工艺

不加填料时,当振冲器沉至设计处理深度,留振至电流稳定值大于规定值后,将振冲器上提0.3~0.5 m。如此重复进行,直至完成全孔处理。

振冲密实法的施工顺序:宜沿平行直线逐点进行。

3)施工要求

振冲密实法施工应满足以下要求:

(1)振冲密实法施工操作的关键是控制水量大小和留振时间。水量的大小可保证地基中砂土充分饱和,受到振动能够产生液化;足够的留振时间(30~60 s)会使地基中的砂土完全液化,停振后土颗粒重新排列,使孔隙比减小,密实度提高。

(2)对于粉细砂地基应加填料,填充振冲器上提后留下的孔洞,进一步将砂层挤密。

(3)对于干砂地基,当厚度大、地下水位低时,则应采取补水措施,使其处于或接近饱和水状态,方可施工。

(二)深层搅拌地基施工

深层搅拌地基(又称水泥土搅拌桩复合地基)是利用水泥、石灰作为固化剂,通过深层搅拌机械在地基深处就地将软土和固化剂强制搅拌,固化剂和软土之间会产生一系列物理化学反应,使软土硬结成具有整体性、水稳定性和一定强度的地基,与天然地基形成复合地基,从而提高地基承载力,增大变形模量。

1. 特点和适用范围

1)特点

深层搅拌法加固软土具有如下特点:

(1)深层搅拌法将固化剂和原地基软土就地搅拌混合,最大限度地利用了原土。

(2)施工过程中无振动、无噪声、无污染。

(3)深层搅拌法施工时对土无侧向挤压,因而对周围既有建筑物的影响很小。

(4)按照不同地基土性质及工程设计要求,合理选择固化剂及其配方,设计比较灵活。

(5)土体加固后重度基本不变,对软弱下卧层不致产生附加沉降。

(6)根据上部结构的需要,可灵活地采用柱状、壁状、格栅状和块状等加固体,与天然地基形成复合地基,有效提高地基承载力,共同承担建筑物的荷载。

(7)施工工期较短,造价低廉,效益显著。

2)适用范围

深层搅拌法适用于处理淤泥、淤泥质土、粉土和含水量较高且地基承载力标准值不大于120 kPa的黏性土地基等,对超软土效果更为显著。当用于处理泥炭土或地下水具有侵蚀性时,宜通过试验确定其适用性。冬季施工时,应注意负温对处理效果的影响。其多用于墙下条形基础、大面积堆料厂房地基,在深基坑开挖时用于防止坑壁及边坡塌滑、坑底隆起等,以及作地下防渗墙等工程。

2. 施工工艺

深层搅拌法的施工工艺流程如图2-5所示,即:深层搅拌机定位→预搅下沉→喷浆搅拌提升→原位重复搅拌提升→重复搅拌提升直至孔口→关闭搅拌机、清洗→移至下一根桩位、重复以上工序。

3. 施工要求

深层搅拌地基施工应满足以下要求:

(1)深层搅拌施工前应先整平场地,清除桩位处地上、地下一切障碍物,场地低洼处用黏性土料回填夯实,不得用杂填土回填。

(2)施工前应确定搅拌机械的施工工艺参数,并根据设计要求通过成桩试验,确定搅拌桩的配合比。

(3)施工使用的固化剂和外掺剂必须通过加固土室内试验检验才能使用。固化剂浆

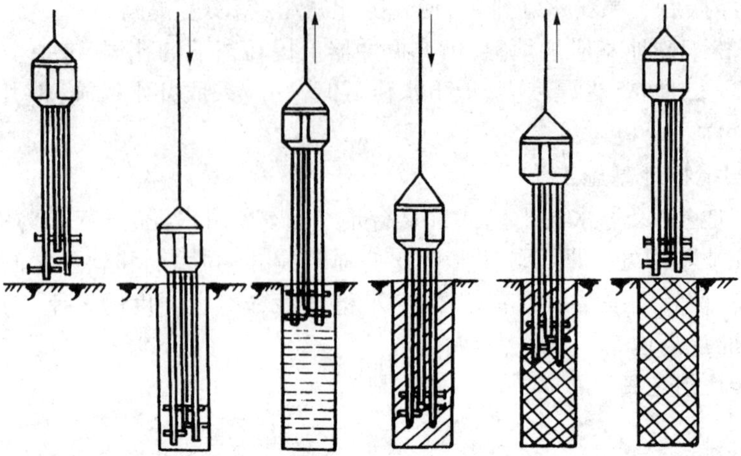

图 2-5 深层搅拌法的施工工艺流程

液应严格按预定的配合比拌制,并应有防离析措施。泵送必须连续,拌制浆液量、固化剂与外掺剂的用量以及泵送浆液的时间等应有专人记录。

(4)保证起吊设备的平整度和导向架的垂直度,搅拌桩的垂直度偏差不得超过1.5%,桩位偏差不得大于50 mm。

(5)搅拌机预搅下沉时,不宜冲水;当遇到较硬土层下沉太慢时,方可适量冲水,但应考虑冲水成桩对桩身强度的影响。

(6)控制搅拌机的提升速度和次数,记录搅拌机每米下沉深度或提升的时间,深度记录误差不得大于50 mm,时间记录误差不得大于5 s,施工中发现的问题及处理情况均应注明。

(7)每天加固完毕,应用水清洗储料罐、砂浆泵、深层搅拌机及相应管道,以备再用。

四、高压喷射注浆地基

高压喷射注浆地基(又称旋喷桩地基)是利用钻机把带有喷嘴的注浆管钻入(或置入)至土层预定的深度,以20~40 MPa的压力将水泥浆液通过钻杆下端的喷射装置向四周以高速水平喷入土体,形成喷射流冲击破坏土层至预定形状的空间,借助钻杆的旋转和提升使土体与浆液搅拌混合,胶结硬化后形成直径比较均匀,具有一定强度的圆柱体(称为旋喷桩),从而使地基得到加固。根据使用机具设备不同,高压喷射注浆法可分为单管法、二重管法和三重管法。

(一)特点和适用范围

1. 特点

高压喷射注浆法具有以下特点:

(1)提高地基的抗剪强度,改善土的变形性质,使地基土在上部结构荷载作用下,不产生破坏和较大沉降。

（2）能利用小直径钻孔旋喷成比孔大 8～10 倍的大直径固结体，可通过调节喷嘴的旋喷速度、提升速度、喷射压力和喷浆量，旋喷成各种形状的桩体。

（3）可制成垂直桩、斜桩或连续墙，并获得需要的强度。

（4）可用于已有建筑物地基加固而不扰动附近土体，施工噪声低，振动小。

（5）设备较简单，施工简便，操作容易，速度快，效率高，成本低。

2. 适用范围

高压喷射注浆法适用于处理淤泥、淤泥质土、黏性土、粉土、湿陷性黄土、砂土、人工填土和碎石等地基。当土中含有较多的大粒径块石、坚硬黏性土、大量植物根茎或有过多的有机质时，应根据现场试验结果确定其适用程度。

（二）施工工艺

高压喷射注浆法的施工工艺是：钻机就位→钻孔至设计标高→贯入注浆管、试喷→喷射注浆（边旋喷、边提升旋喷管）→拔管、清洗器具→移至下一根桩位、重复以上工序。

（三）施工要求

高压喷射法注浆地基施工时应满足以下要求：

（1）施工前先进行场地平整，挖好排浆沟，做好钻机定位。要求钻机安放保持水平，钻杆保持垂直，其倾斜度不得大于 1.5%。

（2）单管法和二重管法可用注浆管射水成孔至设计深度后，再一边提升一边进行喷射注浆。

（3）在插入旋喷管前先检查高压水与空气喷射情况，各部位密封圈是否封闭，插入后先做高压水射水试验，合格后方可喷射浆液。

（4）喷嘴直径、提升速度、旋喷速度、喷射压力、排量等旋喷参数应满足设计要求或由现场试验确定。

（5）三重管法施工须预先用钻机或振动打桩机钻成直径 150～200 mm 的孔，然后将三重注浆管插入孔内，按旋喷、定喷或摆喷的工艺要求，由下而上进行喷射注浆。开始时，先送高压水，再送水泥浆和压缩空气，一般情况下，压缩空气可晚送 30 s。在桩底部边旋转边喷射 1 min 后，再边旋转、边提升、边喷射。注浆管分段提升的搭接长度不得小于 200 mm。

（6）喷射时，先应达到预定的喷射压力、喷浆量后再逐渐提升注浆管。中间发生故障时，应停止提升和旋喷，立即进行检查排除故障。当发现有浆液喷射不足，影响桩体的设计直径时，应进行复核。旋喷过程中，冒浆量应控制在 10%～25%。对需要扩大加固范围或提高强度的工程，可采取复喷措施，即先喷一遍清水，再喷一遍或两遍水泥浆。

（7）当处理既有建筑地基时，应采取速凝浆液或大间隔孔旋喷和冒浆回灌等措施，以防旋喷过程中地基产生附加变形和地基与基础间出现脱空现象，影响被加固建筑及邻近建筑。

（8）喷到桩高后应迅速拔出注浆管，用清水冲洗管路，防止凝固堵塞。相邻两桩施工间隔时间应不小于 48 h，间距应不小于 4～6 m。

五、地基处理施工质量验收

(一)一般要求

(1)建筑物地基的施工应具备下述资料:①岩土工程勘察资料;②邻近建筑物和地下设施类型、分布及结构质量情况;③工程设计图纸、设计要求及需达到的标准,检验手段。

(2)砂、石子、水泥、钢材、石灰、粉煤灰等原材料的质量、检验项目、批量和检验方法,应符合国家现行标准的规定。

(3)地基施工结束,宜在一个间歇期后,进行质量验收,间歇期由设计确定。

(4)地基加固工程,应在正式施工前进行试验段施工,论证设定的施工参数及加固效果。为验证加固效果所进行的载荷试验,其施加载荷应不低于设计载荷的2倍。

(5)竣工后的地基强度或承载力必须达到设计要求的标准。

(6)对复合地基承载力检验,数量为总数的0.5%~1%,且不应少于3处。有单桩强度检验要求时,数量为总数的0.5%~1%,且不应少于3根。

(二)砂和砂石地基

(1)砂、石等原材料质量、配合比应符合设计要求,砂、石应搅拌均匀。

(2)施工过程中必须检查分层厚度、分段施工时搭接部分的压实情况、加水量、压实遍数、压实系数。

(3)砂及砂石地基的质量检验标准应符合表2-4的规定。

表2-4　砂及砂石地基的质量检验标准

项目	序号	检查项目	允许偏差或允许值	检验方法
主控项目	1	地基承载力	设计要求	静载试验
	2	配合比	设计要求	检查拌和时的体积比或质量比
	3	压实系数	设计要求	灌砂法、灌水法
一般项目	1	砂石料有机质含量(mm)	≤5	灼烧减量法
	2	砂石料含泥量(%)	≤5	水洗法
	3	石料粒径(mm)	≤50	筛析法
	4	含水量(与要求的最优含水量比较)(%)	±2	烘干法
	5	分层厚度偏差(与设计要求比较)(mm)	±50	水准测量

(三)灰土地基

(1)灰土土料、石灰或水泥(当水泥替代灰土中的石灰时)等材料及配合比应符合设计要求,灰土应搅拌均匀。

(2)施工过程中应检查分层铺设的厚度、分段施工时上、下两层的搭接长度、夯实时加水量、夯压遍数、压实系数。

(3)灰土地基的质量检验标准应符合表 2-5 的规定。

表 2-5　灰土地基的质量检验标准

项目	序号	检查项目	允许偏差或允许值	检验方法
主控项目	1	地基承载力	设计要求	静载试验
	2	配合比	设计要求	拌和时的体积比
	3	压实系数	设计要求	环刀法
一般项目	1	石灰粒径(mm)	≤5	筛析法
	2	土料有机质含量(%)	≤5	灼烧减量法
	3	土颗粒粒径(mm)	≤15	筛析法
	4	含水量(与要求的最优含水量比较)(%)	±2	烘干法
	5	分层厚度偏差(与设计要求比较)(mm)	±50	水准测量

(四)夯实地基

(1)施工前应检查夯锤质量、尺寸、落锤控制手段、排水设施及被夯地基的土质。

(2)施工中应检查落距、夯击遍数、夯点位置、夯击范围。

(3)强夯地基的质量检验标准应符合表 2-6 的规定。

表 2-6　强夯地基的质量检验标准

项目	序号	检查项目	允许偏差或允许值	检验方法
主控项目	1	地基强度	设计要求	原位测试
	2	地基承载力	设计要求	静载试验
一般项目	1	夯锤落距(mm)	±300	钢索设标志
	2	锤重(kg)	±100	称重
	3	夯击遍数及顺序	设计要求	计数法、检查施工记录
	4	夯点位置(mm)	±500	用钢尺量
	5	夯击范围(超出基础范围距离)	设计要求	用钢尺量
	6	前后两遍间歇时间	设计要求	检查施工记录

(五)振冲地基

(1)施工前应检查振冲器的性能，电流表、电压表的准确度及填料的性能。

(2)施工中应检查密实电流、供水压力、供水量、填料量、孔底留振时间、振冲点位置、振冲器施工参数等(施工参数由振冲试验或设计确定)。

(3)振冲地基的质量检验标准应符合表2-7的要求。

表2-7　砂石桩复合(振冲)地基的质量检验标准

项目	序号	检查项目	允许值或允许偏差		检查方法
			单位	数值	
主控项目	1	复合地基承载力	不小于设计值		静载试验
	2	桩体密实度	不小于设计值		重型动力触探
	3	填料量	%	≥-5	实际用料量与计算填料量体积比
	4	孔深	不小于设计值		测钻杆长度或用测绳
一般项目	1	填料的含泥量	%	<5	水洗法
	2	填料的有机质含量	%	≤5	灼烧减量法
	3	填料粒径	设计要求		筛析法
	4	桩间土强度	不小于设计值		标准贯入试验
	5	桩位	mm	≤0.3D	全站仪或用钢尺量
	6	桩顶标高	不小于设计值		水准测量，将顶部预留的松散桩体挖除后测量
	7	密实电流	设计值		查看电流表
	8	留振时间	设计值		用表计时
	9	褥垫层夯填度	≤0.9		水准测量

注：1. 夯填度指夯实后的褥垫层厚度与虚铺厚度的比值；

2. D为设计桩径，mm。

(六)深层搅拌地基

(1)施工前应检查水泥及外掺剂的质量、桩位、搅拌机工作性能及各种计量设备完好程度(主要是水泥浆流量计及其他计量装置)。

(2)施工中应检查机头提升速度、水泥浆或水泥注入量、搅拌桩的长度及标高。

(3)进行强度检验时，对承重水泥土搅拌桩应取90 d后的试件，对支护水泥土搅拌桩应取28 d后的试件。

(4)水泥土搅拌桩复合地基的质量检验标准应符合表2-8的要求。

(七)高压喷射注浆地基(旋喷注浆地基)

(1)施工前应检查水泥、外掺剂等的质量，桩位、压力表、流量表的精度和灵敏度、高压喷射设备的性能等。

(2)施工中应检查施工参数(压力、水泥浆量、提升速度、旋转速度等)的应用情况及施工程序。

(3)高压喷射注浆地基的质量检验标准应符合表 2-9 的要求。

表 2-8　水泥土搅拌桩复合地基的质量检验标准

项目	序号	检查项目	允许值或允许偏差		检查方法
			单位	数值	
主控项目	1	复合地基承载力	不小于设计值		静载试验
	2	单桩承载力	不小于设计值		静载试验
	3	水泥用量	不小于设计值		查看流量表
	4	搅拌叶回转直径	mm	±20	用钢尺量
	5	桩长	不小于设计值		测钻杆长度
	6	桩身强度	不小于设计值		28 d 试块强度或钻芯法
一般项目	1	水胶比	设计值		实际用水量与水泥等胶凝材料的重量比
	2	提升速度	设计值		测机头上升距离及时间
	3	下沉速度	设计值		测机头下沉距离及时间
	4	桩位	条基边桩沿轴线	≤1/4*D*	全站仪或用钢尺量
			垂直轴线	≤1/6*D*	
			其他情况	≤2/5*D*	
	5	桩顶标高	mm	±200	水准测量,最上部 500 mm 浮浆层及劣质桩体不计入
	6	导向架垂直度	≤1/150		经纬仪测量
	7	褥垫层夯填度	≤0.9		水准测量

注:*D* 为设计桩径,mm。

表 2-9　高压喷射注浆地基的质量检验标准

项目	序号	检查项目	允许值或允许偏差		检查方法
			单位	数值	
主控项目	1	复合地基承载力	不小于设计值		静载试验
	2	单桩承载力	不小于设计值		静载试验
	3	水泥用量	不小于设计值		查看流量表
	4	桩长	不小于设计值		测钻杆长度
	5	桩身强度	不小于设计值		28 d 试块强度或钻芯法

续表 2-9

项目	序号	检查项目	允许值或允许偏差		检查方法
			单位	数值	
一般项目	1	水胶比	设计值		实际用水量与水泥等胶凝材料的重量比
	2	钻孔位置	mm	≤50	用钢尺量
	3	钻孔垂直度	≤1/100		经纬仪测钻杆
	4	桩位	mm	≤0.2D	开挖后桩顶下 500 mm 处用钢尺量
	5	桩径	mm	≥-50	用钢尺量
	6	桩顶标高	不小于设计值		水准测量,最上部 500 mm 浮浆层及劣质桩体不计入
	7	喷射压力	设计值		检查压力表读数
	8	提升速度	设计值		测机头上升距离及时间
	9	旋转速度	设计值		现场测定
	10	褥垫层夯填度	≤0.9		水准测量

注:D 为设计桩径,mm。

任务二　浅基础工程施工

一、浅基础类型

一般工业与民用建筑在基础设计中多采用天然浅基础,它造价低、施工简便。一般根据基础的受力特点和材料、构造类型不同,可将浅基础分为以下几种类型。

(一)无筋扩展基础

无筋扩展基础又称为刚性基础,一般由砖、石、素混凝土、灰土和三合土等材料建造的墙下条形基础或柱下独立基础,见图 2-6。其特点是抗压强度高,而抗拉、抗弯、抗剪性能差,适用于六层和六层以下的民用建筑及轻型工业厂房。刚性基础的截面尺寸有矩形、阶梯形和锥形等。

(二)扩展基础

扩展基础是指柱下钢筋混凝土独立基础和墙下钢筋混凝土条形基础。这类基础抗弯强度、抗剪强度都很高,耐久性和抗冻性都较理想。其特别适用于荷载大,土质较软弱,基底面积较大而又必须浅埋的情况。

柱下钢筋混凝土独立基础常为阶梯形基础或锥形基础,预制柱下常用杯形基础,见图 2-7。建筑结构承重墙下多为混凝土条形基础,根据受力条件可分为板式基础和梁板式基础两种,见图 2-8。

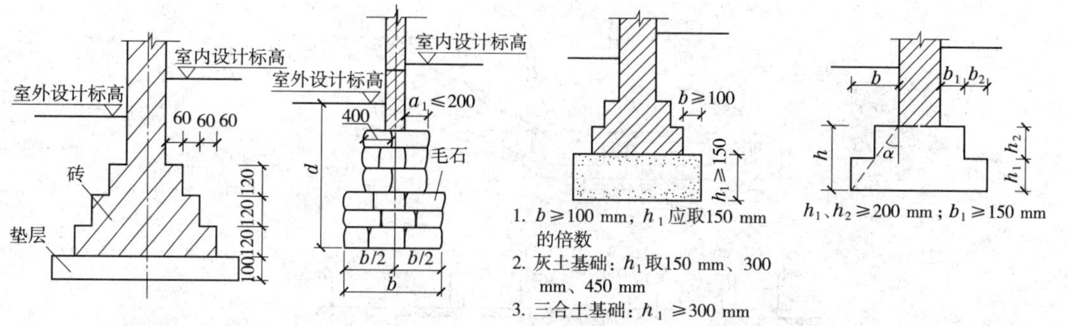

(a)砖基础　(b)毛石基础　(c)灰土、三合土基础　(d)混凝土、毛石混凝土基础

图 2-6　无筋扩展基础类型

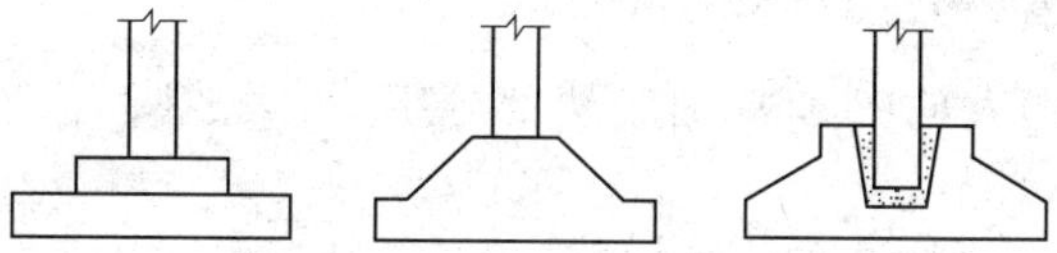

(a)阶梯形基础　(b)锥形基础　(c)杯形基础

图 2-7　柱下钢筋混凝土独立基础

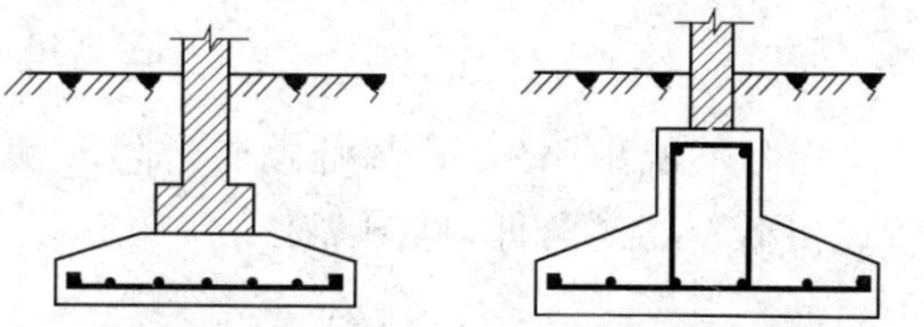

(a)板式基础　(b)梁板式基础

图 2-8　墙下钢筋混凝土条形基础

(三)筏板基础

筏板基础又称满堂基础,具有整体性好,刚度大,能有效地调整基础各部分的不均匀沉降等特点。其适用于地基承载力较小且不均匀,上部结构荷载较大的情况。筏板基础一般可分为平板式和梁板式两类,见图 2-9。

(a)平板式　(b)梁板式

图 2-9　筏板基础

(四)箱形基础

箱形基础是由钢筋混凝土底板、顶板、侧墙及一定数量的内隔墙构成封闭的箱体。它的整体性和刚度都比较好,有调整不均匀沉降的能力,抗震能力较强,可以消除因地基变形而使建筑物开裂的缺陷,也可以减少基底处原有地基的自重应力,降低总沉降量。箱形基础适用于作为软弱地基上面积较小、平面形状简单、荷载较大或上部结构分布不均的高层建筑物的基础,如图 2-10 所示。

二、砖基础施工

(一)构造要求

砖基础通常采用普通烧结砖与水泥砂浆砌成,一般砖的强度等级不低于 MU10,砌筑

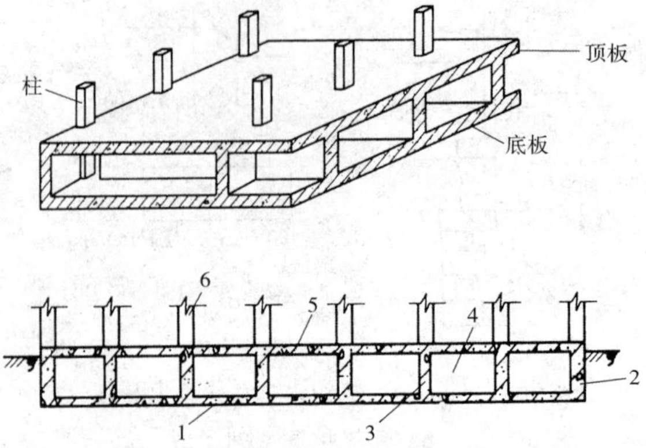

1—底板;2—外墙;3—内横隔墙;4—内纵隔墙;5—顶板;6—柱

图 2-10　箱形基础

砂浆强度不低于 M5。砖基础砌成台阶形状,由大放脚和基础墙两部分组成,大放脚有等高式和不等高式两种,见图 2-11。

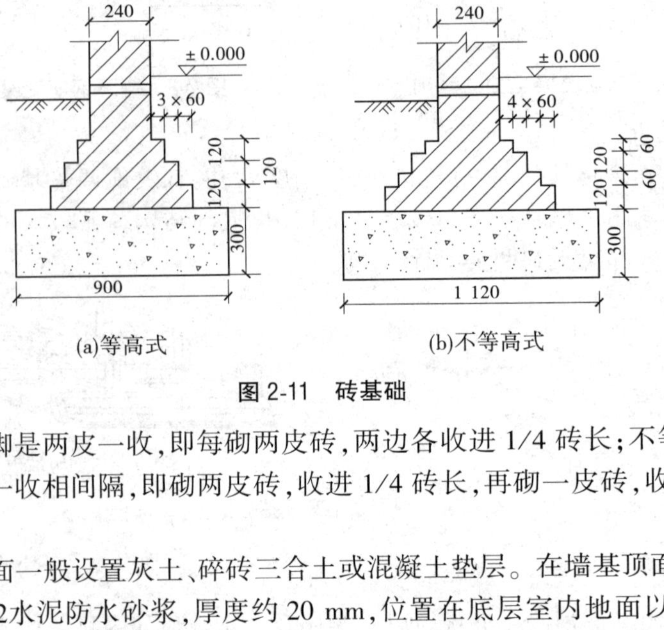

图 2-11　砖基础

等高式大放脚是两皮一收,即每砌两皮砖,两边各收进 1/4 砖长;不等高式大放脚是两皮一收与一皮一收相间隔,即砌两皮砖,收进 1/4 砖长,再砌一皮砖,收进 1/4 砖长,如此往复。

在大放脚下面一般设置灰土、碎砖三合土或混凝土垫层。在墙基顶面应设置防潮层,防潮层一般用 1∶2水泥防水砂浆,厚度约 20 mm,位置在底层室内地面以下一皮砖处,即离底层室内地面下 60 mm 处。

(二)施工要求

砖基础施工应满足以下要求:

(1)基础施工前,应检查垫层施工是否符合质量要求,并将垫层表面清扫干净。在主要轴线部位设置引桩,以控制基础、墙身的轴线位置,并从中引出墙身轴线,而后向两边放出大放脚的底边线。

(2)砌筑时,在转角、交接及高低踏步处预先立好基础皮数杆,拉准线,控制基础的砌筑高度。内外墙砖基础应同时砌筑,如不能同时砌筑,应留置斜槎,斜槎长度不应小于斜槎高度的2/3。

(3)基础底标高不同时,应从低处砌起,并由高处向低处搭接。如设计无要求,搭接长度不应小于大放脚的高度。

(4)大放脚部分一般采用一顺一丁砌筑形式,最下一皮及每层的最上一皮应以丁砌为主。灰缝的宽度应控制在10 mm左右,水平灰缝的砂浆饱满度不得小于80%,竖缝要错开。

(5)砖基础中洞口、管道、沟槽等,应在砌筑时正确留出,宽度超过500 mm的洞口,其上方应砌筑平拱或设置过梁。

(6)基础轴线位置偏移不得大于10 mm,基础顶面标高允许偏差为±15 mm。基础验收合格后,应及时回填,回填土要在基础两侧同时进行,并分层夯实。

三、钢筋混凝土基础施工

(一)条形基础施工

1. 构造要求

(1)锥形条形基础,边缘高度不宜小于200 mm,阶梯形条形基础的每阶高度一般为300~500 mm。钢筋混凝土条形基础一般构造如图2-12所示。

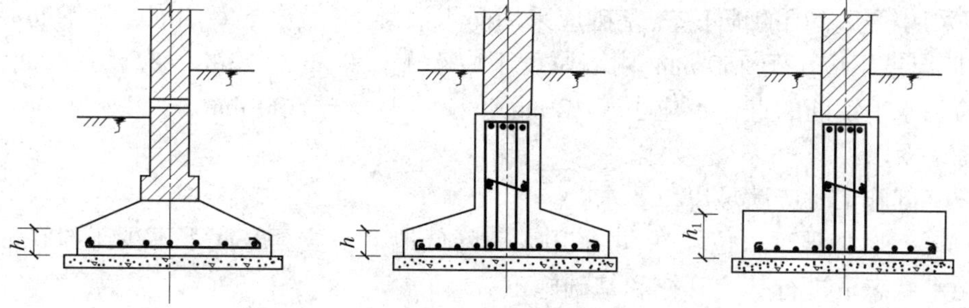

图2-12　钢筋混凝土条形基础一般构造

(2)基础混凝土强度等级不应低于C25,基础垫层混凝土强度等级不应低于C15,厚度不宜小于100 mm。

(3)基础底板受力钢筋的直径不宜小于10 mm,间距为100~200 mm;纵向分布钢筋的直径不宜小于8 mm,间距不大于300 mm;墙下钢筋混凝土条形基础每延长米分布钢筋的面积不小于受力钢筋面积的1/10。有垫层时钢筋保护层的厚度不小于40 mm,无垫层时不小于70 mm。

(4)插筋的数目与直径应与柱内纵向受力钢筋相同。插筋的锚固及柱的纵向受力钢筋的搭接长度,按《混凝土结构通用规范》(GB 55008—2021)的规定执行。

2. 施工要求

条形基础施工时应满足以下要求:

(1)基础垫层施工前应对基坑(槽)进行验槽,清除基坑(槽)内的浮土、积水、淤泥、垃圾、杂物等。验槽后应立即进行垫层混凝土的浇筑,以免地基土被扰动。

(2)垫层达到一定强度后,在其上弹线、支模。铺放钢筋网片时底部用与混凝土保护层同厚度的水泥砂浆垫塞,以保证位置正确。

(3)在浇筑基础混凝土前,应清除模板上的垃圾、泥土和钢筋上的油污等杂物,模板应浇水加以湿润。

(4)基础混凝土宜分层连续浇筑完成。阶梯形基础每浇筑完一台阶应稍停0.5~1.0 h,待其初步获得沉实后,再浇筑上层混凝土,以防止下台阶混凝土溢出和上台阶根部出现烂脖子,台阶表面应基本抹平。

(5)锥形基础的斜面部分模板应随混凝土浇捣分段支设并顶压紧,以防模板上浮变形,边角处的混凝土应注意捣实。严禁斜面部分不支模,用铁锹拍实。

(6)基础上有插筋时,要加以固定,保证插筋位置的正确,防止浇捣混凝土发生移位。混凝土浇筑完毕,外露表面应覆盖并浇水养护。

(二)筏板基础施工

1. 构造要求

(1)基础混凝土强度等级不宜低于C30,基础底板下一般宜设厚度为100 mm的混凝土垫层,每边伸出基础底板不小于100 mm。有垫层时钢筋保护层的厚度不小于40 mm,无垫层时钢筋保护层的厚度不小于70 mm。

(2)基础平面布置应尽量对称,以减小基础荷载的偏心距。梁截面和板厚应按计算确定,底板厚度不宜小于200 mm,梁顶高出底板顶面不小于300 mm,梁宽不小于250 mm。

(3)采用筏板基础的地下室,基础应采用防水混凝土,沿地下室四周布置钢筋混凝土外墙,外墙厚度不应小于250 mm,内墙厚度不应小于200 mm。墙体内应设置双面钢筋,竖向钢筋和水平钢筋的直径不应小于12 mm,间距不应大于300 mm。

2. 施工要求

筏板基础施工时应满足以下要求:

(1)施工前,如地下水位较高,可采用人工降低地下水位至基底下不少于500 mm,以保证在无水状态下进行基坑开挖和基础施工。

(2)施工时,可采用先在地基或垫层上绑扎底板、梁的钢筋和柱子锚固插筋,浇筑底板混凝土,待达到25%设计强度后,再在底板上支梁模板,继续浇筑完梁部分混凝土;也可采用底板和梁模板一次同时支好,混凝土一次连续浇筑完成,梁侧模板采用支架支撑并固定牢固。

(3)混凝土浇筑时一般不留施工缝,必须留设时,应按施工缝要求处理,并应设置止水带。

(4)基础浇筑完毕,表面应覆盖和洒水养护不少于7 d,并防止地基被水浸泡。

(三)箱形基础施工

1. 构造要求

(1)基础混凝土强度等级不宜低于C30。基础高度一般取建筑物高度的1/12~1/8,不宜小于箱形基础长度的1/18~1/16,且不小于3 m。

(2)箱形基础在平面布置上应尽可能对称,以减少基础荷载的偏心距。基础底板厚度一般取隔墙间距的1/10~1/8,为300~1 000 mm;顶板厚度为200~400 mm;内墙厚度不宜小于200 mm;外墙厚度不应小于250 mm。

(3)为保证箱形基础的整体刚度,平均每平方米基础面积上墙体长度应不小于

400 mm,或墙体水平截面面积不得小于基础面积的 1/10,其中纵墙配置量不得小于墙体总配置量的 3/5。

2. 施工要求

箱形基础施工时应满足以下要求:

(1)施工前,如地下水位较高,可采用人工降低地下水位至基底下不少于 500 mm,以保证在无水状态下进行基坑开挖和基础施工。

(2)施工时,基础的底板、内外墙和顶板宜连续浇筑完毕。为防止出现温度收缩裂缝,一般应设置贯通后浇带,带宽不宜小于 800 mm,在后浇带处钢筋应贯通,用比设计强度提高一级的细石混凝土将后浇带填灌密实,并加强养护。

(3)基础的底板、内外墙和顶板采取分块施工时,其施工缝的留设和处理应符合《混凝土结构工程施工质量验收规范》(GB 50204—2015)的有关要求,外墙接缝应设置止水带。

(4)基础施工完毕,应立即回填土,是否停止降水,验算基础的抗浮稳定性,抗浮稳定系数不宜小于 1.2。如不能满足,应采取有效措施,例如继续抽水直至上部结构荷载加上后能满足抗浮稳定系数的要求,或在基础内采取灌水或加重物等防止基础上浮或倾斜。

任务三　桩基础工程施工

桩基础是深基础中的一种,由基桩(沉入土中的单桩)和连接于基桩桩顶的承台共同组成。桩基础的作用是将上部结构的荷载传递到深部较坚硬、压缩性较小、承载力较大的土层上;或使软弱土层受挤压,提高地基土的密实度和承载力,以保证建筑物的稳定性,减少地基沉降。

(1)按桩的承载性质不同,桩基础可分为端承型桩和摩擦型桩,如图 2-13 所示。

端承型桩是穿过软土层并将建筑物的荷载传递给坚硬土层的桩,又可分为端承桩和摩擦端承桩。端承桩是指在极限承载力状态下,桩顶荷载由桩端阻力承受的桩;摩擦端承桩是指在极限承载力状态下,桩顶荷载主要由桩端阻力承受的桩。

摩擦型桩是将桩沉至软弱土层一定深度,用以挤密软弱土层,提高土层的密实度和承载力,又可分为摩擦桩和端承摩擦桩。摩擦桩是指在极限承载力状态下,桩顶荷载由桩侧阻力承受的桩;端承摩擦桩是指在极限承载力状态下,桩顶荷载主要由桩侧阻力承受的桩。

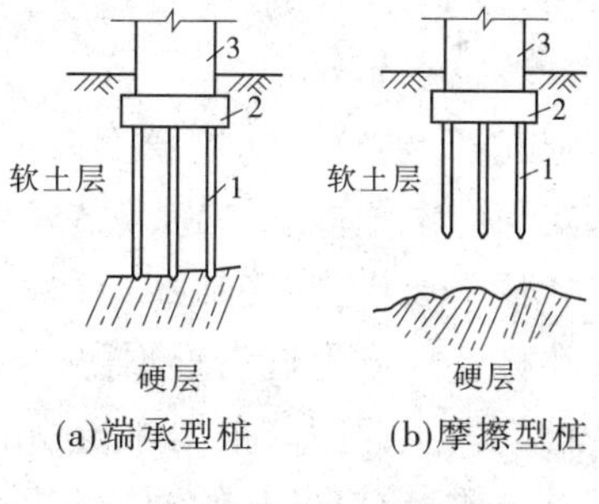

1—桩;2—承台;3—上部结构

图 2-13　端承型桩与摩擦型桩

(2)按桩的施工方法不同,桩基础有预制桩和灌注桩两类。

预制桩是在工厂或施工现场用不同的建筑材料制成的各种形状的桩,然后用打桩设备将预制好的桩沉入地基土中。

灌注桩是在设计桩位上先成孔,然后放入钢筋骨架,再浇筑混凝土而成的桩。灌注桩按成孔的方法不同,分为泥浆护壁成孔灌注桩、干作业钻孔灌注桩、人工挖孔灌注桩、沉管灌注桩等。

一、钢筋混凝土预制桩施工

钢筋混凝土预制桩是在预制构件厂或施工现场预制,用沉桩设备在设计位置上将其沉入土中。其特点为:坚固耐久,不受地下水或潮湿环境影响,能承受较大荷载,施工机械化程度高,进度快,能适应不同土层施工。目前,最常用的预制桩是预应力混凝土管桩。

钢筋混凝土预制桩施工前,应根据施工图设计要求、工程规模的大小和复杂程度,以及桩的类型、成孔过程对土的挤压情况、地质探测和试桩等资料,编制整个分部工程施工组织设计或施工方案。钢筋混凝土预制桩的一般施工程序如图2-14所示。

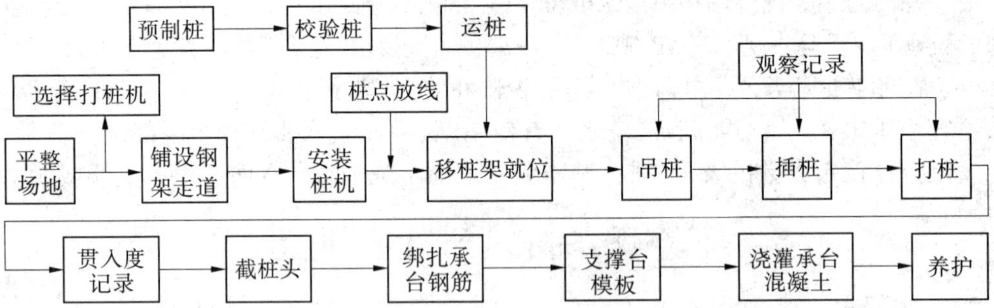

图2-14 钢筋混凝土预制桩的一般施工程序

(一)打桩前的准备

1. 处理障碍物

打桩施工前,应认真处理影响施工的高空、地上和地下的障碍物。对施工现场周围的建筑物、地下管线等做全面检查,予以加固或拆除。

2. 场地平整

施工场地应平整(坡度不大于10%)、坚实,必要时宜铺设道路,经压路机碾压密实,场地四周应设置排水措施。

3. 抄平放线,测定桩位

在打桩现场附近设置不得少于两个水准点,其位置应不受打桩影响,用以抄平场地和检查桩的入土深度。根据建筑物的轴线控制桩定出桩基的每个桩位,用小木桩标记。正式打桩之前,应对桩基的轴线和桩位复查一次。

4. 确定打桩顺序

打桩顺序直接影响到桩基础的质量和施工速度,应根据桩的密集程度(桩距大小)、桩的规格、长短、桩的设计标高、工作面布置、工期要求等综合考虑,合理确定打桩顺序。

(1)根据桩的密集程度,打桩顺序一般分为逐排打设、自中部向四周打设和由中间向两侧打设三种,如图2-15所示。

当桩布置较密(桩距≤4倍桩径或边长)时,应由中间向两侧对称施打或由中间向四周施打;当桩布置较疏(桩距>4倍桩径或边长)时,可采用上述两种打法,或逐排单向打设。

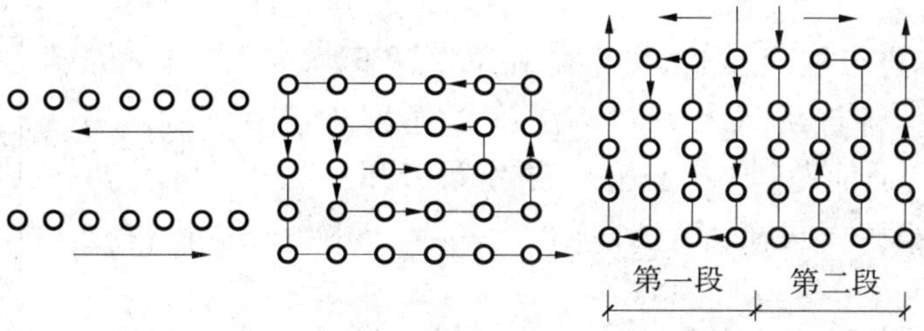

图 2-15　打桩顺序

(2)根据桩基础的设计标高和桩的规格,宜按先深后浅、先大后小、先长后短的顺序进行打桩。

5. 打试验桩

施工前应进行打桩试验(数量不少于 2 根桩),用以了解桩的沉入时间、最终沉入度、持力层的强度、桩的承载力以及施工过程中可能出现的各种问题,以便检验打桩设备和施工方案,确定桩基础是否符合设计要求。

(二)桩的制作、运输、堆放

1. 桩的制作

较短的桩多在预制厂生产,较长的桩一般在打桩现场或附近就地预制。

现场制作预制桩可采用重叠法,其制作程序为:现场布置→场地地基处理、整平→场地地坪浇筑混凝土→支模→绑扎钢筋、安设吊环→浇筑混凝土→养护至 30%强度拆模→支间隔端头模板、刷隔离剂、绑扎钢筋→浇筑间隔桩混凝土→同法制作第二层桩→养护至 70%强度起吊→达到 100%强度后运输、打桩。

桩分节制作时,单节长度的确定,应满足桩架的有效高度、制作场地条件、运输与装卸能力的要求,同时应避免桩尖接近硬持力层或桩尖处于硬持力层中接桩,上节桩和下节桩应尽量在同一纵轴线上预制。

制桩时应做好浇筑日期、混凝土强度、外观检查、质量鉴定等记录,以供验收时查用。每根桩上应标明编号、制作日期,如不预埋吊环,则应标明绑扎位置。

2. 桩的运输

混凝土预制桩达到设计强度 70%后方可起吊,达到 100%后方可进行运输。如提前吊运,必须验算合格。桩在起吊和运输时,吊点应符合设计规定,如无吊环,设计又未作规定,绑扎点的数量及位置按桩长而定,应按起吊弯距最小的原则进行捆绑。钢丝绳与桩之间应加衬垫,起吊时应平稳提升,防止撞击和受振动。如长距离运输,可采用平板拖车或轻轨平板车。

3. 桩的堆放

桩堆放时,地面必须平整、坚实。垫木间距应根据吊点确定,各层垫木应位于同一垂直线上,最下层垫木应适当加宽,堆放层数不宜超过 4 层。不同规格的桩应分别堆放。

(三)施工方法

混凝土预制桩的沉桩方法有锤击沉桩、静力压桩、水冲沉桩、振动沉桩等。

1. 锤击沉桩

锤击沉桩也称打入桩(见图 2-16),是利用桩锤下落产生的冲击能量将桩沉入土中。该法施工速度快,机械化程度高,适应范围广,但施工时有噪声和振动,对于城市中心和夜间施工有所限制。

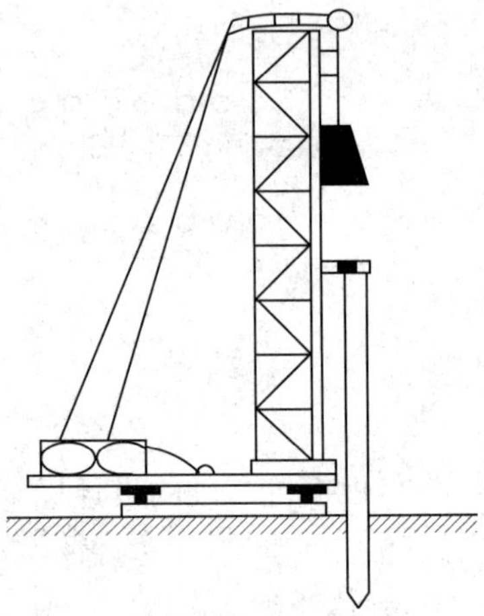

图 2-16　打入桩施工示意

1) 打桩设备

打桩设备主要包括桩锤、桩架及动力装置。

(1) 桩锤是把桩打入土中的主要机具,有落锤、汽锤(单动汽锤和双动汽锤)、柴油桩锤、振动桩锤等。

桩锤的类型应根据施工现场情况、机具设备条件及工作方式和工作效率等条件来选择;桩锤的质量一般根据桩重和土质的沉桩难易程度选择,宜选择重锤低击。

(2) 桩架的作用是支持桩身和桩锤,在打桩过程中引导桩的方向及维持桩的稳定,并保证桩锤沿着所要求的方向冲击桩体。桩架一般由底盘、导向杆、起吊设备、撑杆等组成。其形式多种多样,常用的桩架有两种基本形式:一种是沿轨道行驶的多功能桩架,另一种是装在履带底盘上的履带式桩架。

多功能桩架由定柱、斜撑、回转工作台、底盘及传动机构组成。它的机动性和适应性很大,在水平方向可做 360°回转,导架可以伸缩和前后倾斜,底座下装有铁轮,可在轨道上行走。这种桩架可适用于各种预制桩及灌注桩施工。

履带式桩架以履带式起重机为主机,配备桩架工作装置。其操作灵活,移动方便,适用于各种预制桩和灌注桩的施工。

桩架的选用应根据桩的长度、桩锤的类型及施工条件等因素确定。通常,桩架的高度=桩长+桩锤高度+桩帽高度+滑轮组高度+桩锤位移高度(1~2 m)。

(3) 动力装置一般根据所选的桩锤而定,主要有卷扬机、锅炉、空气压缩机等。当采用空气锤时,应配备空气压缩机;当选用蒸汽锤时,则要配备蒸汽锅炉和卷扬机。

2) 打桩工艺

打桩工艺主要包括吊桩就位、打桩、接桩。

(1) 吊桩就位。按既定的打桩顺序,先将桩架移动至桩位处并用缆风绳拉牢,然后将桩运至桩架下,利用桩架上的滑轮组,由卷扬机提升桩。当桩提升至直立状态后,即可将桩送入桩架的龙门导管内,同时把桩尖准确地安放到桩位上,并与桩架导管相连接,以保证打桩过程中不发生倾斜或移动。桩插入时垂直偏差不得超过 0.5%。桩就位后,为了防止击碎桩顶,在桩锤与桩帽、桩帽与桩之间应放上硬木、粗草纸或麻袋等桩垫作为缓冲层,桩帽与桩顶四周应留 5~10 mm 的间隙,然后进行检查,使桩身、桩帽和桩锤在同一轴线上,此时即可开始打桩。自落锤桩帽构造示意见图 2-17。

(2) 打桩。打桩宜采用重锤低击,这样的桩锤对桩顶的动量大、冲击小,回弹也小,桩头不易损坏。

①初打时地层软、沉降量较大,宜低锤轻打,随着沉桩加深(1~2 m),速度减慢,再酌

情增加起锤高度。

②打桩时要控制锤击应力,观察桩锤回弹情况,如经常回弹较大,则说明锤太轻,不能使桩下沉,应及时更换。

③桩锤的落距通常根据实践经验取定,一般情况下,单动汽锤以 0.6 m 左右为宜,柴油桩锤不超过 1.5 m 为宜,落锤不超过 1.0 m 为宜。

④打桩时要随时注意贯入度变化情况,当贯入度骤减、桩锤有较大回弹时,表示桩尖遇到障碍,此时应减小桩锤落距,加快锤击。如上述情况仍存在,则应停止锤击,查其原因及时处理。

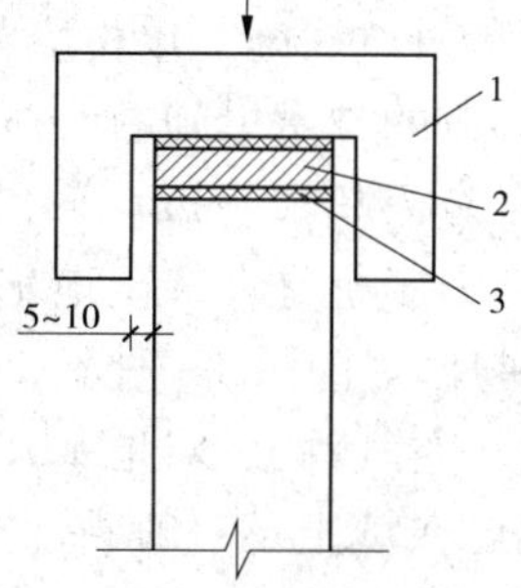

1—桩帽;2—硬垫木;3—草纸(弹性衬垫)

图 2-17　自落锤桩帽构造示意

⑤在打桩过程中,如突然出现桩锤回弹、贯入度突增、锤击时桩弯曲、倾斜、颤动、桩顶破坏加剧等情况,则表明桩身可能已破坏。

⑥打桩最后阶段,沉降太小时,要避免硬打,如难沉下,要检查桩垫、桩帽是否适宜,需要时可更换或补充软垫。

(3)接桩。预制桩施工中,由于受到场地、运输及打桩设备等的限制,而将长桩分为多节进行制作。接桩时要注意新接桩节与原桩节的轴线一致。目前,预制桩的接桩工艺主要有硫黄胶泥浆锚法、电焊接桩和法兰螺栓接桩等三种。前一种适用于软弱土层,后两种适用于各类土层。

3)打桩质量要求

为保证打桩的质量,应遵循以下原则:

(1)端承型桩即桩端达到坚硬土层,以控制贯入度为主,桩端标高可作参考;

(2)摩擦型桩即桩端位于一般软弱土层,以控制桩端设计标高为主,贯入度可作参考。

打入桩(预制混凝土方桩、先张法预应力管桩、钢桩)的桩位偏差,必须符合规范的规定。打斜桩时,斜桩倾斜度的允许偏差,不得大于倾斜角正切值的 15%。

4)桩头的处理

在打完各种预制桩后开挖基坑时,按设计要求的桩顶标高将桩头多余的部分截去。截桩头时不能破坏桩身,要保证桩身的主筋伸入承台,长度应符合设计要求。当桩顶标高在设计标高以下时,在桩位上挖成喇叭口,凿掉桩头混凝土,剥出主筋并焊接接长至设计要求长度,与承台钢筋绑扎在一起,用桩身同强度等级的混凝土与承台一起浇筑接长桩身,桩头处理见图 2-18。

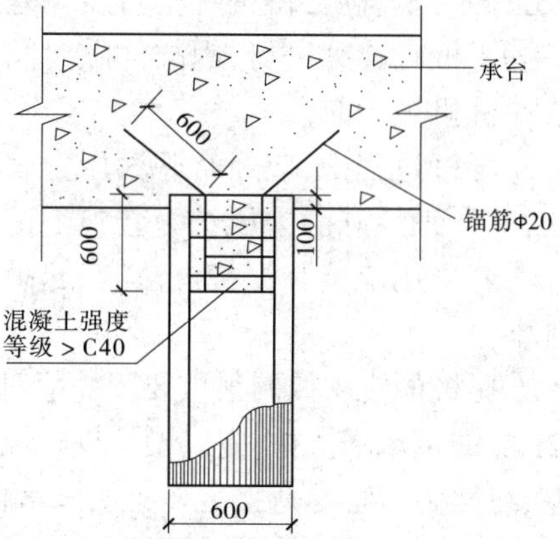

图 2-18　桩头处理

5)打桩施工常见问题处理

在打桩施工过程中会遇见各种各样的问题,例如桩顶破碎,桩身断裂,桩身位移、扭转、倾斜,桩锤跳跃,桩身严重回弹等。发生这些问题的原因有钢筋混凝土预制桩制作质量、沉桩操作工艺和复杂土层等三个方面。施工规范规定,打桩过程中如遇到上述问题,都应立即暂停打桩,施工单位应与勘察、设计单位共同研究,查明原因,提出明确的处理意见,采取相应的技术措施后,方可继续施工。

2. 静力压桩

静力压桩是在软土地基上,利用静力压桩机或液压压桩机的静压力(自重和配重)将预制桩压入土中的一种新工艺。静力压桩与普通的打桩和振动沉桩相比,具有无噪声、无振动、无空气污染、对地基及周围建筑物影响较小等特点,已广泛用于软土地基的沉桩工程,也可在填土及一般黏性土层中应用,特别适合于城市和有环境保护要求的地区沉桩,但不宜用于地下有较多孤石、障碍物的情况。

1) 压桩机械设备

静力压桩机分机械式和液压式两种。

(1) 机械静力压桩机。由压桩架(桩架与底盘)、传动设备(卷扬机、滑轮组、钢丝绳)、平衡设备(铁块)、量测装置(测力计、油压表)及辅助设备(起重设备、送桩)等组成。其施压部分在桩顶端部,施加静压力为600~2 000 kN。这种桩机装配费用较低,但设备高大笨重,行走移动不便,压桩速度较慢。

(2) 液压静力压桩机。由液压吊装机构、液压夹持、压桩机构(千斤顶)、行走及回转机构、液压及配电系统、配重铁等部分组成。其施压部分在桩身侧面。这种桩机结构紧凑,行走方便、快速,自动化程度高,是当前国内较广泛采用的一种新型压桩机械。

2) 压桩工艺与施工要求

(1) 施工静力压桩施工,一般采用分段压入、逐节接长的方法进行,其主要施工程序为:测量定位→压桩机就位→吊桩、插桩→桩身对中调直→静压沉桩→接桩→再静压沉桩→送桩→终止压桩→切割桩头。

(2) 施工时有如下要求:

①静力压桩机应根据设计和土质情况按额定的总质量配足压重。

②在吊桩插桩过程中,应在桩压入土中0.5~1.0 m时暂停下压,从桩的两个正交侧面校正桩身垂直度,待桩身垂直度偏差小于0.3%时才可正式开压。

③压桩应连续进行,因故停歇时间不宜过长,否则压桩力将大幅度增长而导致桩压不下去或桩机被抬起。

④压桩过程中,应经常观察压力表,控制压桩阻力,调节桩机静力同步平衡,避免产生偏心,并详细做好静力压桩工艺施工记录。

⑤若采用硫黄胶泥接桩法,在起吊前应先检查浆锚孔的深度并将孔内的杂物和积水清理干净。

⑥压桩的终压控制很重要。一般对纯摩擦桩,终压时以设计桩长为控制条件;对长度大于21 m的端承摩擦桩,应以设计桩长控制为主,终压力值作对照;对一些设计承载力较高的桩基,终压力值宜尽量接近压桩机满载值;对长14~21 m的静力压桩,应以终压力达到满载值为终压控制条件。对桩周土质较差且设计承载力较高的桩,宜复压1~2次;对长度小于14 m的桩,宜连续多次复压;对长度小于8 m的短桩,连续复压的次数应适当增加。

⑦静力压桩单桩竖向承载力,可通过桩的终止压力值大致判断。如判断的终止压力

值不能满足设计要求,应立即采取送桩加深处理或补桩,以保证桩基的施工质量。

3. 水冲沉桩

水冲沉桩是锤击沉桩的一种辅助方法。它是利用高压水流经过桩侧面或空心管内部的射水管冲击桩尖附近土层,便于锤击沉桩。一般是边冲水边打桩,当沉桩至最后 1~2 m 时停止冲水,锤击至规定标高。水冲沉桩适用于砂土和碎石土,有时对于特别长的预制桩,单靠锤击有一定的困难时,亦用此法辅助沉桩。

4. 振动沉桩

振动沉桩是利用振动机,将桩与振动机连接在一起,振动机产生的振动力通过桩身使土体振动,使土体的内摩擦角减小、强度降低而将桩沉入土中。此法在砂土中效率最高。

二、灌注桩施工

混凝土灌注桩是直接在施工现场桩位上成孔,然后在孔内安装钢筋笼,浇筑混凝土成桩。与预制桩相比,灌注桩具有振动小、噪声低、直径大、承载力高等特点,但施工工艺复杂,影响质量的因素多。灌注桩按成孔方法不同可分为泥浆护壁成孔灌注桩、干作业成孔灌注桩、沉管灌注桩、人工挖孔灌注桩等。

(一)泥浆护壁成孔灌注桩

泥浆护壁成孔灌注桩可用多种钻孔机械成孔,在成孔过程中,为防止塌孔,利用原土自然造浆或人工造浆浆液进行护壁,成孔后安装绑扎好的钢筋笼,导管法水下灌注混凝土成桩。此法适用于地下水位较高的地质条件,但在岩溶发育地区应慎重使用。

泥浆护壁成孔灌注桩施工工艺流程如图 2-19 所示。

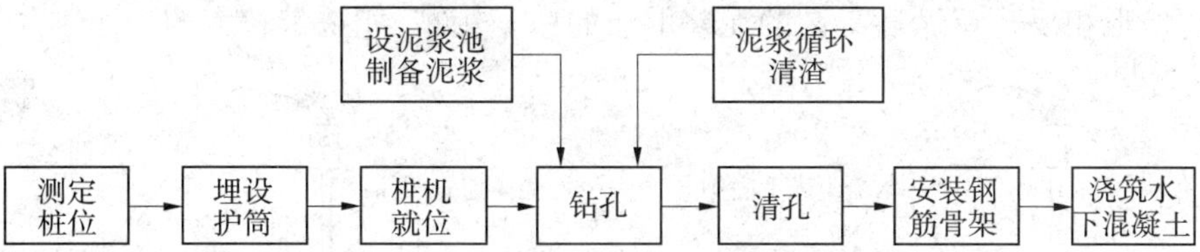

图 2-19　泥浆护壁成孔灌注桩施工工艺流程

1. 施工准备

1)埋设护筒

(1)护筒的构造。护筒一般由 4~8 mm 厚钢板制成,其内径应大于钻头直径 200 mm,上部宜开设 1~2 个溢浆孔。

(2)护筒的作用。固定桩孔位置,防止孔口坍塌;钻孔时引导钻头方向,增强桩孔内静水压力,防止塌孔。

(3)护筒的埋设要求如下:

①埋设护筒时,先挖去桩孔处地表土,将护筒埋入土中,保证其位置准确、稳定。

②护筒的埋设深度,在黏土中不宜小于 1.0 m,在砂土中不宜小于 1.5 m。护筒顶面应高于地面 0.3~0.4 m,并应保持孔内泥浆面高出地下水位 1 m 以上,在受水位涨落影响时,应保持孔内泥浆面高出最高水位 1.5 m 以上。

③护筒中心与桩位中心的偏差不得大于 50 mm,护筒与坑壁之间用黏土填实,以防漏水。

2)制备泥浆

(1)泥浆的作用。泥浆在桩孔内吸附在孔壁上,将土壁上孔隙渗填密实,避免孔内壁漏水,保持护筒内水压稳定;泥浆比重大,加大孔内水压力,可以稳固土壁、防止塌孔;泥浆有一定黏度,通过循环泥浆可将切削碎的泥石渣屑悬浮后排出,起到携砂、排土的作用。同时,泥浆还可对钻头有冷却和润滑作用。

(2)制备泥浆方法。在黏性土中成孔时可在孔中注入清水,钻机旋转时,切削土屑与水旋拌,用原土造浆,泥浆比重应控制在1.1~1.2。在其他土中成孔时,泥浆制备应选用高塑性黏土或膨润土。在砂土和较厚的夹砂层中成孔时,泥浆比重应控制在1.3~1.5。施工中应经常测定泥浆比重,并定期测定黏度、含砂率和胶体率等指标。

2.成孔

1)施工机具

泥浆护壁成孔灌注桩成孔方法按成孔机械不同一般有钻机成孔(回转钻机成孔、潜水钻机成孔、冲击钻机成孔)和冲抓锥成孔,其中以钻机成孔应用最多。

(1)回转钻机成孔。

回转钻机是由动力装置带动钻机回转装置转动,再由其带动带有钻头的钻杆移动,由钻头切削土层。适用于地下水位较高的软、硬土层,如淤泥、黏性土、砂土、软质岩层。回转钻机钻孔方式根据泥浆循环方式的不同,分为正循环回转钻机成孔和反循环回转钻机成孔。

正循环回转钻机成孔的工艺原理(见图2-20),由空心钻杆内部通入泥浆或高压水,从钻杆底部喷出,携带钻下的土渣沿孔壁向上流动,由孔口将土渣带出流入泥浆池。

反循环回转钻机成孔的工艺原理(见图2-21),泥浆带渣流动的方向与正循环回转钻机成孔的情形相反。反循环工艺的泥浆上流的速度较高,能携带较大的土渣。

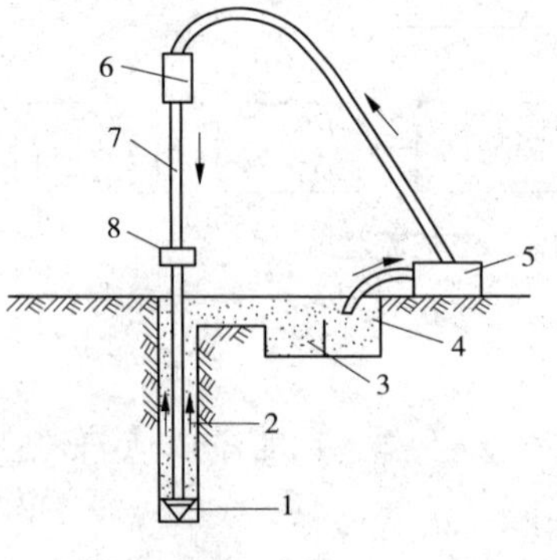

1—钻头;2—泥浆循环方向;3—沉淀池;4—泥浆池;5—泥浆泵;6—水龙头;7—钻杆;8—钻机回转装置

图2-20 正循环回转钻机成孔的工艺原理

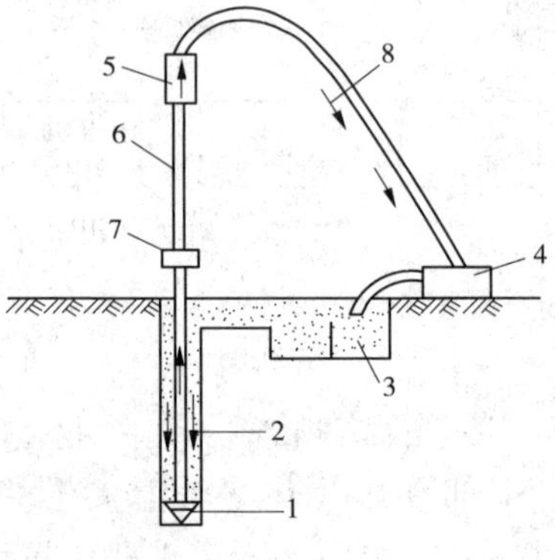

1—钻头;2—新泥浆流向;3—沉淀池;4—砂石泵;5—水龙头;6—钻杆;7—钻机回转装置;8—混合液流向

图2-21 反循环回转钻机成孔的工艺原理

(2)潜水钻机成孔。

潜水钻机成孔示意见图2-22。潜水钻机是一种将动力、变速机构、钻头连在一起加以密封,潜入水中工作的一种体积小而轻的钻机。这种钻机的钻头有多种形式,为适应不同桩径和不同土层的需要,钻头可带有合金刀齿,靠电机带动刀齿旋转切削土层或岩层。潜水钻机既适用于水下钻孔,也可用于地下水位较低的干土层中钻孔。

(3)冲击钻机成孔。

冲击钻机通过机架、卷扬机把带刃的重钻头(冲击锤)提高到一定高度,靠自由下落的冲击力切削破碎岩层或冲击土层成孔,见图2-23。冲击钻头有十字形、工字形、人字形等,常用十字形冲击钻头。此法设备简单,操作方便,对于有孤石的砂砾石岩、坚硬土层、岩层均可成孔。

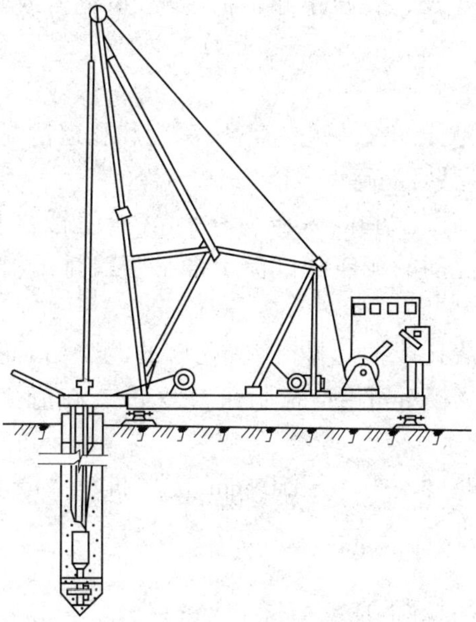

图2-22　潜水钻机成孔示意

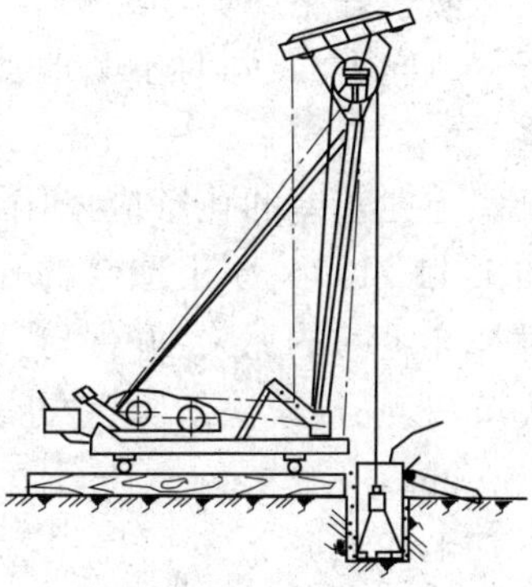

图2-23　简易冲击钻机成孔示意

(4)冲抓锥成孔。

冲抓锥锥头(见图2-24)上有一重铁块和活动抓片,通过机架和卷扬机将冲抓锥提升到一定高度,下落时松开卷筒刹车,抓片张开,锥头便自由下落冲入土中,然后开动卷扬机提升锥头,这时抓片闭合抓土。冲抓锥整体提升至地面上卸去土渣,依次循环成孔。其适用于一般较松软黏土、粉质黏土、砂土、砂砾层以及软质岩层成孔,一般成孔直径450~600 mm,孔深5~10 m。

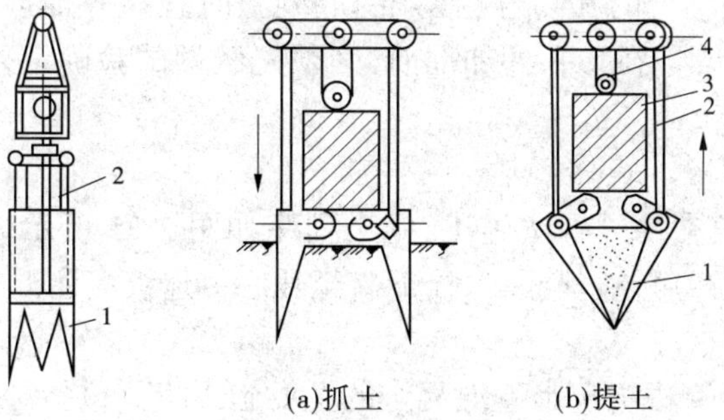

1—抓片;2—连杆;3—压重;4—滑轮组

图2-24　冲抓锥锥头

2)施工要求

(1)钻机钻孔前,应做好场地平整,挖设排水沟,设泥浆池制备泥浆,做试桩成孔,设置桩基轴线定位点和水准点,放线定桩位及其复核等施工准备工作。

(2)钻孔前,先在桩位处埋设护筒;钻孔时应在孔中注入泥浆,并始终保持泥浆液面高于地下水位1.0 m以上。

(3)钻孔进尺速度应根据土层类别、孔径大小、钻孔深度和供水量确定。对于淤泥和淤泥质土钻孔进尺速度不宜大于1 m/min,其他土层以钻机不超负荷为准,风化岩或其他硬土层以钻机不产生跳动为准。

3. 清孔

成孔后,立即进行验孔和清孔。验孔是用探测器检查桩位、直径、深度和孔道情况;清孔即清除孔底沉渣、淤泥浮土,以减少桩基的沉降量,提高承载能力。

对于土质较好不易坍塌的桩孔,可用空气吸泥机清孔,气压为0.5 MPa,使管内形成强大高压气流向上涌,同时不断地补足清水,被搅动的泥渣随气流上涌从喷口排出,直至喷出清水。

对于稳定性较差的孔壁应采用泥浆循环法清孔或抽筒排渣,清孔后的泥浆相对密度应控制在1.15~1.25;原土造浆的孔,清孔后泥浆相对密度应控制在1.1左右,在清孔时,必须及时补充足够的泥浆,并保持浆面稳定。

孔底沉渣,必须设法清除,要求端承桩沉渣厚度不得大于50 mm,摩擦桩沉渣厚度不得大于150 mm。

4. 浇筑水下混凝土

清孔完毕后,应立即吊放钢筋笼和浇筑水下混凝土。

1)水下混凝土的要求

(1)水下混凝土必须具备良好的和易性,配合比应通过试验确定,坍落度宜为180~220 mm。

(2)水泥一般采用硅酸盐水泥或普通硅酸盐水泥,水泥强度等级不宜低于32.5,水泥用量不少于360 kg/m³。

(3)细骨料水下混凝土的含砂率宜为40%~45%,一般选用中粗砂。粗骨料的最大粒径应小于40 mm。

(4)为改善水下混凝土的和易性,在拌制混凝土时宜掺外加剂。常用的外加剂有减水剂、缓凝剂和早强剂等。在掺入外加剂前,必须先经过试验确定外加剂的种类、渗入量及掺入程序。

2)施工工艺

水下混凝土的浇筑常用导管法施工,施工程序如图2-25所示。安设导管、悬挂隔水栓→灌注首批混凝土→剪断铁丝、隔水栓下落至孔底→连续灌注混凝土、上提导管→混凝土灌注完毕,拔出护筒。

(1)施工机具。导管法浇筑水下混凝土的主要施工机具包括导管、漏斗和隔水栓等。

①导管直径宜为200~250 mm,壁厚不小于3 mm;分节长度视工艺要求而定,一般每节长度为2.0~2.5 m,底管长度不宜小于4 m,用法兰盘加止水胶垫用螺栓连接而成。导

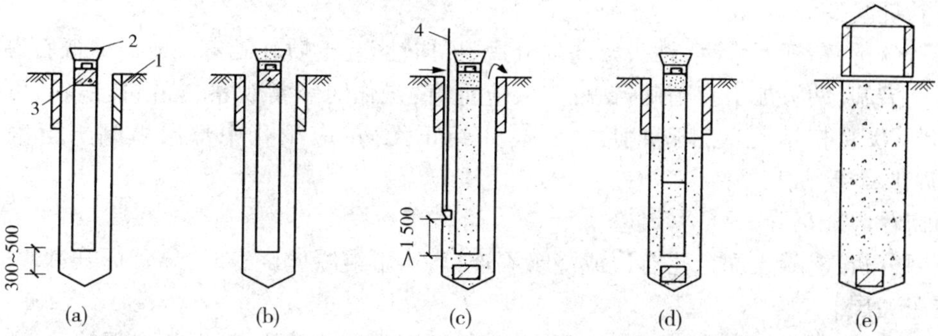

(a)安设导管、悬挂隔水栓;(b)灌注首批混凝土;(c)剪断铁丝、隔水栓下落孔底;
(d)连续灌注混凝土、上提导管;(e)混凝土灌注完毕,拔出护筒
1—护筒;2—漏斗;3—隔水栓;4—测绳

图 2-25　导管法浇筑水下混凝土的施工程序

管与钢筋应保持 100 mm 距离,导管使用前应试拼装,以水压力 0.6~1.0 MPa 进行试压。

②漏斗可用 4~6 mm 钢板制作,安装于导管顶部,用于接盛、泄漏混凝土,要求不漏浆、不挂浆,漏泄顺畅彻底;漏斗上方装有振动设备以防混凝土在导管中阻塞。漏斗设置高度应适应操作的需要,并应在灌注到最后阶段,特别是灌注接近到桩顶部位时,能满足对导管内混凝土浇筑高度的需要,保证上部桩身的灌注质量。

③隔水栓一般采用 C20 混凝土预制而成,宜制成圆柱形,直径比导管内径小 20 mm,高度宜比直径大 50 mm,采用 4 mm 厚的橡胶垫圈密封。隔水栓用 8 号铁丝吊在导管口,待导管内混凝土达到一定高度后,剪断铁丝,隔水栓埋入底部混凝土中。

(2)施工要求如下:

①开始浇筑水下混凝土时,管底至孔底的距离宜为 300~500 mm,并使导管一次埋入混凝土面以下 0.8 m 以上。在以后的浇筑中,导管埋深宜为 2~6 m,以防止导管拔出混凝土面造成断桩事故。

②混凝土浇筑必须连续施工,不得中断。为防止钢筋骨架上浮,当浇筑的混凝土顶面距钢筋骨架底部 1 m 左右时,应降低混凝土的浇筑速度;当混凝土拌和物上升至骨架底 4 m 以上时,提升导管,使其底口高于骨架底部 2 m 以上,即可恢复正常浇筑速度。对浇筑过程中的一切故障均应记录备案。

③当混凝土浇筑接近桩顶部位时,应控制最后一次浇筑量,使桩顶的浇筑标高比设计标高高出 0.5~0.8 m,以保证凿除泛浆层后桩顶混凝土达到设计强度值。

5. 施工中常见问题分析

1)孔壁坍塌

钻孔过程中,如发现排出的泥浆中不断出现气泡,或泥浆突然漏失,这表示有孔壁坍塌现象。

原因分析:土质松散,泥浆护壁不好,护筒周围填筑不密实及护筒内水位不高。

解决措施:保持孔内水位并加大泥浆比重以稳定孔壁。如坍塌严重,应立即回填黏土,待孔壁稳定后再钻孔。

2)钻孔偏斜

原因分析:钻杆不垂直,钻头导向部分短、导向性差,土质软硬不一或遇上孤石等。

解决措施:钻头加工应精确;钻杆安装应垂直;操作时经常观察,若钻孔偏斜,可提起钻头,上下反复扫钻几次,以便削去硬土;如纠正无效,应于孔中部回填黏土至偏孔处0.5 m以上重新钻孔。

3)断桩

原因分析:混凝土配合比有误或浇筑不连续;水下混凝土浇筑时,导管提升过快,桩截面存在泥夹层。

解决措施:严格控制现场混凝土配合比,保证混凝土连续浇筑;分析地质情况,研究对策。如已发生断桩,不严重者核算其实际承载力;如比较严重,则应进行补桩。

(二)干作业成孔灌注桩

干作业成孔灌注桩是先用钻机在桩位处进行钻孔,然后在桩孔内放入钢筋骨架,再浇筑混凝土成桩。螺旋钻机钻孔灌注桩施工过程示意如图2-26所示。

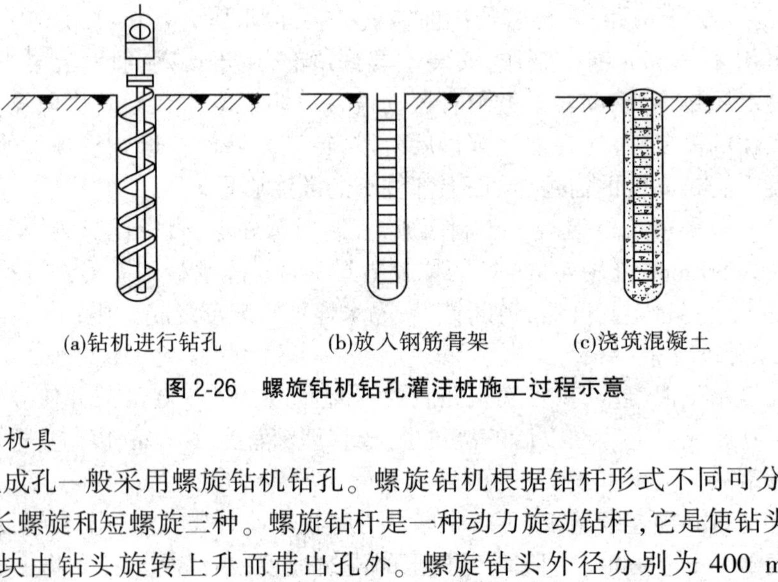

(a)钻机进行钻孔　(b)放入钢筋骨架　(c)浇筑混凝土

图2-26　螺旋钻机钻孔灌注桩施工过程示意

1. 施工机具

干作业成孔一般采用螺旋钻机钻孔。螺旋钻机根据钻杆形式不同可分为整体式螺旋、装配式长螺旋和短螺旋三种。螺旋钻杆是一种动力旋动钻杆,它是使钻头的螺旋叶旋转削土,土块由钻头旋转上升而带出孔外。螺旋钻头外径分别为400 mm、500 mm、600 mm,钻孔深度相应为12 m、10 m、8 m。其适用于成孔深度内没有地下水的一般黏土层、砂土及人工填土地基,不适用于有地下水的土层和淤泥质土。

2. 施工工艺

干作业成孔灌注桩的施工工艺为:钻机就位→钻孔→测量孔径、孔深和桩孔水平与垂直距离,并校正→清孔→成孔质量检查→安放钢筋笼→放置孔口护孔漏斗→浇筑混凝土成桩。

(1)钻机就位。应根据地层情况,选择合理的钻进速度及钻压。钻机就位时,钻杆垂直对准桩位中心,保持平稳,不发生倾斜、位移。

(2)钻孔。开钻时先慢后快,减少钻杆的摇晃,及时纠正钻孔的偏斜或位移。钻杆可逐节接长直至钻到设计要求规定的深度。在钻孔过程中,应随时清理孔口积土和散落土,遇到地下水、坍孔、缩孔等异常情况时,应及时处理,并测孔径、孔深和桩孔水平与垂直偏差,及时校正。

(3)清孔。钻孔至规定要求深度后,孔底一般都有较厚的虚土,需要进行专门处理。清孔的目的是将孔内的浮土、虚土取出,减少桩的沉降。常用的方法是钻机在原位空转清土,然后停止旋转,提钻卸土;或采用 25~30 kg 的重锤对孔底虚土进行夯实,或投入低坍落度素混凝土,再用重锤夯实。

(4)安放钢筋笼。成孔质量检查合格后,用导向钢筋将钢筋笼送入孔内,同时防止泥土杂物掉进孔内。钢筋笼就位后,应立即灌注混凝土,以防塌孔。

(5)浇筑混凝土。混凝土浇筑前,应先放置孔口护孔漏斗,混凝土应分层浇筑、分层捣实,每层厚 500~600 mm。

(三)沉管灌注桩

沉管灌注桩又称套管成孔灌注桩,是利用锤击打桩设备或振动沉桩设备,将带有桩尖的钢管沉入土中(钢管直径应与桩的设计尺寸一致),造成桩孔,然后放入钢筋笼,边浇筑混凝土边拔出钢管,利用拔管时的振动将混凝土捣实成桩。其适用于一般黏性土、粉土、淤泥质土、砂土和杂填土地基。

沉管灌注桩根据使用桩锤和成桩工艺不同分为锤击沉管灌注桩、振动(及振动冲击)沉管灌注桩、夯压成型灌注桩。

1. 锤击沉管灌注桩

锤击沉管灌注桩适用于一般黏性土、淤泥质土和人工填土地基。其施工过程如图 2-27 所示,施工要点如下:

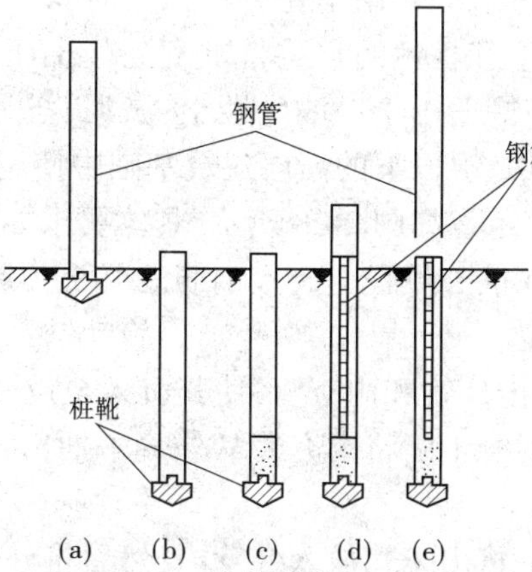

(a)就位;(b)沉管;(c)开始浇筑混凝土;(d)下钢筋骨架继续浇筑混凝土;(e)拔管成型

图 2-27 沉管灌注桩施工过程

(1)桩机就位。就位后吊起桩管,对准预先埋好的预制钢筋混凝土桩尖,桩尖与桩管接口处应垫麻绳垫圈,以做缓冲层和防地下水渗入管内,然后缓慢放入桩管,套入桩尖压入土中。

(2)沉管。先用低锤锤击,观察无偏移后正常施打,直至符合设计要求深度,如沉管过程中桩尖损坏,应及时拔出桩管,用土或砂填实后另安桩尖沉管。

(3)浇筑混凝土。检查套管内无泥浆或水时,即可放入钢筋笼,浇筑混凝土,混凝土应灌满桩管。混凝土灌注至桩顶设计标高时,应使管内混凝土保持略高于地面,并保持到钢管全部拔出。

(4)拔管。拔管前,应先锤击或振动钢管,在测得混凝土确已流出套管时方可拔管。拔管时要均匀,保持连续密锤轻击,并控制拔管速度,一般土层以不大于 1 m/min 为宜,软弱土层与软硬交界处,应控制在 0.8 m/min 以内为宜。

(5)桩的中心距在 5 倍桩管外径以内或小于 2 m 时,均应跳打施工;中间空出的桩须待邻桩混凝土达到设计强度的 50%以后,方可施打。

2. 振动沉管灌注桩

振动沉管灌注桩采用激振器或振动冲击沉管。其施工过程如下:

(1)桩机就位。将桩尖对准桩位中心,利用振动器及桩管自重,把桩尖压入土中。

(2)沉管。启动振动桩锤,桩管即在强迫振动下迅速沉入土中。沉管过程中,应经常探测管内有无水或泥浆;如发现水泥浆较多,应拔出桩管,用砂回填桩孔后方可重新沉管。

(3)浇筑混凝土。桩管沉到设计标高后停止振动,放入钢筋笼,浇筑混凝土,混凝土应灌满桩管。混凝土灌注至桩顶设计标高时,应使管内混凝土保持略高于地面,并保持到钢管全部拔出。

(4)拔管。开始拔管时,应先启动振动锤 8~10 min,在测得混凝土确已流出套管时方可拔管。拔管时要均匀,边振边拔。拔管速度应控制在 1.5 m/min 以内。

3. 夯压成型灌注桩

夯压成型灌注桩又称夯扩桩,是在普通沉管灌注桩的基础上加以改进,增加一根内夯管,使桩端扩大的一种桩型。内夯管的作用是在夯扩工序时,将外管混凝土夯出管外,并在桩端形成扩大头,同时利用内管和桩锤的自重将桩身混凝土压实,增大地基的密实度,使桩的承载力大幅度提高。夯扩桩适用于一般黏性土、淤泥、淤泥质土、黄土、硬黏性土,也可用于有地下水的情况,多在 20 层以下的高层建筑基础中使用。

夯压成型灌注桩的施工程序示意如图 2-28 所示,具体要求如下:

(1)设置管塞,放内外管。在桩心位置上放置钢筋混凝土预制管塞,在预制管塞上放置外管,同时把内夯管放在外管内。

(2)静压或锤击。静压或锤击外管和内夯管,使其沉入至设计深度。

(3)抽出内夯管,灌入部分混凝土。将内夯管从外管中抽出,灌入夯扩部分的混凝土(高度为 H)。

(4)放入内夯管,稍提外管。将内夯管放入外管内,然后将外管拔起 h 高。

(5)静压或锤击。静压或锤击内夯管,将外管内的混凝土压出或夯出管外。

(6)内外管沉入至设计深度。在静压或锤击作用下,使外管和内夯管同步沉入规定深度。

(7)拔出内夯管,灌满桩身混凝土。将内夯管从外管内拔出,向外管内灌满桩身部分所需的混凝土。桩的长度较大或需配置钢筋笼时,桩身混凝土宜分段灌注。

(8)拔出外管,成桩。将顶梁或桩锤和内夯管压在桩身混凝土上,上拔外管,将外管拔出,混凝土成桩。

沉管灌注桩施工过程中,对土体有挤密作用和振动影响,施工中应结合现场施工条

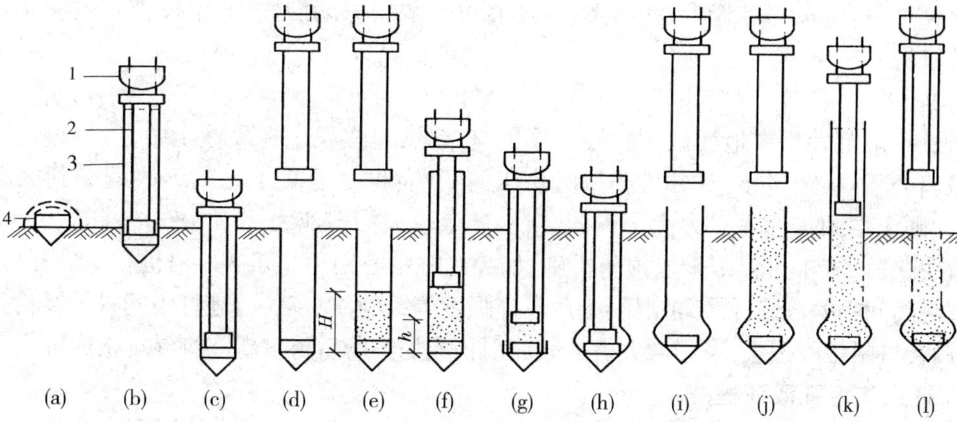

(a)设置管塞；(b)放内外管；(c)静压或锤击；(d)抽出内夯管；(e)灌入部分混凝土；

(f)放入内夯管，稍提外管；(g)静压或锤击；(h)内外管沉入设计深度；(i)拔出内夯管；

(j)灌满桩身混凝土；(k)上拔外管；(l)拔出外管，成桩

1—顶梁或桩锤；2—内夯管；3—外管；4—管塞

图 2-28　夯压成型灌注桩的施工程序示意

件，考虑成孔的顺序。即间隔一个或两个桩位成孔；在邻桩混凝土初凝前或终凝后成孔；一个承台下桩数在 5 根以上者，中间的桩先成孔，外围的桩后成孔。

为了提高桩的质量和承载能力，沉管灌注桩常采用单打法、复打法、反插法等施工工艺。

(1)单打法(又称一次拔管法)。拔管时，每提升 0.5~1.0 m，振动 5~10 s，再拔管 0.5~1.0 m，这样反复进行，直至全部拔出。

(2)复打法。在同一桩孔内连续进行两次单打，或根据需要进行局部复打。施工时，应保证前后两次沉管轴线重合，并在混凝土初凝之前进行。

(3)反插法。钢管每提升 0.5 m，再下插 0.3 m，这样反复进行，直至拔出。

4. 施工中常见问题分析

1)瓶颈桩

瓶颈桩是指桩的某处直径缩小形似“瓶颈”，其截面面积不符合设计要求。

原因分析：在含水量较大的软弱土层中沉管时，土受挤压便产生很高的孔隙水压，拔管后便挤向新灌的混凝土，造成缩颈；拔管速度过快，混凝土量少、和易性差，混凝土出管扩散性差会造成缩颈现象。

解决措施：施工中应保持管内混凝土略高于地面，使之有足够的扩散压力；拔管时采用复打或反插法，并严格控制拔管速度。

2)吊脚桩

吊脚桩是指桩的底部混凝土隔空或混进泥沙而形成松散层部分的桩。

原因分析：预制钢筋混凝土桩尖承载力或钢活瓣桩尖刚度不够，沉管时被破坏或变形，水或泥沙进入桩管；拔管时桩靴未脱出或活瓣未张开，混凝土未及时从管内流出。

解决措施:应拔出桩管,填沙后重打;或者可采取密振动慢拔,开始拔管时先反插几次再正常拔管。

3)断桩

断桩一般都发生在地面以下软硬土层的交接处,且多发生在黏性土中。

原因分析:桩距过小,受邻桩施打时挤压的影响;桩身混凝土终凝不久就受到振动和外力;软硬土层间传递水平力大小不同,对桩产生较大的剪应力。

解决措施:施工过程中采取预防措施,如控制桩中心距不小于3.5倍桩径;采用跳打法或控制时间间隔的方法,使邻桩混凝土达设计强度等级的50%后,再施打中间桩。经检查确认断桩后,将断桩段拔去,采用增大桩的截面面积或加箍筋后再重新浇筑混凝土成桩。

(四)人工挖孔灌注桩

人工挖孔灌注桩是采用人工挖掘方法成孔,然后放置钢筋笼,浇筑混凝土成桩。其施工特点是设备简单,无噪声,无振动,不污染环境,对施工现场周围原有建筑物的影响小,便于清孔和检查,施工质量可靠。尤其当高层建筑选用大直径的灌注桩,而施工现场狭窄时,采用人工挖孔比机械挖孔具有更大的适应性。但其缺点是人工耗量大,开挖效率低,安全操作条件差等。根据《建设部推广应用和限制禁止使用技术》公告的要求,人工挖孔灌注桩自2006年1月1日起属于限制使用施工方法。

1.构造要求

人工挖孔灌注桩直径一般为800~2 000 mm,最大直径可达3 500 mm,当要求增大承载力、底部扩底时,扩底直径一般为(1.3~3.0)d,最大可达4.5d;桩长一般在20 m左右,最深可达40 m。混凝土强度等级不应低于C25,主筋混凝土保护层厚度不应小于50 mm、腐蚀环境中不应小于55 mm。

2.施工工艺

为确保挖土成孔施工安全,预防孔壁坍塌和流砂现象的发生,人工挖孔灌注桩施工一般采用现浇混凝土护壁开挖或钢套管护壁开挖。

(1)现浇混凝土护壁开挖,即分段开挖、分段浇筑混凝土护壁,既能防止孔壁坍塌,又能起到防水作用。现浇混凝土护壁人工挖孔灌注桩施工示意如图2-29所示。其施工程序如下:

场地整平、放线定位→开挖第一节桩孔土方→测量控制→构筑第一节护壁→安装垂直运输架、手动铲镳或卷扬机、吊土桶、排水、通风、照明设施→循环挖土、构筑护壁至设计标高→清理虚土、排除积水、检查尺寸和持力层、基底验收→安放钢筋笼→浇筑混凝土成桩。

(2)钢套管护壁人工挖孔灌注桩施工示意如图2-30所示。其施工程序如下:

放线定位并构筑井圈→安放打桩架→打入钢套管→挖土至钢套管下口→基底验收→安放钢筋笼→浇筑混凝土→拔出钢套管成桩。

3.施工要求

1)挖孔

(1)桩位应定位准确,在桩位外设置定位龙门桩,安装护壁模板必须用桩中心点校正模板位置。

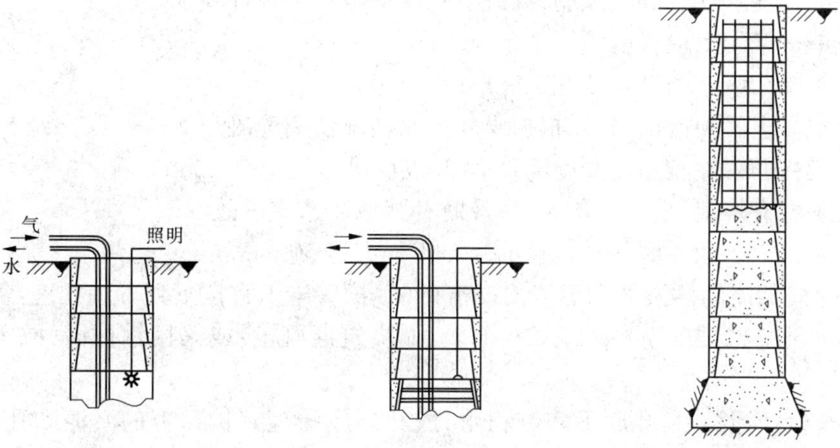

(a)在护壁保护下开挖土方　(b)支模板，浇筑混凝土护壁　(c)浇筑桩身混凝土

图 2-29　现浇混凝土护壁人工挖孔灌注桩施工示意

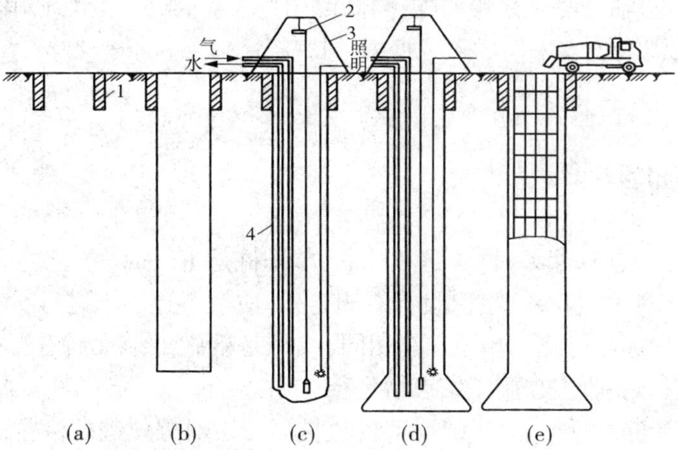

(a)构筑井圈；(b)打入钢套管；(c)在钢套管护壁下人工开挖土方；
(d)护底；(e)浇筑桩身混凝土，拔出钢套管

1—井圈；2—链式电动葫芦；3—小型机架；4—钢套管

图 2-30　钢套管护壁人工挖孔灌注桩施工示意

(2)当桩净距小于 2 倍桩径且小于 2.5 m 时，应采用间隔开挖。排桩跳挖的最小施工净距不得小于 4.5 m。

(3)为防止塌孔和保证操作安全，直径 1.2 m 以下桩孔，井口用 1/4 砖或 1/2 砖砌护，圈高 1.2 m，下部遇有不良土体用半砖护壁；直径 1.2 m 以上桩孔多设混凝土支护。

(4)人工挖孔灌注桩混凝土护壁的厚度不宜小于 100 mm，混凝土强度等级不得低于桩身混凝土强度等级，每节高 0.9~1.0 m。采用多节护壁时，上下节护壁间宜用钢筋拉结。

(5)第一节井圈护壁应符合下列规定：井圈中心线与设计轴线的偏差不得大于 20 mm；井圈顶面应比场地高出 150~200 mm，壁厚比下面井壁厚度增加 100~200 mm。

(6)修筑井圈护壁应遵守下列规定：

①护壁的厚度、拉结钢筋、配筋、混凝土强度均应符合设计要求。

②上下节护壁的搭接长度不得小于 50 mm。

③每节护壁均应在当日连续施工完毕。

④护壁混凝土必须保证密实,根据土层渗水情况使用速凝剂。

⑤护壁模板的拆除宜在混凝土浇筑 24 h 以后进行。

⑥发现护壁有蜂窝、渗水现象时,应及时补强以防造成事故。

⑦同一水平面上的井圈任意直径的级差不得大于 50 mm。

(7)遇有局部流动性淤泥和可能出现流砂时,护壁施工宜按下列方法处理:每节护壁的高度可减小到 300~500 mm,并随挖、随验、随浇筑混凝土;或采用钢护筒,或采取有效的降水措施。

(8)挖至设计标高时,孔底不应有积水,成孔后应清理好护壁上的淤泥和孔底残渣、积水,然后进行隐蔽工程验收。验收合格后,立即封底和浇筑桩身混凝土。

2)浇筑混凝土

桩身混凝土浇筑时,必须采用溜槽;当高度超过 3 m 时,应用串筒,串筒末端离孔底高度不宜大于 2 m;混凝土宜采用插入式振捣器振实。

三、桩基础工程施工质量验收与安全技术

(一)施工质量验收

1. 一般规定

(1)桩位的放样允许偏差:群桩是 20 mm,单排桩是 10 mm。

(2)桩基础工程的桩位验收,除设计有规定外,应按下述要求进行:

①当桩顶设计标高与施工场地标高相同,或桩基础施工结束后有可能对桩位进行检查时,桩基础工程的验收应在施工结束后进行。

②当桩顶设计标高低于施工场地标高,送桩后无法对桩位进行检验,对打入桩可在每根桩桩顶沉至场地标高时,进行中间验收,待全部桩施工结束,承台或底板开挖到设计标高后,再做最终验收。对灌注桩可对护筒位置做中间验收。

③预制桩桩位的偏差必须符合表 2-10 的规定。斜桩倾斜度的偏差不得大于倾斜角正切值的 15%(倾斜角为桩的纵向中心线与铅垂线间夹角)。

表 2-10 预制桩的桩位允许偏差

序号	检查项目		允许偏差(mm)
1	带有基础梁的桩	垂直基础梁的中心线	$\leqslant 100+0.01H$
		沿基础梁的中心线	$\leqslant 150+0.01H$
2	承台桩	桩数为 1~3 根桩基中的桩	$\leqslant 100+0.01H$
		桩数大于或等于 4 根桩基中的桩	$\leqslant$ 1/2 桩径 $+0.01H$ 或 1/2 边长 $+0.01H$

注:H 为桩基施工面至设计桩顶的距离,mm。

④灌注桩的桩径、垂直度及桩位允许偏差必须符合表 2-11 的规定。桩顶标高至少要比

设计标高高出 0.5 m,桩底清孔质量按不同的成桩工艺有不同的要求,应按相应要求执行。

表 2-11　灌注桩的桩径、垂直度及桩位允许偏差

序号	成孔方法		桩径允许偏差(mm)	垂直度允许偏差	桩位允许偏差(mm)
1	泥浆护壁钻孔桩	D<1 000 mm	≥0	≤1/100	≤70+0.01H
		D≥1 000 mm			≤100+0.01H
2	套管成孔灌注桩	D<500 mm	≥0	≤1/100	≤70+0.01H
		D≥500 mm			≤100+0.01H
3	干成孔灌注桩		≥0	≤1/100	≤70+0.01H
4	人工挖孔桩		≥0	≤1/200	≤50+0.005H

注:1. H 为桩基施工面至设计桩顶的距离,mm;

2. D 为设计桩径,mm。

⑤工程桩应进行承载力检验。对于地基基础设计等级为甲级或地质条件复杂,成桩质量可靠性低的灌注桩,应采用静载荷试验的方法进行检验,检验桩数不应少于总数的1%,且不应少于 3 根,当总桩数少于 50 根时,不应少于 2 根。

⑥桩身质量应进行检验。对设计等级为甲级或地质条件复杂,成桩质量可靠性低的灌注桩,抽检数量不应少于总数的 30%,且不应少于 20 根;其他桩基础工程的抽检数量不应少于总数的 20%,且不应少于 10 根;对混凝土预制桩及地下水位以上且终孔后经过核验的灌注桩,检验数量不应少于总桩数的 10%,且不得少于 10 根。每个柱子承台下不得少于 1 根。

⑦对砂、石子、钢材、水泥等原材料的质量、检验项目、批量和检验方法,应符合国家现行标准的规定。

2. 混凝土预制桩

(1)桩在现场预制时,应对原材料、钢筋骨架(预制桩钢筋骨架质量检验标准见表 2-12)、混凝土强度进行检查;采用工厂生产的成品桩时,桩进场后应进行外观及尺寸检查。

表 2-12　预制桩钢筋骨架质量检验标准　（单位:mm）

项目	序号	检查项目	允许偏差或允许值	检验方法
主控项目	1	主筋距桩顶距离	±5	用钢尺量
	2	多节桩锚固钢筋位置	5	用钢尺量
	3	多节桩预埋件	±3	用钢尺量
	4	主筋保护层厚度	±5	用钢尺量
一般项目	1	主筋间距	±5	用钢尺量
	2	桩尖中心线	10	用钢尺量
	3	箍筋间距	±20	用钢尺量
	4	桩顶钢筋网片	±10	用钢尺量
	5	多节桩锚固钢筋长度	±10	用钢尺量

(2)施工中应对桩体垂直度、沉桩情况、桩顶完整状况、接桩质量等进行检查,对电焊接桩,重要工程应做10%的焊缝探伤检查。

(3)施工结束后,应对承载力及桩体质量做检验。

(4)对长桩或总锤击数超过500击的锤击桩,应符合桩体强度及28 d龄期的两项条件才能锤击。

(5)钢筋混凝土预制桩的质量检验标准应符合表2-13、表2-14的规定。

表2-13　锤击预制桩的质量检验标准

项目	序号	检查项目	允许值或允许偏差		检验方法
			单位	数值	
主控项目	1	承载力	不小于设计值		静载试验、高应变法等
	2	桩身完整性	—		低应变法
一般项目	1	成品桩质量	表面平整,颜色均匀、掉角深度小于10 mm,蜂窝面积小于总面积0.5%		查产品合格证
	2	桩位	见表2-10		全站仪或用钢尺量
	3	电焊条质量	设计要求		查产品合格证
	4	接桩:焊缝质量	设计要求		设计要求
		电焊结束后停歇时间	min	≥8(3)	用表计时
		上下节平面偏差	mm	≤10	用钢尺量
		节点弯曲矢高	同桩体弯曲要求		用钢尺量
	5	收锤标准	设计要求		用钢尺量或查沉桩记录
	6	桩顶标高	mm	±50	水准测量
	7	垂直度	≤1/100		经纬仪测量

注:括号中为采用二氧化碳气体保护焊时的数值。

3. 混凝土灌注桩

(1)施工前应对水泥、砂、石子(如现场搅拌)、钢材等原材料进行检查,对施工组织设计中制定的施工顺序、监测手段(包括仪器、方法)也应检查。

(2)施工中应对成孔、清渣、放置钢筋笼、灌注混凝土等进行全过程检查,人工挖孔桩尚应复验孔底持力层土(岩)性。嵌岩桩必须有桩端持力层的岩性报告。

(3)施工结束后,应检查混凝土强度,并应做桩体质量及承载力的检验。

(4)混凝土灌注桩钢筋笼的质量检验标准应符合表2-15的规定,混凝土灌注桩的质量检验标准应符合表2-16~表2-18的规定。

表 2-14 静压预制桩的质量检验标准

项目	序号	检查项目	允许值或允许偏差		检验方法
			单位	数值	
主控项目	1	承载力	不小于设计值		静载试验、高应变法等
	2	桩身完整性	—		低应变法
一般项目	1	成品桩质量	表面平整,颜色均匀、掉角深度小于 10 mm,蜂窝面积小于总面积 0.5%		查产品合格证
	2	桩位	见表 2-10		全站仪或用钢尺量
	3	电焊条质量	设计要求		查产品合格证
	4	接桩:焊缝质量	设计要求		设计要求
		电焊结束后停歇时间	min	≥6(3)	用表计时
		上下节平面偏差	mm	≤10	用钢尺量
		节点弯曲矢高	同桩体弯曲要求		用钢尺量
	5	终压标准	设计要求		现场实测或查沉桩记录
	6	桩顶标高	mm	±50	水准测量
	7	垂直度	≤1/100		经纬仪测量
	8	混凝土灌芯	设计要求		查灌注量

注:括号中为采用二氧化碳气体保护焊时的数值。

表 2-15 混凝土灌注桩钢筋笼的质量检验标准 (单位:mm)

项目	序号	检查项目	允许偏差或允许值	检验方法
主控项目	1	主筋间距	±10	用钢尺量
	2	长度	±100	用钢尺量
一般项目	1	钢筋材质检验	设计要求	抽样送检
	2	箍筋间距	±20	用钢尺量
	3	直径	±10	用钢尺量

(5)人工挖孔灌注桩、嵌岩桩的质量检验也应按本要求执行。

(二)施工安全技术

桩基础施工时的安全技术要求如下:

(1)桩基础施工前,应对施工现场进行详细的踏勘和调查,清除施工范围内的高空和地下障碍物,平整场地,压实机械行驶道路。对邻近建(构)筑物采取有效防护措施,避免由于施工造成邻近建(构)筑物出现质量事故。施工时加强观测,确保施工安全。

表 2-16　泥浆护壁成孔灌注桩的质量检验标准

项目	序号	检查项目		允许值或允许偏差		检验方法
				单位	数值	
主控项目	1	承载力		不小于设计值		静载试验
	2	孔深		不小于设计值		用测绳或井径仪测量
	3	桩身完整性		—		钻芯法,低应变法,声波透射法
	4	混凝土强度		不小于设计值		28 d 试块强度或钻芯法
	5	嵌岩深度		不小于设计值		取岩样或超前钻孔取样
一般项目	1	垂直度		见表 2-11		用超声波或井径仪测量
	2	孔径		见表 2-11		用超声波或井径仪测量
	3	桩位		见表 2-11		全站仪或用钢尺量
	4	泥浆指标	比重(黏土或砂性土中)	1.10~1.25		用比重计测,清孔后在距孔底 500 mm 处取样
			含砂率	%	≤8	洗砂瓶
			黏度	s	18~28	黏度计
	5	泥浆面标高(高于地下水位)		m	0.5~1.0	目测法
	6	钢筋笼质量		见表 2-15		
	7	沉渣厚度	端承桩	mm	≤50	用沉渣仪或重锤测量
			摩擦桩	mm	≤150	
	8	混凝土坍落度		mm	180~220	坍落度仪
	9	钢筋笼安装深度		mm	+100 0	用钢尺量
	10	混凝土充盈系数		≥1.0		实际灌注量与计算灌注量的比
	11	桩顶标高		mm	+30 −50	水准测量,需扣除桩顶浮浆层及劣质桩体
	12	后注浆	注浆终止条件	注浆量不小于设计要求		查看流量表
				注浆量不小于设计要求 80%,且注浆达到设计值		查看流量表,检查压力表读数
			水胶比	设计值		实际用水量与水泥等胶凝材料的重量比
	13	扩底桩	扩底直径	不小于设计值		井径仪测量
			扩底高度	不小于设计值		

表 2-17　干作业成孔灌注桩的质量检验标准

项目	序号	检查项目	允许值或允许偏差		检验方法
			单位	数值	
主控项目	1	承载力	不小于设计值		静载试验
	2	孔深及孔底土岩性	不小于设计值		测钻杆套管长度或用测绳、检查孔底土岩性报告
	3	桩身完整性	—		钻芯法(大直径嵌岩桩应钻至桩尖下 500 mm),低应变法或声波透射法
	4	混凝土强度	不小于设计值		28 d 试块强度或钻芯法
	5	桩径	见表 2-11		井径仪或超声波检测,干作业时用钢尺量,人工挖孔桩不包括护壁厚
一般项目	1	桩位	见表 2-11		全站仪或用钢尺量
	2	垂直度	见表 2-11		经纬仪测量或线锤测量
	3	桩顶标高	mm	+30 −50	水准测量
	4	混凝土坍落度	mm	90~150	坍落度仪
	5	钢筋笼质量	见表 2-15		

表 2-18　沉管灌注桩的质量检验标准

项目	序号	检查项目	允许值或允许偏差		检验方法
			单位	数值	
主控项目	1	承载力	不小于设计值		静载试验
	2	混凝土强度	不小于设计值		28 d 试块强度或钻芯法
	3	桩身完整性	—		低应变法
	4	桩长	不小于设计值		施工中量钻杆或套管长度,施工后钻芯法或低应变法

续表 2-18

项目	序号	检查项目	允许值或允许偏差		检验方法
			单位	数值	
一般项目	1	桩径	见表 2-11		用钢尺量
	2	桩位	见表 2-11		全站仪或用钢尺量
	3	垂直度	见表 2-11		经纬仪测量
	4	桩顶标高	mm	+30 −50	水准测量
	5	混凝土坍落度	mm	80~100	坍落度仪
	6	拔管速度	m/min	1.2~1.5	用钢尺量及秒表
	7	钢筋笼顶标高	mm	±100	水准测量

(2)机具进场要注意危桥、陡坡、陷地,防止碰撞电杆、房屋等,以免造成事故。

(3)施工前应全面检查机械,发现问题及时解决,严禁带病作业。

(4)机械操作人员必须经过专门培训,熟悉机械操作性能,经专业部门考核取得操作证后方可上岗作业。

(5)现场操作人员必须戴安全帽,高空作业佩戴安全带,高空检修桩机时不得向下乱丢物件。心脏病、高血压病者,不得从事高空作业。

(6)桩机操作时,注意安放平稳,6 m 范围内不得有人员走动或进行其他作业,以防止桩架突然倾倒或钻具突然下落而发生事故。

(7)施工现场的一切电源、电路的安装和拆除必须由专业电工操作。电器必须严格接地、接零和使用漏电保护器。

(8)夜间施工,必须有足够的照明设施。雷雨天、大风、大雾天应停止施工。

(9)人工挖孔灌注桩施工,每日开工前必须检测井下的有毒有害气体,并应有足够的安全防护措施;深度超过 10 m 时,应有专门向井下送风的设备;使用的电葫芦、吊笼等应安全可靠并配有自动卡紧保险装置,电葫芦宜用按钮式开关,使用前必须检验其安全起吊能力,同时孔内必须设置应急软爬梯。

练习题

1. 地基处理的一般方法有哪些?
2. 简述振冲地基与深层搅拌地基的施工工艺和要求。
3. 简述高压旋喷注浆地基的施工工艺和要求。
4. 试述浅基础的类型与适用特点。
5. 试述砖基础的构造要求与施工要求。
6. 试述钢筋混凝土基础的类型与构造要求。
7. 试述钢筋混凝土基础的施工要求。
8. 试述钢筋混凝土预制桩的制作、运输、堆放等环节的主要工艺要求。

9. 试述钢筋混凝土预制桩的施工方法及要求。

10. 试述泥浆护壁成孔灌注桩的施工工艺与常见质量问题分析。

11. 简述干作业成孔灌注桩的施工工艺与要点。

12. 试述沉管灌注桩的施工过程与常见质量问题分析。

13. 试述人工挖孔灌注桩的构造要求和工艺流程。

项目三　脚手架工程施工

【学习目标】

了解脚手架的作用、类型及适用条件。掌握多立杆扣件式钢管脚手架的组成构造和搭设技术要求。熟悉碗扣式钢管脚手架、门式脚手架的构造组成、搭设程序和搭设要求。了解其他脚手架的构造与技术要求。熟悉脚手架工程的施工质量验收与安全技术要求。

任务一　脚手架的基本要求与分类

脚手架是指在施工现场为安全防护、施工作业和解决楼层水平运输而搭设的支架,系施工临时设施。在主体结构施工、构件(设备)安装施工、建筑装饰装修以及高层建筑施工中,均需根据其各自的施工特点搭设与之相适应的脚手架,在工程建造中占有相当重要的地位。

一、脚手架的基本要求

建筑施工脚手架应满足施工的安全要求、使用要求和装拆要求,具体要求如下:

(1)应具有足够的强度、刚度和稳定性,以确保在各种荷载和气候条件下,不变形、不倾倒、不摇晃,并有可靠的防护设施。

(2)应有足够的宽度(一般为1.5~2.0 m)、步架高度(砌筑脚手架为1.2~1.4 m,装饰脚手架为1.6~1.8 m)和适当的离墙距离,以满足施工操作、堆放材料和运输的要求。

(3)应与楼层作业面高度相统一,并与垂直运输设施(如施工电梯、井字架等)相适应,以确保材料由垂直运输转入楼层水平运输的需要。

(4)构造简单,搭拆方便,易于搬运,能够多次周转使用。

二、脚手架的分类

脚手架形式多种多样,通常有以下几种分类方法:

(1)按其用途不同分类有作业脚手架(如砌筑脚手架、装修用脚手架)、防护脚手架和支撑用脚手架。

(2)按其构造形式不同分类有多立杆式、框架组合式、格构件组合式、台架式等脚手架。

(3)按其设置形式不同分类有单排、双排、多排、满堂、特形等脚手架。

(4)按其支固方式不同分类有落地、悬挑、附墙悬挂、悬吊、附着升降、水平移动等脚手架。

(5)按其连接方式不同分类有承插式、扣接式、销栓式等脚手架。

(6)按其搭设位置不同分类有外脚手架和里脚手架。

(7)按其材料不同分类有金属脚手架、木脚手架和竹脚手架。

目前,工程中一般多使用多立杆扣件式钢管脚手架和框组式脚手架。在大中型厂房及高层建筑装修施工中,多采用悬吊式脚手架。

任务二　多立杆式脚手架

多立杆式脚手架主要由钢管杆件(立杆、纵向水平杆、横向水平杆等)、扣件、底座和脚手板等组成。常用的有扣件式钢管脚手架和碗扣式钢管脚手架两种。

一、扣件式钢管脚手架

扣件式钢管脚手架是目前在建筑工程总量中使用最为广泛的一种脚手架。它具有承载能力大、装拆方便、搭设高度大、周转次数多等优点,且可在模板支架、上料平台中使用。多立杆扣件式钢管脚手架的基本构造见图 3-1。

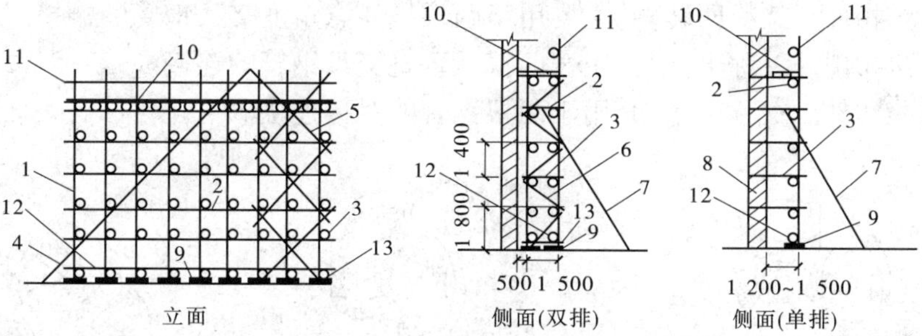

1—立杆;2—大横杆;3—小横杆;4—斜撑;5—剪刀撑;6—横向斜撑;7—抛撑;8—砖墙;9—底座;10—脚手板;11—防护栏杆;12—纵向扫地大横杆;13—横向扫地小横杆

图 3-1　多立杆扣件式钢管脚手架的基本构造

(一)构造组成

1. 钢管

脚手架钢管宜采用ϕ 48. 3 mm×3. 5 mm 的钢管,其质量应符合现行国家标准《碳素结构钢》(GB/T 700)中 Q235 级钢的规定,其尺寸要求应符合表 3-1 的规定。

表 3-1　脚手架钢管尺寸　　(单位:mm)

截面尺寸		最大长度	
外径ϕ	壁厚t	横向水平杆	其他杆
48. 3	3. 5	2 200	4 000~6 500
51	3. 0		

根据钢管在脚手架中的位置和作用不同,一般可分为立杆、大横杆、小横杆、剪刀撑、连墙件、水平斜拉杆等。

(1)立杆。平行于建筑物并垂直于地面,将脚手架荷载传递给底座。

(2)大横杆。平行于建筑物并在纵向水平连接各立杆,承受、传递荷载给立杆。

(3)小横杆。垂直于建筑物并在横向连接内外大横杆,承受、传递荷载给大横杆。

(4)剪刀撑。设在脚手架外侧面并与墙面平行的十字交叉斜杆,可增强脚手架的纵向刚度。

(5)连墙件。连接脚手架与建筑物,承受并传递荷载,且可防止脚手架横向失稳。

(6)水平斜拉杆。设在有连墙杆的脚手架内外立杆间步架平面内的之字形斜杆,可增强脚手架的横向刚度。

(7)纵向水平扫地杆。采用直角扣件固定在距底座上皮不大于200 mm处的立杆上,起约束立杆底端在纵向发生位移的作用。

(8)横向水平扫地杆。采用直角扣件固定在紧靠纵向扫地杆下方的立杆上的横向水平杆,起约束立杆底端在横向发生位移的作用。

2. 扣件

扣件是钢管与钢管之间的连接件,一般采用可锻铸铁制作,材质应符合现行国家标准《钢管脚手架扣件》(GB 15831)的规定,其基本形式有以下三种(见图3-2):

(1)旋转扣件。又称回转扣,主要用于两根呈任意角度交叉钢管的连接。

(2)直角扣件。又称十字扣,用于两根呈垂直交叉钢管的连接。

(3)对接扣件。又称一字扣,用于两根钢管的对接连接。

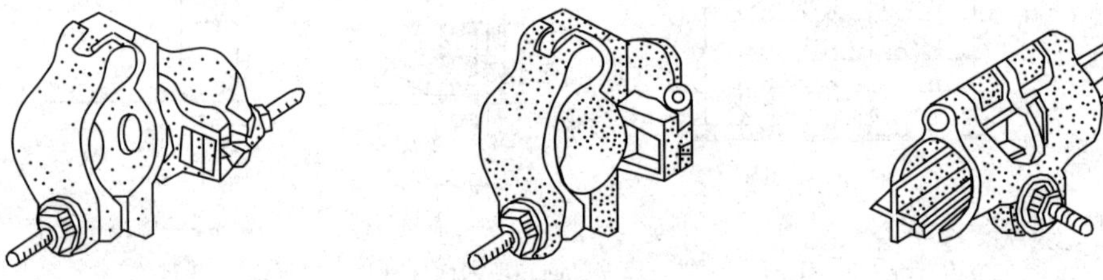

(a)旋转扣件　(b)直角扣件　(c)对接扣件

图3-2　扣件形式

3. 脚手板

脚手板可采用钢、木、竹材料制作,每块质量不宜大于30 kg。其作用是提供施工作业条件并承受和传递荷载给小横杆。

4. 底座

底座是设在立杆底部的垫座,一般有固定底座和可调底座,其下部应设置垫板。底座的作用主要是承受并传递立杆荷载给地基。其构造如图3-3所示。

(二)构造要求

扣件式钢管脚手架有单排架、双排架两种构造形式(见图3-1)。单排架不适用于建筑物高度超过24 m,墙体厚度小于等于180 mm,空斗砖墙、加气块墙等轻质墙体,以及墙体不允许留设脚手眼的情况。工程中一般多采用双排架。其主要构造要求如下。

图3-3　脚手架底座构造

1. 立杆

立杆一般采用长度为 4~6.5 m 的钢管，双排架中离开墙体一侧的立杆（或单排架立杆）称为外立杆，靠近墙体一侧的立杆称为内立杆。

（1）每根立杆均应设置标准底座，由标准底座底面向上 200 mm 处，必须设置纵、横向扫地杆，用直角扣件与立杆连接固定。

（2）立杆的横距一般为 1.05~1.55 m，纵距一般为 1.20~2.0 m，具体设置根据荷载要求和脚手架步距高度确定。

（3）当立杆基础不在同一高度时，必须将高处的纵向扫地杆向低处延长 2 跨与立杆固定，高低差不应大于 1 m。靠边坡上方的立杆轴线到边坡的距离不应小于 500 mm。

（4）立杆接长除顶层可以采用搭接外，其余各层必须采用对接扣件连接。立杆的对接、搭接应满足下列规定：

①立杆上的对接扣件应交错布置。两根相邻立杆的接头不应设置在同步距内，同步内隔一根立杆的两个相隔接头在高度方向错开的距离不宜小于 500 mm；各接头中心至主节点（立杆、大横杆、小横杆三者的交点）的距离不应大于 1/3 步距，并靠近连墙件。

②立杆的搭接长度不应小于 1 m，用不少于 2 个旋转扣件固定，端部扣件盖板的边缘至杆端距离不应小于 100 mm。

2. 大横杆（纵向水平杆）

（1）大横杆宜设置在立杆内侧，与立杆用直角扣件扣紧，其长度不宜小于 3 跨；相邻步架的大横杆应错开布置在立杆的里侧和外侧，以减少立杆偏心受力情况。

（2）大横杆接长宜采用对接扣件连接，也可采用搭接。对接、搭接应符合下列规定：

①大横杆的对接扣件应交错布置。两根相邻大横杆的接头不宜设在同步或同跨内，不同步或不同跨两个相邻接头在水平方向错开的距离不应小于 500 mm，各接头中心至最近主接点的距离不宜大于 1/3 纵距。

②若采用搭接，搭接长度不应小于 1 m，应等间距设置 3 个旋转扣件固定，端部扣件盖板边缘至搭接大横杆杆端的距离不应小于 100 mm。

（3）当使用竹笆脚手板时，大横杆应采用直角扣件固定在小横杆上，并应等间距设置，间距不应大于 400 mm。

3. 小横杆（横向水平杆）

（1）小横杆在主节点处必须设置一根，在立杆与大横杆的相交处，用直角扣件扣紧，且应贴近立杆布置，小横杆距离立杆轴心线的距离不应大于 150 mm。

（2）在双排脚手架中，靠墙一端的外伸长度不应大于 $0.4l$，且不应大于 500 mm。

（3）作业层上非主节点处的小横杆，宜根据支撑脚手板的需要等间距设置，最大间距不应大于纵距的 1/2。

（4）双排脚手架时，小横杆的两端应用直角扣件固定在大横杆上；单排脚手架时，小横杆的一端与大横杆连接，另一端插入墙内且长度不小于 180 mm。

（5）当使用竹笆脚手板时，双排脚手架的小横杆两端，应用直角扣件固定在立杆上；单排脚手架的小横杆的一端，应用直角扣件固定在立杆上，另一端插入墙内且长度不小于 180 mm。

4. 连墙件(连墙杆)

(1)连墙件的布置形式、间距大小对脚手架的承载能力有很大影响,它不仅可以防止脚手架的倾覆,而且可加强立杆的刚度和稳定性。连墙件的布置间距可参考表3-2。

表3-2 连墙件的布置最大间距

脚手架高度 H(m)		竖向间距	水平间距	每根连墙件覆盖面积(m²)
双排	≤50	≤6 m(3步)	≤6 m(3跨)	≤40
	>50	≤4 m(2步)	≤6 m(3跨)	≤27
单排	≤24	≤6 m(3步)	≤6 m(3跨)	≤40

(2)连墙件的种类及要求。根据传力性能、构造形式的不同,连墙件可分为刚性和柔性两种。24 m以上的双排脚手架必须采用刚性连墙件与建筑物可靠连接,见图3-4。当脚手架高度在24 m以下时,一般采用刚性连墙件,也可采用柔性连墙件(如用钢丝或直径6 mm的钢筋),这时必须配备顶撑顶在混凝土梁、柱等结构部位,以防止向内倾倒,见图3-5。

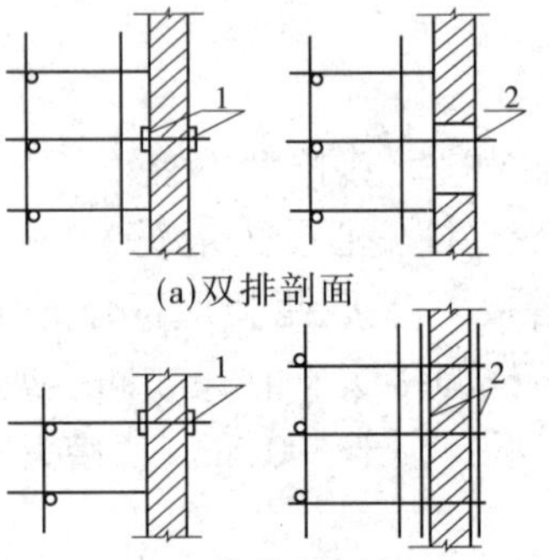

(a)双排剖面

(b)单排剖面

1—扣件;2—短钢管

图3-4 刚性连墙件固定

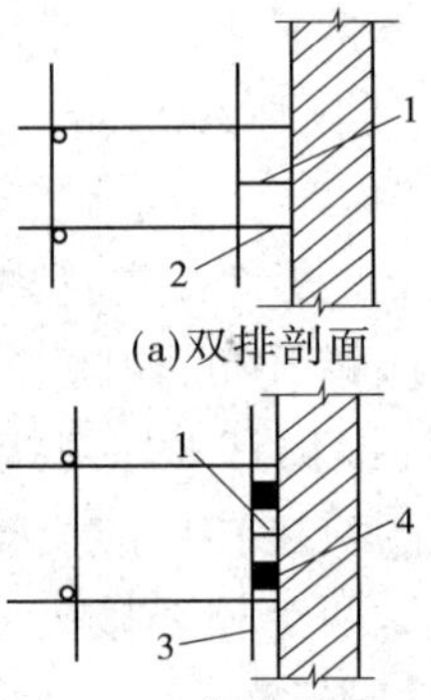

(a)双排剖面

(b)单排剖面

1—8号铅丝与墙内埋设的钢筋环拉住;

2—顶墙横环;3—短钢管;4—木楔

图3-5 柔性连墙件固定

(3)连墙件必须采用可承受拉力和压力的构造。拉筋应采用两根以上直径4 mm的钢丝拧成一股,使用时不应少于2股,亦可采用直径不小于6 mm的钢筋。

(4)一字形、开口形脚手架的两端必须设置连墙件,连墙件的垂直间距不应大于建筑物的层高,并不应大于4 m(2步)。

(5)连墙件宜靠近主节点设置,偏离主节点的距离不应大于300 mm,一般应从底层第一步纵向水平杆处开始设置,通常优先采用菱形布置,也可采用方形、矩形布置。

5. 支撑

支撑一般有剪刀撑(又称十字撑)和横向支撑(又称横向斜拉杆、之字撑)。剪刀撑是设置在脚手架外侧面、与外墙面平行的十字交叉斜杆,可增强脚手架的纵向刚度;横向支撑是设置在脚手架内、外排立杆之间、呈之字形的斜杆,可增强脚手架的横向刚度。双排脚手架应设剪刀撑与横向支撑,单排脚手架应设剪刀撑。

剪刀撑的设置应符合下列要求:

(1)24 m 以下的单、双排脚手架,均应在外侧立面的两端各设置一道剪刀撑,由底至顶连续设置,中间每道剪刀撑的净距不应大于 15 m。

(2)24 m 以上的双排脚手架应在外侧立面整个长度和高度上连续设置剪刀撑。

(3)每道剪刀撑宽度不应小于 4 跨,且不应小于 6 m,跨越立杆的根数宜为 5~7 根,与地面的倾角宜为 45°~60°。

(4)剪刀撑的接长宜采用搭接,搭接长度不小于 1 m,用不少于两个旋转扣件连接。

(5)剪刀撑的斜杆应用旋转扣件固定在与之相交的小横杆的伸出端或立杆上,旋转扣件中心线距主节点的距离不应大于 150 mm。

横向支撑的设置应符合下列要求:

(1)横向支撑的每一道斜杆应在 1~2 步内,由底至顶呈之字形连续布置,两端用旋转扣件固定在立杆上或小横杆上。

(2)一字形、开口形双排脚手架的两端均必须设置横向支撑,中间每隔 6 跨设置一道。

(3)24 m 以下的封闭形双排脚手架可不设横向支撑;24 m 以上的封闭形双排脚手架除转角处应设置横向支撑外,中间应每隔 6 跨设置一道。

6. 脚手板

(1)作业层脚手板应铺满、铺稳,离开墙面 120~150 mm。

(2)脚手板应设置在三根小横杆上。当脚手板的长度小于 2 m 时,可采用两根小横杆支撑,但应将脚手板两端与其可靠固定,严防倾翻。

(3)脚手板对接平铺时,接头处必须设两根小横杆,脚手板外伸长度应取 130~150 mm,两块脚手板外伸长度的和不应大于 300 mm;脚手板搭接铺设时,接头必须支在小横杆上,搭接长度应大于 200 mm,其伸出小横杆的长度应不小于 100 mm。脚手板铺设示意如图 3-6 所示。

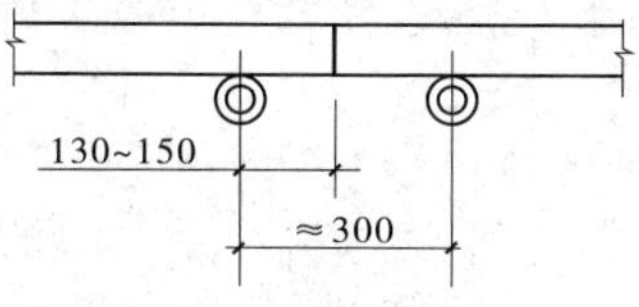

(a)对接平铺

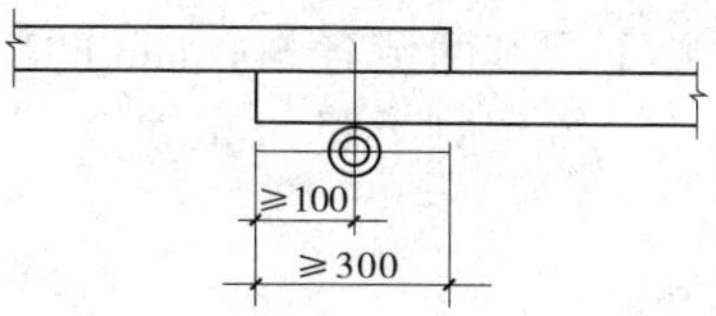

(b)搭接铺设

图 3-6　脚手板铺设示意

7. 防护设施

作业层脚手架上部应搭设高度不小于 1 m 的防护栏杆,其下部还应设置挡脚板,以保证高空作业人员的施工安全。

(三)搭设程序与要求

1. 施工准备

脚手架的组成构件必须进行检查验收,不合格产品不得使用。搭设脚手架的地基必须平整坚实,并有可靠的排水措施,对高层建筑应进行脚手架基础强度验算。脚手架搭设前应按施工组织设计要求放线定位。

2. 搭设程序

扣件式钢管脚手架的搭设程序一般为:放置纵向水平扫地杆→逐根竖立立杆(随即与扫地杆扣紧)→安装横向水平扫地杆(随即与立杆或纵向水平扫地杆扣紧)→安装第一步纵向水平杆(随即与各立杆扣紧)→安装第一步横向水平杆→安装第二步纵向水平杆→安装第二步横向水平杆→加设临时斜撑杆(上端与第二步纵向水平杆扣紧,在装设两道连墙件后可拆除)→安装第三、第四步纵横向水平杆→安装连墙件、接长立杆,加设剪刀撑→铺设脚手板、安装防护栏杆→挂安全网→向上安装重复步骤。

3. 搭设要求

(1)脚手架必须配合施工进度搭设,一次搭设高度不应超过相邻连墙件以上两步。

(2)脚手架立杆下端应按定位线设置底座或垫板,底座底面标高宜高于自然地坪50 mm。垫板长度不应小于2跨,木垫板厚不小于50 mm,也可用槽钢。

(3)开始搭设立杆时,每6跨应暂设一根抛撑;当搭设至设有连墙件的构造节点时,应立即设置连墙件与墙体连接,当装设两道连墙件后抛撑便可拆除。

(4)双排脚手架的小横杆靠墙一端至墙体装饰面不宜大于100 mm,杆件相交的伸出端长度不小于100 mm,以防杆件变形造成的滑脱。

(5)搭设脚手架所用的各种扣件规格必须与钢管外径相一致,扣件必须扣牢拧紧,不得有松动现象发生,一般扭矩为40~60 kN·m。

(6)除操作层的脚手板外,从顶层作业层的脚手板往下计,宜每隔12 m满铺一层脚手板,以增大其整体稳定性。

(7)单排架的小横杆不应设置在以下部位:

①过梁上与过梁两端呈60°角的三角形范围内及过梁净跨度1/2的高度范围内。

②宽度小于1 m的窗间墙及独立柱或附墙砖柱。

③砖砌体的门窗洞口两侧200 mm和墙转角处450 mm的范围内,石砌体的门窗洞口两侧300 mm和转角处600 mm的范围内。

④梁或梁垫下及其两侧各500 mm的范围内。

⑤设计上不允许留脚手眼的部位。

(四)拆除

1. 拆除顺序

扣件式钢管脚手架的拆除应按由上而下,后搭者先拆,先搭者后拆的顺序进行。

2. 拆除要求

(1)拆除作业必须由上而下逐层进行,严禁上下同时作业。

(2)连墙件必须随脚手架逐层拆除,严禁先将连墙件整层或数层拆除后再拆脚手架。

(3)分段拆除高差不应大于两步,若高差大于两步,应增设连墙件加固。

(4)当脚手架拆除至最后一节立杆时,应先搭设临时抛撑加固后,再拆除连墙件。

(5)拆下的材料应及时分类集中运至地面,严禁抛扔。

(6)拆除的脚手架部件应分类、分规格进行堆码,严禁乱堆、乱放。

二、碗扣式钢管脚手架

碗扣式钢管脚手架是一种杆件轴心相交(接)的承插锁固式钢管脚手架,采用带连接件的定型杆件，组装简便，具有比扣件式钢管脚手架较强的稳定承载能力，不仅可以组装各式脚手架，而且更适合构造各种支撑架，特别是重载支撑架。目前，在建筑工程中使用较为广泛。

(一)构造组成

碗扣式钢管脚手架的核心部件是碗扣接头，其杆件节点处采用碗扣承插连接。碗扣接头可以同时连接四根横杆，横杆可相互垂直或偏转一定角度，主要由上碗扣、下碗扣及横杆接头、上碗扣限位销等组成，见图 3-7。

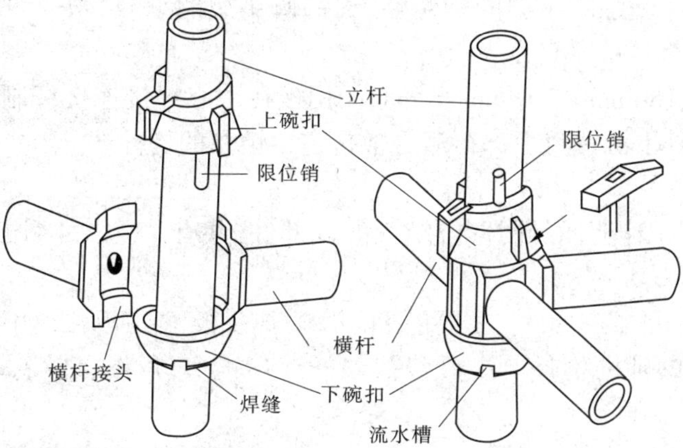

图 3-7　碗扣接头

碗扣式钢管脚手架基本构造与扣件式钢管脚手架类似，不同之处主要在于碗扣接头。按其用途可分为主构件、辅助构件、专用构件三类。双排碗扣式钢管脚手架构造示意如图 3-8 所示。

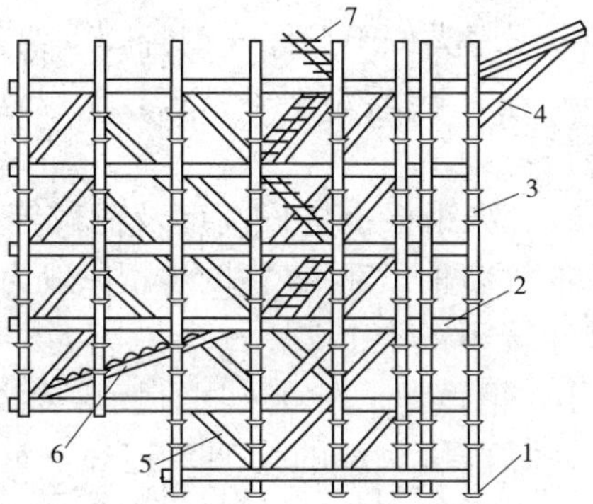

1—底座；2—横杆；3—立杆；4—安全网支架；5—斜杆；6—斜脚手板；7—梯子

图 3-8　双排碗扣式钢管脚手架构造示意

1. 主构件

主构件是构成脚手架主体的杆部件，一般由一定长度的ϕ 48.3 mm×3.5 mm 钢管制作而成，共有 6 类 23 种规格，具体构造与作用如下：

(1)立杆。在钢管上每隔 0.6 m 安装一套碗扣接头，并在其顶端焊接立杆连接管制成。其长度一般为3.0 m或1.8 m。

(2)顶杆。即顶部立杆,在顶端设有立杆的连接管,以便在顶端插入托撑。用作支撑架(柱)、物料提升架等顶端的垂直承力杆。其长度一般为2.10 m、1.50 m、0.90 m等。

(3)横杆。在钢管两端焊接横杆接头制成,用于立杆横向连接管或框架水平承力杆。其长度一般为0.3~2.4 m等不同规格。

(4)单横杆。仅在直径48 mm×3.5 mm钢管一端焊接横杆接头,用作单排脚手架横向水平杆。其长度一般为1.4 m或1.8 m。

(5)斜杆。用于增强脚手架的稳定性,提高脚手架的承载力。其长度一般为1.69~3.00 m等不同规格。

(6)底座。由150 mm×150 mm×8 mm的钢板在中心焊接连接杆制成,安装在立杆的底部,用作防止立杆下沉并将上部荷载分散传递给地基的构件。

2. 辅助构件

辅助构件是用于作业面及附壁拉结等的杆部件,共有13类24种规格。按其用途又可分为如下3类:

(1)用于作业面的辅助构件。主要包括间横杆、脚手板、斜道板、挡脚板、挑梁和架梯等。

(2)用于连接的辅助构件。主要包括立杆连接销、直角撑、连墙撑和高层卸荷拉结杆等。

(3)其他用途辅助构件。主要包括立杆托撑、立杆可调托撑、横托撑、可调横托撑和安全网支架等。

3. 专用构件

专用构件是用作专门用途的构件,共有4类6种规格。主要包括支撑柱专用构件(如支撑柱垫座、支撑柱转角座、支撑柱可调座等)、提升滑轮、悬挑架、爬升挑梁等。

(二)搭设要求

碗扣式钢管脚手架的搭设程序类似于扣件式钢管脚手架,施工中应根据使用要求采用不同的构造形式(如重型架、普通架、轻型架等),按技术规范要求进行搭设。

1. 立杆、横杆的设置

(1)立杆横距一般为1.2 m,纵距根据搭设高度及荷载等具体要求确定,可选用0.9 m、1.2 m、1.5 m、1.8 m、2.4 m等多种尺寸,横杆的步距一般为1.8 m。

(2)曲线形搭设时,曲率半径不得小于2.4 m。

(3)直角交叉处双排碗扣式钢管脚手架宜采用直接拼接法或直角撑法。对一般方形建筑物的外脚手架,在拐角处两直角交叉的排架要连在一起,以增加脚手架的整体稳定性。

(4)搭设时将上碗扣提起并对准限位销,然后将横杆接头插入下碗扣,再放下上碗扣并旋转扣紧,并用小锤轻击,即完成接点的连接。

2. 斜杆的设置

斜杆用于增强脚手架稳定性,可装成节点斜杆,也可装成非节点斜杆。一般情况下,斜杆应尽量设置在脚手架的节点上。

(1)根据荷载情况,高度在30 m以下的脚手架,设置斜杆的框架面积为整架立面面积的 1/5~1/2；对于高度在 30 m 以上的高层脚手架，设置斜杆的框架面积不应小于整架面积的 1/2。

(2)在拐角边缘及端部必须设置斜杆，中间可均匀间隔布置。斜杆必须对称布置，且应分布均匀，以确保脚手架的整体稳定性。

(3)一字形及开口形脚手架，应在两端横向框架内沿全高连续设置节点斜杆；30 m 以下的脚手架，中间可不设廊道斜杆(横向框架内设置的斜杆)；30 m 以上的脚手架，中间应每隔 5~6 跨设置一道沿全高连续的廊道斜杆。

(4)当设置高层卸荷拉结杆时，须在拉结点以上第一层加设廊道水平斜杆，以防止水平框架变形。

(5)剪刀撑的设置应与碗扣式斜杆的设置相配合。高度在 30 m 以下的脚手架，可每隔 4~6 跨设置一道沿全高连续搭设的剪刀撑，每道剪刀撑跨越 5~7 根立杆，设剪刀撑的跨内不再设碗扣式斜杆；高度在 30 m 以上的高层脚手架，应沿脚手架外侧以及全高连续设置，两组剪刀撑之间用碗扣式斜杆连接，且应每隔 3~5 步设置一层连续闭合的纵向水平剪刀撑。

3. 连墙撑的设置

连墙撑是脚手架与建筑物之间的连接件，用于提高脚手架的横向稳定性，提高脚手架的稳定承载能力，如图 3-9 所示。

(1)连墙撑的布置要求：高度在 30 m 以下的脚手架，可 4 跨 3 步设置一个(约 40 m^2)；30 m 以上 50 m 以下的脚手架至少应 3 跨 3 步布置一个(约 25 m^2)；50 m 以上的脚手架至少应 3 跨 2 步布置一个(约 20 m^2)。对于高层及重载脚手架，则要适当加密。

(2)连墙撑应连接在横杆层碗扣接头内，同脚手架、墙体保持垂直，并随建筑物及架子的升高及时设置，宜采用梅花形布置方式。

4. 安全网防护设置

一般沿脚手架外侧要满挂封闭式安全网(立网)，并应与脚手架立杆、横杆绑扎牢固，绑扎间距应不大于 0.30 m。在脚手架底部和层间根据规定设置水平安全网，使用安全网支架固定，安全网支架可直接用碗扣接头固定在脚手架上，其结构布置如图 3-10 所示。

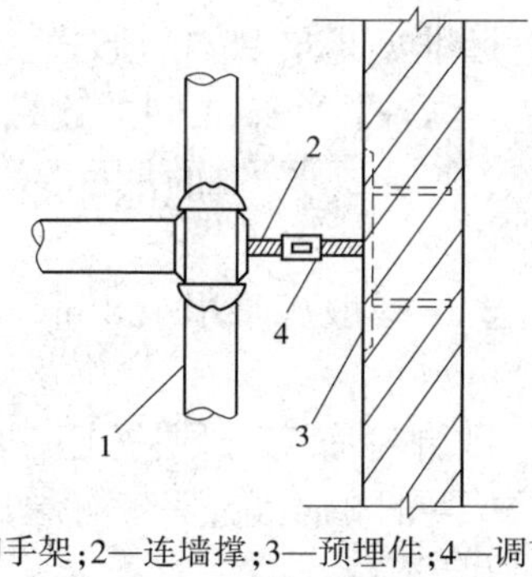

1—脚手架；2—连墙撑；3—预埋件；4—调节螺栓

图 3-9　连墙撑设置示意

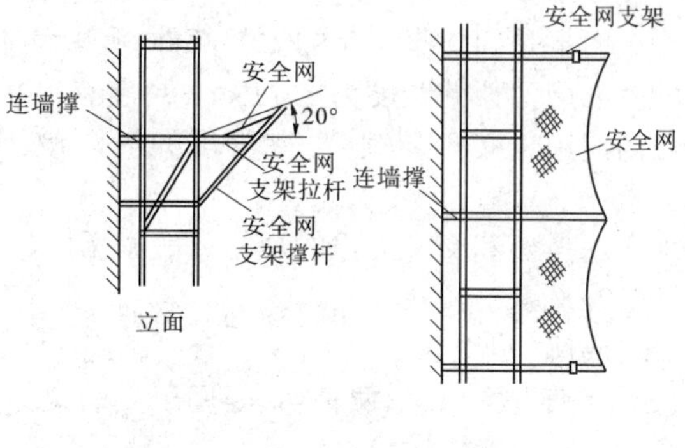

图 3-10　安全网结构布置示意

任务三 其他脚手架

一、门式脚手架

门式脚手架也称为框组式脚手架,是一种工厂生产、现场组拼的脚手架,具有结构设计合理、受力性能好、承载能力高、装拆方便、安全可靠等特点,可用来搭设各种用途的施工作业架,如外脚手架、里脚手架、满堂脚手架、模板和其他承重支撑架、工作台等。

(一)基本构造

门式脚手架由门架、剪刀撑(交叉支撑)、水平架(平行架)等构成基本单元,见图3-11。将基本单元通过连接棒、锁臂、脚手板及托架等相互连接起来,并增设梯子、栏杆、扣墙器等部件,即构成整片脚手架,见图3-12。

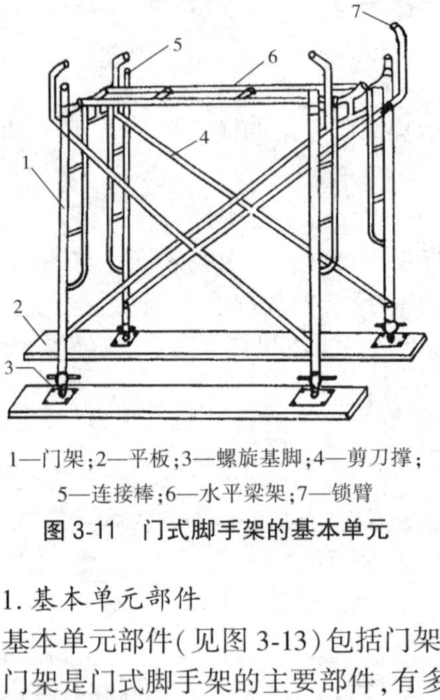

1—门架;2—平板;3—螺旋基脚;4—剪刀撑;
5—连接棒;6—水平梁架;7—锁臂

图3-11 门式脚手架的基本单元

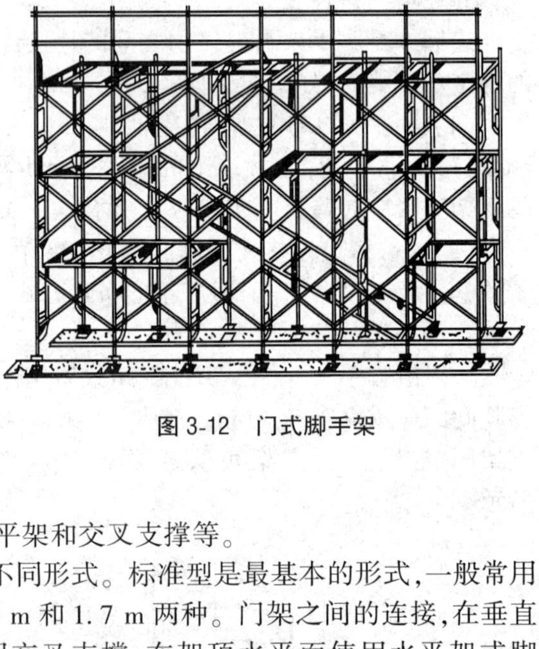

图3-12 门式脚手架

1. 基本单元部件

基本单元部件(见图3-13)包括门架、水平架和交叉支撑等。

门架是门式脚手架的主要部件,有多种不同形式。标准型是最基本的形式,一般常用的标准型门架的宽度为1.219 m,高度有1.9 m和1.7 m两种。门架之间的连接,在垂直方向使用连接棒和锁臂,在脚手架纵向使用交叉支撑,在架顶水平面使用水平架或脚手板。

水平架和交叉支撑的规格一般根据门架的间距来选择,一般多采用1.8 m。

2. 底座和托座

底座[见图3-14(a)]一般有可调底座、简易底座和带脚轮底座三种;托座[见图3-14(b)]有平板和U形两种,主要用于支模架,一般置于门架竖杆的上端,多带有丝杠以调节高度。

3. 自锚连接构造

门式脚手架部件之间的连接多采用方便可靠的自锚结构,其主要形式有制动片式、滑

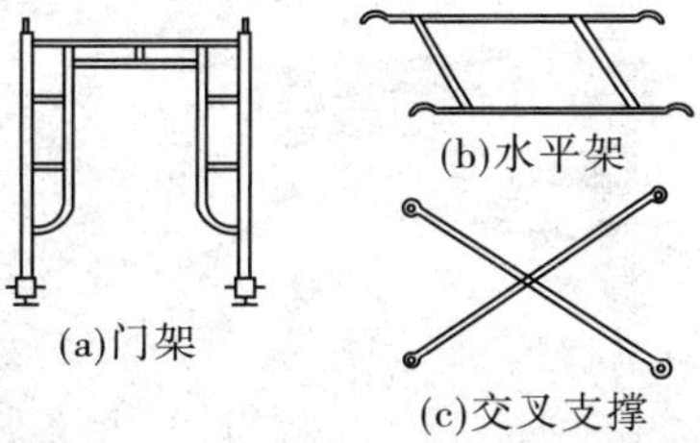

图 3-13 门式脚手架基本单元部件

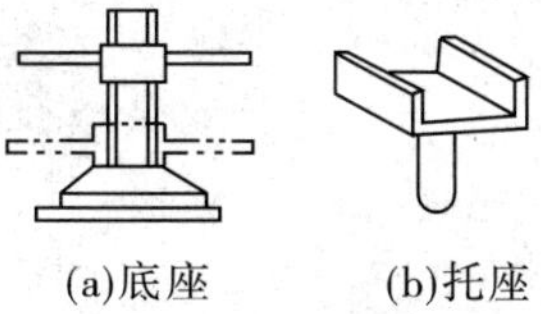

图 3-14 底座、托座

动片式、弹片式和偏重片式等几种。

4. 其他部件

其他部件一般有脚手板、梯子、扣墙器、栏杆、连接棒、锁臂和脚手板托架、扣件等。连接棒和锁臂如图 3-15 所示。

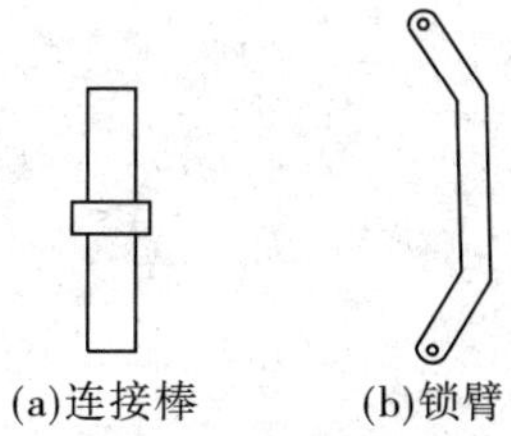

图 3-15 连接棒和锁臂

(二)搭设程序与要求

1. 搭设程序

门式脚手架的搭设程序为:铺放垫木(垫板)→拉线、安放底座→自一端立门架,并随即装交叉支撑→装水平架(或脚手板)→安装梯子→装通长大横杆→装设连墙件→装连接棒→装上一步门架→装锁臂→重复以上步骤,逐层向上安装→安装长剪刀撑(交叉支撑)→装设顶部栏杆。

2. 搭设要求

(1)严格控制脚手架的垂直度和平整度。垂直度偏差不得超过 2 mm,水平度偏差不得超过 5 mm,上下门架对中偏差不宜超过 3 mm。

(2)门架之间必须满设交叉支撑。当架高≤45 m 时,水平架应至少两步设一道;当架高>45 m 时,水平架必须每步设置(水平架可用挂扣式脚手板和水平加固杆替代)。

(3)整片脚手架必须适量设置水平加固杆(大横杆),前 3 层宜隔层设置,3 层以上则每隔 3~5 层设置一道。

(4)在架子外侧面设置长剪刀撑,其高度和宽度为 3~4 个步距(或架距),与地面夹角为 45°~60°,相邻长剪刀撑之间相隔 3~5 个架距。

(5)脚手架和建筑结构应用连墙器紧密连接,其间距在垂直方向不宜超过 6 m,在水平方向不宜超过 8 m。

二、悬吊式脚手架

悬吊式脚手架也称吊篮,主要用于建筑外墙装饰装修。它是将架子(吊篮)的悬挂点固定在建筑物顶部悬挑出来的结构上,通过设在每个架子上的简易提升机械和钢丝绳,使吊篮升降,以满足施工要求。吊篮一般可分为手动吊篮和电动吊篮两大类,目前我国多采用手动吊篮。

(一)手动吊篮的基本构造

手动吊篮由支撑设施(建筑物顶部悬挑梁或桁架)、吊篮绳(钢丝绳或钢筋链杆)、安全绳、手扳葫芦(或倒链)和吊架组成,见图 3-16。

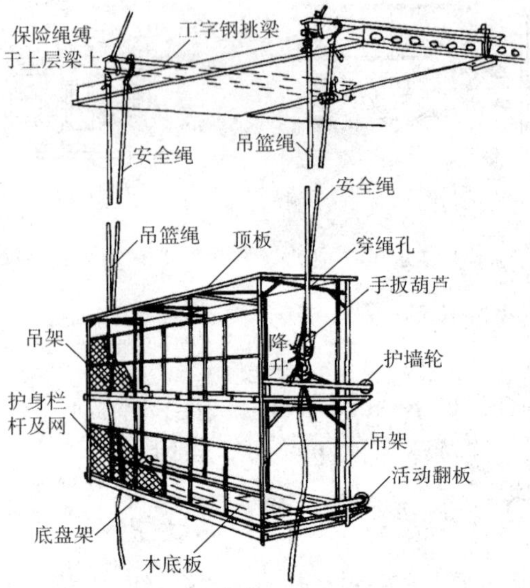

图 3-16　双层作业的手动吊篮示意

(二)搭设要求

(1)吊篮的最大长度不宜超过 8.0 m,宽度一般为 0.8~1.0 m,高度不宜超过两层。吊篮平台必须设有防滑措施和 100~150 mm 高的挡脚板,吊篮内侧防护栏杆高度不得低于 0.8 m,其他各侧防护栏杆高度不得低于 1.1 m,挡脚板不低于 0.18 m。吊篮顶部必须设防护棚,外侧面与两端面用密目网封严。

(2)吊篮的挑梁必须按设计规定与建筑结构固定牢靠,挑梁挑出长度应保证悬挂吊篮的钢丝绳(或钢筋链杆)垂直地面。挑梁之间应用纵向水平杆连接成整体,以保证挑梁结构的稳定。

(3)吊篮必须设置安全保护装置,具体要求如下:

①吊篮必须装有上下限位开关,并以吊篮平台自身去触动。

②每根安全钢丝绳上必须装有不能自动复位的安全锁。

③吊篮上必须有防倾斜装置,并应设置超载保护装置。

三、悬挑式脚手架

悬挑式脚手架又称挑脚手架,是利用建筑结构外边缘向外伸出的悬挑结构来支撑脚手架的全部或部分荷载,多用于高层建筑的外脚手架。悬挑式脚手架的悬挑支撑结构必须具有足够的强度、刚度和稳定性,并能将脚手架的荷载传递给建筑结构。

(一)基本构造

悬挑式脚手架主要由悬挑支撑结构和脚手架组成部件构成,悬挑支撑结构以上部分的脚手架与一般外脚手架相同。悬挑式脚手架的高度(或分段高度)不得超过 25 m。

悬挑支撑结构一般有下撑式(用型钢焊接制作的三角桁架下撑式结构)、斜拉式(用钢丝绳斜拉住水平型钢挑梁的斜拉式结构)两种形式,见图 3-17。

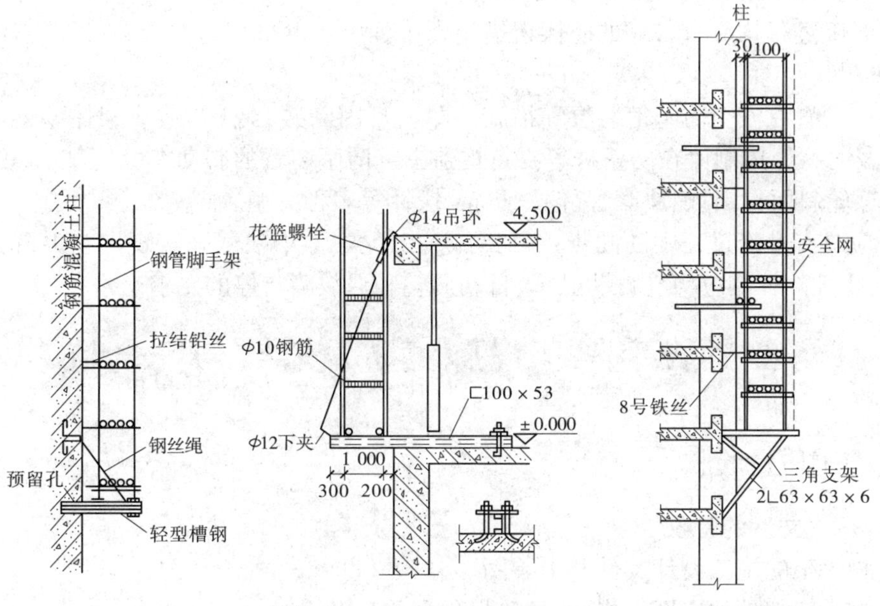

图 3-17 悬挑支撑结构

(二)搭设要求

(1)斜拉式支撑结构可在楼板上预埋钢筋环,外伸钢梁(工字钢、槽钢等)插入钢筋环内固定,或将钢梁一端埋置在墙体结构的混凝土内。外伸钢梁另一端加钢丝绳斜拉,钢丝绳固定到预埋在建筑物内的吊环上。

(2)下撑式支撑结构可将钢梁一端埋置在墙体结构的混凝土内,另一端利用钢管或角钢制作的斜杆连接,斜杆下端焊接到混凝土结构中的预埋钢板上;当结构中钢筋过密,挑梁无法埋入时,可采用预埋件,将挑梁与预埋件焊接。

(3)上部脚手架立杆与支撑结构应有可靠的定位连接措施,以确保上部脚手架的稳定。上部脚手架的搭设要求同一般外脚手架。

四、附着升降式脚手架

附着升降式脚手架又称爬升式脚手架,是指搭设一定高度并附着于工程结构上,依靠自身的升降设备和装置,随工程结构施工逐层爬升,并能实现下降作业的外脚手架。这种脚手架适用于高层现浇钢筋混凝土结构的施工。

(一)基本构造与分类

附着升降式脚手架主要由架体、附着支撑、提升机构和设备、安全装置和控制系统等4个基本部分构成。

附着升降式脚手架按其支撑方式可分为套框(管)式、导轨式、导座式、挑轨式、套轨式、吊套式和吊轨式等,按升降方式不同可分为单跨(片)升降式、整体升降式和互爬升降式等。

(二)搭设要求

(1)与建筑物应有牢固的固定措施。架体在任何状态(使用,上升或下降)下,与工程结构之间必须有不少于2处的附着支撑点。

(2)升降过程均应有可靠的防倾覆措施。工程中一般采用防倾导轨控制架体水平位移和倾覆。

(3)应设置有安全防坠落装置和措施。即一旦因断链(绳)等造成架体坠落时,能立即启动、及时将架体制停在防坠杆等支持构造上。防坠装置的制动有棘轮棘爪、楔块斜面自锁、摩擦轮斜面自锁、楔块套管、偏心凸轮、摆针等多种类型。

(4)应具有升降过程中的同步控制措施。工程中常用限载来实现同步升降的要求,对升降同步性的控制应实现自动显示、自动调整和遇故障自停的要求。

任务四　脚手架工程施工质量验收与安全技术

一、施工质量验收

(一)基本文件的验收

(1)脚手架的施工设计文件及组装图。

(2)脚手架部件的出厂合格证、试验报告和质量合格标志。

(3)脚手架工程的施工记录、班组自检记录和工程项目部的检查记录。

(4)脚手架搭设过程中出现的重要问题及处理文件记录。

(5)对附着升降式脚手架应有提升设备、绳具的出厂合格证以及承力桁架、导向承重柱、横向承力刚架或托架、防坠装置等的试验记录证明。

(6)脚手架工程的施工验收报告。

(二)验收的组织分工和重点验收项目

1. 验收的组织分工

高度≤25 m的脚手架,由项目工程负责人组织技术和安检人员进行验收;高度>25 m的脚手架,应由上一级技术负责人随工程进度分阶段组织工程项目负责人、有关技术人员和安检人员进行验收。

2. 重点验收项目

(1)基础是否平整坚实,支垫是否符合要求。

(2)杆件设置是否齐全,连接件、挂扣件、承力件和与建筑物的固定件是否牢固可靠。

(3)安装后的扣件,其拧紧螺栓的扭力矩应用扭力扳手抽查,抽样方法应按随机均布原则进行;抽样数目与质量判定标准应按有关规定确定,不合格时必须整体重新拧紧,并经复验合格方可验收。

(4)连墙件的数量、位置和竖向水平间距是否符合要求。

(5)安全设施(安全网、护栏等)、脚手板、导向与防坠装置是否齐全和安全可靠。

(6)垂直度及水平度是否符合规范要求。

二、施工安全技术

(1)脚手架搭设人员必须经国家《特种作业人员安全技术培训考核管理规定》考核合

格和体检合格后方可持证上岗。

(2)脚手架搭拆前,应做好安全技术交底。经常对职工进行安全技术教育,一旦发现安全技术问题应立即解决。搭拆时,应按《建筑施工高处作业安全技术规范》(JGJ 80—2016)的有关规定执行,且地面应设围栏和警戒标志,并派专人看守,严禁非操作人员入内。

(3)采用新技术、新工艺、新设备时,必须制定相应的安全技术措施,经有关部门批准后方可执行。

(4)外脚手架外侧应满挂安全防护立网。从2层楼面起设水平安全网,往上每隔3~4层设一道,同时再设一道施工层安全网。安全网生根要牢固,绷紧,圈拼要严密。

(5)工地临时用电线路的架设及脚手架接地、避雷措施等应符合规范规定。

(6)严禁任意拆除杆件和危及架子的作业。

(7)脚手架使用时的注意事项如下:

①应设置专门的安全扶梯、爬梯或斜道供操作人员上下,否则必须设置室外电梯。

②严格控制各种脚手架上的施工荷载,不得在脚手架上堆放模板、钢筋等物件和利用脚手架吊运重物。

③严禁在脚手架上拉结缆风绳,固定、架设混凝土输送泵和泵管、起重拔杆和起重设备等。

④支模时的支撑禁止与脚手架相连,运转料的平台严禁受力于架上。

⑤在脚手架上同时进行多层作业时,应设置可靠的防护棚,以防上层坠物伤人。

⑥临街或人行通道的脚手架外侧,应有严密的防护措施,以防坠物伤人。

⑦定期并及时清除脚手架上的建筑垃圾,清理时不得抛扔。

⑧遇有立杆沉陷或悬空、连接松动、架子歪斜、脚手板上结冰等情况时,应及时处理。在上述问题未解决前应停止使用脚手架。

⑨脚手架使用中应定期检查下列项目:杆件的设置和连接,连墙件、支撑、门洞桁架等的构造和设置是否符合要求;扣件螺栓是否松动;地基是否积水,底座是否松动;提升设备有无损伤,橡胶电缆有无破损。

⑩操作人员应严格遵守劳动纪律,服从领导和安检人员的指挥,且工作中要思想集中和精心操作。现场安全员有权制止违章指挥和违章作业,遇有险情应立即停止施工作业,并立即向工程项目领导报告以求及时处理。

⑪6级及6级以上大风、大雾、大雨、大雪应暂停在脚手架上作业,雨雪后上架作业应先清除积雪并做好防滑措施。

练习题

1. 简述脚手架的作用、基本要求及分类。

2. 多立杆扣件式钢管脚手架的主要构件有哪些?简述扣件式钢管脚手架的搭设程序和拆除要求。

3. 简述碗扣式钢管脚手架、门式脚手架的主要组成构件和搭设方法。

项目四　砌筑工程施工

【学习目标】

了解砌筑材料的种类与技术要求。熟悉砖砌体的组砌形式,掌握砖砌体的施工工艺与技术要求。熟悉砌块砌体的施工工艺,掌握砌块砌体的构造要求与施工要求。熟悉砌筑工程施工质量验收与安全技术要求。

任务一　砌筑材料

一、砌筑砂浆

(一)砌筑砂浆的种类

砌筑砂浆按其组成材料不同,一般有水泥砂浆、水泥混合砂浆和非水泥砂浆等。

1. 水泥砂浆

水泥砂浆由水泥和砂拌和而成。其具有较高的强度和耐久性,但和易性差,多用于高强度和潮湿环境的砌体工程。

2. 水泥混合砂浆

水泥混合砂浆是在水泥砂浆中掺入一定数量的石灰膏或黏土膏拌制而成。其具有一定的强度和耐久性,且和易性和保水性好,常用于地面以上强度要求较高的砌体工程。

3. 非水泥砂浆

非水泥砂浆是不含有水泥的砂浆(如石灰砂浆、黏土砂浆)。其强度低、耐久性差,常用于简易或临时建筑的砌体工程。

(二)砌筑砂浆的组成与原材料要求

砂浆是由胶结材料、细骨料及水组成的混合物。常用的胶结材料有水泥、石灰等,细骨料多采用天然砂,此外还可以加入有塑化作用的掺合料或外加剂。

1. 水泥

水泥的品种、强度等级应根据设计要求进行选择。水泥必须具有出厂检验证明书,并对主要性能进行检验。不同品种的水泥不得混合使用。

2. 砂

砂宜用中砂,其中毛石砌体宜用粗砂。砂的含泥量一般不应超过5%;M5以下的水泥混合砂浆,砂的含泥量不应超过10%。

3. 水

水质应符合现行行业标准《混凝土用水标准》(JGJ 63)的规定。

4. 掺合料

为改善和易性,提高砌体强度和质量,可在砂浆中掺入石灰膏、黏土膏、电石膏、粉煤灰等掺加料。石灰膏采用生石灰熟化时间不得少于7 d,采用磨细生石灰粉的熟化时间不得小于2 d。采用黏土或粉质黏土制备黏土膏时,宜用搅拌机加水搅拌并过滤。

5. 外加剂

凡在砂浆中掺入有机塑化剂、早强剂、缓凝剂、防冻剂等,应经检验和试配符合要求后,方可使用。

(三)砂浆的制备与使用

1. 砌筑砂浆的制备

1)砂浆的配制

砂浆的配制应按设计配合比结合现场材料进行试配,确定符合要求的砂浆配合比。

(1)施工中应严格控制配料精度。砂、石灰膏、电石膏、粉煤灰和磨细生石灰等配料精度应控制在±5%以内,水泥、外加剂的配料精度应控制在±2%以内。

(2)砂浆宜采用机械搅拌,搅拌时间应符合下列规定:

①水泥砂浆和水泥混合砂浆不得少于2 min。

②对掺加粉煤灰砂浆和外加剂的砂浆不得少于3 min。

③掺用有机塑化剂的砂浆应不少于210 s。

2)砂浆的强度与和易性要求

(1)砌筑砂浆的强度要求如下:砌筑砂浆的强度等级分为M20、M15、M10、M7.5、M5和M2.5。实际工程中以标准养护龄期28 d的试块抗压强度为准,砂浆试块应在搅拌机出料口随机取样制作。每一检验批且不超过250 m^3 砌体的砌筑砂浆,每台搅拌机应至少抽验一次。

(2)砌筑砂浆的和易性要求如下:砂浆的和易性包括流动性和保水性两方面。砂浆的流动性用砂浆的稠度来表示,稠度一般采用砂浆稠度测定仪测定,应符合表4-1的规定。

表4-1　砌筑砂浆的稠度

项次	砌体种类	砂浆稠度(mm)
1	烧结普通砖砌体	70~90
2	普通混凝土小型空心砌块砌体 加气混凝土砌块 烧结普通砖平拱式过梁 空斗墙、筒拱	50~70
3	烧结多孔砖、空心砖砌体 轻骨料小型空心砌块砌体 蒸压加气混凝土砌块砌体	60~80
4	石砌体	30~50

砂浆的保水性用砂浆的分层度来表示。为保证砌体灰缝饱满度、块材与砂浆间的黏结和砌体强度,砌筑砂浆的分层度不得大于 30 mm。

2. 砌筑砂浆的使用

砌筑砂浆应随拌随用,如出现泌水现象,砌筑前应进行二次拌和。现场拌制的砂浆应在拌成后 3 h 内用完,如施工期间的最高气温超过 30 ℃,应在拌成后 2 h 内用完。

施工中如用水泥砂浆代换水泥混合砂浆,应按《砌体结构设计规范》(GB 50003—2011)的相应规定执行,不得随意代替。

二、砖(石)、砌块

(一)砖

砌筑用砖分为实心砖和空心砖两种。根据使用材料和制作方法的不同又分为烧结普通砖、蒸压灰砂砖、粉煤灰砖和炉渣砖等;黏土空心砖按用途又分为烧结空心砖和烧结多孔砖,烧结空心砖仅用于非承重部位。

(1)烧结普通砖。按力学性能分为 MU10、MU15、MU20、MU25、MU30 五个等级。根据尺寸偏差、强度等级、耐久性能和外观指标分为优等、一等和合格三个等级。

(2)蒸压灰砂砖。按力学性能分为 MU10、MU15、MU20、MU25 四个等级。根据尺寸偏差和外观分为优等、一等和合格三个等级。

(3)烧结多孔砖。按力学性能分为 MU30、MU25、MU20、MU15、MU10 五个等级。根据尺寸偏差、外观质量、强度等级和物理性能分为优等、一等和合格三个等级。

施工中,砖的品种和强度等级必须符合设计要求,并力求规格一致;用于清水墙、柱表面的砖应严格挑选,保持边角整齐、色泽均匀;砌筑前,普通砖和空心砖应提前浇水湿润,含水量宜为 10%~15%;灰砂砖、粉煤灰砖含水量宜为 5%~8%。检查含水量的最简易方法是现场断砖,砖截面周围融水深度达 15~20 mm 即视为符合要求。

(二)石

石材的品种可分为毛石和料石两类。根据其平整程度,毛石可分为乱毛石与平毛石,料石可分为毛料石、粗料石、半细料石和细料石。

(三)砌块

砌筑工程中,常用的中小型砌块主要有混凝土空心砌块和加气混凝土砌块。使用砌块可以充分利用地方资源和工业废渣,节省黏土资源和改善环境,并可提高劳动生产率,降低工程造价。

(1)混凝土空心砌块。由普通硅酸盐水泥、中砂和粒径不大于 20 mm 的石子作为原料,经配制、拌和、成型、蒸养而成,表观密度为 1 000 kg/m^3。也有的混凝土空心砌块用轻质煤渣、矿渣制成。

(2)加气混凝土砌块。加气混凝土砌块具有表观密度小、保温效果高、吸声好、规格可变及可锯、可割等优点。其抗压强度等级应满足用于围护结构或热工建筑物的要求,最低应不低于 5 N/mm^2。加气混凝土砌块多应用于框架填充墙。

任务二　砖砌体施工

一、砖砌体的组砌形式

砖砌体的组砌形式主要有六种，即一顺一丁、三顺一丁、梅花丁、二平一侧、全顺式和全丁式，见图 4-1。

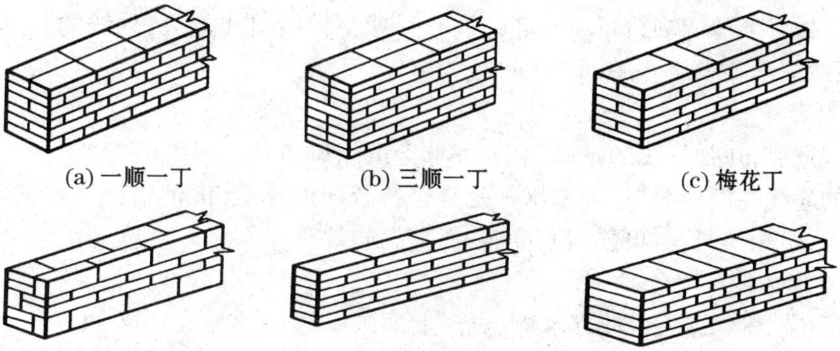

(a) 一顺一丁　(b) 三顺一丁　(c) 梅花丁　(d) 二平一侧　(e) 全顺式　(f) 全丁式

图 4-1　砖砌体的砌筑形式

(一) 一顺一丁

一顺一丁是一皮全部顺砖与一皮全部丁砖相互交替组砌，相邻两皮砖竖缝均相互交错 1/4 砖长。此种组砌方法效率较高，适用于砌一砖墙、一砖半墙及二砖墙。

(二) 三顺一丁

三顺一丁是三皮全部顺砖与一皮全部丁砖间隔砌成，上下顺砖层间竖缝错开 1/2 砖长，上下皮顺砖与丁砖间的竖缝错开 1/4 砖长。这种砌法因顺砖较多效率较高，适用于砌一砖墙、一砖半墙。

(三) 梅花丁

梅花丁是每皮中丁砖与顺砖相隔、上皮丁砖坐中于下皮顺砖，上下皮砖竖缝相互错开 1/4 砖长。这种砌法内外竖缝每皮都能错开，故整体性较好，灰缝整齐，比较美观，但砌筑效率较低，适用于砌一砖墙及一砖半墙。

(四) 二平一侧

二平一侧是两皮平砌砖与一皮侧砖的顺砖相隔砌成，多用于砌筑 180 mm 墙。

(五) 全顺式

全顺式是每皮均用顺砖砌筑，上下皮间竖缝相互错开 1/2 砖长，常用于砌筑半砖墙。

(六) 全丁式

全丁式是每皮均用丁砖砌筑，上下皮间竖缝互相错开 1/4 砖长，此种砌法可用于砖过梁或圆弧形构件的砌筑，常用于砖砌水塔、烟囱、水池等构筑物的砌筑。

二、砖砌体的施工工艺

砖墙的砌筑一般有抄平、放线、摆砖样、立皮数杆、盘角、挂线、砌筑、勾缝、清理等工序。

(一)抄平、放线

(1)抄平。砌墙前先在基础面或楼面上按标准的水准点定出各层标高,宜用1∶3水泥砂浆找平。

(2)建筑物底层墙身,可以根据龙门板上标志的轴线,弹出墙身轴线、边线及门窗洞口位置。二楼以上墙的轴线可以用经纬仪或垂球将轴线引测上去,轴线的引测是放线的关键,必须按图纸要求尺寸用钢皮尺进行校核。

(二)摆砖样

摆砖即撂底,在弹好线的基础面上,按选定的组砌方法,先用干砖块试摆。目的是校对所放出的墨线在门窗洞口、附墙垛等处是否符合砖的模数,以便借助灰缝的调整,使砌体灰缝均匀,组砌得当,尽可能减少砍砖,提高砌砖效率。

(三)立皮数杆

皮数杆(见图4-2)是一种方木标志杆,上面画有每皮砖及灰缝的厚度,门窗洞口、过梁、楼板、梁底等标高位置。砌筑时用来控制墙体竖向尺寸及各部位构件的竖向标高,并保证灰缝厚度的均匀性。

皮数杆一般设置在房屋的四大角、纵横墙交接处、楼梯间及洞口较多的部位,如墙面过长,应每隔10~15 m立一根。皮数杆需用水平仪统一竖立,使皮数杆上的±0.000 m与建筑物的±0.000 m标高相吻合,经检查合格后方可进行砌筑施工。

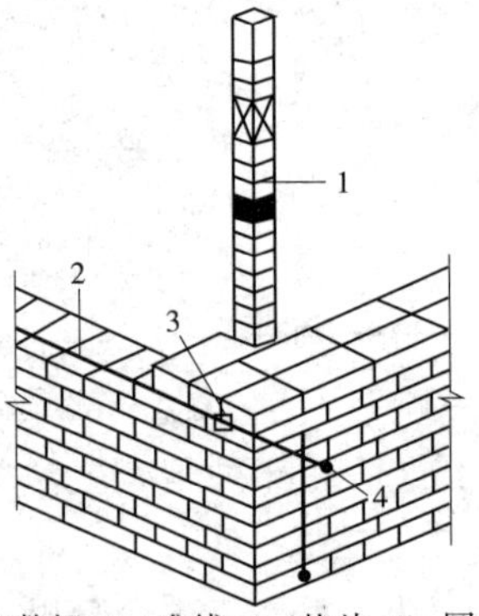

1—皮数杆;2—准线;3—垫片;4—圆铁钉

图4-2 皮数杆示意

(四)盘角、挂线

一般墙体砌筑先从墙角开始,即在墙角部位根据皮数杆先砌若干皮砖,称为盘角,作为挂线的依据。墙角也是控制墙面横平竖直的主要依据,所以要求墙角必须双向垂直。

墙角砌好后,即可挂线,作为砌筑中间墙体的依据,以保证墙面平整。一般一砖墙可用单面挂线,一砖半墙以上则应用双面挂线。

(五)砌筑

砌砖的操作方法很多,可采用铺浆法或三一砌砖法。为保证砌筑质量要求,一般采用三一砌砖法,即一块砖、一铲灰、一揉压,并随手将挤出的砂浆刮去的砌筑方法。这种砌筑法的优点是灰缝容易饱满,黏结力好,墙面整洁。

(六)勾缝

勾缝是清水墙砌筑的最后一道工序,可以用砂浆随砌随勾缝,即原浆勾缝;也可砌完墙后再用1∶1.5水泥砂浆或加色砂浆勾缝,即加浆勾缝。勾缝具有保护墙面和增加墙面美观的作用,为了确保勾缝质量,勾缝前应清除墙面黏结的砂浆和杂物,并洒水润湿,在砌完墙后,应画出10 mm的灰槽,灰缝可勾成凹、平、斜或凸等形状,勾缝完成后,应清扫墙面。

三、砖砌体的技术要求

(一)基本要求

砖砌体的质量应符合《砌体结构工程施工质量验收规范》(GB 50203—2011)的要求，做到横平竖直、砂浆饱满、上下错缝、内外搭接、接槎牢固。

1. 横平竖直

在砌筑过程中，严格按皮数杆层层挂准线，每块砖按准线砌平，并随时用线锤和托线板进行检查，做到“三皮一吊、五皮一靠”，以保证砌体的水平灰缝平直，竖向灰缝垂直对齐，不得游丁走缝。

2. 砂浆饱满

砌体水平灰缝的砂浆饱满度不得小于80%，其水平灰缝和竖缝的厚度一般规定为(10±2)mm。砂浆的和易性好，砖湿润得当都是保证砂浆饱满的前提条件。

3. 上下错缝，内外搭接

为保证砌体的强度和稳定性，砌体应按一定的组砌形式进行砌筑，错缝及搭接长度一般不少于60 mm，并避免墙面和内缝中出现连续的竖向通缝。

4. 接槎牢固

砌体结构原则上应同时砌筑，以保证墙体的整体性和抗震性能。如不能同时砌筑，应按规定留槎并做好接槎处理。接槎主要有两种方式，即斜槎和直槎，见图4-3。

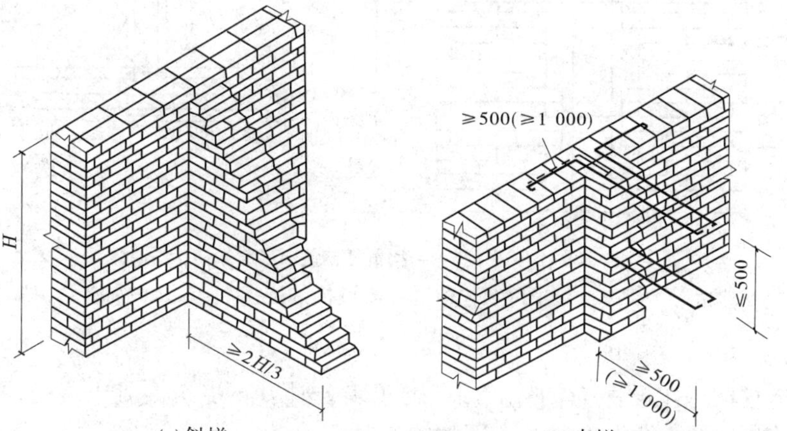

(a)斜槎　　(b)直槎

图4-3　接槎

通常应将留置的临时间断做成斜槎，斜槎长度不应小于墙高度的2/3[见图4-3(a)]。如留斜槎确有困难，才可留直槎，但必须做成阳槎，并加设拉结筋[见图4-3(b)]；拉结筋的数量为每120 mm墙厚放置1 Φ 6的钢筋(120墙应放置2 Φ 6)，间距沿墙高不得超过500 mm，埋入长度从墙的留槎处算起，每边均不得少于500 mm(对抗震设防烈度为6度、7度地区，不得小于1 000 mm)，末端应有90°弯钩。房屋转角处和抗震设防烈度8度及其以上地区不得留直槎。

接槎时，必须先将留槎处的表面砂浆清理干净，再浇水湿润，并保证砂浆饱满，灰缝平直通顺，使接槎处的前后砌体黏结成整体。

(二)特殊构造要求

1. 钢筋混凝土构造柱

为提高建筑物结构的整体稳定性,增强建筑物的防震能力,通常在建筑物的四角、内外墙交接处、较长的墙体中间,以及楼梯间、电梯间等洞口四周的位置设置构造柱。

1)构造要求

(1)构造柱与墙体的连接见图 4-4。构造柱的截面尺寸为 240 mm×180 mm 或 240 mm×240 mm。竖向受力钢筋一般采用4 Φ 12~4 Φ 14 的钢筋;箍筋一般为Φ 6@ 200,且在柱上下端适当加密。

(2)构造柱应沿墙高每隔 500 mm 设置 2 Φ 6 的水平拉结钢筋,两边伸入墙内不宜小于 1 m。若外墙为一砖半墙,则水平拉结钢筋应用 3 根。

(3)构造柱与砖墙相接处,应砌成马牙槎,从每层柱脚开始,先退后进;每个马牙槎沿高度方向的尺寸不宜超过 300 mm(或 5 皮砖高);每个马牙槎进退应不小于 60 mm。

(4)构造柱通常与圈梁连接。其纵筋应穿过圈梁,保证纵筋上下贯通,且应适当加密;其根部一般基础圈梁连接,或直接生根于基础(基础梁)。

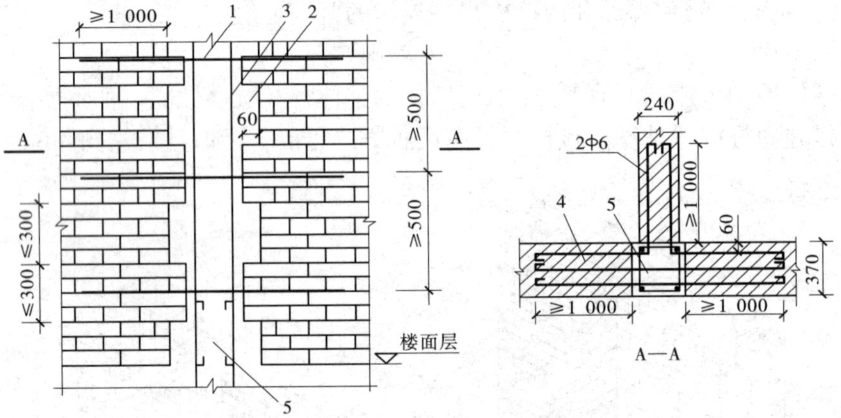

1—拉结钢筋;2—马牙槎;3—构造柱钢筋;4—墙体;5—构造柱

图 4-4 构造柱与墙体的连接

2)施工要点

(1)构造柱的施工顺序为:绑扎钢筋、砌砖墙、支模板、浇筑混凝土。必须在该层构造柱混凝土浇筑完毕后,才能进行上一层的施工。

(2)构造柱的竖向受力钢筋伸入基础(圈)梁或混凝土基础内的锚固长度,以及绑扎搭接长度,均不应小于 35 倍钢筋直径。接头区段内的箍筋间距不应大于 100 mm。钢筋混凝土保护层厚度一般为 20 mm。

(3)砌砖墙时,当马牙槎齿深为 120 mm 时,其上口可采用第一皮先进 60 mm,往上再进 120 mm 的方法,以保证浇筑混凝土时上角密实。

(4)构造柱的模板,必须与所在砖墙面严密贴紧,以防漏浆。

(5)浇筑构造柱的混凝土坍落度一般为 50~70 mm。构造柱浇筑混凝土前,必须将砌体留槎部位和模板浇水湿润,将模板内的杂物清理干净,并在结合面处注入适量与构造柱混凝土相同的细石水泥砂浆。振捣时,应避免触碰墙体,严禁通过墙体传振。

2. 配筋砖砌体

配筋砖砌体一般有网状配筋砖砌体、水平配筋砖砌体、组合砖砌体。

1) 网状配筋砖砌体

网状配筋砖砌体，即在砖柱(墙)的水平灰缝中配置钢筋网片(见图 4-5)。

(1)砖砌体材料要求：砖的强度等级不应低于 MU10，砂浆的强度等级不应低于 M7.5。

(2)钢筋网片宜采用焊接网片，钢筋直径宜采用 3~4 mm；采用连弯网片时，钢筋直径不应大于 8 mm，沿砌体高度方向交错设置；钢筋网片竖向间距，不应大于五皮砖，且不应大于 400 mm；钢筋网中的钢筋间距宜为 30~120 mm，钢筋上下保护层厚度不应小于 2 mm。

(3)网状配筋砖砌体外表面宜用 1∶1水泥砂浆勾缝或进行抹灰。

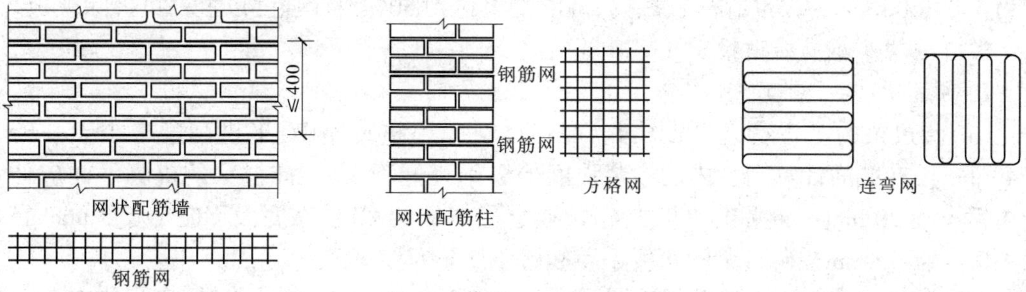

图 4-5　网状配筋砖砌体

2) 水平配筋砖砌体

水平配筋砖砌体，即在砖墙的水平灰缝中配置钢筋。

(1)设置在砌体水平灰缝内的钢筋，应居中置于灰缝中。水平灰缝厚度应大于钢筋直径 4 mm 以上。砌体外露面砂浆保护层的厚度不应小于 15 mm。

(2)设置在砌体水平灰缝中钢筋的锚固长度不宜小于 $50d$，且其水平或垂直弯折段的长度不宜小于 $20d$ 和 150 mm；钢筋的搭接长度不应小于 $55d$。

3) 组合砖砌体

组合砖砌体(见图 4-6)，即砖砌体和钢筋混凝土面层或钢筋砂浆面层的组合砌体构件，有组合砖柱、组合砖壁柱和组合砖墙等。

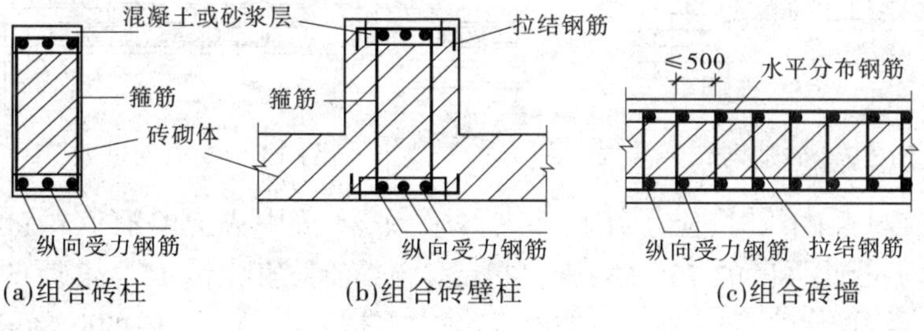

图 4-6　组合砖砌体

(1)组合砖砌体的基本构造：砖强度等级不宜低于 MU10，砌筑砂浆的强度等级不宜低于 M7.5。面层混凝土强度等级宜采用 C20，水泥砂浆强度等级不宜低于 M10。砂浆面层厚度宜采用 30~45 mm，当面层厚度大于 45 mm 时，其面层宜采用混凝土。

(2)组合砖砌体构件,竖向受力钢筋保护层应符合设计要求,距砖砌体表面距离不应小于 5 mm;拉结筋两端应设弯钩,拉结筋及箍筋的位置应正确。

(3)组合砖砌体施工,在墙体砌筑时按规定的间距在砌体的水平灰缝内放置箍筋或拉结钢筋,保护层厚度不小于 2 mm,两端伸出砖砌体外的长度应一致。受力钢筋按规定间距竖立,与箍筋或拉结钢筋绑牢。组合砖墙中的水平分布钢筋按规定间距与受力钢筋绑牢。

(4)组合砖砌体面层施工前,应清除面层底部的杂物,并浇水湿润砖砌体表面。砂浆面层施工从下而上分层施工,一般应两次涂抹:第一次是刮底,使受力钢筋与砖砌体有一定保护层;第二次是抹面,使面层表面平整。混凝土面层施工应支设模板,每次支设高度宜为 500~600 mm,并分层浇筑、振捣,待混凝土达到 30%设计强度以上方可拆除模板。

3. 砖过梁及钢筋砖过梁

1)砖过梁(砖平拱)

(1)砖过梁的基本构造(见图 4-7):砖过梁应用整砖侧砌,平拱高度不小于一砖长(240 mm),在截面计算高度内的砂浆强度等级不宜低于 M5。砖过梁的拱脚下面应伸入墙内不小于 20 mm。砖平拱的灰缝应砌成楔形;灰缝的宽度,在底面不应小于 5 mm,在顶面不应大于 15 mm。砖过梁的跨度不得超过 1.2 m。

(2)砖过梁砌筑时,应在其底部支设模板,模板中央应有 1%的起拱;模板应在灰缝砂浆强度不低于设计强度的 75%时,方可拆除。

2)钢筋砖过梁

(1)钢筋砖过梁的基本构造(见图 4-8):钢筋砖过梁的底面为砂浆层,砂浆层厚度不宜小于 30 mm,砂浆层中应配置钢筋,钢筋直径不应小于 5 mm,其间距不宜大于 120 mm,钢筋两端伸入墙体内的长度不应小于 240 mm,并有向上的直角弯钩。钢筋砖过梁截面计算高度不小于 7 皮砖高(440 mm),在截面计算高度内的砂浆强度不宜低于 M5。钢筋砖过梁的跨度不应超过 1.5 m。

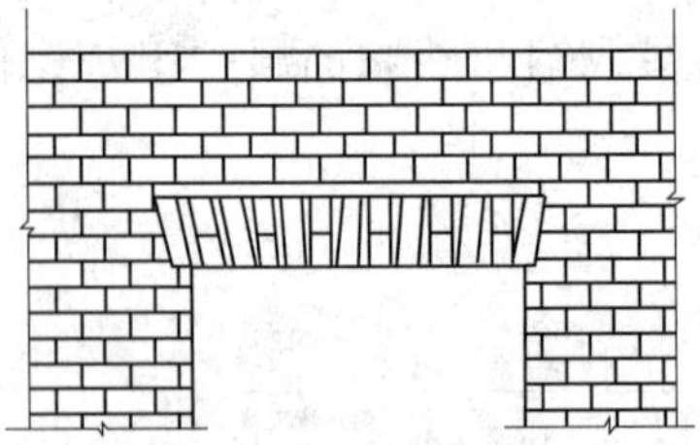

图 4-7　砖过梁

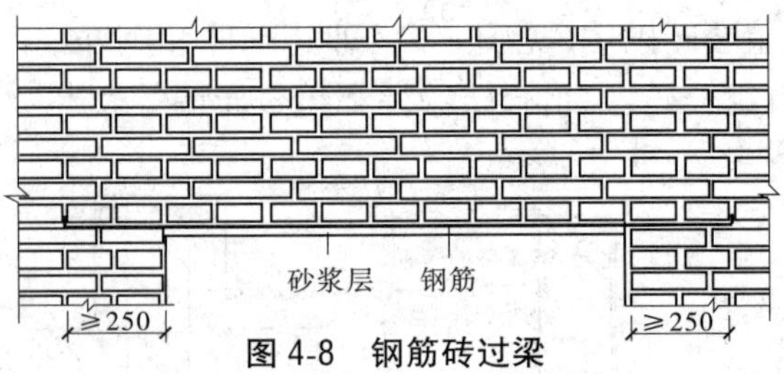

图 4-8　钢筋砖过梁

(2)钢筋砖过梁砌筑时,应在其底部支设模板,模板中央应略有起拱;模板应在灰缝砂浆强度不低于设计强度的 75%时,方可拆除。砌筑时,宜先铺 15 mm 厚的砂浆层,布置钢筋并使其弯钩向上,然后铺 15 mm 砂浆层,使钢筋位于 30 mm 厚的砂浆层中间。

任务三　砌块砌体施工

砌块代替黏土砖做墙体材料是墙体改革的一个重要途径。近年来,各地因地制宜,就地取材，以天然材料或工业废料为原料制作各种中小型砌块用于建筑物墙体结构，施工方法简便，减轻了劳动强度，提高了劳动生产率。

中小型砌块按材料分为混凝土空心砌块、粉煤灰硅酸盐砌块、煤矸石硅酸盐空心砌块和加气混凝土砌块等品种。砌块高度为 380～940 mm 的称为中型砌块，砌块高度小于为 380 mm 的称为小型砌块。

一、中型砌块砌体施工

中型砌块砌体的施工是采用各种吊装机械及夹具将砌块安装在设计位置。一般按预先设计的砌块排列图逐块地按次序吊装，就位固定。

（一）砌块施工排列图的编制

砌块墙体施工前应根据建筑物的平面、立面尺寸及砌块的规格绘制砌块排列图（见图 4-9）。在立面图上按比例绘出纵横墙，标出楼板、大梁、过梁、楼梯孔洞等位置，在纵横墙上绘出水平灰缝线，然后以主规格为主，其他规格为辅按墙体错缝搭砌的原则和竖缝大小进行排列。若无具体规定，砌块应按下列原则排列：

（1）尽量以主规格为主、其他规格为辅排列，排列应符合模数。

（2）砌块应错缝搭接，搭砌长度不得小于块高的 1/3，且不应小于 150 mm；当搭砌长度不足时，应在水平灰缝内设 2 Φ 4 的钢筋网片，网片两端离垂直灰缝距离不得小于 400 mm。

（3）外墙转角处及纵横墙交接处，应交错咬槎同时砌筑。与后砌半砖隔墙交接处，应沿墙高每 800 mm 在水平灰缝内设 2 Φ 4 的钢筋网片。

（4）空心砌体外墙转角处，楼梯间四角的砌体孔洞内，宜配置不少于 1 Φ 12 的竖向钢筋并贯通全墙高度锚固于基础或圈梁，孔洞应用 C20 细石混凝土浇捣密实。

（5）局部必须镶砖时，应尽量使砖的数量达到最低限度，镶砖部分应分散布置。

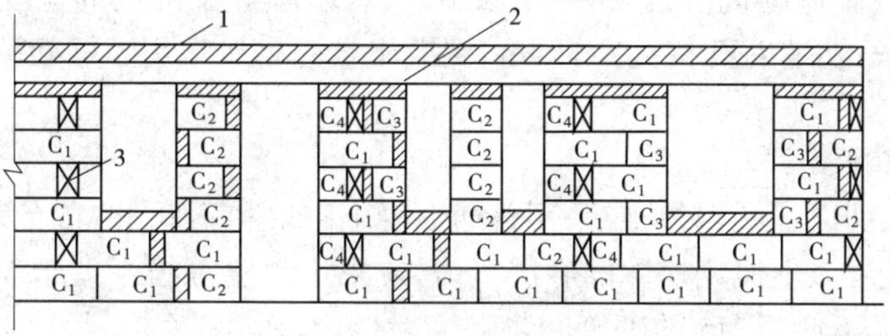

C_1—主规格砌块；C_2、C_3、C_4—辅助规格砌块；1—镶砖；2—圈梁；3—顶砌砌块

图 4-9 砌块排列图

（二）施工工艺

1. 砌块的安装方案

砌块的安装通常采用以下两种方案：

（1）以轻型塔式起重机运输砌块、砂浆，吊装预制构件，用台灵架安装砌块。此方案适用于工程量大或两幢房屋对翻流水施工的情况。

（2）用砌块车进行水平运输，用带有起重臂的井架进行砌块和楼板的垂直运输，再用台灵架安装砌块。此方案适用于工程量小的房屋施工。

2. 砌块的吊装顺序

砌块的吊装应按照砌块排列图进行,砌筑时应从转角处或定位砌块处开始。按施工段依次进行,其顺序一般为先外后内,先远后近,先下后上,在相邻施工段之间留阶梯形斜槎。

3. 砌块的施工工艺

砌块施工的主要工序有铺灰、砌块安装就位、校正、灌浆、镶砖等。

(1)铺灰。采用和易性较好的水泥砂浆(稠度为50~70 mm),铺灰长度为3~5 m水平灰缝(空心砌块不超过2~3 m),炎热天气或寒冷天气应适当缩短,铺灰应平整饱满。

(2)砌块安装就位。一般采用摩擦式夹具,按砌块排列图将所需砌块安装就位。夹砌块时应避免偏心,注意光面放置在同侧,放置时应对准位置徐徐下落于砂浆层上,待砌块安放稳定后,方可松开夹具。

(3)校正。砌块安装就位后,用垂球或托线板检查砌块的垂直度,用拉准线的方法检查砌块的水平度。校正时可用撬棍或木槌调整偏差。

(4)灌浆。采用砂浆灌竖缝,两侧用夹板夹住砌块,超过30 mm宽的竖缝采用不低于C20的细石混凝土灌缝,收水后,用刮缝板把竖缝和水平缝刮齐。此后,一般不准再撬动砌块,以防损坏砂浆黏结力。

(5)镶砖。当砌块间出现较大竖缝或过梁找平时,应镶砖。镶砖工作必须在砌块校正后即刻进行,采用不小于MU10的机制砖,最后一皮用顶砖镶砌;镶砖砌体的竖缝和水平缝应控制在15~30 mm,竖缝应灌密实。

二、小型空心砌块砌体施工

小型空心砌块分为普通混凝土小型空心砌块和轻骨料混凝土空心砌块两种,主规格尺寸为390 mm×190 mm×190 mm,空心率为25%~50%。

小型空心砌块砌体砌筑形式只有全顺式一种。墙厚等于砌块的宽度,上下皮竖缝相互错开1/2砌块长,错缝对孔搭接。轻骨料混凝土空心砌块常用于框架填充墙。

(一)构造要求

1. 一般构造要求

(1)对室内地面以下的砌体,应采用普通混凝土砌块和不低于M5的水泥砂浆砌筑。

(2)五层及五层以上民用房屋的底层墙体,应采用强度等级不低于MU5的普通混凝土砌块和强度等级不低于M5的砌筑砂浆砌筑。

(3)在墙体的下列部位,应采用C20混凝土灌实砌块的孔洞:

①底层室内地面以下或防潮层以下的砌体。

②无圈梁的楼板支撑面下的一皮砌块。

③没有设置混凝土垫块的屋架、梁等构件支撑面下,高度不小于600 mm,长度不小于600 mm的砌体。

④挑梁支撑面下,距墙中心线每边不小于300 mm,高度不小于600 mm的砌体。

(4)砌块墙与后砌隔墙交接处,应沿墙高每隔400 mm在水平灰缝内设置不少于2 Φ 4、横筋间距不大于200 mm的焊接钢筋网片,钢筋网片伸入后砌隔墙内不应小于600 mm,见图4-10。

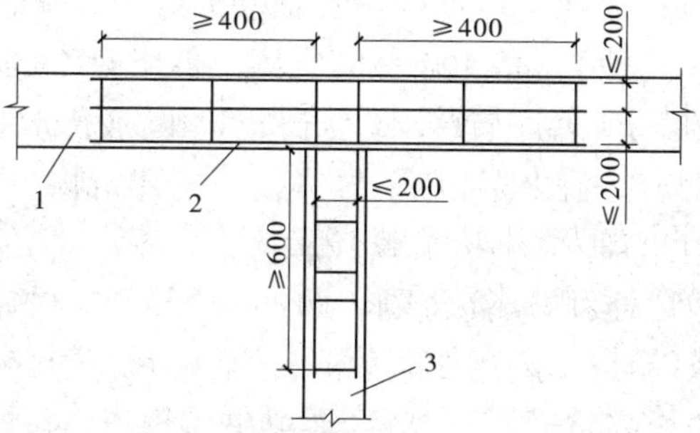

1—砌块墙;2—钢筋网片;3—后砌墙体

图 4-10 砌块墙与后砌墙交接处构造

2. 夹心墙构造

混凝土砌块夹心墙由内叶墙、外叶墙及其间拉结件组成,内、外叶墙间设保温层,见图 4-11。

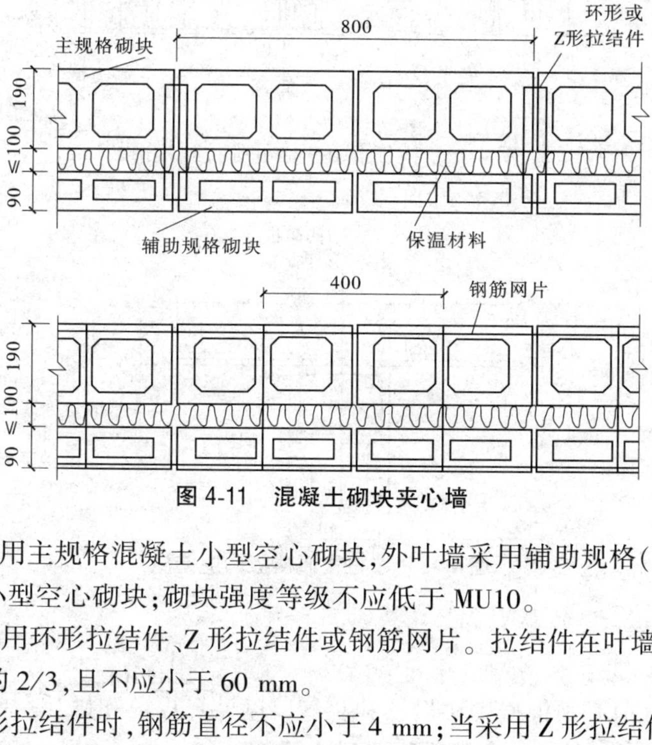

图 4-11 混凝土砌块夹心墙

(1)内叶墙采用主规格混凝土小型空心砌块,外叶墙采用辅助规格(390 mm×90 mm×190 mm)混凝土小型空心砌块;砌块强度等级不应低于 MU10。

(2)拉结件采用环形拉结件、Z 形拉结件或钢筋网片。拉结件在叶墙上的搁置长度不应小于叶墙厚度的 2/3,且不应小于 60 mm。

①当采用环形拉结件时,钢筋直径不应小于 4 mm;当采用 Z 形拉结件时,钢筋直径不应小于 6 mm。拉结件应沿竖向梅花形布置,拉结件的水平间距不宜大于 800 mm、竖向间距不宜大于 600 mm;当有振动或有抗震设防要求时,其水平和竖向最大间距分别不宜大于 800 mm 和 400 mm。

②当采用钢筋网片做拉结件时,网片横向钢筋直径不应小于 4 mm,其间距不应大于 400 mm;网片的竖向间距不宜大于 600 mm,当有振动或有抗震设防要求时,不宜大于 400 mm。

3. 芯柱构造

在砌块砌体外墙转角、楼梯间四角的纵横墙交接处的三个孔洞,宜设置素混凝土芯

柱;五层及五层以上的房屋,应在上述部位设置钢筋混凝土芯柱。芯柱的构造要求如下:

(1)芯柱截面不宜小于120 mm×120 mm,宜用不低于C20的细石混凝土浇灌。

(2)钢筋混凝土芯柱每孔内插竖筋不应小于1 Φ 10,底部应伸入室内地面下500 mm或与基础圈梁锚固,顶部与屋盖圈梁锚固。抗震设防的建筑物中,应按芯柱位置要求设置钢筋混凝土芯柱,且竖向插筋不应小于1 Φ 12。

(3)在钢筋混凝土芯柱处,沿墙高每隔600 mm应设Φ 4的钢筋网片拉结,每边伸入墙体不小于600 mm,见图4-12。抗震设防地区,钢筋网片每边伸入墙内不宜小于1 m。

(4)芯柱应沿房屋的全高贯通,并与各层圈梁整体现浇,可采用图4-13所示的做法。

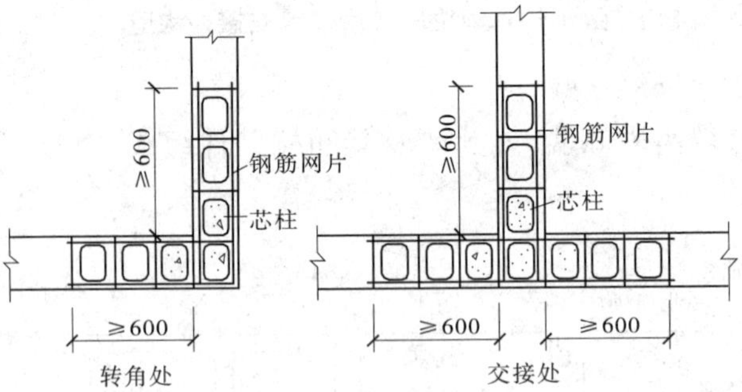

图4-12 钢筋混凝土芯柱处拉结构造

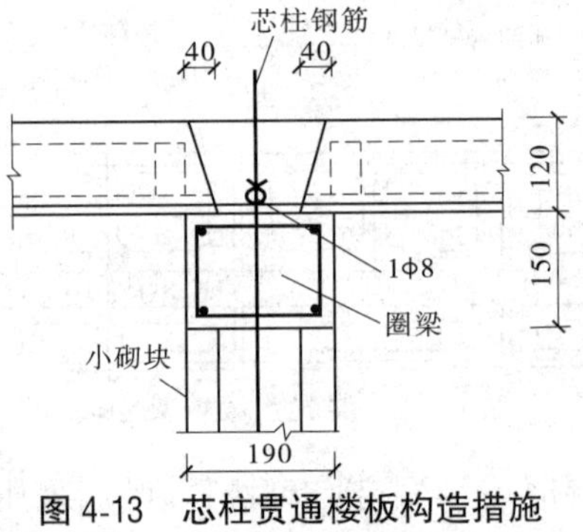

图4-13 芯柱贯通楼板构造措施

(二)施工要求

1.砌体的施工要求

(1)砌块砌筑前必须根据砌块尺寸和灰缝厚度计算皮数和排数,制作皮数杆,并将其竖立于墙的转角处和交接处,皮数杆间距宜小于15 m。

(2)砌块砌筑前一般不宜浇水,干热天气情况下可稍加喷水润湿。砌块堆放时应做好防雨和排水工作。

(3)尽量采用主规格砌块,从转角或定位砌块处开始砌筑,内、外墙应同时砌筑,纵横墙应交错搭接。外墙转角处应使砌块隔皮露端面;T形交接处应使横墙砌块隔皮露端面,纵墙在交接处改砌两块辅助规格小型砌块(290 ×190 mm×190 mm,一头开口),所有外露端面用水泥砂浆抹平,见图4-14。

（4）小砌块墙应对孔错缝搭砌，上下皮砌块竖向灰缝相互错开 190 mm。当无法对孔砌筑时，普通混凝土小型砌块错缝长度不应小于 90 mm，轻骨料混凝土小型砌块错缝长度不应小于 120 mm。不能保证此规定时，应在水平灰缝中设置 2 Φ 4 的钢筋网片，钢筋网片每端均应超过该垂直灰缝，其长度不得小于 300 mm，见图 4-15。

（5）砌体灰缝应做到横平竖直。水平灰缝应平直，其砂浆饱满度不应低于 90%；竖向灰缝应采用加浆方法，使其饱满，砂浆饱满度不应低于 80%，不得出现瞎缝、透明缝。水平灰缝厚度和垂直灰缝宽度应控制在 8～12 mm。当缺少辅助规格小砌块时，砌体通缝不应超过两皮砌块。

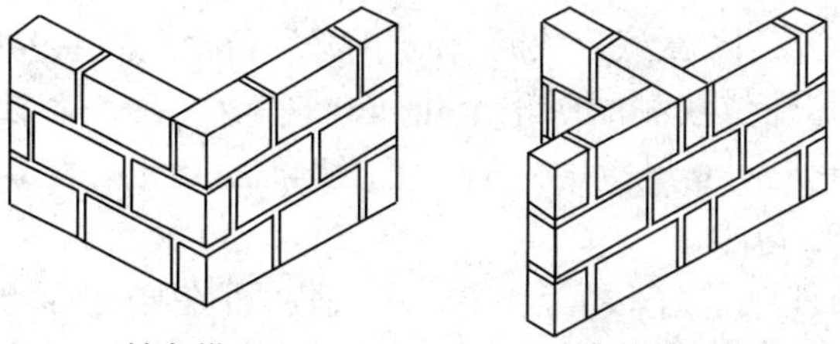

(a)转角搭砌　　(b)内外墙交接搭砌

图 4-14　砌块转角及 T 形交接处

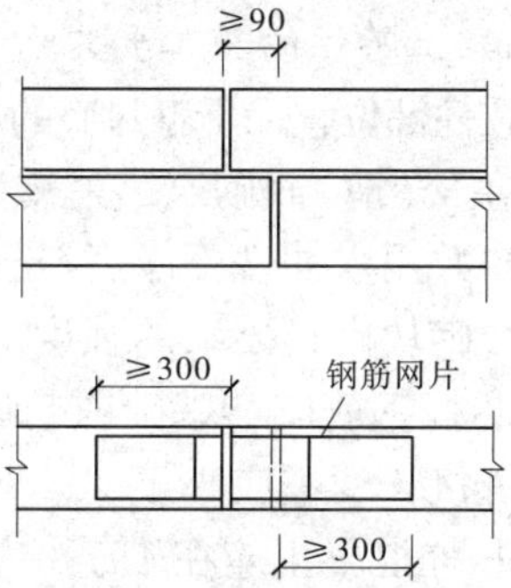

图 4-15　砌块错缝及拉结筋

（6）墙体留槎。墙体临时间断处应砌成斜槎，长度不应小于其高度的 2/3。如留斜槎确实有困难，在非抗震设防地区，除外墙转角外，也可砌成从砌体面伸出 200 mm 的阴阳槎，并沿砌体高每三皮砌块（600 mm）设拉结筋或钢筋网片，以确保连接牢靠，见图 4-16。

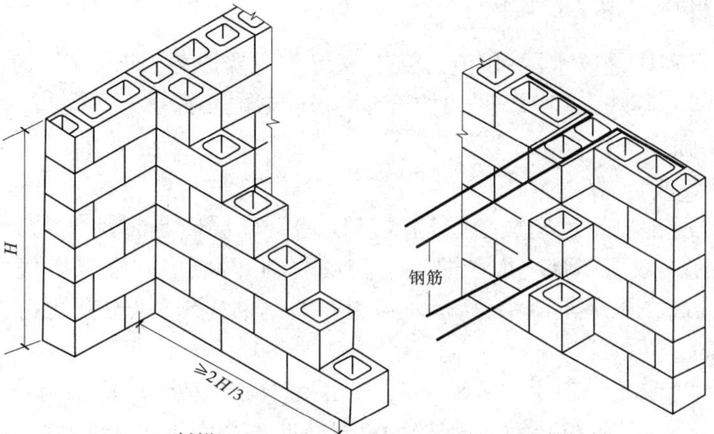

(a)斜槎　　(b)阴阳槎

图 4-16　砌块砌体留槎

（7）承重砌体严禁使用断裂或壁肋中有竖向凹形裂缝的砌块砌筑，也不得采用小砌块与烧结普通砖等其他块体材料混合砌筑。

（8）正常施工条件下，小型砌块每日砌筑高度应控制在 1.4 m 或一步脚手架高度内。每砌筑一楼层后，应校核墙体的轴线尺寸和标高，在允许范围内的轴线及标高偏差可在楼板面上予以校正。

(9)砌块砌体内不宜设脚手眼,如必须设置,可用辅助规格(190 mm×190 mm×190 mm)的小砌块侧砌,利用其孔洞做脚手眼,砌体完工后用C20混凝土填实。但在砌体下列部位不得设置脚手眼:

①过梁上部,与过梁呈60°角的三角形及过梁跨度1/2范围内。

②宽度不大于1 m的窗间墙。

③梁和梁垫下及其左右各500 mm的范围内。

④门窗洞口两侧200 mm内和砌体交接处450 mm的范围内。

⑤设计规定不允许设脚手眼的部位。

2. 混凝土芯柱的施工要求

(1)芯柱部位宜采用不封底的通孔砌块,当采用半封底砌块时,砌筑前必须打掉孔洞毛边。

(2)在楼(地)面砌筑第一皮砌块时,在芯柱位置侧面应预留孔,必须在清除砌块芯柱内的杂物,并用水冲洗干净,校正钢筋位置并绑扎或焊接固定后,方可浇灌混凝土。浇筑混凝土时,砌块砌筑砂浆的强度应达到1 MPa以上。

(3)芯柱钢筋应与基础或基础梁中的预埋钢筋连接,上下楼层的钢筋可在楼板面上搭接,其搭接长度不应小于$40d$。

(4)芯柱混凝土应在砌筑一楼层高度后连续浇灌,每浇灌400~500 mm高度应捣实一次。振捣混凝土宜用软轴插入式振动器。浇灌前,应先浇50 mm厚的水泥砂浆,再浇筑混凝土,混凝土坍落度应不小于50 mm。

(5)芯柱混凝土应与圈梁同时浇灌,在芯柱位置,楼板应留缺口,注意保证上下楼层的芯柱连成整体,见图4-13。

三、加气混凝土砌块施工

加气混凝土砌块是以水泥、矿渣、砂、石灰等为主要原料,加入发气剂,经搅拌成型、蒸压养护而成的实心砌块,多用于框架填充墙。其抗压强度分为A1、A2、A2.5、A3.5、A5、A7.5、A10七个强度等级。

(一)构造要求

(1)加气混凝土砌块可砌成单层墙或双层墙。单层墙是将加气混凝土砌块立砌,墙厚为砌块的宽度。双层墙是将加气混凝土砌块立砌,两层中间夹以空气层,两层砌块间,每隔500 mm墙高在水平灰缝中放置Φ4~Φ6的钢筋扒钉,扒钉间距为600 mm,空气层厚度70~80 mm,见图4-17。

(2)承重加气混凝土砌块墙的外墙转角处、墙体交接处,均应沿墙高1 m左右,在水平灰缝中放置拉结钢筋,拉结钢筋为3Φ6,钢筋伸入墙内不少于1 000 mm,见图4-18。

(3)非承重加气混凝土砌块墙的转角处、与承重墙交接处,均应沿墙高1 m左右,在水平灰缝中放置拉结钢筋,拉结钢筋为2Φ6,钢筋伸入墙内不少于700 mm,见图4-19。

(4)加气混凝土砌块外墙的窗口下一皮砌块的水平灰缝中应设置3Φ6的拉结钢筋,拉结钢筋伸过窗口侧边应不小于500 mm。

(二)施工要求

(1)承重加气混凝土砌块砌体所用砌块强度等级应不低于A5.0,砂浆强度不得低于M5。

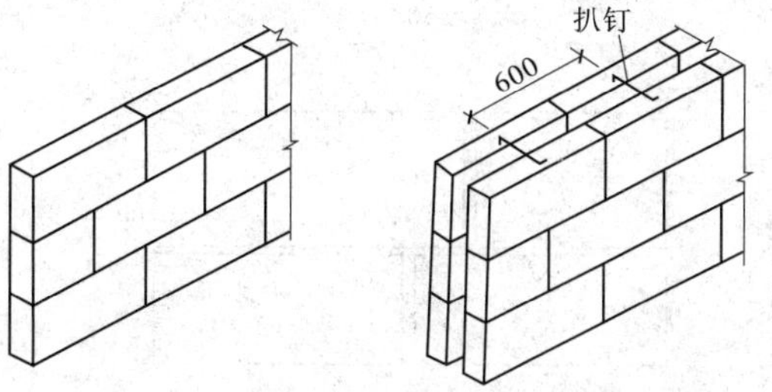

(a)单层砌块墙　　(b)双层砌块墙

图 4-17　加气混凝土砌块墙

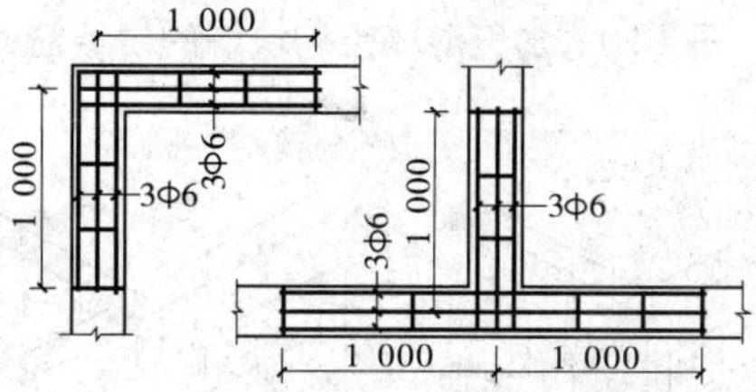

图 4-18　承重加气混凝土砌块墙的拉结筋

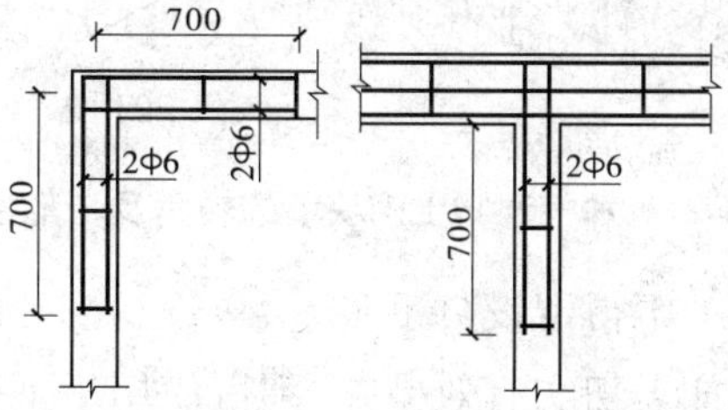

图 4-19　非承重加气混凝土砌块墙的拉结筋

(2)加气混凝土砌块砌筑前,应根据建筑物的平面、立面图绘制砌块排列图。在墙体转角处设置皮数杆,并在相对砌块上边线间拉准线,依准线砌筑。

(3)加气混凝土砌块墙的上下皮砌块的竖向灰缝应相互错开,相互错开长度宜为300 mm,并不得小于150 mm。如不能满足,应在水平灰缝设置2 Φ 6 的拉结钢筋或Φ 4 的钢筋网片,拉结钢筋或钢筋网片的长度应不小于700 mm,见图4-20。

(4)加气混凝土砌块墙的转角处,应使纵横墙的砌块相互搭砌,隔皮砌块露端面。加气混凝土砌块墙的T形交接处,应使横墙砌块隔皮砌块露端面,并坐中于纵墙砌块,见图4-21。

(5)加气混凝土砌块墙的灰缝应横平竖直,砂浆饱满,水平灰缝与竖向灰缝砂浆饱满度不应小于95%。

(6)加气混凝土砌块墙每一楼层内的墙体应连续砌筑,不留接槎。如必须留槎时应留成斜槎,或断开于门窗洞口侧边。

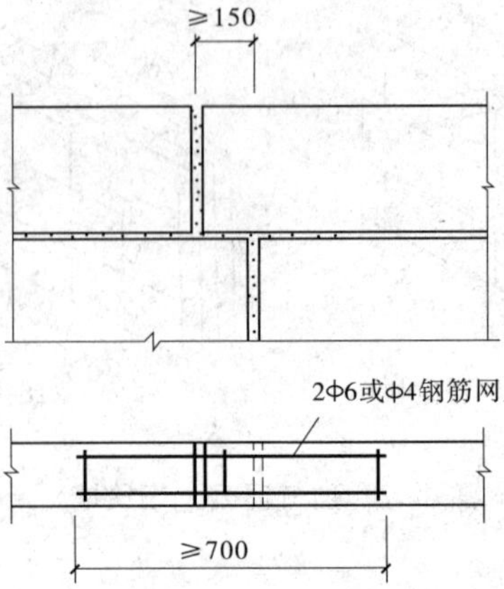

图 4-20　加气混凝土砌块墙的拉结筋

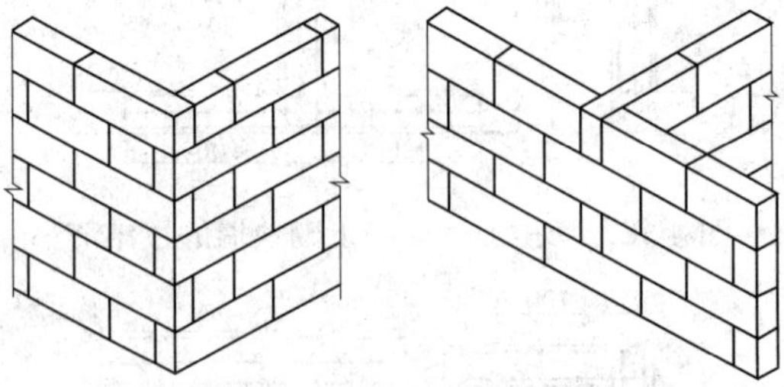

图 4-21　加气混凝土砌块墙的转角及 T 形接头

(7)加气混凝土砌块墙上不得留设脚手眼。

(8)加气混凝土砌块墙如无切实有效措施,不得使用于下列部位:

①建筑物室内地面标高以下部位。

②长期浸水或经常受干湿交替部位。

③受化学环境侵蚀(如强酸、强碱)或高浓度二氧化碳等环境。

④砌块表面经常处于 80 ℃以上的高温环境。

任务四　砌筑工程施工质量验收与安全技术

一、施工质量验收

(一)基本规定

(1)砌体工程所用的材料应有产品合格证书、产品性能检测报告。块材、水泥、钢筋、外加剂等应有材料主要性能的进场复验报告。严禁使用国家明令淘汰的材料。

(2)在墙上留置临时施工洞口,其侧边离交接处墙面不应小于 500 mm,洞口净宽度不应超过 1 m。抗震设防烈度为 9 度地区建筑物的临时施工洞口位置,应会同设计单位确定。临时施工洞口应做好补砌。

(3)不得在下列墙体或部位设置脚手眼：

①120 mm 厚墙、料石清水墙和独立柱。

②过梁上与过梁呈 60°角的三角形范围及过梁净跨度 1/2 的高度范围内。

③宽度小于 1 m 的窗间墙。

④砌体门窗洞口两侧 200 mm 和转角处 450 mm 范围内。

⑤梁或梁垫下及其左右 500 mm 范围内。

⑥设计不允许设置脚手眼的部位。

(4)施工脚手眼补砌时，灰缝应填满砂浆，不得用干砖填塞。

(5)设计要求的洞口、管道、沟槽应于砌筑时正确留出或预埋，未经设计同意，不得打凿墙体和在墙体上开凿水平沟槽。宽度超过 300 mm 的洞口上部，应设置过梁。

(6)搁置预制梁、板的砌体顶面应找平，安装时应坐浆。当设计无具体要求时，应采用 1:2.5 的水泥砂浆。

(7)设置在潮湿环境或有化学侵蚀性介质环境中的砌体灰缝内的钢筋应采取防腐措施。

(8)分项工程的验收应在检验批验收合格的基础上进行。检验批的确定可根据施工段划分。

(9)砌体工程检验批验收时，其主控项目应全部符合《砌体结构工程施工质量验收规范》(GB 50203—2011)的规定；一般项目应有 80%及以上的抽检处符合验收规范的规定，或偏差值在允许偏差范围以内。

(10)砌体施工质量控制等级分为三级，如表 4-2 所示。

表 4-2　砌体施工质量控制等级

项目	施工质量控制等级		
	A	B	C
现场质量管理	监督检查制度健全，并严格执行；施工方有在岗专业技术管理人员，人员齐全，并持证上岗	监督检查制度基本健全，并能执行；施工方有在岗专业技术管理人员，并持证上岗	有监督检查制度；施工方有在岗专业技术管理人员
砂浆、混凝土强度	试块按规定制作，强度满足验收规定，离散性小	试块按规定制作，强度满足验收规定，离散性较小	试块按规定制作，强度满足验收规定，离散性大
砂浆拌和	机械拌和；配合比计量控制严格	机械拌和；配合比计量控制一般	机械或人工拌和；配合比计量控制较差
砌筑工人	中级工以上，其中高级工不少于 30%	高、中级工不少于 70%	初级工以上

(二)砌筑砂浆

(1)砌筑砂浆试块强度验收时,其强度合格标准必须符合以下规定:

①同一验收批砂浆试块抗压强度平均值应大于等于设计强度等级所对应的立方体抗压强度的1.10倍。

②同一验收批砂浆试块抗压强度的最小一组平均值应大于等于设计强度所对应的立方体抗压强度的0.85倍。

检验方法:在砂浆搅拌机出料口随机取样制作砂浆试块(同盘砂浆只应制作一组试块),最后检查试块强度试验报告单。

抽检数量:每一检验批且不超过250 m^3 砌体的各种类型及强度等级的砌筑砂浆,每台搅拌机应至少抽检一次。

(2)当施工中或验收出现下列情况时,可采用现场检验方法对砂浆强度进行原位检测或取样检测,并判定其强度:

①砂浆试块缺乏代表性或试块数量不足。

②对砂浆试块的试验结果有怀疑或有争议。

③砂浆试块的试验结果,不能满足设计要求。

(三)砖砌体

1. 主控项目

(1)砖和砂浆的强度等级必须符合设计要求。

检验方法:检查砖的产品合格证书、产品性能检测报告和砂浆试块试验报告。烧结普通砖按15万块为一验收批,多孔砖按10万块为一验收批。

(2)砌体水平灰缝的砂浆饱满度不得小于80%。

检验方法:用百格网检查砖底面与砂浆的黏结痕迹面积,每处检测3块砖,取其平均值。每检验批抽查不应少于5处。

(3)砖砌体的转角处和交接处应同时砌筑,严禁无可靠措施的内外墙分砌施工。对不能同时砌筑的应按规范规定留接槎。

检验方法:观察和尺量检查。每检验批抽查不应少于5处。

2. 一般项目

(1)砖砌体组砌方法应正确,上下错缝,内外搭砌,砖柱不得采用包心砌法。

检验方法:观察、检查。清水墙、窗间墙无通缝;混水墙中长度大于等于300 mm的通缝每间不超过3处,且不得位于同一面墙体上。每检验批抽查不应少于5处。

(2)砖砌体的灰缝应横平竖直,厚薄均匀。

检验方法:用尺量10皮砖砌体高度折算。每检验批抽查不应少于5处。

(3)普通砖砌体一般尺寸允许偏差应符合表4-3的规定。

表 4-3　普通砖砌体一般尺寸允许偏差

<table>
<tr><th>项次</th><th colspan="3">项目</th><th>允许偏差(mm)</th><th>检验方法</th><th>抽验数量</th></tr>
<tr><td>1</td><td colspan="3">轴线位移</td><td>10</td><td>用经纬仪和尺或用其他测量仪器检查</td><td>承重墙、柱全数检查</td></tr>
<tr><td>2</td><td colspan="3">基础、墙、柱顶面标高</td><td>±15</td><td>用水准仪和尺检查</td><td>不应少于 5 处</td></tr>
<tr><td rowspan="3">3</td><td rowspan="3">墙面垂直度</td><td colspan="2">每层</td><td>5</td><td>用 2m 托线板检查</td><td>不应小于 5 处</td></tr>
<tr><td rowspan="2">全高</td><td>10 m</td><td>10</td><td rowspan="2">用经纬仪、吊线和尺或其他测量仪器检查</td><td rowspan="2">外墙全部阳角</td></tr>
<tr><td>10 m</td><td>20</td></tr>
<tr><td rowspan="2">4</td><td rowspan="2">表面平整度</td><td colspan="2">清水墙、柱</td><td>5</td><td rowspan="2">用 2 m 靠尺和楔形塞尺检查</td><td rowspan="2">不应少于 5 处</td></tr>
<tr><td colspan="2">混水墙、柱</td><td>8</td></tr>
<tr><td rowspan="2">5</td><td rowspan="2">水平灰缝平直度</td><td colspan="2">清水墙</td><td>7</td><td rowspan="2">拉 5 m 线和尺检查</td><td rowspan="2">不应少于 5 处</td></tr>
<tr><td colspan="2">混水墙</td><td>10</td></tr>
<tr><td>6</td><td colspan="3">门窗洞口高、宽(后塞口)</td><td>±10</td><td>用尺检查</td><td>不应少于 5 处</td></tr>
<tr><td>7</td><td colspan="3">外墙上下窗口偏移</td><td>20</td><td>以底层窗口为准,用经纬仪或吊线检查</td><td>不应少于 5 处</td></tr>
<tr><td>8</td><td colspan="3">清水墙游丁走缝</td><td>20</td><td>以每层第一皮砖为准,用吊线和尺检查</td><td>不应少于 5 处</td></tr>
</table>

(4)空心砖砌体一般尺寸允许偏差应符合表 4-4 的规定。

表 4-4　空心砖砌体一般尺寸允许偏差

<table>
<tr><th>项次</th><th colspan="2">项目</th><th>允许偏差(mm)</th><th>检验方法</th></tr>
<tr><td>1</td><td colspan="2">轴线偏移</td><td>10</td><td>用尺检查</td></tr>
<tr><td rowspan="2">2</td><td rowspan="2">垂直度</td><td>≤3 m</td><td>5</td><td rowspan="2">用 2 m 托线板或吊线、尺检查</td></tr>
<tr><td>>3 m</td><td>10</td></tr>
<tr><td>3</td><td colspan="2">表面平整度</td><td>8</td><td>用 2 m 靠尺和楔形塞尺检查</td></tr>
<tr><td>4</td><td colspan="2">门窗洞口高、宽(后塞口)</td><td>±10</td><td>用尺检查</td></tr>
<tr><td>5</td><td colspan="2">外墙上下窗口偏移</td><td>20</td><td>用经纬仪或吊线检查</td></tr>
</table>

抽检数量:每检验批抽查不应少于 5 处。

(四)砌块砌体

1. 主控项目

(1)砌块和砂浆的强度等级必须符合设计要求。

检验方法:查砌块和砂浆试块试验报告。每一生产厂家,每1万块砌块至少应抽检一组。用于多层以上建筑基础和底层的砌块抽检数量不应少于2组。

(2)小型空心砌块砌体灰缝的砂浆饱满度应符合施工规范要求,按净面积计算不得低于90%。

检验方法:用专用百格网检测砌块与砂浆黏结痕迹,每处检测3块砌块,取其平均值。每检验批不应少于3处。

(3)小型空心砌块墙体转角处和纵横墙交接处应同时砌筑,临时间断处应砌成斜槎。

检验方法:观察检查。每检验批抽查不应少于5处。

(4)小砌块砌体的芯柱在楼盖处应贯通,不得削弱芯柱截面尺寸;芯柱混凝土不得漏灌。

检验方法:观察检查。每检验批抽查不应少于5处。

2. 一般项目

(1)砌体的水平灰缝厚度和竖向灰缝宽度宜为10 mm,但不应大于12 mm,也不应小于8 mm。

检验方法:水平灰缝厚度用尺量5皮小砌块的高度折算;竖向灰缝宽度用尺量2 m砌体长度折算。每检验批抽查不应少于5处。

(2)小型空心砌块砌体的一般尺寸允许偏差应符合表4-3的规定。

(3)加气混凝土砌块砌体的一般尺寸允许偏差应符合表4-4的规定。

(4)加气混凝土砌块砌体的灰缝砂浆饱满度不应小于95%。

检验方法:用百格网检查砌块底面与砂浆的黏结痕迹面积,每检验批抽查不应少于5处。

(5)加气混凝土砌块砌体留置的拉结钢筋或网片的位置与砌块皮数相符合。拉结钢筋或网片应置于灰缝中,埋置长度应符合设计要求,竖向位置偏差不应超过一皮砌块高度。

检验方法:观察和用尺量检查。每检验批中抽查不应少于5处。

(6)加气混凝土砌块砌筑时应错缝搭接,搭接长度不应小于砌块长度的1/3,竖向通缝不应大于2皮砌块。

检验方法:观察和用尺检查。每检验批抽查不应少于3间。

(7)加气混凝土砌块砌体采用水泥砂浆、水泥混合砂浆砌筑时,水平灰缝厚度及竖向灰缝宽度不应超过15 mm;当采用加气混凝土砌块黏结砂浆时,水平灰缝厚度和竖向灰缝宽度宜为3~4 mm。

检验方法:水平灰缝厚度用尺量5皮小砌块的高度折算;竖向灰缝宽度用尺量2 m砌体长度折算。每检验批抽查不应少于5处。

二、施工安全技术

(1)在操作之前必须检查操作环境是否符合安全要求,道路是否畅通,机具是否完好牢固,安全设施和防护用品是否齐全,经检查符合要求后方可施工。

(2)墙身砌体高度超过地坪1.2 m以上时,应搭设脚手架。在一层以上或高度超过4 m时,采用里脚手架必须支搭安全网,采用外脚手架应设护身栏杆和挡脚板后方可砌筑。

(3)脚手架上堆料量不得超过规定荷载,堆砖高度不得超过 3 皮侧砖,同一块脚手板上的操作人员不应超过两人。

(4)在楼层(特别是预制板面)施工时,堆放机具、砌筑材料等物品不得超过使用荷载。如超过设计荷载,必须经过验算采取有效加固措施后,方可进行施工。

(5)不准站在墙顶上做画线、刮缝及清扫墙面或检查大角垂直等工作。

(6)不准用不稳固的工具或物体在脚手板面垫高操作,更不准在未经过加固的情况下,在一层脚手架上随意再叠加一层。

(7)砍砖时应面向内打,防止碎砖跳出伤人。

(8)用于垂直运输的吊笼、滑车、绳索、刹车等,必须满足负荷要求,牢固无损;吊运时不得超载,并须经常检查,发现问题及时修理。

(9)用起重机吊砖要用砖笼,吊砂浆的料斗不能装得过满。吊杆回转范围内不得有人停留,吊件落到架子上时,砌筑人员要暂停操作,并避开至一边。

(10)已砌好的山墙应采取有效的临时加固措施。

(11)冬期施工时,脚手板上如有冰霜、积雪,应先清除后才能上架子进行操作。

(12)在同一垂直面内上下交叉作业时,必须设置安全隔板,下方操作人员必须佩戴安全帽。

(13)人工垂直往上或往下转递砖时,要搭递砖架子,架子的站人板宽度应不小于 60 cm。

(14)不准在超过胸部以上的墙体上进行砌筑。

(15)已经就位的砌块,必须立即进行竖缝灌浆;对稳定性较差的窗间墙、独立柱和挑出墙面较多的部位,应加临时稳定支撑,以保证其稳定性。

(16)在砌块砌体上,不宜拉锚缆风绳,不宜吊挂重物,也不宜作为其他施工临时设施、支撑的支撑点;如果确实需要,应采取有效的构造措施。

(17)大风、大雨、冰冻等异常气候之后,应检查砌体是否有垂直度的变化,是否产生了裂缝,是否有下沉等现象,如有须经处理后方能继续砌筑。

练习题

1. 拌制和使用砌筑砂浆时应注意哪些问题?

2. 砌砖前为什么要对砖洒水湿润? 如何控制其含水量?

3. 砖砌体的组砌形式常用的有哪些?

4. 砖墙在转角处和交接处留设临时间断时有什么构造要求?

5. 什么叫皮数杆? 有什么作用? 皮数杆如何布置?

6. 简述砖砌体的施工工艺。

7. 如何弹出“五零”线?

8. 砌砖工程砌筑的基本要求是什么?

9. 钢筋混凝土构造柱、砖过梁有何构造要求?

10. 简述中型砌块砌体施工的安装方案和施工工艺。

11. 试述小型空心砌块砌体和加气混凝土砌块砌体的构造要求与施工要求。

项目五　钢筋混凝土工程施工

【学习目标】

了解模板的种类,熟悉模板的基本要求;掌握模板的构造要求,安装与拆除工艺及技术要求;了解模板设计要求;熟悉钢筋验收与存放的内容与要求;掌握钢筋的配料计算、加工、连接与安装的施工工艺、方法及技术要求;掌握混凝土工程的施工工艺、方法及技术要求;熟悉混凝土工程的常见质量问题与防治措施;熟悉混凝土工程的冬期施工方法;熟悉钢筋混凝土工程的施工质量验收与安全技术要求。

钢筋混凝土工程施工包括现浇钢筋混凝土结构施工和装配式钢筋混凝土结构施工。本项目主要介绍现浇钢筋混凝土结构施工。

现浇钢筋混凝土结构是在施工现场按照建筑结构的设计位置支设模板、绑扎钢筋、浇筑混凝土、振捣成型、养护、拆模而成的。其具有整体性好、抗震性好、节约钢材等优点,但施工周期长,需要耗费大量模板,劳动强度高,施工易受气候条件影响。现浇钢筋混凝土结构,施工前必须做好充分的准备工作,制订切实可行的施工方案和安全技术措施,加强管理,合理组织,使各工种之间密切配合,以保证工程的顺利进行,提高综合效益。

现浇钢筋混凝土结构工程包括模板工程、钢筋工程和混凝土工程,其施工工艺流程见图5-1。

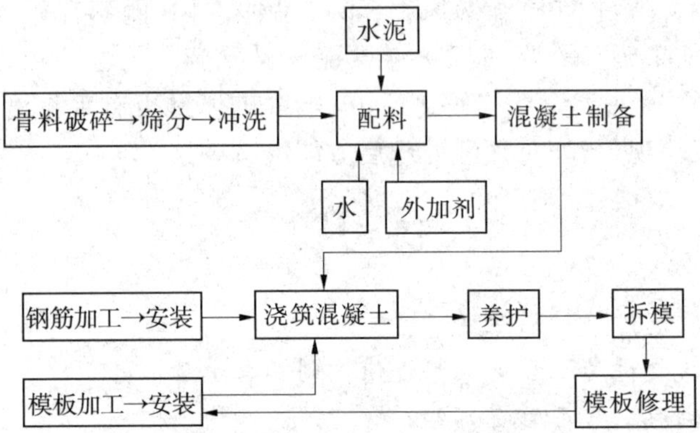

图5-1　现浇钢筋混凝土工程施工工艺流程

任务一　模板工程

一、模板的基本要求

模板是保证混凝土在浇筑和养护过程中保持结构、构件形状和尺寸成型的模型板。

在现浇钢筋混凝土结构施工中,模板系统应满足以下基本要求:

(1)保证结构和构件各部分的形状、尺寸及相互间位置的正确性。

(2)具有足够的强度、刚度和稳定性,能可靠地承受浇筑混凝土时的重力、侧压力及施工荷载,以保证施工质量和施工安全。

(3)构造简单,装拆方便,能够满足钢筋的绑扎与安装、混凝土的浇筑与养护等工艺要求。

(4)接缝严密,不漏浆。

(5)用料节省,能多次周转使用,成本低。

二、模板的分类与组成

(一)模板的分类

(1)按材料不同分为木模板、钢模板、钢木模板、胶合板模板、塑料模板、铝合金模板、玻璃钢模板等。

(2)按结构类型不同分为基础模板、柱模板、楼板模板、墙模板、壳模板等。

(3)按构造形式不同分为整体式模板、定型模板、工具式模板、滑升模板、胎模等。

(二)模板的组成

模板系统包括模板、支架和紧固件三个部分。

(1)模板又称模型板,是新浇混凝土成型用的模型。

(2)支架是支撑模板及承受作用在模板上各种荷载的结构(如支柱、桁架等)。

(3)紧固件是模板系统的连接紧固部件。

三、模板的基本构造

(一)木模板

木模板及支架系统一般在加工厂或现场木工棚做成元件,然后在现场拼装。拼板是木模板的基本构造元件之一,由板条和拼条组成(见图5-2)。

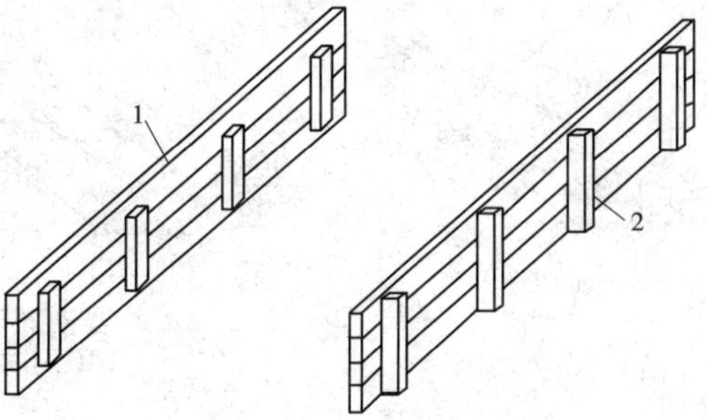

(a)一般拼板　　(b)梁侧板的拼板

1—板条;2—拼条

图5-2　拼板的构造

板条厚度一般为25~50 mm,宽度不宜超过200 mm(工具式模板不超过150 mm),但梁底模板的板条宽度不受限制,以减少拼缝,防止漏浆。

拼条的截面尺寸一般为25 mm×35 mm~50 mm×50 mm,不求一致。拼条的间距取决于所浇筑混凝土侧压力的大小及板条的厚度。当板条厚度为25 mm时,拼条间距可取400~450 mm;当板条厚度大于25 mm时,拼条间距可取450~500 mm。

我国木材资源贫乏,到20世纪70年代末至80年代,我国大力推广应用组合钢模板,进入20世纪90年代,为达到清水混凝土的施工要求,逐渐研究开发了各种以人造板做面板的新型模板,成为我国模板工程的发展趋势。

(二)定型组合钢模板

定型组合钢模板是一种工具式定型模板,由钢模板和配件组成,配件包括连接件和支撑件。它可拼装成多种尺寸结构和几何形状的模板,以满足各种类型建筑物的梁、柱、板、墙和基础等施工的需要,也可用于拼装大模板、滑升模块、隧道模和台模等。施工时可在现场直接组装,也可预拼成大块模板或构件模板用起重机吊运安装。定型组合钢模板具有组装灵活,通用性强,装拆方便,成型后的混凝土质量好、尺寸准确、棱角整齐、表面光滑等特点,目前已得到广泛使用。

1. 钢模板

钢模板包括平面模板、阳角模板、阴角模板和连接角模,如图5-3所示。钢模板采用模数制设计,我国钢模板的宽度以100 mm为基数、按50 mm进级,长度以450 mm为基数、按150 mm进级,边肋孔距长方向为150 mm、短方向为75 mm,可以适应横竖拼装成以50 mm进级的任何尺寸的模板。

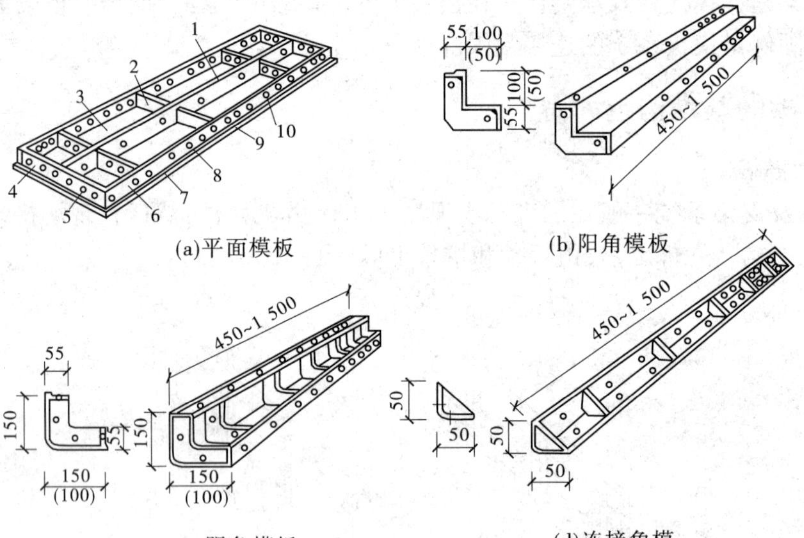

1—中纵肋;2—中横肋;3—面板;4—横肋;5—插销孔;6—纵肋;7—凸棱;8—凸鼓;9—U形卡孔;10—钉子孔

图5-3 钢模板类型

(1)平面模板[见图5-3(a)]:用于基础、墙体、梁、板、柱等各种结构的平面部位,它由面板和肋组成,肋上设有U形卡孔和插销孔。

(2)阳角模板[见图5-3(b)]:用于混凝土构件阳角。

(3)阴角模板[见图5-3(c)]:用于混凝土构件阴角,如内墙角、梁板交接处等。

(4)连接角模[见图5-3(d)]:用于平面模板作垂直连接构成阳角。

2. 连接件

定型组合钢模板的连接件包括U形卡、L形插销、钩头螺栓、紧固螺栓、对拉螺栓和扣件等,如图5-4所示。

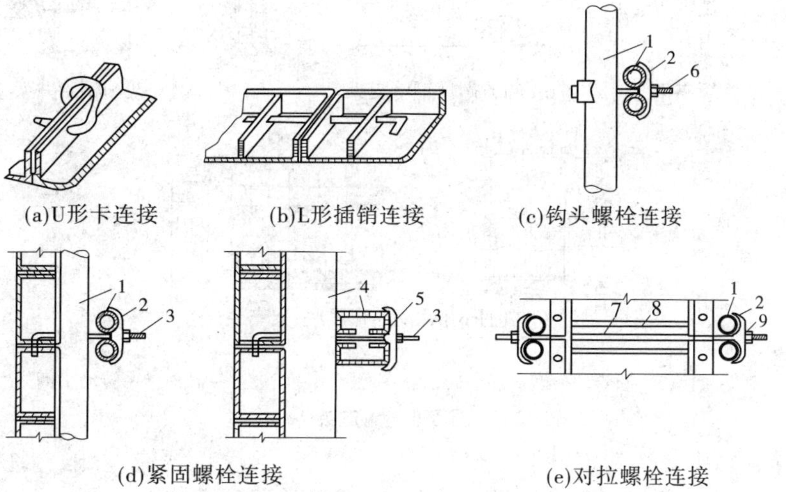

1—圆钢管钢棱;2—"3"形扣件;3—钩头螺栓;4—内卷边槽钢钢棱;5—蝶形扣件;6—紧固螺栓;7—对拉螺栓;8—塑料套管;9—螺母

图5-4 钢模板连接件

(1)U形卡:是模板的主要连接件,用于相邻模板的拼装。

(2)L形插销:用于两块模板的纵向连接,以增强模板纵向接头处的刚度。

(3)钩头螺栓:用于连接模板与支撑系统。

(4)紧固螺栓:用于内、外钢棱之间的连接件。

(5)对拉螺栓:用于连接墙两侧模板。

(6)扣件:用于钢棱之间或钢棱与模板之间,一般有蝶形扣件和"3"形扣件。

3. 支撑件

定型组合钢模板的支撑件包括支架、钢桁架、梁卡具、斜撑、柱箍、钢棱等。

1)支架

支架是用以支撑梁或板的模板,工程中常用钢管支架(见图5-5)。一般有插孔式钢支架、螺杆式钢支架、组合钢支架或钢管井架、扣件式钢管和门型脚手架支架。

2)钢桁架

钢桁架(见图5-6)是用以支撑梁或板的模板,其两端可支撑在钢筋托具、墙、梁侧模板的横档及柱顶、梁底横档上。

3)梁卡具

梁卡具(见图5-7)又称梁托架,是用以固定矩形梁的侧模板。

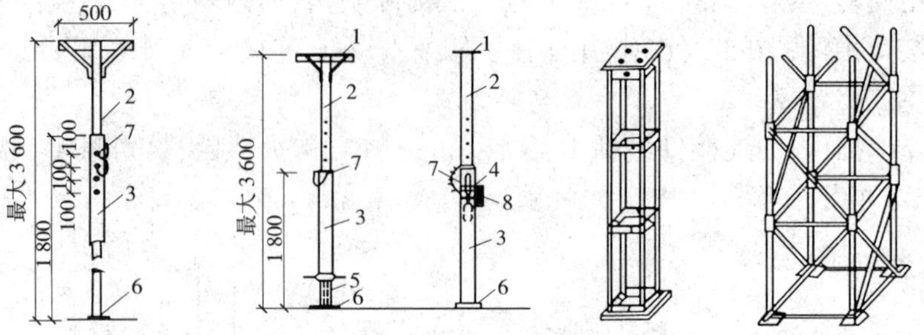

(a) 钢管支架　(b) 调节螺杆钢管支架　(c) 组合钢支架和钢管井架

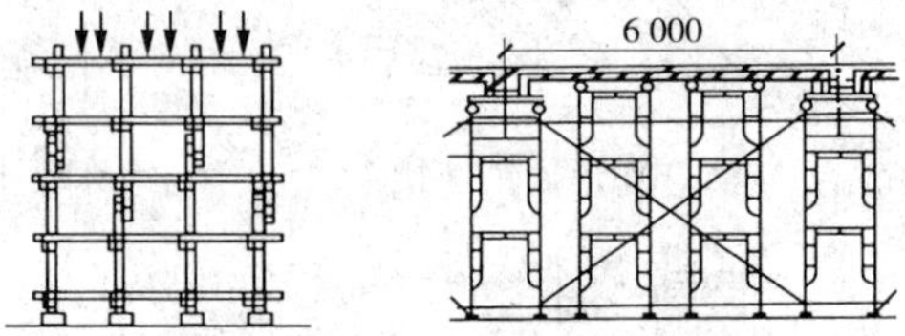

(d) 扣件式钢管和门型脚手架支架

1—顶板;2—插管;3—套管;4—转盘;5—螺杆;6—底板;7—插销;8—转动手柄

图 5-5　钢支架

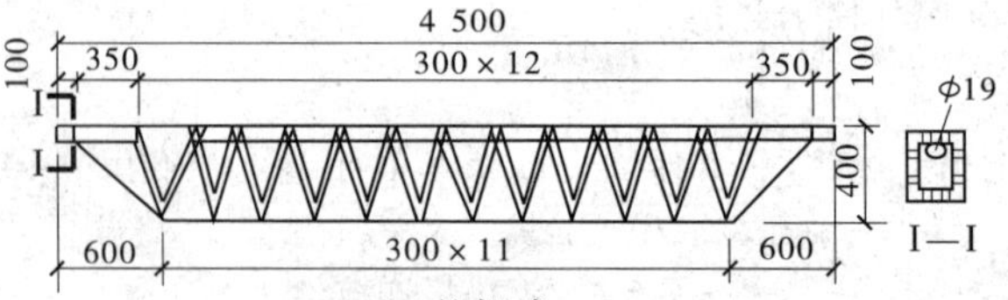

(a)整榀式

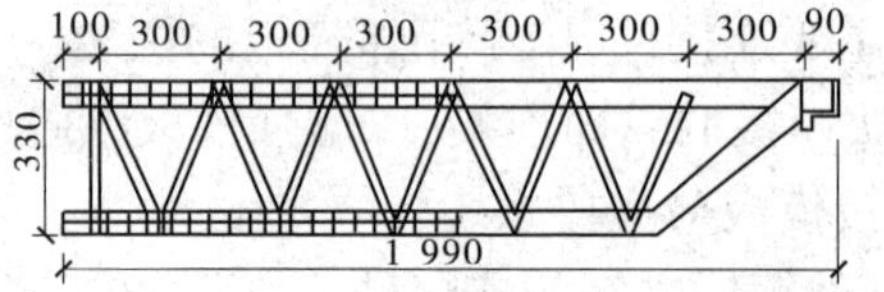

(b)组合式

图 5-6　钢桁架

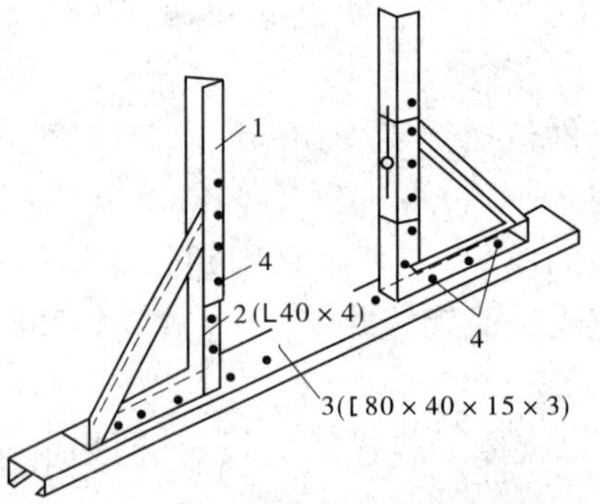

1—调节杆;2—三角架;3—底座;4—螺栓

图 5-7　梁卡具

4)斜撑

由组合钢模板拼成的整片墙模或柱模,在吊装就位后,应由斜撑(见图 5-8)调整和固定其垂直位置。

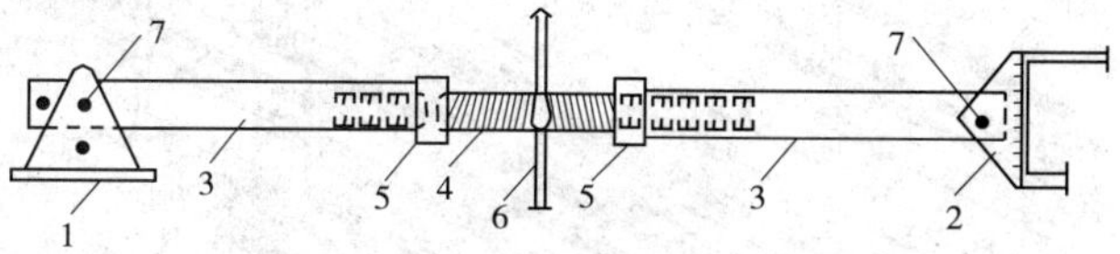

1—底座;2—顶撑;3—钢管斜撑;4—花篮螺丝;
5—螺母;6—旋杆;7—销钉

图 5-8　斜撑

5)柱箍

柱箍一般用角钢、扁钢等制成,常设置在柱模板外围。

6)钢棱

钢棱即支撑模板的横档和竖档,分内钢棱与外钢棱。钢棱可采用圆钢管、矩形钢管、槽钢,一般钢管用得最多。

(三)其他模板

1. 胶合板模板

胶合板模板有木胶合板和竹胶合板两种。木胶合板由奇数层薄木片按相邻层木纹方向互相垂直用防水胶互相粘牢,结合而成。竹胶合板则由一组竹片组合而成。

胶合板模板具有强度高、自重小、导热性能低、不翘曲、不开裂及板幅大、接缝少等优点,是一种新型混凝土模板。其宽度一般在 1 200 mm 左右,长度在 2 400 mm 左右;木胶合板常用厚度为 12. 18 mm,竹胶合板常用厚度为 12 mm。

2. 大模板

大模板是一种大尺寸的工具式定型模板(见图 5-9)。大模板由面板、加劲肋、竖棱、支撑桁架、稳定机构及附件组成,其附件有操作平台、穿墙螺栓和其他附属连接件。大模板亦可用组合钢模板拼成,用后拆卸仍可用于其他构件。一般是一面墙用一两块大模板,因其重量大,需采用起重机配合装拆进行施工。

3. 滑升模板

滑升模板是一种工具式模板(见图 5-10)。常用于现场浇筑高耸的圆形、矩形、筒壁结构,如筒仓、贮煤塔、竖井等。近年来,滑升模板施工技术有了进一步的发展,不仅可适用于浇筑高耸的变截面结构(如烟囱、双曲线冷却塔),而且还可用于剪力墙、筒体结构等高层建筑的施工。

滑升模板由模板系统、操作平台系统和提升机具系统三部分组成。

(1)模板系统:包括模板、围圈和提升架等,其作用主要是成型混凝土。

(2)操作平台系统:包括操作平台、辅助平台和外吊脚手架等。

(3)提升机具系统:包括支撑杆、千斤顶和提升操纵装置等,是滑升的动力系统。

滑升模板施工的特点是,在建筑物或构筑物底部,沿其墙、柱、梁等构件的周边组装高 1. 2 m 左右的模板,随着在模板内不断浇筑混凝土的同时,利用提升设备,将模板系统不

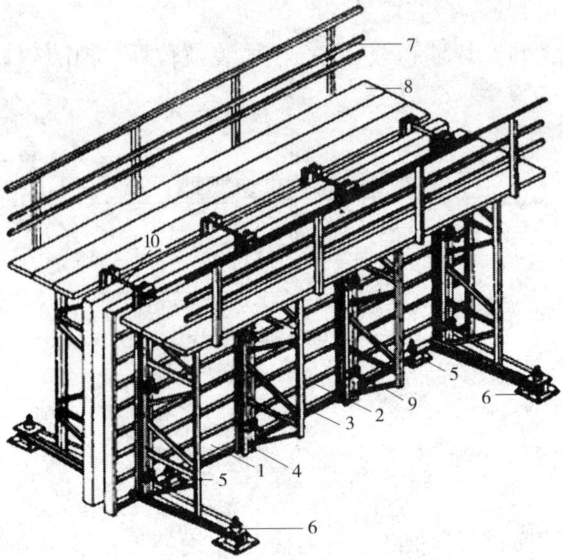

1—面板;2—水平加劲肋;3—支撑桁架;4—竖棱;5—调整水平度的螺旋千斤顶;
6—调整垂直度的螺旋千斤顶;7—栏杆;8—脚手板;9—穿墙螺栓;10—固定卡具

图 5-9　大模板构造示意

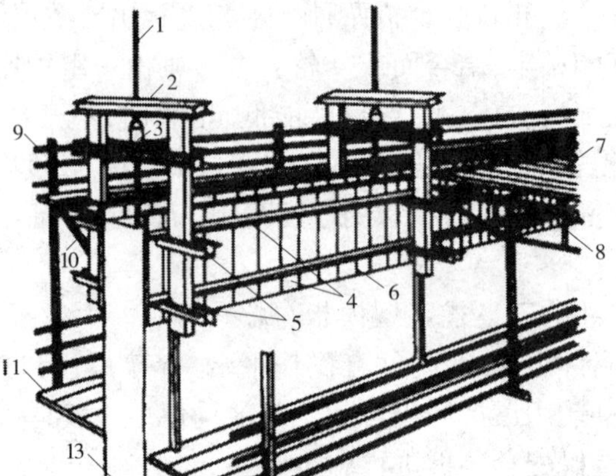

1—支撑杆;2—提升架;3—液压千斤顶;4—围圈;5—围圈支托;6—模板;7—操作平台;
8—平台桁架;9—栏杆;10—外排三角架;11—外吊脚手架;12—内吊脚手架;13—混凝土墙体

图 5-10　滑升模板构造示意

断向上提升,使混凝土结构连续成型。采用滑升模板可以节约大量的模板和脚手架,节省劳动力,施工速度快,工程费用低,结构整体性好;但模板一次投资多,耗钢量大,对建筑的立面和造型有一定的限制。

4. 爬升模板

爬升模板是在混凝土墙体浇筑完毕后,利用提升装置将模板自行提升到上一个楼层,浇筑上一层墙体的垂直移动式模板。爬升模板综合了大模板与滑升模板的工艺和特点,具有大模板和滑升模板共同的优点,适用于现浇钢筋混凝土竖直或倾斜结构施工,如墙体、桥梁、塔柱等，尤其适用于超高层建筑施工。一般有有架爬模和无架爬模两种。

爬升模板由大模板、爬升支架和爬升设备三部分组成。

（1）大模板：由面板及肋组成，可采用组合式钢模板组拼或薄钢板、胶合板模板。

（2）爬升支架：由支撑架、附墙架及吊模扁担、千斤顶架（或吊环）等组成。

（3）爬升设备：一般可采用电动葫芦、倒链、单作用液压千斤顶等。

5. 台模

台模是浇筑钢筋混凝土楼板的一种大型工具式模板。在施工中可以整体脱模和转运，利用起重机从浇筑完的楼板下吊出，转移至上一楼层重复使用，所以亦称飞模。其适用于大开间、大柱网、大进深的现浇钢筋混凝土楼盖施工，尤其适用于现浇板柱结构（无柱帽）楼盖的施工。台模按其支架结构类型不同可分为立柱式台模、桁架式台模、悬架式台模等。

台模主要由平台板（面板）、支撑系统（包括梁、支架、支撑、支腿等）和其他配件（如升降和行走机构等）组成（见图 5-11）。

6. 隧道模

隧道模是由墙面模板和楼板模板组合而成的，是一种可以将楼板和墙体一次支模的工具式模板，相当于将台模和大模板组合起来（见图 5-12）。其可以将各开间沿水平方向逐间整体浇筑，故施工的建筑物整体性好、抗震性好、施工方便，但由于模板用钢量大、一次性投资大等原因，国内较少采用。

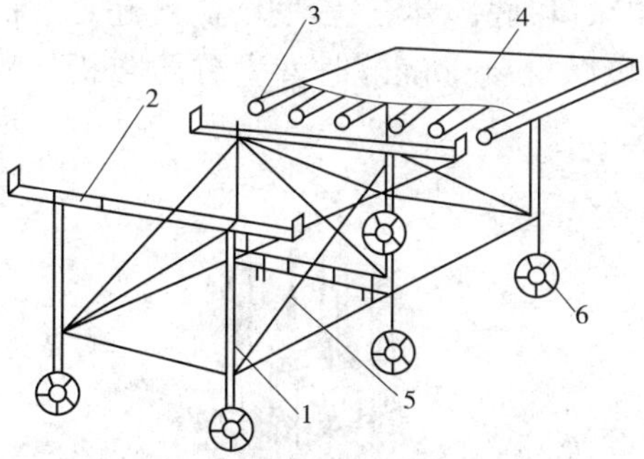

1—支腿；2—可伸缩的横梁；3—檩条；
4—面板；5—斜撑；6—滚轮

图 5-11　台模

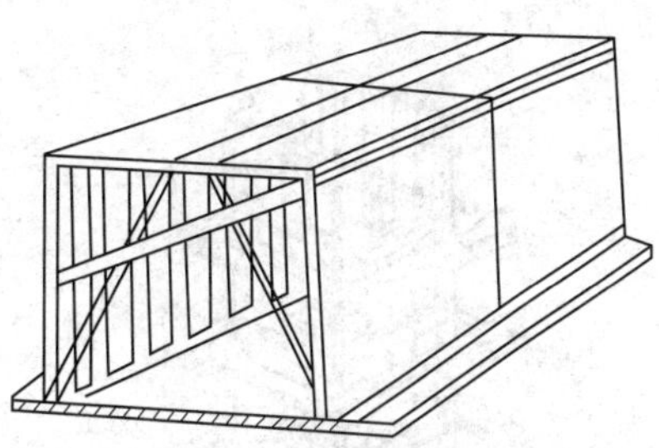

图 5-12　隧道模

四、一般结构模板的构造与安装

（一）基础模板的构造与安装

1. 基础模板的构造

基础模板的特点是高度不大而体积较大，基础模板一般利用地基或基槽（坑）进行支撑。若土质良好，基础的最下一级可不用模板，直接原槽浇筑。独立柱基础木模板如图 5-13 所示，独立柱基础组合钢模板如图 5-14 所示。

2. 基础模板的安装

安装时，应将地基垫层的标高及基础中心线先行核对，弹出基础边线。独立柱基础将模板中心线对准基础中心线，带形基础将模板对准基础边线，再校正模板上口的标高，使之符合设计要求,经检查无误后将模板钉(卡、栓)牢撑稳,保证上下模板不发生相对位移。在安装基础模板时,应与钢筋绑扎安装配合施工。

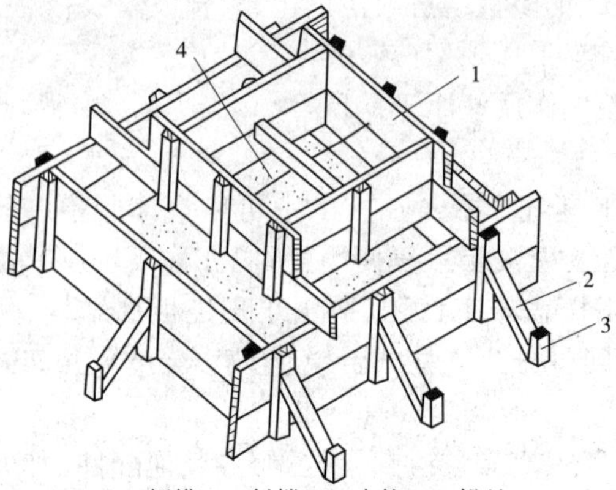

1—侧模;2—斜撑;3—木柱;4—铅丝

图 5-13　独立柱基础木模板

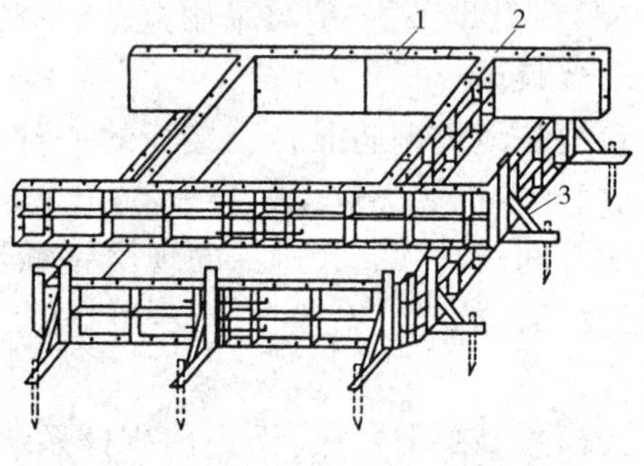

1—扁钢连接件;2—T形连接件;3—角钢三角撑

图 5-14　独立柱基础组合钢模板

(二)柱模板的构造与安装

1. 柱模板的构造

柱的特点是断面尺寸不大但比较高。柱模板的构造主要考虑保证垂直度及抵抗新浇混凝土的侧压力。矩形柱模板主要由拼板和柱箍组成,柱箍的间距取决于侧压力的大小及模板的刚度。柱模板顶部开有与梁模板连接的缺口,底部开有清理孔,高度超过 3 m 时应沿高度方向每隔 2 m 左右开设混凝土浇筑口,以防混凝土浇筑时发生分层离析。柱木模板及柱组合钢模板构造如图 5-15、图 5-16 所示。

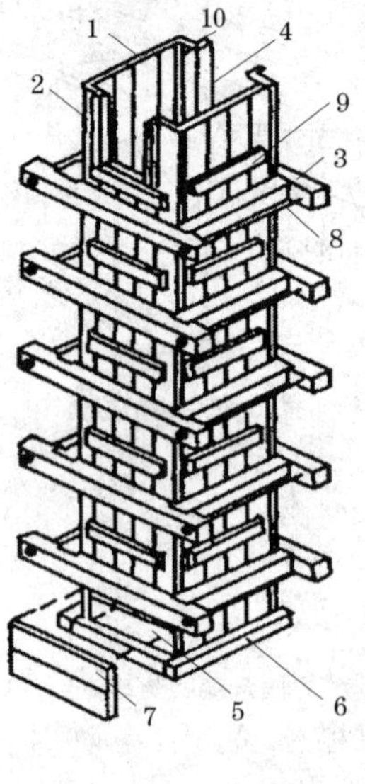

1—内拼板;2—外拼板;3—柱箍;
4—梁缺口;5—清理孔;6—木框;7—盖板;
8—拉紧螺栓;9—拼条;10—三角木条

图 5-15　柱木模板

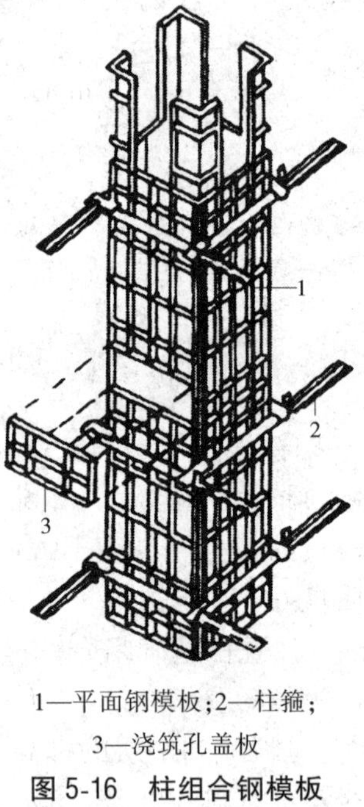

1—平面钢模板;2—柱箍;
3—浇筑孔盖板

图 5-16　柱组合钢模板

2. 柱模板的安装

柱模板安装时,应先在基础顶面弹出柱的中心线和四周边线,绑扎好钢筋,测出标高并标在钢筋上,根据柱边线固定好柱底模板,竖立模板用支撑临时固定,应校正其相邻两个侧面的垂直度,检查无误后再用水平拉杆或斜撑固定。

(三)梁模板的构造与安装

1. 梁模板的构造

梁的跨度较大而宽度不大。梁模板主要考虑混凝土对梁底模板的垂直压力和对梁侧模板的侧压力。梁模板主要由底模板和侧模板等组成,侧模板包在底模板的外面(见图5-17)。为承受垂直荷载,在梁底模板下每隔一定间距(800~1 200 mm)设置顶撑;为承受混凝土的侧压力,侧模板底部用夹木固定,上部可采用斜撑和水平拉条固定,或者采用梁卡具固定。

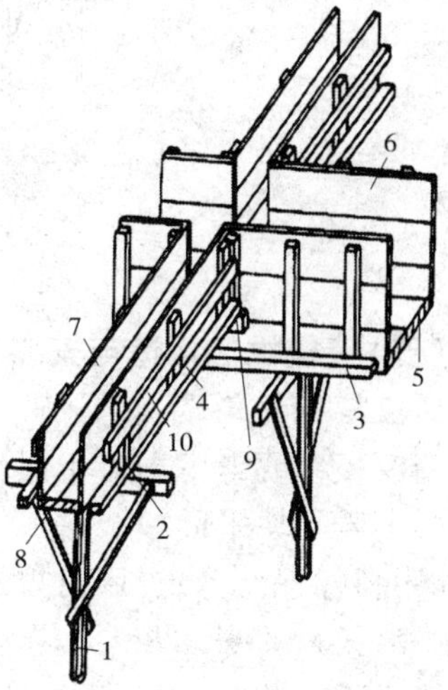

1—顶撑;2—垫块;3,4—夹木;5—主梁底板;6—主梁侧板;7—次梁侧板;8—次梁底板;9—衬口档;10—托木

图5-17　梁模板

2. 梁模板的安装

梁模板安装时,下层楼板应达到足够的强度或具有足够的顶撑支撑。其安装顺序是:沿梁模板下方楼地面上铺垫板,在柱模缺口处钉衬口档,把底板搁置在衬口档上,先立梁端顶撑,再立中间部分顶撑,顶撑底部打入木楔,并检查、调整标高,然后把侧模板放上,两头固定于衬口档上,在梁侧模板底外侧钉夹木,再钉斜撑、水平拉条。有主次梁时,要待主梁模板安装并校正好后才能进行次梁模板安装。梁模板安装后要再拉中线检查,复核各梁模板的中心线位置是否正确。在安装梁模板时,应与钢筋绑扎安装配合施工。

当梁的跨度等于大于4 m时,应使梁模板起拱,以防止新浇混凝土的荷载使跨中模板下挠。若设计无规定,木模板起拱高度宜为全跨长度的1.5/1 000~3/1 000,钢模板起拱高度宜为全跨长度的1/1 000~3/1 000。

(四)楼板模板的构造与安装

1. 楼板模板的构造

楼板的特点是面积大而厚度一般不大。楼板模板主要考虑承受混凝土的垂直荷载和施工荷载,保证模板不变形下垂。楼板模板主要由底模和横楞组成,横楞下方由支柱承担上部荷载,如图5-18所示。

梁与楼板支模,一般先支梁模板后支楼板的横楞,再依次支设下面的横杠和支柱。在楼板与梁的连接处靠托木支撑,经立档传至梁下支柱。楼板底模板铺在横楞上。

2. 楼板模板的安装

楼板模板安装时,应在主、次梁模板安装完毕后,才可以在梁模板支架、钢楞或桁架上安装托木、楞木及楼板模板。楼板模板的底模板铺设在楞木上,楞木搁置在梁侧模板外的托木上。当楞木的跨度较大时,中间应加设立柱,立柱上钉通长杠木。楼板底模板应垂直于楞木方向铺钉。当底模板采用定型模板时,应适当调整楞木间距来配合定型模板的规格。

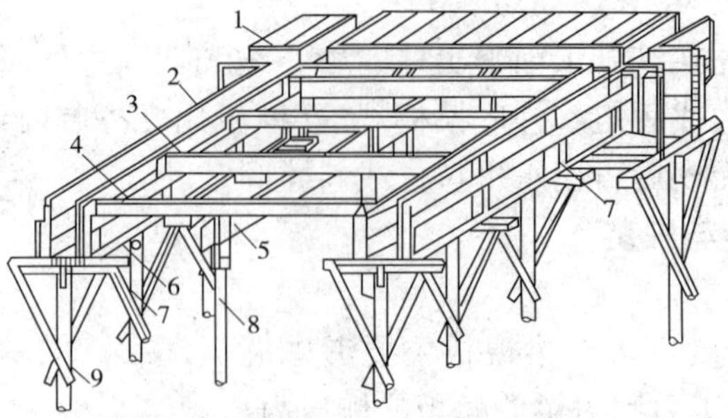

1—楼板模板;2—梁侧模板;3—棱木;4—托木;5—杠木;
6—夹木;7—短撑木;8—立柱;9—顶撑

图 5-18 有梁板木模板

(五)墙模板的构造与安装

1. 墙模板的构造

墙模板主要考虑混凝土对墙模板的侧压力。一般结构的墙模板由两片模板组成,每片模板由若干块平面模板拼成。这些平面模板可以竖拼也可以横拼,外面用竖横钢棱加固,并用斜撑保持稳定,用对拉螺栓抵抗混凝土的侧压力和保持两片模板之间的间距。

2. 墙模板的安装

墙模板安装时,首先沿边线抹水泥砂浆做好安装墙模板的基底处理,然后按配板图由一端向另一端,自下而上逐层拼装。钢模板也可先拼装成整块后再安装。墙的钢筋可以在模板安装前绑扎,也可以在安装好一边的模板后再绑扎钢筋,最后安装另一边模板。

(六)楼梯模板的构造与安装

1. 楼梯模板的构造

楼梯模板的构造与楼板模板相似,不同点是楼梯模板要倾斜支设,且能够形成踏步,如图 5-19 所示。

2. 楼梯模板的安装

楼梯模板安装时,在楼梯间的墙上按设计标高弹出楼梯段、楼梯踏步及平台板、平台梁的位置。先立平台梁、平台板的模板,然后在楼梯基础侧板上钉托木,楼梯模板的斜棱钉在基础梁和平台梁侧板外的托木上,再在斜棱上面铺钉楼梯底模,最后沿楼梯边立外帮板,在靠墙的一面立反三角板,在反三角板与外帮板之间逐块钉上踏步侧板。如果梯段较宽,应在梯段中间加立反三角板,以防止发生踏步侧板凸肚现象。

五、模板的拆除

模板的拆除日期取决于混凝土的强度、模板的用途、结构的性质等。及时拆模可提高模板的周转率,也可为其他工种施工创造条件;但过早拆模,混凝土会因强度不足,造成各种质量缺陷或重大质量事故。

(1)侧模板拆除时的混凝土强度应能保证其表面及棱角不因拆除模板而受损坏。

(2)底模板及支架拆除时的混凝土强度应符合设计要求,当无设计要求时,混凝土强度应符合表 5-1 的规定。

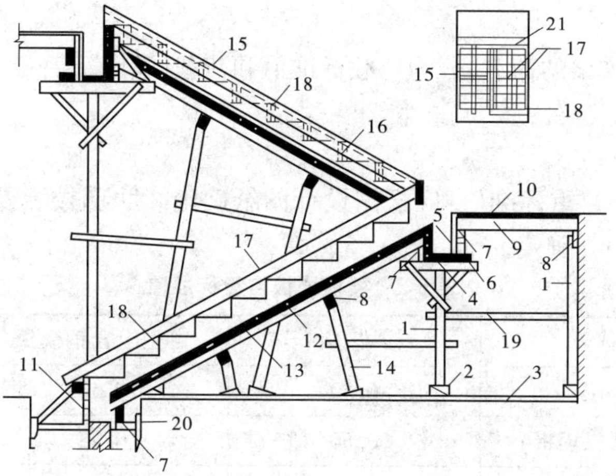

1—支柱；2—木楔；3—垫板；4—平台梁底板；5—侧板；6—夹木；7—托木；8—杠木；
9—木棱；10—平台底板；11—梯基侧板；12—斜木棱；13—楼梯段底板；
14—斜向顶撑；15—外帮板；16—横档木；17—反三角板；
18—踏步侧板；19—拉杆；20—木桩；
21—平台梁外侧模板

图 5-19　楼梯模板

表 5-1　底模拆除时的混凝土强度要求

构件类型	构件跨度(m)	达到设计的混凝土立方体抗压强度标准值的百分率(%)
板	≤2	≥50
	>2 且≤8	≥75
	>8	≥100
梁、拱、壳	≤8	≥75
	>8	≥100
悬臂构件	—	≥100

(3)拆模顺序。一般是先支后拆，后支先拆，先拆除侧模板，后拆除底模板。重大复杂模板的拆除，事先应制订拆模方案。对于肋形楼板的拆模顺序，首先拆除柱模板，然后拆除楼板底模板、梁侧模板，最后拆除梁底模板。

多层楼板模板支架的拆除应按下列要求进行：上层楼板正在浇筑混凝土时，下一层楼板的模板支撑不得拆除，再下一层楼板模板的支架仅可拆除一部分；跨度 4 m 及 4 m 以上的梁均应保留支架，其间距不得大于 3 m。

六、模板设计简介

模板设计主要包括模板及配件的选型、选材、荷载计算、结构计算、绘制模板配板图及拟订制作、安装、拆除方案等。各项设计的内容详尽程度一般可根据拟建结构的形式和复杂程度及具体的施工条件确定。

(一)荷载及荷载组合

1. 荷载

计算模板及其支架的荷载,分为荷载标准值和荷载设计值,后者为荷载标准值乘以相应的荷载分项系数。

1)荷载标准值

(1)模板及支架自重标准值:应根据设计图纸确定。肋形楼板及无梁楼板模板的自重标准值可参考表5-2确定。

表5-2 楼板模板自重标准值 (单位:kN/m^3)

模板构件名称	木模板	定型组合钢模板	钢框胶合板模板
平面模板及小棱	0.30	0.50	0.40
楼板模板(其中包括梁模板)	0.50	0.75	0.60
楼板模板及其支架(楼层高度为4 m以下)	0.75	1.10	0.95

(2)新浇混凝土自重标准值:对于普通混凝土,可采用24 kN/m^3;对于其他混凝土,根据实际重力密度确定。

(3)钢筋自重标准值:按设计图纸计算确定。一般可按每立方米混凝土含量计算。框架梁为1.5 kN/m^3,楼板为1.1 kN/m^3。

(4)施工人员及设备荷载标准值:计算模板及直接支撑模板的小棱时,对均布活荷载取2.5 kN/m^2,另应以集中荷载2.5 kN再进行验算,比较两者所得的弯矩值,按其中较大者采用;计算直接支撑小棱结构构件时,均布活荷载取1.5 kN/m^2;计算支架立柱及其他支撑结构构件时,均布活荷载取1.0 kN/m^2。

(5)振捣混凝土时产生的荷载标准值:对于水平面模板,可采用2.0 kN/m^2;对于垂直面模板,可采用4.0 kN/m^2(作用范围在新浇筑混凝土侧压力的有效压头高度之内)。

(6)新浇混凝土对模板侧面的压力标准值:采用内部振捣器时,可按下列两式计算,取其较小值:

$$F = 0.22\gamma_c t_0 \beta_1 \beta_2 v^{1/2} \tag{5-1}$$

$$F = \gamma_c H \tag{5-2}$$

式中 F——新浇混凝土的最大侧压力,kN/m^2;

γ_c——混凝土的重力密度,kN/m^3;

t_0——新浇混凝土的初凝时间,h,可按实测确定,当缺乏资料时,可采用$t_0 = 200/(T+15)$计算(T为混凝土的温度,℃);

v——混凝土的浇筑速度,m/h;

H——混凝土侧压力计算位置处至新浇混凝土顶面的总高度,m;

β_1——外加剂影响修正系数,不掺外加剂时取1.0,掺具有缓凝作用的外加剂时取1.2;

β_2——混凝土坍落度影响修正系数,坍落度小于3 cm时取0.85,5~9 cm时取1.0,11~15 cm时取1.15。

(7)倾倒混凝土时产生的荷载标准值:倾倒混凝土时对垂直面模板产生的水平荷载标准值可参考表5-3确定。

表5-3 倾倒混凝土时产生的水平荷载标准值

向模板中供料的方法	水平荷载(kN/m^2)
用溜槽、串筒或导管输出	2
用容量小于0.2 m^3 的运输器具倾倒	2
用容量0.2~0.8 m^3 的运输器具倾倒	4
用容量大于0.8 m^3 的运输器具倾倒	6
泵送混凝土	4

(8)风荷载标准值:可参照《建筑结构荷载规范》(GB 50009—2012)的相关规定计算。

2)荷载设计值

计算模板及其支架的荷载设计值时,应采用上述各项荷载标准值乘以相应的分项系数求得,荷载分项系数如表5-4所示。

表5-4 模板及支架荷载分项系数 γ_i

项次(编号)	荷载名称	荷载类别	γ_i
1	模板及支架自重	恒载	1.2
2	新浇混凝土自重	恒载	
3	钢筋自重	恒载	
4	施工人员及施工设备荷载	活载	1.4
5	振捣混凝土时产生的荷载	活载	
6	新浇混凝土对模板侧面的压力	恒载	1.2
7	倾倒混凝土时产生的荷载	活载	1.4
8	风荷载	活载	1.4

3)荷载折减(调整)系数

模板工程属临时性工程。由于我国目前还没有临时性工程的设计规范,所以只能按正式结构设计规范执行。

(1)对钢模板及其支架的设计,其荷载折减系数取0.85,截面塑性发展系数取1.0。

(2)采用冷弯薄壁型钢材,荷载设计值也不予折减,系数为1.0。

(3)对木模板及其支架的设计,当木材含水量小于25%时,其荷载折减系数取0.9。

(4)在风荷载作用下,验算模板及其支架的稳定性时,其荷载折减系数取0.8。

由于模板及其支架中不确定的因素较多,荷载取值难以准确,且理论研究又少,故一般不考虑荷载设计值的折减。当验算地基或楼层结构时,可乘以折减系数。

2. 荷载组合

计算模板及支架时,应按表5-5进行荷载效应组合。

表5-5 计算模板及支架的荷载效应组合

构件模板组成	参与组合的荷载项	
	计算承载能力	验算刚度
平板和薄壳的模板及支架	1+2+3+4	1+2+3
梁和拱模板的底板及支架	1+2+3+5	1+2+3
梁、拱、柱(边长≤300 mm)、墙(厚≤100 mm)的侧面模板	5+6	6
厚大结构、柱(边长>300 mm)、墙(厚>100 mm)的侧面模板	6+7	6

(二)模板结构的挠度要求

模板结构除必须保证足够的承载能力外,还应保证足够的刚度。因此,应验算模板及其支架的挠度,其最大变形值不得超过下列允许值:

(1)结构表面外露(不做装修)的模板,为模板构件计算跨度的1/400。

(2)结构表面隐蔽(做装修)的模板,为模板构件计算跨度的1/250。

(3)支架的压缩变形值或弹性挠度,为相应的结构计算跨度的1/1 000。

当梁板跨度≥4 m时,模板应按设计要求起拱;若无设计要求,则起拱高度宜为全长跨度的1/1 000~3/1 000,钢模板为1/1 000~2/1 000。

(4)《组合钢模板技术规范》(GB/T 50214—2013)规定:

①模板结构允许挠度按表5-6执行;

表5-6 模板结构允许挠度

项次	名称	允许挠度(mm)
1	单块钢模板、钢模板的面板	1.5
2	钢楞	$L/500$
3	柱箍	$B/500$
4	桁架	$L/1\ 000$
5	支撑系统累计	4.0

注:L为计算跨度,B为柱宽。

②验算模板及支架在自重和风荷载作用下的抗倾覆稳定性时,其抗倾覆系数不应小于1.15。

(5)《钢框胶合板模板技术规程》(JGJ 96—2011)规定:

①模板面板各跨的挠度计算值不宜大于面板相应跨度的1/300,且不宜大于1 mm;

②钢棱各跨的挠度计算值,不宜大于钢棱相应跨度的1/1 000,且不宜大于1 mm。

任务二　钢筋工程

一、钢筋的种类与验收及储存

(一)钢筋的种类

钢筋混凝土结构中的钢筋,按生产工艺不同可分为热轧钢筋、冷轧带肋钢筋、冷拉钢筋、冷拔钢丝、热处理钢筋、精轧螺纹钢筋、碳素钢丝、刻痕钢丝及钢绞线。按化学成分不同可分为碳素钢筋和普通低合金钢钢筋。按钢筋直径大小可分为钢丝(直径 3~5 mm)、细钢筋(直径 6~10 mm)、中粗钢筋(直径 12~18 mm)和粗钢筋(直径>18 mm)。

按照《混凝土结构设计规范》(GB 50010—2010)的规定,钢筋混凝土中所用的国产热轧钢筋按屈服点分为四个强度等级,分别为 HPB300、HRB335、HRB400、HRB500。普通钢筋混凝土结构以热轧带肋 HRB400 级钢筋为主导钢筋,预应力混凝土结构以高强低松弛钢丝和钢绞线为主导钢筋。目前,HRB335 级钢筋已基本淘汰,各种冷加工钢筋(冷拉、冷拔、冷轧、冷扭)不再列入规范而交由行业规程管理。

(二)钢筋的验收及储存

1. 钢筋的验收

(1)钢筋应有出厂质量证明书或试验报告单,每捆(盘)钢筋均应有标牌。钢筋进场应按罐(批)号及直径分批验收,每批不超过 60 t。验收内容有:查对标牌,检查外观,并按现行国家标准《钢筋混凝土用钢 第 1 部分:热轧光圆钢筋》(GB/T 1499. 1—2017)、《钢筋混凝土用钢 第 2 部分:热轧带肋钢筋》(GB/T 1499. 2—2018)等的规定抽取试件做力学性能检验,其质量必须符合有关标准的规定,合格后方可使用。

(2)钢筋的外观检查包括:钢筋应平直、无损伤,钢筋表面不得有裂缝、结疤和折叠,钢筋表面凸块不允许超过螺纹的高度,钢筋的外形尺寸应符合有关规定。

(3)力学性能检验:从每批钢筋任意抽出两根,每根钢筋取两个试样分别进行拉力试验(测定其屈服点、抗拉强度、伸长率)和冷弯试验。如果有一项试验结果不符合规定,则从同一批中另取双倍数量的试件重做各项试验,若仍有一项指标不合格,则该批钢筋为不合格。

2. 钢筋的储存

(1)钢筋在运输和储存时,不得损坏标志。在施工现场必须按批分等级、牌号、直径、长度分别挂牌堆放整齐,并注明数量,不得混淆。

(2)钢筋应尽量堆放在仓库或料棚内;在条件不具备时,应选择地势较高、较平坦坚实的露天场地堆放。在场地或仓库周围应设排水沟,以防积水。堆放时,钢筋下面应加垫木,离地不宜少于 200 mm,也可用钢筋堆放架堆放,以防钢筋锈蚀和污染。

(3)已加工的钢筋成品,分工程名称和构件名称按编号顺序堆放,同一工程与同一构件的钢筋放在一起,按编号挂牌排列,牌上应注明构件名称、部位、钢筋形式、尺寸、钢号、直径、根数。不得将几项工程的钢筋混放在一起。

二、钢筋的冷加工

(一)钢筋冷拉

钢筋冷拉是在常温下对钢筋进行强力拉伸,拉应力超过屈服点的某一限值,使钢筋产生塑性变形,以提高强度、节约钢材。

冷拉适用于HPB300~RRB400级钢筋。冷拉HPB300级钢筋用于非预应力钢筋混凝土的受拉钢筋,冷拉HRB400、RRB400级钢筋通常用于预应力钢筋,冷拉钢筋一般不用作受压钢筋。

1.冷拉控制

钢筋冷拉控制方法有控制冷拉应力和控制冷拉率两种方法。

1)控制冷拉应力冷拉钢筋

其控制冷拉应力及最大冷拉率应符合表5-7的规定。冷拉时以表5-7规定的控制应力对钢筋进行冷拉,冷拉后检查钢筋的冷拉率,若超过表中规定的数值,则应进行钢筋力学性能检验。用作预应力混凝土结构的预应力钢筋,宜采用冷拉应力来控制。

表5-7 控制冷拉应力及最大冷拉率

项次	钢筋级别	钢筋直径(mm)	冷拉控制应力(N/mm^2)	最大冷拉率(%)
1	HPB300	$d \leqslant 12$	280	10
2	HRB400	$d = 8 \sim 40$	500	5
3	RRB400	$d = 10 \sim 28$	700	4

2)控制冷拉率冷拉钢筋

冷拉率控制值必须由试验确定。对同炉批钢筋,试件不宜少于4个,每个试件都按表5-8规定的冷拉应力值在万能试验机上测定相应的冷拉率,取平均值作为该炉批钢筋的实际冷拉率。当钢筋强度偏高,平均冷拉率低于1%时,仍按1%进行冷拉。不同炉批的钢筋,不宜用控制冷拉率的方法进行钢筋冷拉。

表5-8 测定冷拉率时钢筋的冷拉应力

钢筋级别	钢筋直径(mm)	冷拉应力(N/mm^2)
HPB300	$\leqslant 12$	310
HRB400	8~40	530
RRB400	10~28	730

多根连接的钢筋,采用控制冷拉应力的方法进行冷拉时,其控制应力和每根的冷拉率均应符合表5-7的规定;当采用控制冷拉率的方法进行冷拉时,冷拉率可按总长计,但冷拉后每根钢筋的冷拉率不得超过表5-7的规定。

当预应力钢筋需几段对焊而成时,冷拉应在焊接后进行,以免因焊接而降低冷拉所获得的强度。

冷拉钢筋应分批进行验收,其检查验收方法和质量要求应符合《混凝土结构工程施工质量验收规范》(GB 50204—2015)的有关规定。

2. 冷拉设备

冷拉设备由拉力设备、承力结构、回程装置、测量设备和钢筋夹具等部分组成。拉力设备为卷扬机和滑轮组,多用3~5 t的慢速卷扬机;承力结构可采用地锚,冷拉力大时可采用钢筋混凝土拉槽;回程装置可用荷重架回程或卷扬机滑轮组回程;测量设备常用液压千斤顶或电子秤。

3. 钢筋冷拉计算

钢筋冷拉计算主要包括冷拉力、拉长值、弹性回缩值的计算。

1)冷拉力 N_{con} 的计算

冷拉力应等于钢筋冷拉前截面面积 A_s 与冷拉时控制应力 σ_{con} 的乘积,即:

$$N_{con} = A_s\sigma_{con} \tag{5-3}$$

2)拉长值 ΔL 的计算

拉长值应等于冷拉前钢筋的长度 L 与钢筋的冷拉率 δ 的乘积,即:

$$\Delta L = L\delta \tag{5-4}$$

3)弹性回缩值 ΔL_1 的计算

根据钢筋弹性回缩率 δ_1(一般为0.3%左右)计算,即:

$$\Delta L_1 = (L + \Delta L)\delta_1 \tag{5-5}$$

钢筋冷拉完毕后的实际长度为:

$$L' = L + \Delta L - \Delta L_1 \tag{5-6}$$

(二)钢筋冷拔

钢筋冷拔是将直径8 mm以下的热轧钢筋在常温下强力拉拔使其通过特制的钨合金拔丝模(见图5-20),钢筋轴向被拉伸,径向被压缩,使钢筋产生较大的塑性变形,其抗拉强度可提高50%~90%,塑性降低,硬度提高。

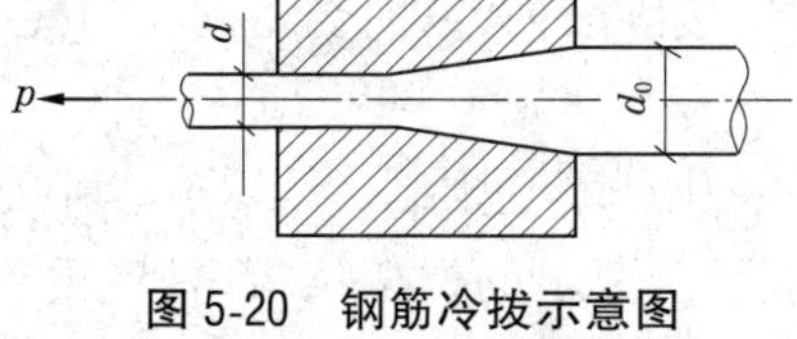

图5-20　钢筋冷拔示意图

钢筋的冷拔主要是用来生产冷拔低碳钢丝。冷拔低碳钢丝分甲、乙两级,甲级钢丝主要用作预应力钢筋,乙级钢丝用作钢丝网、箍筋和构造筋等。

三、钢筋的连接

钢筋的连接方式有绑扎、焊接和机械连接。设置钢筋连接的原则是:同一根钢筋上宜少设接头,钢筋接头宜设置在受力较小处,同一构件中的纵向受力钢筋接头宜相互错开。

(一)基本规定

1. 接头使用规定

(1)直径大于12 mm以上的钢筋,应优先采用焊接接头或机械连接接头。

(2)当受拉钢筋的直径大于28 mm及受压钢筋的直径大于32 mm时,不宜采用绑扎搭接接头。

(3)轴心受拉及小偏心受拉杆件(如桁架和拱的拉杆)的纵向受力钢筋不得采用绑扎搭接接头。

(4)直接承受动力荷载的结构构件中,其纵向受拉钢筋不得采用绑扎搭接接头。

2. 接头面积允许百分率

(1)钢筋绑扎搭接接头连接区段的长度为$1.3l_1$(l_1为搭接长度),凡搭接接头中点位于该连接区段长度内的搭接接头均属于同一连接区段(见图5-21)。同一连接区段内,纵向受力钢筋搭接接头面积百分率应符合设计要求。当设计无具体要求时,应符合下列规定:

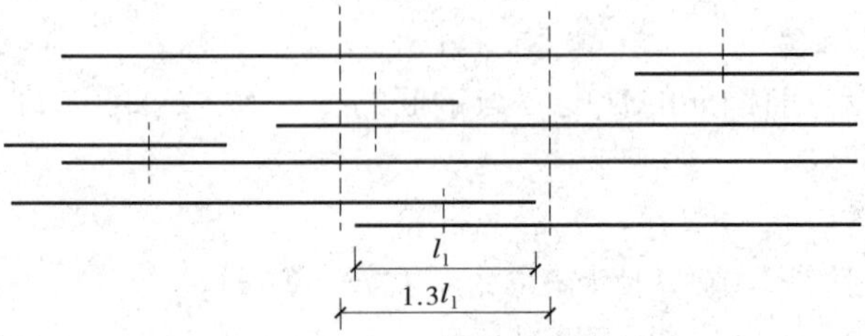

图5-21　钢筋绑扎搭接接头

①纵向受拉钢筋搭接接头面积百分率:对梁、板类及墙类构件不宜大于25%;对柱类构件,不宜大于50%。当工程中确有必要增大接头面积百分率时,对梁类构件不应大于50%;对其他构件,可根据实际情况放宽。

②纵向受压钢筋搭接接头面积百分率不宜大于50%。

(2)钢筋机械连接与焊接接头连接区段的长度为$35d$(d为纵向受力钢筋的较小直径),且不小于500 mm。同一连接区段内,纵向受力钢筋的接头面积百分率应符合设计要求。当设计无具体要求时,应符合下列规定:

①受拉区不宜大于50%,受压区不受限制。

②接头不宜设置在有抗震设防要求的框架梁端、柱端的箍筋加密区;当无法避开时,对等强度高质量机械连接接头,不应大于50%。

③直接承受动力荷载的结构构件中,不宜采用焊接接头;当采用机械连接接头时,不应大于50%。

3. 绑扎接头搭接长度

(1)纵向受拉钢筋绑扎搭接接头的搭接长度$l_1=\zeta L_a$(L_a为纵向受拉钢筋的锚固长度;ζ为纵向受拉钢筋搭接长度修正系数,按表5-9取用)。

表 5-9　纵向受拉钢筋搭接长度修正系数

纵向钢筋搭接接头面积百分率(%)	≤25	50	100
ζ	1.2	1.4	1.6

(2)构件中的纵向受压钢筋,搭接长度不应小于纵向受拉钢筋搭接长度的 0.7 倍,且在任何情况下不应小于 200 mm。

(3)在梁、柱类构件的纵向受力钢筋搭接长度范围内,应按设计要求配置箍筋。当设计无具体要求时,应符合下列规定:

①箍筋直径不应小于搭接钢筋较大直径的 0.25 倍。

②受拉搭接区段的箍筋间距不应大于搭接钢筋较小直径的 5 倍,且不应大于 100 mm。

③受压搭接区段箍筋的间距不应大于搭接钢筋较小直径的 10 倍,且不应大于 200 mm。

④柱中纵向受力钢筋直径大于 25 mm 时,应在搭接接头两个端面外 100 mm 范围内各设置两个箍筋,其间距宜为 50 mm。

(二)钢筋机械连接

钢筋机械连接是通过钢筋与连接件的机械咬合作用或钢筋端面的承压作用,将一根钢筋中的力传递至另一根钢筋的连接方法。其具有操作简便、接头质量可靠、无污染、无火灾隐患、施工安全、节约钢材、节约能源等优点,近年来已得到广泛应用。

钢筋机械连接主要有套筒挤压连接和螺纹套筒连接。钢筋机械连接接头,根据静力单向拉伸性能及高应力和大变形条件下反复拉、压性能的差异,可分为 A、B、C 三个性能等级。

1. 套筒挤压连接

套筒挤压连接是将两根需连接的带肋钢筋端头插入特制的钢套筒内,利用挤压设备进行径向或轴向挤压,使钢套筒产生塑性变形并与带肋钢筋的纵横肋紧密咬合形成连接接头。其适用于直径为 16~40 mm 的 HRB400 级带肋钢筋的连接。这里主要介绍套筒径向挤压连接(见图 5-22)。

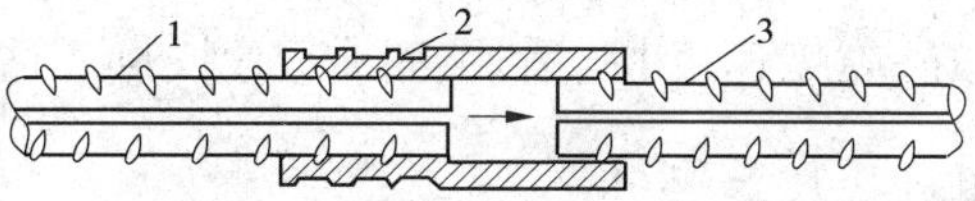

1—已挤压的钢筋;2—钢套筒;3—未挤压的钢筋

图 5-22　套筒径向挤压连接示意

1)工艺流程

工艺流程为:钢套筒与钢筋挤压部位检查、清理、矫正→检查钢筋端头压接标志→插入钢套筒挤压(每侧挤压从接头中间压痕标志开始依次向端部进行)→质量检验。

2)施工要求

(1)清除钢筋压接部位的铁锈、油污等杂物;钢套筒的材料宜选用强度适中、延性好的优质钢材;检查挤压设备是否正常,并试压,符合要求后方可作业。

(2)钢筋端部应画出定位标记与检查标记。定位标记与钢筋端头的距离为钢套筒长度的一半,检查标记与定位标记的距离一般为20 mm。

(3)钢筋挤压连接宜先在地面上挤压一端套筒,在施工作业区插入待接钢筋后再挤压另一端套筒。

(4)压接钳就位时,应对正钢套筒压痕位置的标记,并使压模运动方向与钢筋两纵肋所在的平面相垂直,即保证最大压接面能在钢筋的横肋上。

(5)压接钳施压顺序由钢套筒中部向端部进行;施压时,主要控制压痕深度。

3)质量检查

(1)钢套筒进场,必须有原材料试验单与套筒出厂合格证,并由该技术提供单位提交有效的型式检验报告。

(2)钢筋套筒挤压连接开始前及施工过程中,应对每批进场钢筋进行挤压连接工艺检验。

(3)钢筋套筒挤压接头现场检验,其接头外观检查和单向拉伸试验强度应符合《钢筋机械连接技术规程》(JGJ 107—2016)的规定要求。

2. 螺纹套筒连接

螺纹套筒连接有锥螺纹套筒连接和直螺纹套筒连接两种方式。

锥螺纹套筒连接是将两根待接钢筋端头用套丝机做出锥形外丝,然后用锥形螺纹套筒将钢筋两端拧紧的钢筋连接方法(见图5-23)。锥螺纹套筒连接工序简单、施工速度快,但现场加工的螺纹质量或丝扣松动对接头质量影响较大。此法在实际工程上已基本不再采用。

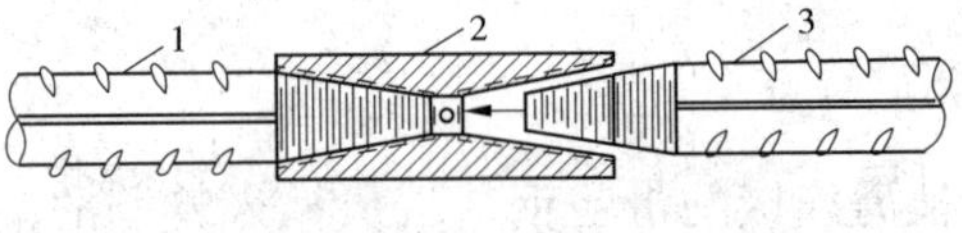

1—已连接的钢筋;2—锥螺纹套筒;3—待连接的钢筋

图5-23 锥螺纹套筒连接

直螺纹套筒连接是一种新的螺纹连接方式,是将两根待接钢筋端头用套丝机做出外丝,然后用直螺纹套筒将钢筋两端拧紧的钢筋连接方法(见图5-24)。直螺纹套筒连接接头具有接头强度高、延性好、施工速度快、适用范围广等特点。适用于直径为16~40 mm

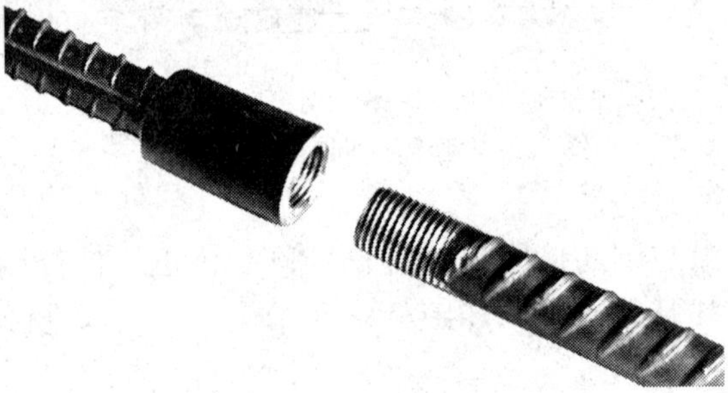

图5-24 直螺纹套筒连接

的HRB400级、HRB500级和RRB400级带肋钢筋的连接。直螺纹套筒连接又可分为钢筋镦粗直螺纹套筒连接和钢筋滚压直螺纹连接，目前镦粗直螺纹套筒连接已较少使用。

1）工艺流程

工艺流程为：钢筋套丝加工、套筒准备→检查合格后加保护套→现场连接→检查验收。

2）施工要求

（1）套筒应有保护端盖，套筒内不得有杂物。套筒表面不得有裂纹，螺纹牙型应饱满，表面及内螺纹不得有严重的锈蚀及其他肉眼可见的缺陷。

（2）钢筋丝头加工应使用水性润滑液，加工完毕经检验合格后，应立即带上丝头保护帽或拧上连接套筒，并按规格分类堆放整齐待用。丝头表面不得有影响接头性能的损坏及锈蚀。

（3）连接钢筋时，钢筋规格应与连接套筒的规格一致，并保证丝头和连接套筒内螺纹干净、完好无损。

（4）连接钢筋时应用工作扳手将丝头在套筒中央位置顶紧，当采用加锁母型套筒时应用锁母锁紧。钢筋接头拧紧后应用力矩扳手按不小于拧紧力矩值检查，并加以标记。

（5）钢筋连接完毕后，标准型接头连接套筒外应有外露有效螺纹，且连接套筒单边外露有效螺纹不得超过$2P$（P为螺距）。

3）质量检查

（1）钢套筒进场，必须有原材料试验单与套筒出厂合格证，并由该技术提供单位提交有效的型式检验报告。

（2）钢筋连接作业开始前及施工过程中，应对每批进场钢筋进行挤压连接工艺检验。

（3）钢筋接头现场检验包括拧紧力矩检验和单向拉伸强度试验，应符合《钢筋机械连接技术规程》（JGJ 107—2016）的规定要求。

（三）钢筋焊接

钢筋焊接方法有闪光对焊、电弧焊、电渣压力焊、埋弧压力焊、电阻点焊和气压焊等。

1. 闪光对焊

钢筋闪光对焊是将两根钢筋安放成对接形式，利用焊接电流通过两根钢筋接触点产生的电阻热，使接触点金属熔化，产生强烈飞溅，形成闪光，迅速施加顶锻完成的一种压焊方法。其具有成本低、质量好、工效高及适用范围广等特点。如图5-25所示，钢筋夹入对焊机的两电极中，闭合电源，然后使钢筋两端面轻微接触，形成闪光现象，钢筋加热到一定温度后，进行加压顶锻，使两根钢筋焊接在一起。

1）对焊工艺

根据所用对焊机功率大小及钢筋品种、直径不同，闪光对焊可分为连续闪光焊、预热闪光焊、闪光—预热—闪光焊等不同工艺。

（1）连续闪光焊：钢筋安放后，闭合电源，使两钢筋端面轻微接触，形成闪光；闪光一旦开始，徐徐移动钢筋，形成连续闪光过程；待钢筋烧化到一定长度后，以适当的压力迅速顶锻，使两根钢筋焊牢。其适用于焊接直径20 mm以内的HPB300级、HRB400级、HRB500级钢筋。

（2）预热闪光焊：在连续闪光焊前增加一次预热过程，以扩大焊接热影响区。施焊时

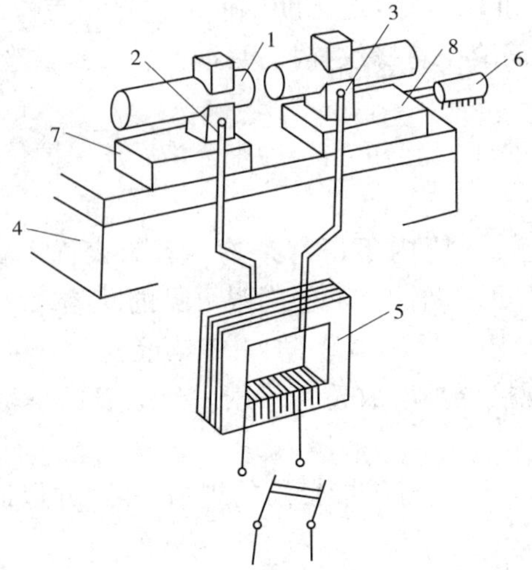

1—焊接的钢筋;2—固定电极;3—可动电极;4—机座;5—变压器;
6—平动顶压机构;7—固定支座;8—滑动支座

图 5-25 钢筋闪光对焊原理

使两钢筋端面交替地接触和分开,这时钢筋端面的间隙中发出断续的闪光,形成预热过程。当钢筋达到规定的预热量后,随即进行连续闪光和顶锻。其适用于焊接直径大于20 mm且端部较平整的钢筋。

(3)闪光—预热—闪光焊:在预热闪光焊前加一次闪光过程,目的是使不平整的钢筋端面烧化平整,使预热均匀,保证大直径、高强度钢筋焊接质量。其适用于焊接直径大于20 mm且端部不平整的钢筋。

2)质量检查

(1)外观检查:接头处不得有横向裂纹和烧伤;接头处弯折不大于2°,钢筋轴线偏移不得大于钢筋直径的0.1倍,且不得大于1 mm。

(2)力学性能检查:接头处抗拉强度和冷弯性能应符合《钢筋焊接及验收规程》(JGJ 18—2012)的规定要求。

2. 电弧焊

电弧焊是利用电弧焊机使焊条与焊件之间产生高温电弧,熔化焊条和高温电弧范围内的焊件金属,凝固后形成焊缝或焊接接头。电弧焊广泛用于钢筋接头与钢筋骨架焊接、装配式结构接头焊接、钢筋与钢板焊接及各种钢结构焊接。

1)焊接工艺

钢筋电弧焊有搭接焊、帮条焊、剖口焊和熔槽帮条焊等四种接头形式。

(1)搭接焊与帮条焊:搭接焊适用于焊接直径10~40 mm的HPB300、HRB400级钢筋;帮条焊适用于焊接直径10~40 mm的各级热轧钢筋。焊接时宜采用双面焊,不能进行双面焊时可采用单面焊,如图5-26(a)、(b)所示。焊缝长度应符合图中的尺寸要求,焊缝厚度应不小于0.3倍钢筋直径,焊缝宽度不小于0.8倍钢筋直径。帮条级别与主筋相同时,帮条的直径可比主筋直径小一个规格;帮条直径与主筋相同时,帮条钢筋的级别可比主筋低一个级别。

(2)剖口焊:剖口焊有立焊和平焊两种,如图 5-26(c)、(d)所示。剖口焊焊缝短,可节约钢材和提高工效。其适用于焊接直径 18~40 mm 的各级热轧钢筋。

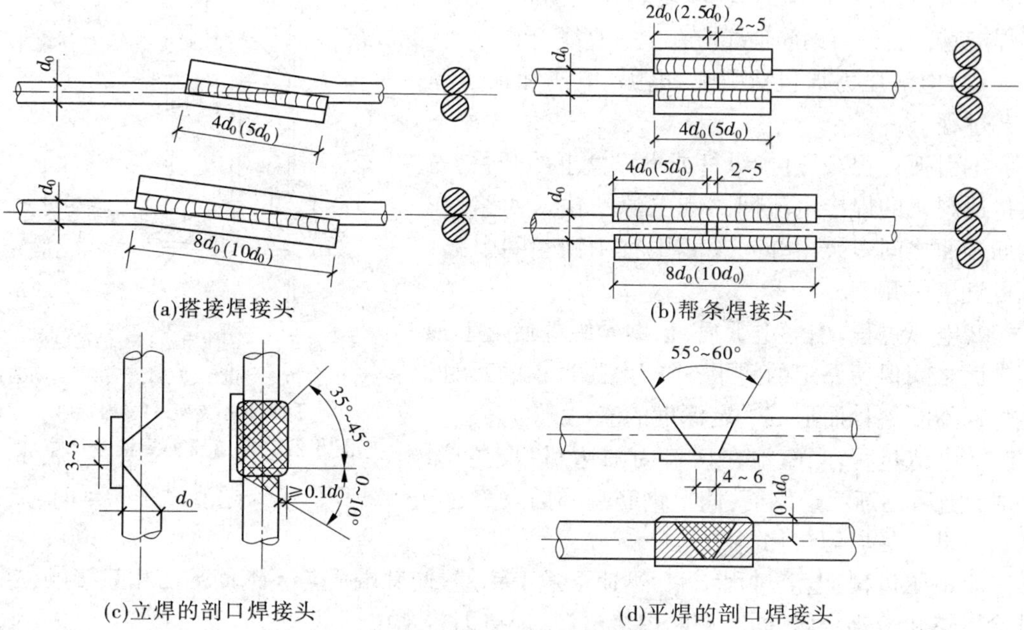

图 5-26　钢筋电弧焊的接头形式

注:帮条焊与搭接焊的焊缝长度应符合图中的尺寸要求,图中不带括弧的数字用于 HPB300 级钢筋,括弧内的数字用于 HRB400 级钢筋。d_0 为钢筋直径。

钢筋剖口平焊时,钢垫板长宜为 40~60 mm、宽度为钢筋直径加 10 mm,V 形坡口角度宜为 55°~60°,钢筋根部间隙宜为 4~6 mm。

钢筋剖口立焊时,钢垫板长宜为 40~60 mm、宽度等于钢筋直径,V 形坡口角度宜为 35°~45°,钢筋根部间隙宜为 3~5 mm。

2)质量检查

(1)外观检查:焊缝表面应平整,不得有凹陷或焊瘤,接头处不得有裂纹、弯折不大于 2°,钢筋轴线偏移不得大于钢筋直径的 0.1 倍,且不得大于 1 mm。

(2)力学性能检查:接头处抗拉强度应符合《钢筋焊接及验收规程》(JGJ 18—2012)的规定要求。

3. 电渣压力焊

电渣压力焊是将两根钢筋安放成竖向对接形式,利用焊接电流通过两根钢筋端面间隙,在焊剂层下形成电弧过程和电渣过程,利用电弧热和电阻热熔化钢筋,加压完成的一种压焊方法(见图 5-27)。这种焊接方法比电弧焊节省钢材,工效高,成本低,适用于现浇钢筋混凝土结构中直径为 14~40 mm 钢筋的竖向或斜向(倾斜度在 4:1范围内)连接。

1)焊接工艺

(1)施焊前,焊接夹具的上、下钳口应夹紧在上、下钢筋上。夹具的下钳口应夹紧下钢筋端部的适当位置(1/2 焊剂盒高度偏下 5~10 mm),上钢筋放入夹具钳口后,调准动夹头的起始点,使上、下钢筋的焊接部位位于同轴状态,方可夹紧钢筋(钢筋一经夹紧,严防晃动);然后安放铁丝圈(引弧用)、焊剂盒,填装焊剂。不同直径钢筋焊接时,上、下两钢筋轴线应在同一直线上。

(2)电渣压力焊包括引弧、电弧、电渣和顶压等工艺过程。

①引弧过程:通过操纵杆或操纵盒上的开关,先后接通焊机的焊接电流回路和电源的输入回路,在钢筋端面之间引燃电弧。工程中宜用铁丝圈引弧,也可直接引弧。

②电弧过程:引燃电弧后,借助操纵杆使上下钢筋端面之间保持一定的间距,进行电弧过程的延时,使焊剂不断熔化而形成一定深度的渣池。

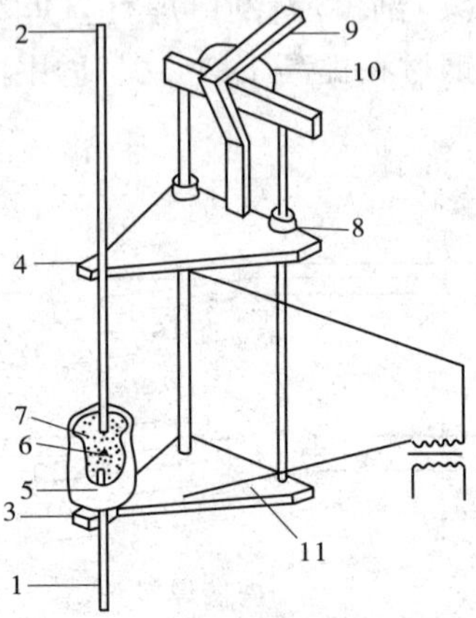

1,2—钢筋;3—固定电极;4—活动电极;5—焊剂盒;6—导电剂;7—焊药;8—滑动架;9—手柄;10—支架;11—固定架

图 5-27　电渣压力焊构造示意

③电渣过程:当渣池在接口周围达到一定的深度时,随后逐渐下送钢筋,使上钢筋端部插入渣池,电弧熄灭,进入电渣过程的延时,使钢筋断面迅速且均匀熔化。

④顶压过程:电渣过程结束,迅速下送上钢筋,使其端面与下钢筋端面相互接触,趁热排除熔渣和熔化金属,同时切断焊接电源,焊接即告结束。

2)质量检查

(1)外观检查:接头处四周焊包凸出钢筋表面的高度应大于等于 4 mm,且不得有烧伤;接头处弯折不大于 2°,钢筋轴线偏移不得大于钢筋直径的 0.1 倍,且不得大于 1 mm。

(2)力学性能检查:接头处抗拉强度应符合《钢筋焊接及验收规程》(JGJ 18—2012)的规定要求。

4. 埋弧压力焊

埋弧压力焊主要用于钢筋与钢板的 T 形接头焊接。其工作原理是:利用埋在焊接接头处的焊剂层下的高温电弧,熔化两焊件焊接接头处的金属,然后加压顶锻形成焊件焊合,如图 5-28 所示。这种焊接方法工艺简单、工效高、质量好,具有焊后钢板变形小,焊接点抗拉强度高的特点,适用于各种预埋件、T 形接头、钢筋与钢板的焊接。预埋件钢筋压力焊适用于直径为 6~25 mm 的 HPB300 级、HRB400 级热轧钢筋的焊接,钢板为普通碳素

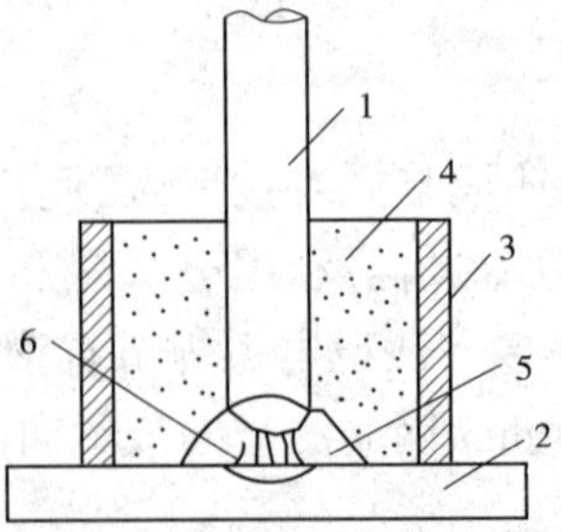

1—钢筋;2—钢板;3—焊剂盒;4—431 焊剂;5—电弧柱;6—弧焰

图 5-28　埋弧压力焊示意

钢,厚度为6~20 mm。

5. 电阻点焊

电阻点焊主要用于钢筋的交叉连接,钢筋网片、钢筋骨架的焊接等。其工作原理是:当钢筋交叉点焊时,接触点只有一点,接触处接触电阻较大,在接触的瞬间,电流产生的全部热量都集中在一点上,使金属受热而熔化,同时在电极加压下使焊点金属得到焊合。常用的点焊机有单点点焊机、多点点焊机、悬挂式点焊机和手提式点焊机。

电阻点焊的焊点应进行外观检查和强度试验。热轧钢筋的焊点应进行抗剪试验;冷处理钢筋的焊点除进行抗剪试验外,还应进行拉伸试验。

6. 气压焊

气压焊是利用乙炔、氧气混合气体燃烧的高温火焰,加热焊接钢筋的接合部,使其达到塑性态,加压完成的一种压焊方法。其具有设备简单、操作方便、质量好、成本低等优点,但对焊工要求严,焊前对钢筋端面处理要求高。被焊两钢筋直径之差不得大于7 mm。气压焊适用于HPB300、HRB400级热轧钢筋的焊接。

(四)钢筋绑扎连接

钢筋绑扎连接是在钢筋搭接处的中心及两端用铁丝(20~22号的铁丝)扎牢。多用于直径在12 mm以下钢筋的绑扎连接。

绑扎连接应做到绑扎位置准确、牢固;接头中钢筋的横向净距不应小于钢筋直径,且不应小于25 mm;在搭接长度范围内不少于三点绑扎;同一纵向受力钢筋不宜设置两个或两个以上接头,接头末端至钢筋弯起点的距离不应小于钢筋直径的10倍。

绑扎连接钢筋搭接长度及绑扎点位置应符合《混凝土结构工程施工规范》(GB 50666—2011)的规定要求。

四、钢筋配料与代换

(一)钢筋配料

钢筋配料是根据构件配筋图,绘出各种形状和规格的单根钢筋简图并加以编号,分别计算钢筋的下料长度、根数和重量,并绘制配料单,以作为钢筋加工的依据。

1. 钢筋混凝土保护层厚度

受力钢筋的混凝土保护层厚度应符合设计要求;当设计无具体要求时,按《混凝土结构设计规范》(GB 50010—2010)规定不应小于受力钢筋的直径,并应符合表5-10的规定。

表5-10　混凝土保护层的最小厚度　　(单位:mm)

项次	环境与条件	构件名称	混凝土强度等级	
			≤C20	≥C25
1	室内正常环境	板、墙、壳	20	15
		梁、柱、杆	25	20
2	室内潮湿、非严寒露天环境	板、墙、壳	25	20
		梁、柱、杆	30	25
3	有垫层	基础	40	

注:表中混凝土保护层厚度指最外层钢筋外边缘至混凝土表面的距离,适用于设计使用年限为50年的混凝土结构;设计使用年限为100年的混凝土结构,最外层钢筋的保护层厚度不应小于表中数值的1.4倍。

2. 钢筋锚固长度

受力钢筋的锚固长度(L_a)应符合设计要求;当设计无具体要求时,按《混凝土结构设计规范》(GB 50010—2010)规定取值。

(1)当计算中充分利用纵向受拉钢筋强度时,应符合表5-11规定的数值。

表5-11 普通纵向受拉钢筋的最小锚固长度 L_a (单位:mm)

钢筋类型	混凝土强度等级								
	C20	C25	C30	C35	C40	C45	C50	C55	≥C60
HPB300级钢筋	39*d*	34*d*	30*d*	28*d*	25*d*	24*d*	23*d*	22*d*	21*d*
HRB400级钢筋		40*d*	35*d*	32*d*	29*d*	28*d*	27*d*	26*d*	25*d*
HRB500级钢筋		48*d*	43*d*	39*d*	36*d*	34*d*	32*d*	31*d*	30*d*

注:1. *d* 为钢筋直径。有抗震等级要求的锚固长度(L_{aE}):对一、二级抗震等级乘以修正系数1.15,对三级抗震等级乘以修正系数1.05。

2. HPB300钢筋,末端应做180°弯钩,弯后平直段长度不应小于3*d*,但做受压钢筋时可不做弯钩。

3. 当带肋钢筋直径大于25 mm时,其锚固长度应乘以修正系数1.1。

4. 当钢筋在混凝土施工过程中易受扰动(如滑模施工)时,其锚固长度应乘以修正系数1.1。

5. 当计算中充分利用纵向钢筋的抗压强度时,其锚固长度不应小于受拉锚固长度的0.7倍。

6. 直锚时,锚固长度 $L_a \geq 0.5h_c+5d$,h_c 为支座宽度;弯锚时,有些部位的锚固长度为 $\geq 0.4L_a(L_{aE})+15d$,见各类构件的标准构造详图。如图5-29所示。

7. 在任何情况下,锚固长度不得小于200 mm。

(2)支撑在砌体墙上的简支梁下部纵向受力钢筋,其伸入梁支座范围内的锚固长度 L_{as}:带肋钢筋,$L_{as} \geq 12d$;光圆钢筋,$L_{as} \geq 15d$。

(3)悬臂梁上部两根角部钢筋应伸至悬臂梁外端,并向下弯折不少于12*d*。

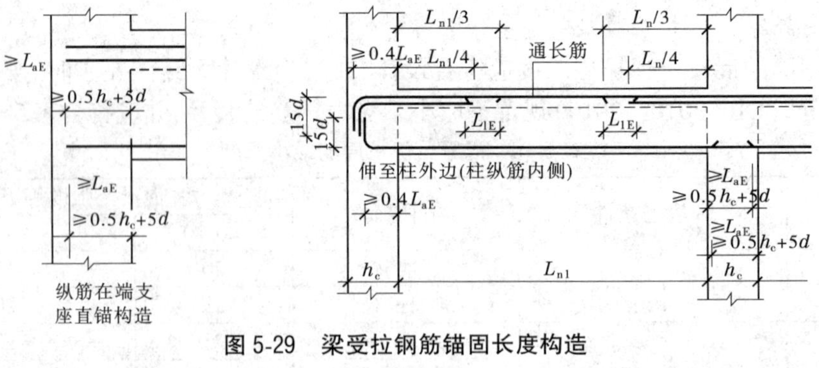

图5-29 梁受拉钢筋锚固长度构造

(4)柱顶钢筋锚固长度:

①中柱钢筋弯锚时锚固长度 $\geq 0.5L_a+12d$。

②边支座柱钢筋弯锚时伸入梁内的外侧纵向钢筋锚固长度 $\geq 1.5L_a$,截面面积不宜小

于外侧纵向钢筋全部截面面积的 65%。梁宽范围以外的柱外侧纵向钢筋宜沿节点顶部伸至柱内边，并向下弯折不小于 $8d$；柱内侧纵向钢筋弯折段的水平长度不宜小于 $12d$。柱顶钢筋锚固长度构造如图 5-30 所示。

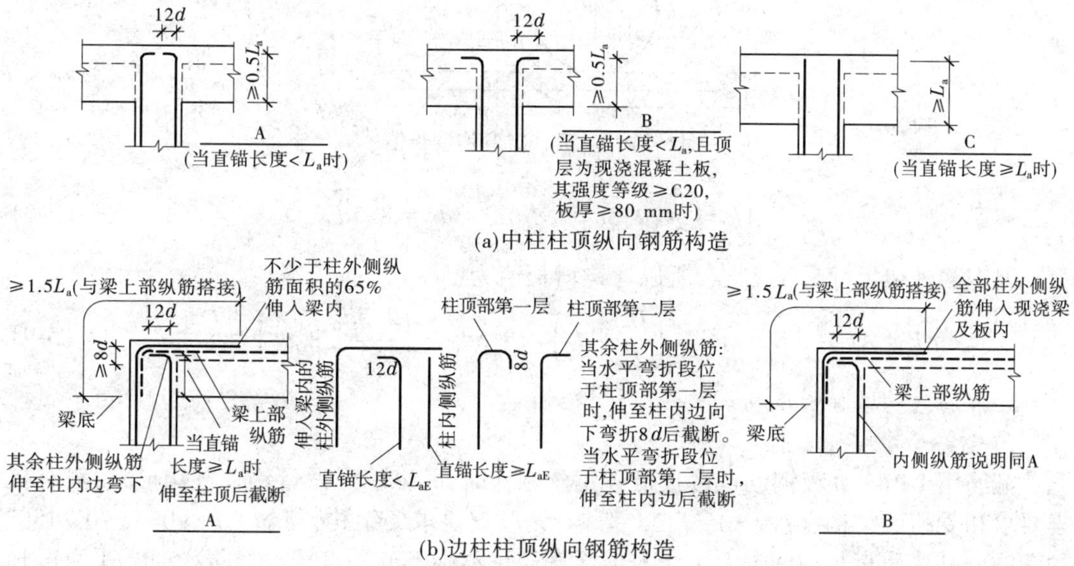

图 5-30　柱顶钢筋锚固长度构造

3. 钢筋弯折量度差值

设计图中标注的钢筋尺寸是指钢筋的外轮廓尺寸（外包尺寸），钢筋的下料长度则是指轴线长度。如果按设计图中钢筋的外包尺寸下料，则加工后的钢筋尺寸将大于设计要求的尺寸，这是由于钢筋弯曲时，外皮伸长而内皮缩短，其轴线长度不变，而量得的外包尺寸值总和要大于钢筋的轴线长度。弯曲钢筋的外包尺寸与轴线长度之间存在的差值，称为量度差值。为简便下料计算，钢筋弯曲量度差值可按表 5-12 近似取值。

表 5-12　钢筋弯曲量度差值

弯曲角度(°)	30	45	60	90	135
量度差值	$0.3d$	$0.5d$	$0.85d$	$2d$	$3d$

注：d 为钢筋直径。

4. 钢筋末端弯钩增加长度

《混凝土结构工程施工质量验收规范》（GB 50204—2015）规定，对于 HPB300 级钢筋，为了增加其与混凝土的锚固能力，两端做 180°弯钩，其弯弧内直径不应小于钢筋直径（d_0）的 2.5 倍，弯钩的弯后平直部分长度不应小于钢筋直径的 3 倍。对于带肋钢筋与混凝土黏结力较好，故一般两端不设弯钩。

当弯 180°时，如图 5-31 所示，弯钩部分的中心线（含平直段）长为：

$$AF = \overset{\frown}{ABC} + CF = \frac{\pi}{2}(D + d_0) + CF \tag{5-7}$$

当 $D = 2.5d_0$，平直段长度 $CF = 3d_0$ 时，

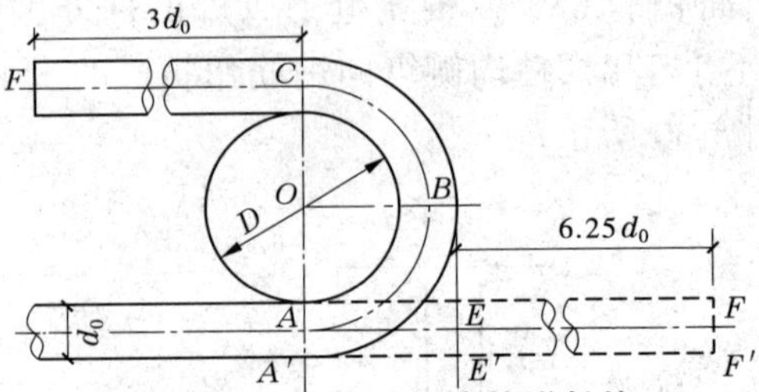

图 5-31　钢筋 180°弯钩增长值

$$AF = \frac{\pi}{2}(2.5d_0 + d_0) + 3d_0 = 8.5d_0 \tag{5-8}$$

因钢筋外包尺寸量至 E 点,所以弯钩增长值为:

$$EF = AF - AE = AF - \left(\frac{D}{2} + d_0\right) = 8.5d_0 - \left(\frac{2.5d_0}{2} + d_0\right) = 6.25d_0 \tag{5-9}$$

5. 箍筋弯钩增加长度及调整值

1)箍筋弯钩增加长度

箍筋用 HPB300 级钢筋或冷拔低碳钢丝制作时,其末端需做弯钩。弯钩形式,对有抗震要求和受扭的结构,应做 135°/135°弯钩;无抗震要求的结构,可做 90°/90°或 90°/180°的弯钩。其弯曲直径(D)应大于受力钢筋直径且不小于箍筋直径(d)的 2.5 倍,平直段长度为箍筋直径的 5 倍或 10 倍(抗震设防时)。因此,每个箍筋弯钩增加长度分别为:

弯 90°时　$\dfrac{\pi(D+d)}{4}-\left(\dfrac{D}{2}+d\right)+$平直段长度

弯 135°时　$\dfrac{3\pi(D+d)}{8}-\left(\dfrac{D}{2}+d\right)+$平直段长度

弯 180°时　$\dfrac{\pi(D+d)}{2}-\left(\dfrac{D}{2}+d\right)+$平直段长度

2)箍筋弯钩调整值

箍筋下料长度可用外包尺寸或内包尺寸两种计算方法。为简化计算,一般将箍筋弯钩加长值和弯折量度差值合并成一项箍筋弯钩调整值(见表 5-13)。计算时先按外包或内包尺寸计算出箍筋的周长,再加上箍筋弯钩调整值即为箍筋下料长度。

表 5-13　箍筋下料长度调整值　(单位:mm)

箍筋量度方法	箍筋直径			
	4~5	6	8	10~12
量外包尺寸	40	50	60	70
量内包尺寸	80	100	120	150~170

6. 梁箍筋加密区的规定

(1)1 级抗震等级框架梁、屋面框架梁箍筋加密区为:$2h_b$(梁截面高度)且≥500 mm,2~4 级抗震等级框架梁、屋面框架梁箍筋加密区为:$1.5h_b$ 且≥500 mm。加密区第一根箍筋离支座内侧边间距为 50 mm。

（2）主次梁相交处，应在主梁上附加三根箍筋，间距为 $8d$ 且小于等于正常箍筋间距，第一根箍筋离支座侧边间距为 50 mm。

（3）梁纵筋采用绑扎搭接接长时，搭接长度部分箍筋应加密。

7. 钢筋下料长度的计算

（1）直线钢筋下料长度按下式计算：

$$\text{直线钢筋下料长度}=\text{构件长度}-\text{保护层厚度}+\text{弯钩增加长度} \tag{5-10}$$

（2）弯起钢筋下料长度按下式计算：

$$\text{弯起钢筋下料长度}=\text{直段长度}+\text{弯起段长度}+\text{端部弯折长度}+\text{弯钩增加长度}-\text{钢筋弯折量度差值} \tag{5-11}$$

（3）箍筋下料长度按下式计算：

$$\text{箍筋下料长度}=\text{箍筋周长}+\text{箍筋弯钩增加长度}-\text{钢筋弯折量度差值} \tag{5-12}$$

或

$$\text{箍筋下料长度}=\text{箍筋周长}+\text{箍筋调整值}$$

（4）箍筋数量计算：

构件无加密区

$$\text{箍筋根数}=\frac{\text{构件长度}-\text{构件保护层厚度}}{\text{箍筋间距}}+1 \tag{5-13}$$

构件两端有加密区

$$\text{箍筋根数}=\left(\frac{\text{加密区长度}}{\text{加密区箍筋间距}}+1\right)\times 2+\frac{\text{非加密区长度}}{\text{非加密区箍筋间距}}-1 \tag{5-14}$$

【例 5-1】 某框架结构，抗震等级为 3 级，共有 10 根框架梁，其配筋如图 5-32 所示，混凝土强度等级为 C30，钢筋锚固长度 L_{aE} 为 $30d$。柱截面尺寸为 500 mm×500 mm。试计算该梁钢筋下料长度并编制配料单（参见混凝土结构施工图平面整体表示方法 03G101－1 构造详图）。

解：（1）梁上部通长钢筋下料长度计算。

通长钢筋在支座处锚固长度 $L_{aE}=30d=750\ \text{mm}>500-25=475(\text{mm})$，应弯锚，平直段长度为 $500-25=475(\text{mm})\geqslant 0.4L_{aE}$，弯段长度取 $15d$ 可满足锚固长度要求。下料长度为：

$$7\,200+2\times250-2\times25+2\times15\times25-2\times2\times25=8\,300(\text{mm})$$

（2）负弯矩钢筋下料长度计算。

负弯矩钢筋要求锚入支座并伸出 $L_n/3$。下料长度为：

$$(7\,200-2\times250)/3+500-25+15\times25-2\times25=3\,033(\text{mm})$$

（3）梁下部钢筋下料长度计算。下料长度为：

$$7\,200+2\times250-2\times25+2\times15\times25-2\times2\times25=8\,300(\text{mm})$$

（4）抗扭纵向钢筋下料长度计算。

支座处锚固长度 $L_{aE}=30d=540\ \text{mm}>500-25=475(\text{mm})$，应弯锚，平直段长度为 $500-25=475(\text{mm})\geqslant 0.4L_{aE}$，弯段长度取 $15d$ 可满足锚固长度要求。下料长度为：

$$7\,200+2\times250-2\times25+2\times15\times18-2\times2\times18=8\,118(\text{mm})$$

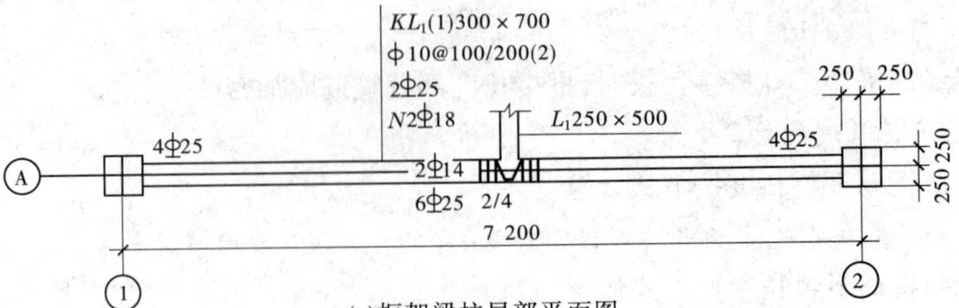

(a)框架梁柱局部平面图

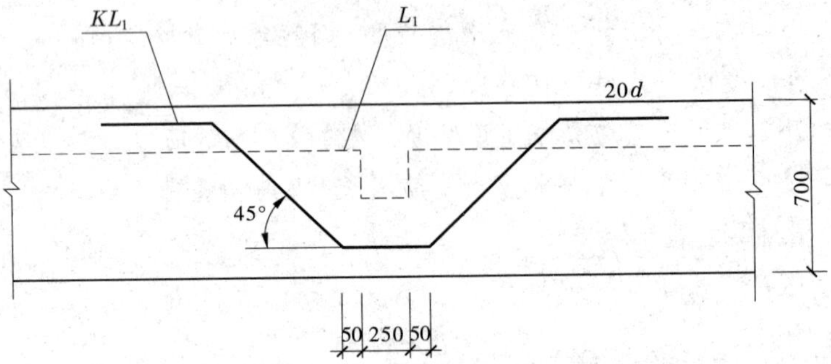

(b)附加吊筋构造示意

图5-32 框架梁配筋

(5)附加吊筋下料长度计算。

附加吊筋构造示意见图5-32(b),下料长度为:

$$250+2\times50+2\times(700-2\times25)\times1.414+2\times20\times14-4\times0.5\times14=2\ 720.2(\mathrm{mm})$$

(6)箍筋下料长度计算。

箍筋外包尺寸为:

$$[(300-2\times25+2\times10)+(700-2\times25+2\times10)]\times2=1\ 880(\mathrm{mm})$$

根据抗震要求,箍筋端头为135°/135°弯钩,且弯钩平直段长度为10d,所以每个箍筋弯钩增加长度为:

$$3\pi(D+d)/8-(D/2+d)+10d=11.87d$$

则 $$箍筋下料长度=1\ 880+2\times11.87\times10-3\times2\times10=2\ 057.4(\mathrm{mm})$$

$$箍筋根数=\left(\frac{1.5\times700-50}{100}+1\right)\times2+\frac{7\ 200-2\times250-2\times50-2\times1.5\times700}{200}-1=44(根)$$

另主次梁相交处应在主梁上沿次梁两边各附加3根箍筋,综合考虑应增加3根箍筋,则箍筋根数=44+3=47(根)。

钢筋配料单见表5-14。

表 5-14　钢筋配料单

构件名称	钢筋编号	简图	直径（mm）	钢号	下料长度（mm）	单位根数	合计根数	质量（kg）
KL_1(1) 共 10 根	1	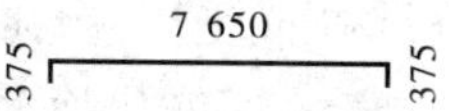	25	⌀	8 300	2	20	639.1
	2	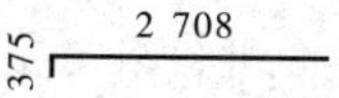	25	⌀	3 033	4	40	467.08
	3		25	⌀	8 300	6	60	1 917.3
	4		18	⌀	8 118	2	20	321.47
	5	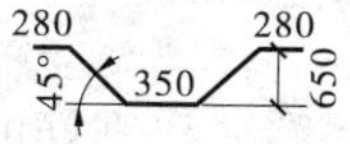	14	⌀	2 720	2	20	65.72
	6		10	⌀	2 057	47	470	596.51

注：1. 钢筋的密度 $\rho=7.851\times10\ kg/m^3$。

2. 各型号钢筋质量⌀ 25，3 023.48 kg，⌀ 18，321.47 kg，⌀ 14，65.72 kg，⌀ 10，596.51 kg。

(二)钢筋代换

施工中若确实缺乏设计图纸中所要求的钢筋品种、级别或规格，则应在征得设计单位同意并办理设计变更文件后，参照以下原则进行代换。

1. 等强度代换

当构件按强度控制时，钢筋可按强度相等的原则进行代换。若设计图中钢筋设计强度为 f_{y1}，钢筋总截面面积为 A_{S1}；拟代换钢筋设计强度为 f_{y2}，钢筋总截面面积为 A_{S2}，则代换时应满足下式要求：

$$A_{S2} f_{y2} \geq A_{S1} f_{y1} \tag{5-15}$$

2. 等面积代换

相同种类和级别的钢筋代换及构件按最小配筋率配筋时，可按钢筋截面面积相等的原则进行代换，代换时应满足下式要求：

$$A_{S2} \geq A_{S1} \tag{5-16}$$

3. 钢筋代换注意事项

(1)重要受力构件(如吊车梁、薄腹梁、桁架下弦等)不宜用 HPB300 级钢筋代换 HRB400 级带肋钢筋，以免裂缝开展过大。

(2)钢筋代换后,应满足混凝土结构设计规范中所规定的钢筋间距、锚固长度、最小钢筋直径、根数等配筋构造要求。

(3)梁的纵向受力钢筋与弯起钢筋应分别代换,以保证正截面与斜截面的强度。

(4)偏心受压构件(如框架柱、有吊车梁的厂房柱、桁架上弦等)或偏心受拉构件作钢筋代换时,不取整个截面配筋量计算,而应按受力面(受拉或受压)分别代换。

(5)有抗震要求的梁柱和框架不宜以强度等级较高的钢筋代换原设计中的钢筋;若必须代换,则其代换的钢筋检验所得的实际强度尚应符合抗震钢筋的要求。

(6)当构件受裂缝宽度或挠度控制时,钢筋代换后应进行裂缝宽度或挠度验算。

五、钢筋的加工

钢筋的加工工艺包括除锈、调直、下料切断、弯曲成型等工序。

(一)钢筋的除锈

钢筋施工时表面应洁净。钢筋表面的油渍、漆污、水锈和用锤敲击时能剥落的浮皮、铁锈等应在使用前清除干净。除锈的方法很多,有人工除锈(钢丝刷、砂盘)、喷砂除锈、酸洗除锈、电动除锈、通过调直除锈等。

(二)钢筋的调直

细钢筋的调直一般采用调直机,调直过程中同时除锈。粗钢筋的调直可采用冷拉调直、锤直或扳直等方法;采用冷拉法调直时,HPB300级钢筋的冷拉率不宜大于4%,HRB400级等带肋钢筋的冷拉率不宜大于1%。

(三)钢筋的下料切断

钢筋的下料切断使用的机具设备有电动钢筋切断机、电动液压切断机、手动液压切断器、电动切割机、钢剪等。电动钢筋切断机能切断直径为6~40 mm的钢筋,电动液压切断机能切断直径为6~32 mm的钢筋,手动液压切断器可切断直径16 mm以下的钢筋。

(四)钢筋的弯曲成型

钢筋下料后,应按弯曲设备特点及钢筋直径、弯曲角度进行画线,以便弯曲成设计的尺寸和形状。当弯曲钢筋两边对称时,画线工作宜从钢筋中线开始向两边进行;当弯曲形状比较复杂的钢筋时,可先放出实样(足尺放样),再进行弯曲。

钢筋弯曲宜采用钢筋弯曲机或四头弯筋机(钢筋弯箍机)。当缺乏机具设备或少量的钢筋弯曲时,也可采用手摇扳手弯曲细钢筋,用卡筋、扳头弯曲粗钢筋。

六、钢筋的绑扎安装与质量检查

(一)钢筋的绑扎安装

1.准备工作

(1)钢筋绑扎和安装前,先熟悉施工图纸,核对成品钢筋的钢号、直径、形状、尺寸和数量是否与配料单相符,研究钢筋安装与有关工种的配合顺序。

(2)准备绑扎用的铁丝、绑扎工具、保护层垫块等。

2. 钢筋绑扎安装的工艺与要求

1)钢筋绑扎安装的工艺程序

钢筋绑扎的工艺程序是:画线→摆筋→穿箍、绑扎→安放垫块等。

①画线:即画出钢筋位置线。画线应注意间距、数量,标明加密箍筋的位置。平板或墙板的钢筋在模板上画线;箍筋在两根对角线主筋上画点;梁的箍筋在架立筋上画点;基础的钢筋在两向各取一根钢筋画点或在垫层上画线。

②摆筋:板类摆筋顺序一般先排主筋后排负筋,梁类一般先摆纵筋。摆放有焊接头和绑扎接头的钢筋,其接头位置、同一截面的接头数量、搭接长度等应符合规范规定。有变截面的箍筋,应事先将箍筋排列清楚,然后安装纵向钢筋。

③穿箍、绑扎、安放垫块:梁、柱钢筋骨架应在摆筋、穿箍后进行绑扎,且应与模板架设配合进行。柱子一般是先绑扎成型钢筋骨架后架设模板;梁一般是先架设梁底模板,然后在模板上绑扎钢筋骨架;现浇楼板一般是模板安装后,在模板上绑扎钢筋网片;墙是在钢筋网片绑扎完毕并采取临时固定措施后,架设模板。钢筋骨架绑扎后应及时安放垫块并固定。

2)钢筋绑扎安装的要求

(1)基础钢筋绑扎安装应满足以下要求:

①四周两排钢筋交叉点应每点扎牢,中间部分交叉点可相隔交错扎牢,但必须保证受力钢筋不位移。双向主筋的钢筋网,则须将全部钢筋相交点扎牢。

②基础底板采用双层钢筋网时,在上层钢筋网下面应设置钢筋撑脚或混凝土撑脚,每隔 1 m 放置一个,以保证钢筋位置正确。

③钢筋的弯钩应朝上,不要倒向一边,但双层钢筋网的上层钢筋弯钩应朝下。

④独立柱基础为双向弯曲,其底面短边的钢筋应放在长边钢筋的上面。

(2)柱钢筋绑扎安装应满足以下要求:

①柱中竖向钢筋搭接时,角部钢筋的弯钩平面与模板面的夹角:矩形柱应为 45°,多边形柱应为模板内角的平分角,圆形柱应与模板的切线平面垂直;中间钢筋应与模板面垂直。当采用插入式振捣器浇筑小型截面柱时,弯钩与模板的夹角不得小于 15°。

②柱箍筋的接头(弯钩叠合处)应交错布置在四角纵向钢筋上;箍筋转角与纵向钢筋交叉点均应扎牢,箍筋平直部分与纵向钢筋交叉点可间隔扎牢。

③框架梁、牛腿及柱帽等钢筋应放在柱的纵向钢筋内侧。

④现浇柱与基础连接用的插筋,其箍筋应比柱的箍筋缩小一个柱筋直径,以便连接。插筋位置一定要固定牢靠,以免造成柱轴线偏移。

(3)墙钢筋绑扎安装应满足以下要求:

①墙的垂直钢筋每段长度不宜超过 4 m(直径≤12 mm)或 6 m(直径>12 mm),水平钢筋每段长度不宜超过 8 m,以便于绑扎。

②墙的钢筋网绑扎同基础,钢筋的弯钩应朝向混凝土内。当采用双层钢筋网时,在两层钢筋间应设置撑铁,间距约为 1 m,相互错开排列,以固定钢筋间距。

③墙的钢筋,可在基础钢筋绑扎之后、浇筑混凝土之前插入基础内。

(4)梁板钢筋绑扎安装应满足以下要求:

①板、次梁与主梁交接处,板的钢筋在上,次梁钢筋居中,主梁钢筋在下;主梁与圈梁交接处,主梁钢筋在上,圈梁钢筋在下,绑扎时切不可放错位置。

②纵向受力钢筋采用双层排列时,两排钢筋之间应垫以直径≥25 mm 的短钢筋,以保持其设计距离。

③梁箍筋的接头(弯钩叠合处)应交错布置在两根架立钢筋上,其余同柱。

④板的钢筋网绑扎与基础相同,但应注意板上部的负筋,要防止被踩下;特别是雨篷、挑檐、阳台等悬臂板,要严格控制负筋位置。

为缩短钢筋安装的工期,减少钢筋施工中的高空作业,在运输、起重条件允许时,钢筋网片和钢筋骨架的安装尽量采用先预制绑扎、后安装的方法。

(二)钢筋安装质量检查

钢筋安装完毕后,在浇筑混凝土之前,应进行钢筋及预埋件等隐蔽工程验收,并做好隐蔽工程记录。其检查内容包括:

(1)钢筋的品种、直径、形状、尺寸、根数、间距和锚固长度是否与设计图纸相符,特别要注意检查负筋的位置。

(2)钢筋的接头位置及搭接长度是否符合规定。

(3)混凝土保护层是否符合要求。

(4)钢筋表面是否清洁(有无油污、漆污和颗粒状或片状铁锈)。

(5)绑扎是否牢固,有无松动变形现象。

(6)绑扎、安装钢筋时的允许偏差不得大于规范规定。

任务三　混凝土工程

混凝土工程包括混凝土的制备、运输、浇筑、振捣和养护等施工过程,各个施工过程相互联系和影响,任一施工过程的处理不当都会影响混凝土的最终质量。因此,对施工中的各个环节必须严格按照规范要求进行施工,以确保混凝土的工程质量。

一、混凝土的制备

混凝土的制备应保证其硬化后能达到设计要求的强度等级,满足和易性和均匀性的要求,符合合理使用材料和节约水泥的原则。有时,还应使混凝土满足耐腐蚀、防水、抗冻、快硬和缓凝等特殊要求。为此,在配制混凝土时,必须了解所需混凝土的主要性能,重视原材料的选择和使用,严格控制施工配料,正确确定搅拌机的工作参数。

(一)施工配制强度

根据《普通混凝土配合比设计规程》(JGJ 55—2011)的规定,当混凝土设计强度等级小于 C60 时,配制强度 $f_{cu,o}$ 可按下式计算。

$$f_{cu,o}=f_{cu,k}+t\sigma \tag{5-17}$$

式中 $f_{cu,o}$——混凝土的配置强度,MPa;

$f_{cu,k}$——混凝土的设计强度等级,MPa;

t——强度保证率系数,当强度保证率为95%时,$t=1.645$;

σ——混凝土强度标准差，MPa。

σ 可根据施工单位以往的生产质量水平进行测算，当施工单位无历史统计资料时，可按表 5-15 选用。

表 5-15 σ 取值

混凝土强度等级	≤C20	C35~C45	C50~C55
σ(MPa)	4.0	5.0	6.0

（二）施工配合比计算

混凝土施工配置强度确定后，根据原材料的性能及对混凝土的技术要求，经实验室试拌调整，可得出实验室配合比。实验室配合比是以干燥材料为基准的，而工地存放的砂、石骨料往往都含有一定的水分，所以现场材料的实际称量应按工地砂、石的含水情况进行调整，调整后的配合比称为施工配合比。

设混凝土实验室配合比为：水泥∶砂子∶石子＝$1:x:y$，水灰比为 W/C，现场砂、石含水量分别为 ω_x、ω_y，则施工配合比应为：水泥∶砂子∶石子＝$1:x(1+\omega_x):y(1+\omega_y)$，水灰比 W/C 不变。

【例 5-2】 已知 C20 混凝土的实验室配合比为：1∶2.55∶5.12，水灰比为 0.65，经测定砂的含水量为 3%，石子的含水量为 1%，1 m^3 混凝土的水泥用量为 310 kg，则施工配合比为：1∶2.55(1+3%)∶5.12(1+1%)＝1∶2.63∶5.17（水灰比为 0.65）。

1 m^3 混凝土材料用量为：

水泥 310 kg；

砂子 310×2.63＝815.3(kg)；

石子 310×5.17＝1 602.7(kg)；

水 310×0.65－310×2.55×3%－310×5.12×1%＝161.91(kg)。

（三）施工配料

施工中，混凝土采用现场搅拌时，必须根据工地现有搅拌机的出料容量确定每搅拌一盘混凝土的材料用量。

【例 5-3】 例 5-2 中，如采用 JZ250 型搅拌机，出料容量为 0.25 m^3，则每盘施工配料为：

水泥 310×0.25＝77.5(kg)（取一袋半水泥，即 75 kg）；

砂子 $815.3\times\frac{75}{310}=197.25$(kg)；

石子 $1\,602.7\times\frac{75}{310}=387.75$(kg)；

水 $161.91\times\frac{75}{310}=39.17$(kg)。

（四）混凝土的拌制

混凝土拌制是将水泥、粗细骨料和水进行均匀拌和，达到具有一定流动性混凝土拌和物的过程。混凝土的拌制有人工拌和、机械搅拌和搅拌站集中拌制等方法。

现场机械搅拌混凝土应合理地选用搅拌机,正确地确定搅拌制度。

1. 搅拌机的选择

混凝土搅拌机按其搅拌原理分为自落式和强制式两类。自落式混凝土搅拌机宜用于搅拌塑性混凝土,强制式混凝土搅拌机多用于搅拌干硬性混凝土和轻骨料混凝土,也可以搅拌低流动性混凝土。

搅拌机的选择应根据工程量的大小、混凝土的坍落度和骨料尺寸等确定,既要满足技术要求,又要考虑经济效果和节约能源。

2. 搅拌制度的确定

为了获得优质的混凝土拌和物,除正确选择搅拌机外,还必须正确确定搅拌制度,即搅拌时间、投料顺序和进料容量等。

1) 搅拌时间

从全部拌和料投入搅拌筒起,到开始卸料时所经历的时间称为混凝土的搅拌时间。搅拌时间与混凝土的质量密切相关,搅拌时间太短,混凝土不易拌和均匀,强度及和易性不足,影响混凝土质量;搅拌时间过长,混凝土的和易性降低或产生分层离析,同样影响混凝土的质量。混凝土搅拌的最短时间可按表 5-16 采用。

表 5-16 混凝土搅拌的最短时间 (单位:s)

混凝土坍落度(mm)	搅拌机机型	搅拌机出料容量		
		<250 L	250~500 L	>500 L
≤40	自落式	90	120	150
	强制式	60	90	120
>40	自落式	90	90	120
	强制式	60	60	90

注:掺有外加剂时,搅拌时间应适当延长。

2) 投料顺序

投料顺序应从提高搅拌质量,减少搅拌机叶片、衬板的磨损,减少拌和物与搅拌机的黏结,减少水泥飞扬,改善工作环境,提高混凝土强度及节约水泥等方面综合考虑确定。常用的投料顺序有一次投料法、二次投料法和水泥裹砂法等。

3) 进料容量(干料容量)

进料容量(干料容量)即指搅拌机可装入各种拌和材料体积之和。进料容量与搅拌机搅拌筒的几何容量有一定的比例关系(通常为 0.22~0.4),若进料容量超过规定容量的 10%,则会使材料在搅拌筒内无充分空间进行拌和,影响混凝土拌和物的均匀性。进料容量为出料容量的 1.4~1 8 倍(通常取 1.5 倍)。

二、混凝土的运输

(一) 运输要求

(1) 混凝土在运输过程中应保持其均匀性,做到不分层、不离析、不漏浆。

(2) 混凝土运到浇筑地点时应具有设计配合比所规定的坍落度。

(3)保证混凝土浇筑能连续施工,并在初凝前浇入模板、振捣密实。

(4)运输工具容器应严密,其内壁应平整光洁,不吸水,不漏浆。

为此,混凝土应以最少的转运次数和最短的时间,从搅拌点运至浇筑点。混凝土从搅拌机中卸出后到浇筑完毕的时间不宜超过表5-17的规定。

表5-17　混凝土从搅拌机中卸出后到浇筑完毕的延续时间

条件	延续时间(min)	
	气温≤25 ℃	气温>25 ℃
不掺外加剂	90	60
掺外加剂	150	120

注:1. 采用快硬水泥拌制混凝土时,应按试验确定。

2. 轻骨料混凝土的运输、浇筑延续时间应适当缩短。

(二)运输工具

(1)水平运输工具:短距离多用双轮手推车、机动翻斗车、皮带运输机,长距离宜用自卸汽车、混凝土搅拌运输车。

(2)垂直运输工具:目前多用井架和塔式起重机。对于浇筑量大、浇筑速度比较稳定的大型设备基础和高层建筑,宜采用混凝土泵。

(3)泵送混凝土:即利用混凝土泵输送混凝土,是将混凝土在泵体的压力下,通过管路输送到浇筑地点,一次完成水平运输、垂直运输及楼层作业面水平运输。一般采用混凝土泵车与混凝土搅拌运输车联合作业,可将混凝土直接送至浇筑地点,使用十分方便。目前,混凝土泵的最大运输距离,水平运输可达800 m,垂直运输可达300 m。

泵送混凝土应保证混凝土泵能连续工作。泵送前,为减少泵送阻力,应先用适量与混凝土成分相同的水泥浆或水泥砂浆润滑输送管内壁;泵送过程中,泵的受料斗应充满混凝土,防止吸入空气形成阻塞;防止停歇时间过长,若停歇时间超过45 min,应立即用压力或其他方法冲洗管内残留的混凝土;泵送结束后,要及时清洗泵体和管道。

三、混凝土的浇筑与振捣

(一)混凝土浇筑前的准备工作

(1)制订施工方案。根据工程对象、结构特点,结合具体条件,制定混凝土浇筑的施工方案。

(2)机具准备及检查。搅拌、运输、浇筑、振捣等机具设备应准备充足,所用的机具均应在浇筑前进行检查和试运转,同时配有专职技工,随时检修。

(3)模板、支架、钢筋和预埋件检查。包括模板的位置、标高、尺寸、强度和刚度是否符合设计要求,接缝是否严密;预埋件位置和数量是否符合设计要求;钢筋的规格、位置、数量、接头和保护层厚度是否正确;清理模板上的垃圾和钢筋上的油污,浇水湿润木模板;填写隐蔽记录。

(4)保证水电及原材料的供应,掌握天气季节变化情况。

(二)混凝土浇筑的要求

1. 一般规定

(1)混凝土浇筑前不应发生离析或初凝现象,若已发生,须重新搅拌。混凝土运至现场后,浇筑前的坍落度应符合表5-18的要求。

表5-18　混凝土浇筑时的坍落度

结构种类	坍落度(mm)
基础或地面的垫层、无配筋的大体积结构(挡土墙、基础等)或配筋稀疏的结构	10~30
板、梁和大型或中型截面的柱子	30~50
配筋密列的结构(薄壁、斗仓、筒仓、细柱等)	50~70
配筋特密的结构	70~90

(2)浇筑混凝土的自由倾落高度不应超过2 m,对竖向结构(如柱、墙)浇筑混凝土的高度不超过3 m,否则应采用串筒、溜槽、溜管或振动溜管下料(见图5-33)。

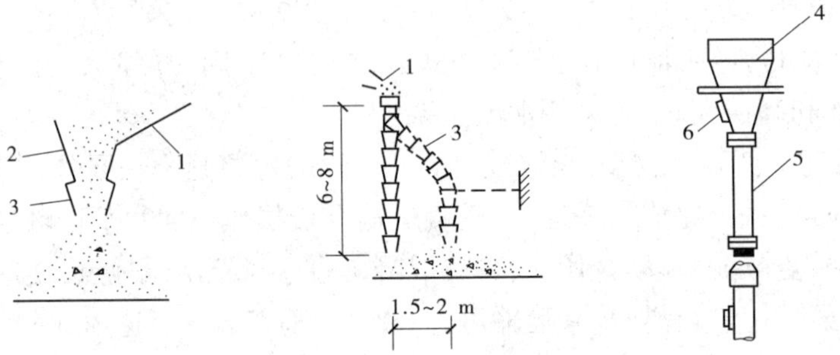

(a)溜槽　(b)串筒　(c)振动溜管

1—溜槽;2—挡板;3—串筒;4—漏斗;5—节管;6—振动器

图5-33　溜槽、串筒、振动溜管

(3)竖向结构浇筑时,应先在其底部浇筑一层50~100 mm厚的与混凝土内砂浆成分相同的水泥砂浆结合层,再浇筑混凝土,以避免构件底部出现蜂窝、麻面等质量缺陷。

(4)为保证混凝土密实,混凝土施工时必须分层浇筑、分层捣实。当采用插入式振动器时,分层厚度为振动棒长度的1.25倍;当采用表面振动器时,分层厚度为200 mm;当采用人工捣固时,根据钢筋疏密程度不同,分层厚度一般为150~250 mm。

(5)为保证混凝土的整体性,混凝土的浇筑工作应连续进行。若必须有间歇,其间歇时间应尽量缩短,并应在前一层混凝土初凝前将次层混凝土浇筑完毕。

2. 混凝土框架结构的浇筑要求

浇筑框架结构首先要划分施工层和施工段,施工层一般按结构层划分,而每一施工层的施工段划分,则要考虑工序数量、技术要求、结构特点等。混凝土的浇筑顺序为:基础浇筑→一层墙、柱浇筑→一层梁、板浇筑→以上施工层重复墙、柱,梁、板浇筑。

1)基础的浇筑

(1)台阶式独立基础混凝土浇筑,可按台阶分层一次浇筑完毕,不允许留设施工缝。

每层混凝土要一次卸足,顺序是先边角后中间,务必使混凝土充满模板。

(2)锥形独立基础混凝土浇筑,应注意斜坡部位混凝土的捣固质量,在振捣器振捣完毕后,用人工将斜坡表面拍平,使其符合设计要求。

(3)条形基础混凝土浇筑时,根据基础深度宜分段分层连续浇筑混凝土,一般不留施工缝。各段、层间应相互衔接,每段间浇筑长度控制在2~3 m的距离,做到逐段逐层呈阶梯形向前推进。

2)墙、柱的浇筑

(1)柱的浇筑顺序为:先外后内,先两端后中间。以防止因浇混凝土后模板吸水膨胀、断面增大而产生横向推力,致使柱发生弯曲变形。

(2)剪力墙浇筑应采取长条流水作业,分段浇筑,均匀上升。墙与隔墙应分段浇筑,每段的高度不应大于3 m。

(3)随着墙、柱浇筑高度的升高,混凝土表面将积聚大量浆水,因此混凝土的水灰比和坍落度应随浇筑高度上升予以递减。

3)梁、板的浇筑

(1)肋形楼板的梁、板应同时浇筑,先将梁根据高度分层浇捣成阶梯形,当达到板底位置时即与板的混凝土一起浇捣,随着阶梯形的不断延长,则可连续向前推进。倾倒混凝土的方向应与浇筑方向相反。

(2)当梁高大于1 m时,允许单独浇筑,施工缝可留在距板底面以下20~30 mm。

(三)施工缝的留设与处理

若因技术或施工组织等不能对混凝土结构一次连续浇筑完毕,且停歇时间超过混凝土的初凝时间,致使混凝土已初凝,当继续浇筑混凝土时,形成了接缝,即为施工缝。施工缝的位置应在混凝土浇筑前事先确定,施工缝的处理应按施工技术方案执行。

1.施工缝的留设位置

施工缝一般宜留在结构受力(剪力)较小且便于施工的部位。其设置的位置应符合以下规定:

(1)柱的施工缝:宜留在基础与柱子交接处的水平面上,或梁的下面,或吊车梁牛腿的下面、吊车梁的上面、无梁楼盖柱帽的下面。在框架结构中,如果梁的上部钢筋向下弯入柱内,施工缝也可设置在这些钢筋的下端,以便绑扎。

(2)梁、板的施工缝:高度大于1 m的钢筋混凝土梁的水平施工缝应留在楼板底面下20~30 mm处,当板下有梁托时,留在梁托下部;单向板的施工缝应留在平行于短边的任何位置处;对有主次梁的楼板结构,宜顺着次梁方向浇筑,施工缝应留在次梁跨中1/3段内。

(3)墙的施工缝:留在门窗洞口过梁跨中1/3段内,也可留在纵横墙交接处。

(4)楼梯施工缝:留在梯段长度端部的1/3段内。

2.施工缝的处理

在施工缝处继续浇筑混凝土,应待已浇混凝土的抗压强度达到1.2 MPa后方可进行。施工缝处浇筑混凝土之前,应对已浇混凝土表面进行凿毛和清理,并加以充分湿润和冲洗干净,不得有积水。浇筑时,施工缝处宜先铺一层与混凝土内砂浆成分相同的水泥砂浆结合层(厚 10~15 mm),以保证接缝质量。浇筑过程中,施工缝应细致捣实,使其紧密结合。

(四)后浇带的施工

后浇带是在现浇混凝土结构施工过程中,克服由于温度、收缩可能产生有害裂缝而设置的临时施工缝。该缝需根据设计要求保留一段时间后再浇筑混凝土,将整个结构连成整体。后浇带的宽度应考虑施工简便,避免应力集中。

后浇带的留置位置、设置距离与宽度应按设计要求和施工技术方案确定。在正常施工条件下,后浇带的设置距离应符合规范规定,留置于室内或土层中时为 30 m,露天时为 20 m,一般宽度为 700~1 000 mm。后浇带内的钢筋应完好保存。后浇带的构造如图 5-34 所示。

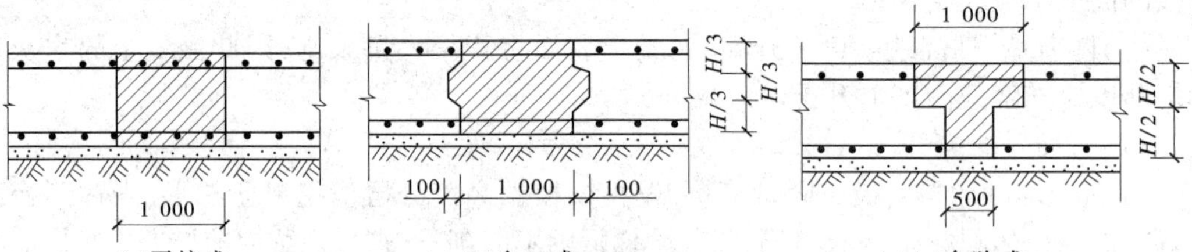

(a)平接式　(b)企口式　(c)台阶式

图 5-34　后浇带的构造

后浇带的保留时间应根据设计确定,若设计无要求,则一般至少保留 28 d 以上。

后浇带在浇筑混凝土前,其混凝土表面应按照施工缝的要求进行处理。填充后浇带应采用比原结构强度高一等级的微膨胀或无收缩混凝土,并保持至少 15 d 的湿润养护。

(五)大体积混凝土结构的浇筑

大体积钢筋混凝土结构多为工业建筑中的设备基础及高层建筑中厚度大的桩承台或基础底板等。其特点是混凝土浇筑面和浇筑量大,整体性要求高,不能留施工缝,以及浇筑后水泥的水化热量大且聚集在构件内部,形成较大的内外温差,易造成混凝土表面产生收缩裂缝等。为此,大体积混凝土施工应解决整体性、温度应力和混凝土泌水三方面的问题。

1. 确定浇筑方案

为保证结构的整体性,混凝土应连续浇筑,按结构特点和混凝土供应等实际情况,可采用全面分层、分段分层、斜面分层等浇筑方案,如图 5-35 所示。

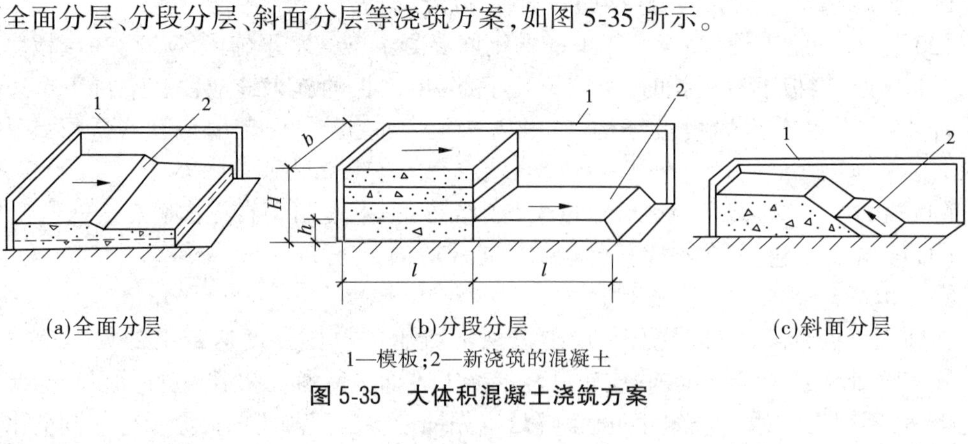

(a)全面分层　(b)分段分层　(c)斜面分层

1—模板;2—新浇筑的混凝土

图 5-35　大体积混凝土浇筑方案

1）全面分层

全面分层适用于平面尺寸不大的结构。在整个结构内全面分层，第一层浇筑后，在其初凝前浇筑第二层，如此逐层进行，直到浇筑完成。施工时宜从短边开始，顺长边方向推进，亦可从中间向两端或从两端向中间推进。

2）分段分层

分段分层适用于厚度不太大而面积或长度较大的结构。混凝土从底层开始浇筑，进行一定距离后回来浇筑第二层，如此依次浇筑以上各层，直到浇筑完成。施工时要求在第一层第一段末端混凝土初凝前，开始第二段的施工。

3）斜面分层

斜面分层适用于长度超过3倍厚度的结构。混凝土一次浇筑到顶，让混凝土自然地流淌，形成一定的斜面。其振捣工作应从浇筑层下端开始，逐渐上移，以保证混凝土施工质量。

2. 早期温度裂缝的预防

1）温度裂缝产生的原因

温度裂缝产生的原因主要有两个方面：一是由于结构体积大，混凝土硬化过程产生的水化热聚积在内部不易散发，内部温度显著升高，而外表面散热快，形成较大的内外温差，内部产生压应力，外表产生拉应力，混凝土表面将产生表面裂缝；二是当混凝土内部逐渐散热冷却，产生收缩，由于受到基底或已硬化混凝土的约束，不能自由收缩，而产生拉应力，当拉应力超过混凝土的抗拉强度时，即产生裂缝。

2）预防措施

施工时可选用水化热低的水泥，减少水泥用量，选用适当的缓凝剂和外掺料，降低浇筑速度和浇筑厚度，采用人工降温措施（骨料预冷、低温水拌制混凝土、埋设循环冷却水管等），加强养护等。

3. 泌水处理

大体积混凝土上、下浇筑层施工间隔时间较长，各分层之间易产生泌水层，使混凝土强度降低，产生酥软、脱皮、起砂等不良后果。施工中可采用在同一结构中使用两种不同坍落度的混凝土，或掺用一定量的减水剂，可大大减少泌水现象。

（六）混凝土的振捣

为使混凝土硬化后达到设计要求的强度、抗渗性和耐久性，混凝土浇筑后应立即进行振捣，使混凝土密实成型。混凝土的振捣方式有人工振捣和振动机械振捣两种，施工中一般应采用振动机械振捣。混凝土振动机械按其工作方式分为内部振动器、表面振动器、外部振动器和振动台等，如图5-36所示。

1. 内部振动器

内部振动器又称插入式振动器，由电动机、软轴及振动棒三部分组成［见图5-36(a)］。多用于振捣基础、柱、梁、墙等构件及大体积混凝土。根据振动棒的内部构造，可分为偏心轴式和行星滚锥式（简称行星式）两种。行星式内部振动器频率高、振幅小、所需功率小、重量轻、效率高、尺寸小、易于操作，是当前常用的内部振动器。

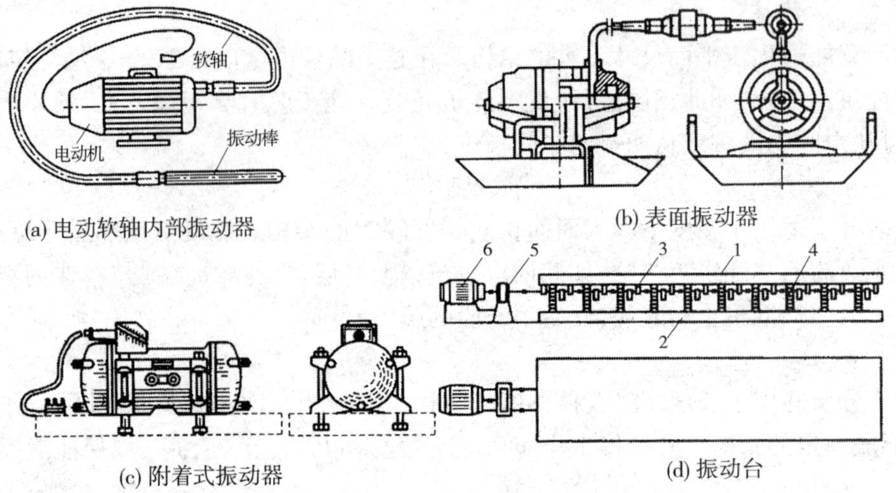

1—振动平台;2—固定框架;3—偏心振动子;4—支撑弹簧;5—同步器;6—电动机

图 5-36 混凝土振动器

1) 振捣方法

振捣方法一是垂直振捣,即振动棒与混凝土表面垂直;二是斜向振捣,即振动棒与混凝土表面呈一定角度,一般为 40°~45°。

2) 操作要求

(1) 要做到直上直下、快插慢拔、插点均匀、逐点移动、不得遗漏、均匀振实。振动棒的移动可采用行列式或交错式。振动棒有效作用半径一般为 300~400 mm。

(2) 混凝土分层浇筑时,应将振动棒来回抽动,同时在振捣上层混凝土时,应将振动棒深入下层混凝土中 50~100 mm,以保证混凝土的均匀性和整体性。

(3) 每一振捣点的振捣时间应控制在 30 s 左右,以表面泛浆、不再出现气泡及无显著沉落为准。振捣时不允许碰撞钢筋和模板。

2. 表面振动器

表面振动器又称平板振动器[见图 5-36(b)],它由带偏心块的电动机和平板(木或钢板)等组成,在混凝土表面进行振捣,适用于楼板、地面、板形构件和薄壁结构等。在无筋或单层钢筋的结构中,每次振捣的厚度不大于 250 mm;在双层钢筋结构中,每次振捣厚度不大于 120 mm。相邻两段之间应搭接振捣 50 mm 左右。

3. 外部振动器

外部振动器又称附着式振动器[见图 5-36(c)]。这种振动器是固定在模板外侧的横档和竖档上,振动力通过模板传给混凝土,使之振动密实。最大振动深度在 300 mm 左右,适用于钢筋密集、断面尺寸较小的构件。

4. 振动台

振动台是一个支撑在弹性支座上的工作平台,在平台下面装有振动机构,当振动机构运转时,即带动工作台强迫振动,从而使在工作台上制作构件的混凝土得到振实[见图 5-36(d)]。振动台是混凝土制品厂中的固定生产设备,用于振实预制构件。

四、混凝土的养护

混凝土浇捣后能逐渐凝结硬化，是因为水泥的水化作用，而水化作用需要适当的湿度和温度，为保证水泥水化作用的正常进行，应及时进行养护。

混凝土养护方法一般可采用自然养护和人工养护。

（一）自然养护

自然养护是指在平均气温高于 5 ℃的常温环境条件下，在一定时间内使混凝土保持湿润状态，使混凝土凝结硬化、强度增长的养护方法。一般混凝土浇筑完毕后，应在 12 h 以内加以覆盖和浇水进行养护；干硬性混凝土应于混凝土浇筑完毕后立即进行养护。

自然养护可分为洒水养护和喷洒塑料薄膜养护两种。

1. 洒水养护

洒水养护即用吸水保温能力较强的材料（如草帘、芦席、锯末等）将混凝土覆盖，经常洒水使其保持湿润。养护时间的长短取决于水泥品种，普通硅酸盐水泥和矿渣硅酸盐水泥拌制的混凝土不少于 7 d，火山灰质硅酸盐水泥和粉煤灰硅酸盐水泥拌制的混凝土不少于 14 d，有抗渗要求的混凝土不少于 14 d。

2. 喷洒塑料薄膜养护

喷洒塑料薄膜养护即将过氯乙烯树脂塑料溶液用喷枪喷洒在混凝土表面上，在混凝土表面形成一层塑料薄膜，使混凝土与空气隔绝，阻止其中水分的蒸发，以保证水化作用的正常进行。其适用于不易洒水养护的高耸构筑物和大面积混凝土结构及缺水地区。

（二）人工养护

人工养护是用人工控制混凝土的养护温度和湿度，使混凝土强度增长，如蒸汽养护、蓄热养护、太阳能养护、射线养护等。其主要用于预制构件的养护。

五、混凝土的质量检查与常见质量问题防治措施

（一）混凝土的质量检查

混凝土的质量检查包括施工过程中的质量检查和养护后的质量检查，应严格按照《混凝土结构工程施工质量验收规范》（GB 50204—2015）的要求执行。

1. 施工过程中的质量检查

在混凝土制备、浇筑过程中，对原材料的质量、配合比、坍落度等的检查，每一工作班至少检查两次。若遇特殊情况，应及时进行抽查。混凝土的搅拌时间应随时检查。

2. 混凝土养护后的质量检查

混凝土养护后的质量检查主要指混凝土的外观质量检查和强度检查。

1）混凝土的外观质量检查

在混凝土脱模后，检查结构构件的位置、尺寸、形状的正确性，以及混凝土表面有无麻面、蜂窝、露筋、孔洞、缺棱掉角、缝隙及裂缝等情况。

2）混凝土的强度检查

结构混凝土的强度等级必须符合设计要求，一般通过其立方体试件抗压强度进行检查。用于检查结构混凝土强度的试件，应在浇筑地点随机抽样留设，不得挑选。取样与试

件留置应符合下列规定：

每拌制100盘且不超过100 m^3 同配合比的混凝土，取样不少于1次；每工作班拌制的同配合比混凝土不足100盘时，取样不少于1次；当一次连续浇筑超过1 000 m^3 时，同配合比的混凝土每200 m^3 取样不得少于1次；每一楼层、同配合比的混凝土，取样不得少于1次。每组(3块)试件应在同盘混凝土中取样制作，每次取样应不少于留置一组标准养护试件，同条件养护试件的留置组数应根据实际需要确定。

如果对混凝土试件的代表性有怀疑，可以从结构中钻取混凝土试样或采用非破损检验方法作为辅助手段进行检验。

(二)常见质量问题防治措施

1.混凝土质量问题及产生的主要原因

1)麻面

麻面是结构构件表面呈现无数的缺浆小凹坑而钢筋无外露。其产生的主要原因是模板表面粗糙、清理不干净、湿润不够、脱模剂涂刷不均匀等。

2)蜂窝

蜂窝是结构构件表面混凝土出现空隙，形成蜂窝状的孔洞。其产生的主要原因是材料配合比不准确，浆少石多，搅拌不均匀，振捣不足或过振，模板严重漏浆等。

3)露筋

露筋是结构构件的钢筋暴露在混凝土外面。其产生的主要原因是浇筑时垫块过少或移位、钢筋紧贴模板，石子粒径过大，钢筋过密，混凝土振捣不密实，拆模方法不当以致缺棱掉角等。

4)孔洞

孔洞是指混凝土结构内部存在空隙，局部或全部没有混凝土。其产生的主要原因是混凝土严重离析，石子成堆，砂浆分离，泥块、杂物掺入等。

5)缝隙及夹层

缝隙及夹层是将结构构件分隔成几个不相连接的部分。其产生的主要原因是施工缝处理不当，混凝土内有杂物等。

6)裂缝

结构构件产生裂缝的原因主要有三种，即外荷载引起的裂缝，变形引起的裂缝，施工操作不当引起的裂缝等。

7)混凝土强度不足

造成混凝土强度不足的原因是多方面的，主要是由混凝土配合比设计、搅拌、现场浇捣和养护等方面造成的。

2.混凝土质量缺陷的防治与处理

(1)对数量不多的小蜂窝、麻面、露筋的混凝土表面，可用1∶2~1∶2.5水泥砂浆抹面补修。在抹砂浆前，须用钢丝刷和压力水清洗润湿，补抹砂浆初凝后应加强养护。

(2)当蜂窝比较严重或露筋较深时，应凿去蜂窝、露筋周边松动、薄弱的混凝土和个别突出的骨料颗粒，然后洗刷干净，充分润湿，再用比原混凝土强度等级高一级的细石混凝土填补，仔细捣实，加强养护。

(3)对于影响构件安全使用的孔洞和大蜂窝,应会同有关单位研究处理,必要时进行结构检验。一般可在彻底清除软弱部分及清洗后用压力灌浆法修补。

(4)对于宽度大于0.5 mm的裂缝,宜采用水泥灌浆;对于宽度小于0.5 mm的裂缝,宜采用化学灌浆。在灌浆前,对裂缝的数量、宽度、连通情况及漏水情况等作全面检测,以便做出切合实际情况的补强方案。作为补强用的灌浆材料有环氧树脂浆液(用于缝宽0.2 mm以上的干燥裂缝)和甲凝(用于缝宽0.05 mm以上的干燥裂缝)等。作为防渗堵漏用的灌浆材料有丙凝(用于0.01 mm以上的裂缝)和聚氨酯树脂(用于0.015 mm以上的裂缝)等。

六、混凝土的冬期施工

根据《混凝土结构工程施工质量验收规范》(GB 50204—2015)规定:根据当地多年气温资料,室外日平均气温连续5 d稳定低于5 ℃时,混凝土结构工程应采取冬期施工措施。

(一)混凝土冬期施工原理

混凝土能凝结硬化并获得强度,是因为水泥的水化反应,水和温度是水化反应得以进行的必要条件。混凝土冬期施工时,气温低,水泥水化作用减弱,强度增长缓慢。当温度降到0 ℃以下时,水化反应基本停止;当温度降到-4~-2 ℃时,混凝土内的水分开始结冰,此时水由液态转为固态,其体积因结冰膨胀约9%,在混凝土内部形成强大的冰胀应力,将使强度尚低的混凝土内部产生微裂缝,同时降低了水泥与砂石和钢筋的黏结,导致结构强度和耐久性降低。若新浇混凝土在养护初期遭受冻害,即使气温恢复到正常温度后养护到一定龄期,也不能达到其设计强度。

试验证明,混凝土遭受冻结的危害程度与遭冻时间早晚、冻结前混凝土的强度、水灰比、水泥强度、养护温度等有关。如果混凝土遭受冻结前已具备抵抗冻胀应力的强度,则混凝土内部结构就不致受冻结的损害。

混凝土允许受冻而不致使其各项性能遭到损害的最低强度,称为混凝土受冻临界强度。我国现行施工规范规定:冬期浇筑混凝土在受冻前的抗压强度,硅酸盐水泥或普通硅酸盐水泥配制的混凝土不应低于设计强度标准值的30%,矿渣硅酸盐水泥配制的混凝土不应低于设计强度标准值的40%,有抗渗要求的混凝土不宜低于设计强度标准值的50%。

防止混凝土早期冻害的措施有两类:一是早期增强,主要是提高混凝土的早期强度,使之尽早达到混凝土受冻临界强度,具体措施有:使用早强水泥或超早强水泥,掺早强剂或早强型减水剂,早期保温蓄热,早期短时加热等;二是改善混凝土内部结构,具体做法是增加混凝土的密实度,排除多余的游离水或掺用减水型引气剂、防冻剂,降低混凝土的冰点温度,提高混凝土的抗冻能力。

(二)混凝土冬期施工方法

混凝土冬期施工方法很多,常用的施工方法有三类:蓄热法、外部加热法和掺外加剂法。

1. 蓄热法

蓄热法是利用对混凝土原材料(水、砂、石子)预加热的热量,热拌混凝土,再加以适当的保温覆盖,从而使混凝土能够在正常温度下满足受冻临界强度的要求。

蓄热法适用于气温不太寒冷的地区。当室外最低气温不低于-1.5 ℃时,地面以下工程或表面系数(结构冷却的表面积与结构体积之比)不大于5的结构,应优先采用蓄热法施工。当混凝土拆模时所需强度较小,室外气温较高、风力较小,水泥强度等级高、水泥发热量大的结构,也可优先考虑蓄热法。

由于蓄热法施工简单、费用低、较易保证质量,所以国内外都把它作为冬期施工的基本方法。为扩大其应用范围,必要时可辅以如下措施形成综合蓄热法:

(1)采用低流动性混凝土,掺用早强型外加剂等来加速混凝土硬化。

(2)使用高强度、高水化热和快硬早强水泥或者适当加大水泥用量。

(3)充分利用其他热量。如对地下构筑物利用未冻土的热量,与外部短时加热法或早期表面加热(表面覆盖质量比为生石灰:锯屑:水=0.7:1:1的石灰锯屑)相结合等。

2. 掺外加剂法

掺外加剂法是在搅拌混凝土时加入一定剂量的具有抗冻、早强、减水、引气作用的外加剂,以降低混凝土中的液相冰点,保证水泥在负温条件下能继续水化作用,从而使混凝土在负温下能达到受冻临界强度。这是一种比较经济的混凝土冬期施工方法。

目前,已应用的混凝土负温防冻外加剂的品种很多,一般有以下三种类型的组合:

(1)防冻组分+早强组分+减水组分。

(2)防冻组分+早强组分+减水组分+引气组分。

(3)防冻组分+早强组分+减水组分+引气组分+阻锈组分。

任务四　钢筋混凝土工程施工安全技术

一、模板施工安全技术

(一)模板安装安全技术

(1)现场防护设施齐全。支模场地夯实平整,电源线绝缘,漏电保护装置齐全,做好模板垂直运输的安全施工准备工作。

(2)雨季施工时,高耸结构的模板作业要安装避雷设施。5级以上大风天气,不宜进行大模板拼装和吊装作业。

(3)夜间施工时,照明电源电压不得超过36 V,在潮湿地点或易触及带电体场所,照明电源电压不得超过24 V。各种电源线应用绝缘线,且不允许直接固定在钢模板上。

(4)支模应严格按工序进行,模板没有固定前,不得进行下道工序的施工。模板及其支撑系统在安装过程中必须设置临时固定设施,而且牢固可靠,严防倾覆。

(5)模板在6 m以上不宜单独支模,应将几个柱子模板拉成整体。严禁在同一垂直面上安装模板。

(6)模板工程高空作业时,周围应设安全网、防护栏杆。作业架子和平台上一般不宜堆放模板料。所用工具不用时要放在工具袋内，不能随意将工具、模板零件放在脚手架上，以免坠落伤人。若在临街及交通要道地区施工，应设警示牌，避免伤及行人。

(7)操作人员上下通行，应通过马道、乘施工电梯或上人扶梯等，严禁攀登模板、连接件和支撑件或脚手架上下。

(8)模板安装过程中，不得间歇，柱头、搭头、立柱顶撑、拉杆等必须安装牢固成整体后，作业人员才允许离开。模板支撑不能固定在脚手架或门窗等不牢靠的临时物件上，避免发生倒塌或模板位移。

(9)大模板组装或拆除时，指挥、拆除和挂钩人员应站在安全可靠的地方才可操作，安装外模板的操作人员应系安全带。

(10)墙模板在未安装对拉螺栓前，板面向后倾斜一定角度并撑牢，以防倒塌。安装过程中随时拆换支撑或增加支撑，以保持墙模处于稳定状态。

(二)模板拆除安全技术

(1)拆模作业时，必须设置警戒区域，并派人监护，严禁下方有人进入。拆模必须拆除干净彻底，不得留有悬空模板。

(2)拆除模板一般应采用长撬杠，严禁作业人员站在正在拆除的模板上或在同一垂直面上拆除模板。

(3)拆除电梯井及大型孔洞模板时，下层必须采取支搭安全网等可靠防坠落措施。

(4)拆模高处作业应配置登高用具或搭设支架，必要时应系安全带。

(5)楼层高处拆下的材料严禁向下抛掷。拆下的模板、拉杆、支撑等材料，必须边拆、边清、边运、边码垛。模板拆除后其临时堆放处离楼层边沿不应小于 1 m，堆放高度不得超过 1 m，楼层边口、通道口、脚手架边缘严禁堆放任何拆下物件。

二、钢筋施工安全技术

(一)钢筋现场运输安全技术

(1)人工搬运钢筋时，步伐要一致。防止碰撞物体或打击人身，特别防止碰挂周围和上下的电线。

(2)人工垂直传递钢筋时，送料人应站立在牢固平整的地面或临时构筑物上，接料人应有护身栏杆或防止前倾的牢固物体，必要时挂好安全带。

(3)机械垂直吊运钢筋时，应捆扎牢固，吊点应设在钢筋束的两端。起吊时钢筋要平稳上升，不得超重起吊。起吊钢筋或钢筋骨架时，下方禁止站人。

(4)严禁钢筋靠近高压线路，钢筋与电源线路应保持安全距离。

(二)钢筋加工安全技术

(1)作业前必须检查加工机械设备、作业环境、照明设施等，并且试运行以保证安全装置齐全有效。电动机械的电闸箱必须按规定安装漏电保护器，并应灵敏有效。

(2)钢筋加工场地应由专人看管，非钢筋加工制作人员不得擅自进入加工场地。

(3)操作人员作业时必须扎紧袖口，整好衣角，扣好衣扣，严禁戴手套(除钢筋焊接外)。女工应戴工作帽，将头发挽入帽内不得外露。

(4)机械运行中停电时，应立即切断电源。下班后应按顺序停机、拉闸断电，锁好闸箱门,清理作业场所。电路故障必须由专业电工排除。

(三)钢筋绑扎安装安全技术

(1)在高处(2 m以上)、深坑绑扎钢筋和安装钢筋骨架时,必须搭设脚手架或操作平台,临边应搭设防护栏杆。绑扎圈梁、外墙、边柱钢筋时,应按规定挂好安全网。

(2)绑扎立柱和墙体钢筋时,不得站在钢筋骨架上或攀登骨架上下。

(3)在高处楼层上拉钢筋或钢筋调向时,必须事先观察运行上方或周围附近是否有高压线,严防碰触。

三、混凝土施工安全技术

(一)混凝土浇筑安全技术

(1)施工人员应严格遵守混凝土作业安全操作规程。振捣设备应安全可靠,电源线不得破皮漏电,开关箱内必须装设漏电保护器,以防发生触电事故。

(2)垂直运输混凝土采用专用吊斗时,吊环应牢固可靠,吊索、吊具应符合起重机械安全规程要求。

(3)浇筑高度2 m以上的框架梁、柱、雨篷、阳台的混凝土时,应搭设操作平台,并有安全防护措施。严禁站在模板或支撑上操作,更不得直接在钢筋上踩踏、行走。

(4)采用泵送混凝土进行浇筑时,应由2人以上人员牵引布料杆。输送管的接头应紧密不漏浆,安全阀完好,管架应安装牢固,输送前应进行试送,检修时必须卸压。

(二)混凝土养护安全技术

(1)洒水养护混凝土时,预留孔洞必须按规定设牢固盖板或围栏,并设安全标志。

(2)使用电热法养护应设警示牌、围栏。无关人员不得进入养护区域。

练习题

1. 试述模板的作用、类型、组成和要求。
2. 简述定型组合钢模板的构造组成。
3. 基础、柱、梁、楼板结构的模板构造及安装要求有哪些?
4. 跨度等于4 m及以上的梁模板为什么要起拱?起拱多少?
5. 拆模的顺序如何确定?应注意哪些事项?
6. 模板设计主要包括哪些内容?模板及支架设计时应考虑哪些荷载?
7. 试述钢筋验收与存放的内容与要求。
8. 试述钢筋的冷拉原理与控制方法。
9. 试述钢筋冷拔工艺。钢筋冷拉与钢筋冷拔有何区别?
10. 钢筋连接有哪些基本要求?
11. 试述钢筋机械连接的方法与相应工艺流程。
12. 试述钢筋闪光对焊、电弧焊、电渣压力焊的焊接工艺与质量检查内容。
13. 如何计算钢筋下料长度和编制钢筋配料单?
14. 试述钢筋代换的方法和要求。
15. 钢筋加工包括哪些内容?钢筋绑扎接头有哪些具体规定?

16. 钢筋冷拉调直与钢筋冷加工冷拉有何区别？

17. 钢筋工程检查验收包括哪些方面？应注意哪些问题？

18. 混凝土工程施工包括哪些施工过程？

19. 简述混凝土配料的过程与方法。

20. 什么是搅拌制度？对混凝土的质量有什么影响？

21. 试述混凝土运输的基本要求。

22. 混凝土浇筑前对模板、钢筋应做哪些检查？

23. 混凝土浇筑时应注意哪些问题？

24. 什么是施工缝？留设位置如何确定？如何处理？

25. 试述大体积混凝土的施工特点。如何确定浇筑方案？

26. 试述钢筋混凝土框架结构混凝土施工顺序和要求。

27. 试述振动器的种类、适用范围和操作要求。

28. 试述自然养护的方法与要求。

29. 混凝土质量检查的内容有哪些？

30. 常见混凝土的质量缺陷有哪些？分析其产生的原因，并提出解决措施。

31. 何谓混凝土受冻临界强度？试述混凝土冬期施工方法。

32. 钢筋配料计算。某钢筋混凝土梁，高 500 mm、宽 250 mm、长 4 800 mm，保护层厚度为 25 mm，梁内钢筋的规格及形状见图 5-37。试绘制其平法配筋图并计算每根钢筋的

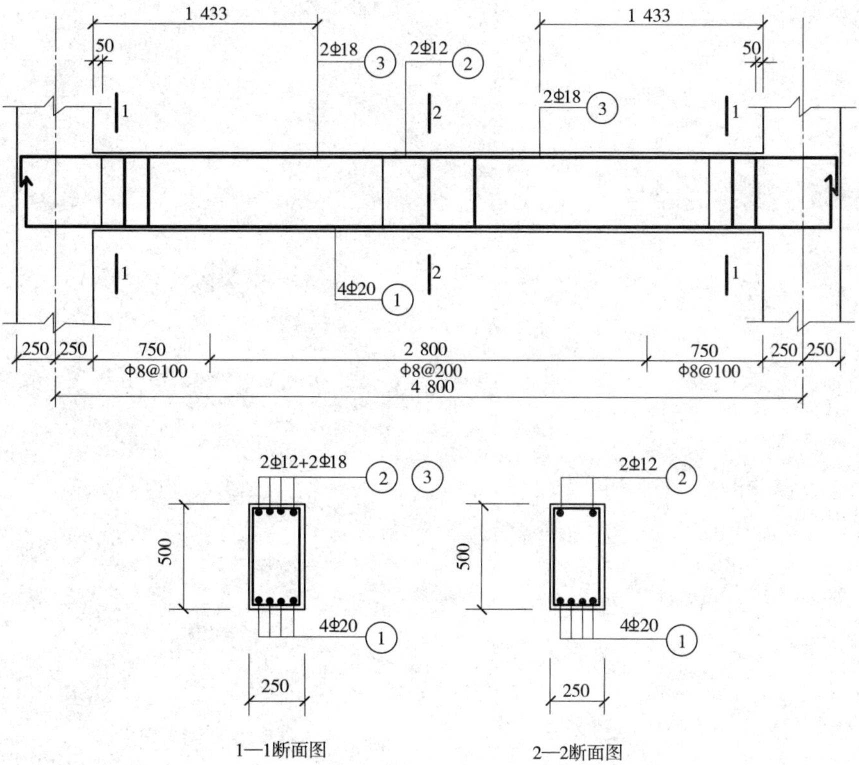

图 5-37　梁配筋图

下料长度。

33. 某混凝土实验室配合比为1:2.12:4.37,水灰比为0.60,每立方米混凝土水泥用量为300 kg,实测现场砂含水量为4%,石含水量为2%。

试求:(1)施工配合比。

(2)当用250 L(出料容量)搅拌机搅拌时,进行配料计算。

34. 某梁原设计主筋为5根HRB400级20钢筋(f_{y1} = 360 N/mm^2),施工现场无HRB400级20钢筋,拟用HPB300级钢筋(f_{y2} = 270 N/mm^2)代换,已知梁的宽度为300 mm,试计算所需钢筋的断面,并选用适当的根数和直径。

项目六　预应力混凝土工程施工

【学习目标】

了解预应力混凝土的概念、种类与材料要求，预应力混凝土的施工机具与设备。掌握先张法的施工工艺与技术要求，后张法的施工工艺与技术要求。熟悉无黏结预应力混凝土的施工工艺与施工要求，预应力混凝土工程的施工质量验收与安全技术要求。

任务一　概　述

一、预应力混凝土的概念

预应力混凝土是在外荷载作用之前，在结构或构件受拉区域，通过对钢筋进行张拉、锚固、放松，利用钢筋和混凝土间的黏结力或锚具的作用，将钢筋张拉后的弹性回缩力传递到混凝土构件上，具有预压内应力的混凝土。

预应力混凝土与普通钢筋混凝土相比，能够充分发挥钢筋和混凝土各自的特性，且有效地利用高强度钢筋和高强度等级的混凝土。其具有构件截面小、自重轻、刚度大、抗裂度高、耐久性好、节省钢材、降低工程成本等特点，有良好的综合经济效益，在现代结构中具有广阔的发展前景。

二、预应力混凝土的分类

按施工方式的不同，预应力混凝土可分为预制预应力混凝土、现浇预应力混凝土和叠合预应力混凝土等。

按预加应力的方法不同，可分为先张法和后张法两大类。

先张法是在混凝土构件浇筑前张拉钢筋，预应力是靠钢筋与混凝土之间的黏结力传递给混凝土。

后张法是在混凝土构件达到一定强度后张拉钢筋，预应力靠锚具传递给混凝土。后张法按预应力钢筋黏结状态不同又可分为有黏结预应力混凝土和无黏结预应力混凝土。

三、预应力混凝土材料的要求

（一）钢筋

预应力混凝土结构的钢筋有非预应力钢筋和预应力钢筋。

（1）非预应力钢筋：可采用 HPB300、HRB400、RRB400 级钢筋和乙级冷拔低碳钢丝。

（2）预应力钢筋：宜采用预应力钢绞线、钢丝（刻痕、碳素、甲级冷拔钢丝）等高强度钢筋，也可采用热处理钢筋、冷拉 HRB400、HRB500 级钢筋和精轧螺纹钢筋。

（二）混凝土

为达到较高的预应力值，宜优先采用高强度等级的混凝土。

(1)一般预应力混凝土结构,混凝土强度等级不应低于C40。

(2)预应力混凝土楼板结构的混凝土强度等级不应低于C30。

任务二　先张法施工

先张法是在浇筑混凝土构件之前,先张拉预应力钢筋,并将其临时固定在台座或钢模上,然后浇筑混凝土构件,待混凝土达到一定强度(一般不低于混凝土标准强度的75%),且预应力钢筋与混凝土间有足够的黏结力时,放松预应力钢筋,预应力钢筋的弹性回缩力借助于混凝土与预应力钢筋间的黏结力,使构件受拉区的混凝土产生预压应力。先张法一般适用于生产定型的中小型构件,如楼板、屋面板、檩条及吊车梁等。图6-1为预应力混凝土先张法生产示意。

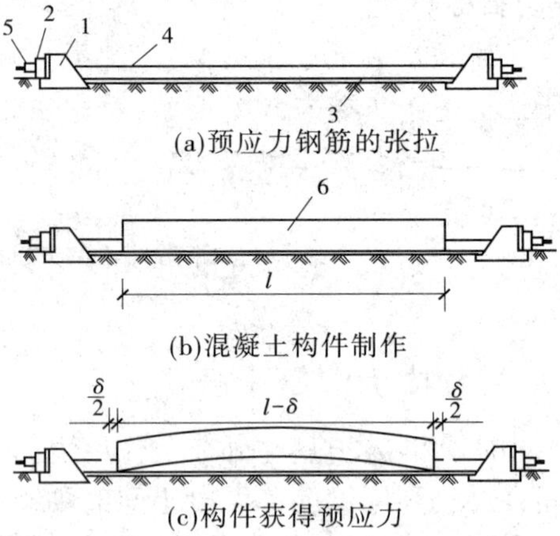

1—台座;2—横梁;3—台面;4—预应力钢筋;5—夹具;6—混凝土构件

图6-1　预应力混凝土先张法生产示意

先张法生产可采用台座法和机组流水法。

台座法是在台座上生产预应力混凝土构件,即预应力钢筋的张拉、固定,混凝土的浇筑、养护及预应力钢筋放松等工序均在台座上进行,预应力钢筋放松前,其拉力由台座承受。

机组流水法又称台模法或传送带生产法,是构件连同钢模板通过固定的机组,按流水方式完成预应力混凝土构件各工序生产过程。预应力钢筋放松前的拉力由钢模板承受。

本任务主要介绍台座法生产预应力混凝土构件的施工方法。

一、先张法的施工设备

先张法施工的主要设备包括台座、夹具和张拉设备。

(一)台座

1. 墩式台座

台座是先张法施工的主要设备,预应力钢筋张拉、锚固,混凝土浇筑、振捣和养护及预应力钢筋放张等全部施工过程都在台座上完成。预应力钢筋放松前,台座承受全部预应力钢筋的拉力,因此台座应具有足够的强度、刚度和稳定性。台座按构造形式不同分为墩式台座和槽式台座。

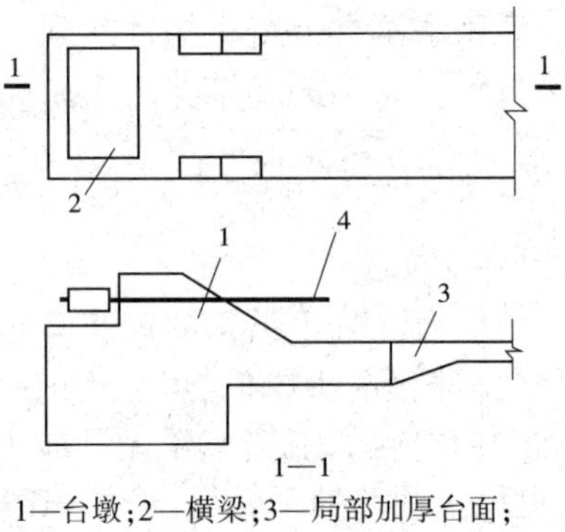

1—台墩;2—横梁;3—局部加厚台面;4—预应力钢筋

图6-2　墩式台座

墩式台座由台墩、台面与横梁等组成(见图6-2),多用于生产中小型预应力构件。

台座的长度和宽度由场地大小、构件类型和

产量而定，一般长度不大于150 m、宽度不大于2 m。由于台座长度较长，张拉一次可生产多根构件，也可减少因钢筋滑动引起的预应力损失。

2. 槽式台座

槽式台座由端柱、传力柱、横梁和砖墙组成（见图6-3）。它既可承受拉力，又可做蒸汽养护槽，适用于张拉吨位较大的大型构件，如屋架、吊车梁等。

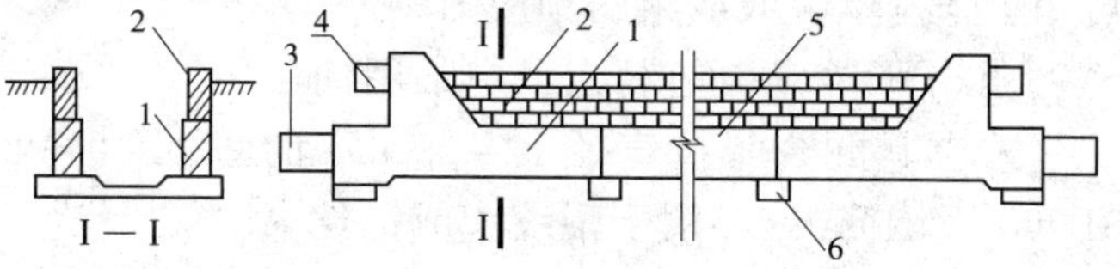

1—钢筋混凝土端柱；2—砖墙；3—下横梁；4—上横梁；5—传力柱；6—柱垫

图6-3　槽式台座

（二）夹具

夹具是先张法施工中预应力钢筋张拉和临时固定的锚固装置，按其用途不同可分为锚固夹具和张拉夹具。

夹具进入施工现场时必须检查其出厂质量证明书，进行必要的静载试验，符合质量要求后方可使用，同时应具备以下性能要求：

（1）具有良好的自锚性能和放张性能。

（2）当夹具组件达到实际极限拉力时，其组成部件不得出现裂缝和破坏。

（3）构造简单，能够多次重复使用。

1. 锚固夹具

（1）钢丝锚固夹具。常用的有钢质锥形夹具和镦头夹具。钢质锥形夹具多用于锚固直径为3~5 mm的单根钢丝，如图6-4所示。镦头夹具多用于预应力钢丝固定端的锚固，如图6-5所示。

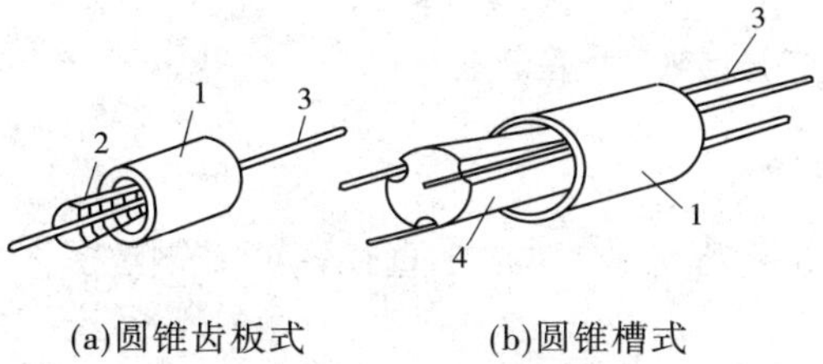

1—套筒；2—齿板；3—钢丝；4—锥塞

图6-4　钢质锥形夹具

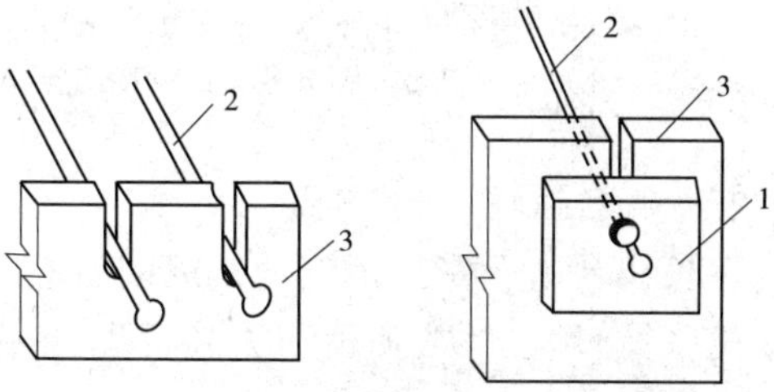

1—垫片；2—镦头钢丝；3—承力板

图6-5　固定端镦头夹具

（2）钢筋锚固夹具。常用圆套筒两片式或三片式夹具，由套筒和夹片组成，如图6-6所示。其型号有YJ12、YJ14。用YC-18型千斤顶张拉时，适用于锚固直径为12 mm、14 mm的单根预应力螺纹钢筋。

2. 张拉夹具

张拉夹具是将预应力钢筋与张拉设备连接起来进行预应力张拉的工具，常用的张拉夹具有月牙形夹具、偏心式夹具和楔形夹具等，如图6-7所示。

(三)张拉设备

张拉设备要求工作可靠,控制应力准确,能以稳定的速率加大拉力。常用的张拉设备有油压千斤顶、卷扬机、电动螺杆张拉机等。

1. 油压千斤顶

油压千斤顶可用于张拉单根或成组的预应力钢筋,可直接从油压表的读数求得张拉应力值。施工中常用油压千斤顶与圆套筒三片式夹具配合张拉直径 12～20 mm 的单根 HRB400、RRB400 级钢筋,也可用于钢绞线或钢丝束的张拉。图 6-8 为 YC-20 型穿心式千斤顶张拉过程示意。

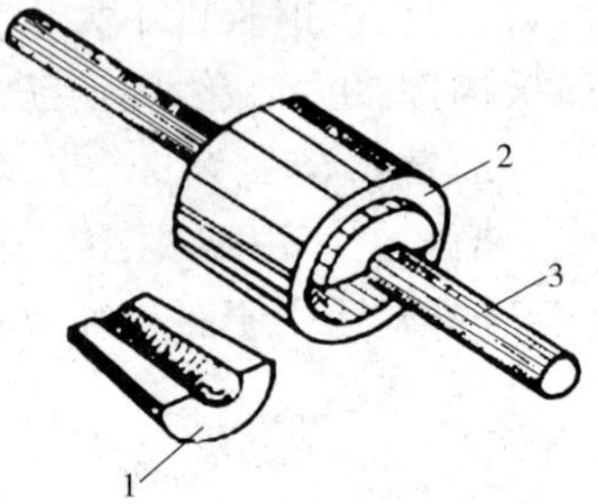

1—销片;2—套筒;3—预应力钢筋

图 6-6　两片式销片夹具

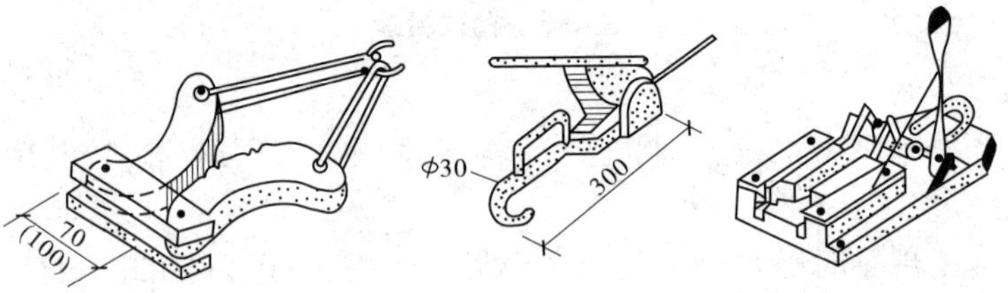

(a)月牙形夹具　　(b)偏心式夹具　　(c)楔形夹具

图 6-7　张拉夹具

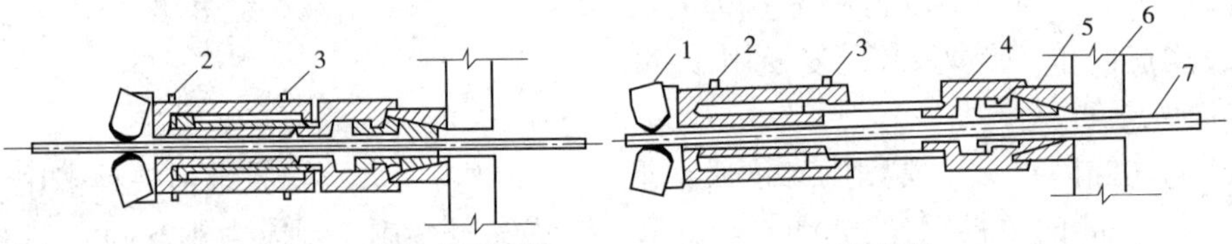

(a)暂时锚固、回油使油缸复位　　(b)张拉

1—偏心夹具;2—后油嘴;3—前油嘴;4—弹性顶压头;5—销片夹具;6—台座横梁;7—预应力钢筋

图 6-8　YC-20 型穿心式千斤顶张拉过程示意

2. 卷扬机

在长线台座上张拉预应力钢筋时,由于张拉行程大,对单根小直径钢筋或钢丝多采用卷扬机张拉,用杠杆或弹簧测力装置配合完成。

3. 电动螺杆张拉机

电动螺杆张拉机由螺杆、电动机、变速箱、测力计及顶杆等组成。其具有构造简单、操作灵活、速度快、运行稳定、张拉行程大等特点,多用于张拉单根预应力钢丝或钢筋。

在选择张拉设备时,张拉机具的张拉力应不小于预应力钢筋设计张拉力的 1.5 倍,张拉机具的张拉行程不小于预应力钢筋伸长值的 1.1～1.3 倍。

二、先张法施工工艺

先张法预应力混凝土构件在台座上生产时,其工艺流程如图 6-9 所示。

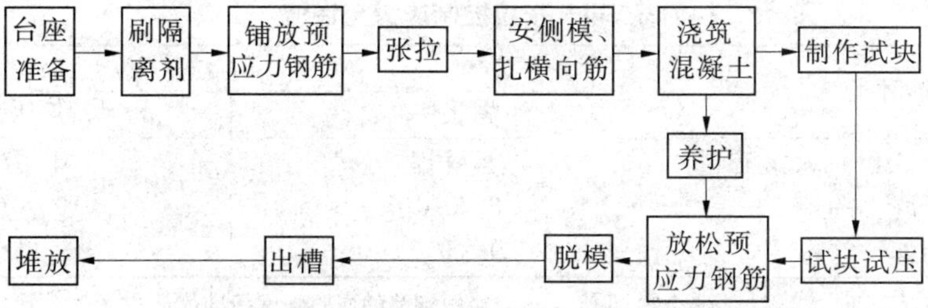

图 6-9　先张法施工工艺流程

(一)预应力钢筋的铺设与张拉

1. 预应力钢筋的铺设

预应力钢筋铺设前,在台面及模板上应先清扫并涂刷非油性隔离剂,同时防止隔离剂污染预应力钢筋,影响预应力钢筋与混凝土的黏结。

预应力钢丝宜用牵引车铺设。钢丝接长可借助钢丝拼接器(见图 6-10)采用 20~22 号铁丝密排绑扎。预应力钢筋与螺丝端杆的连接可采用套筒式连接器(见图 6-11)。

绑扎长度按规范规定:冷轧带肋钢筋不应小于 $45d$(d 为钢筋直径),刻痕钢丝不应小于 $80d$,钢丝搭接长度应比绑扎长度大 $10d$。

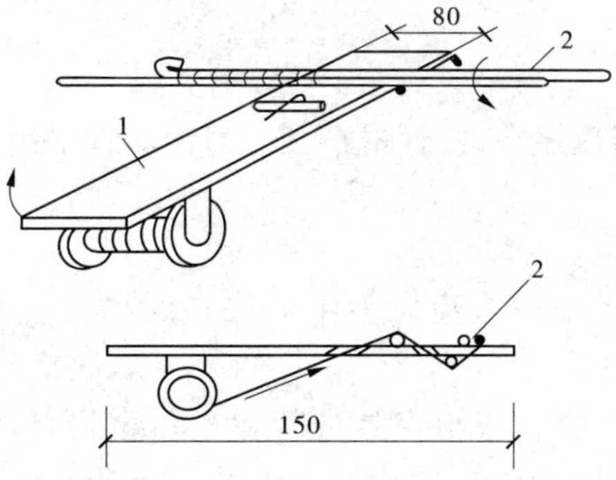

1—拼接器;2—钢丝

图 6-10　钢丝拼接器

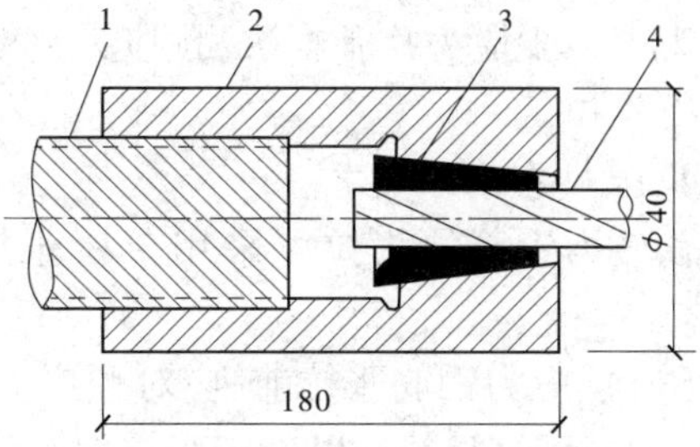

1—螺杆或精轧螺纹钢筋;2—套筒;
3—工具式夹片;4—钢绞线

图 6-11　套筒式连接器

2. 预应力钢筋的张拉

预应力钢筋的张拉应根据设计要求,采用合适的张拉应力、张拉力、张拉程序、张拉顺序和方法进行,并应有可靠的质量保证措施和安全技术措施。

1)张拉控制应力的确定

预应力钢筋的张拉控制应力应符合设计要求,其张拉控制应力一般不宜超过表 6-1 的规定。

表6-1　张拉控制应力允许值

钢筋种类	张拉方法	
	先张法	后张法
消除应力钢丝、钢绞线	$0.75f_{ptk}$	$0.75f_{ptk}$
中强度预应力钢丝	$0.70f_{ptk}$	$0.70f_{ptk}$
预应力螺纹钢筋	$0.85f_{pyk}$	$0.85f_{pyk}$

注:1. f_{ptk} 为预应力钢筋的极限抗拉强度标准值,f_{pyk} 为冷拉钢筋的屈服强度标准值。

2. 施工中为了抵消由于应力松弛、摩擦、钢筋分批张拉及温度变形等因素产生的预应力损失时,其最大张拉应力可按设计值提高5%。

2)张拉力的计算

预应力钢筋张拉力 F_P 可按下式计算:

$$F_P = (1 + m)\sigma_{con}A_P \tag{6-1}$$

式中　m——超张拉百分率(%);

σ_{con}——张拉控制应力,N/mm^2;

A_P——预应力钢筋截面面积,mm^2。

3)张拉程序

预应力钢筋的张拉程序一般采用下列两种张拉程序之一进行:

程序一　$0 \rightarrow 1.05\sigma_{con} \xrightarrow{\text{持荷 2 min}} \sigma_{con}$;

程序二　$0 \rightarrow 1.03\sigma_{con}$。

为了减少应力松弛损失,预应力钢筋宜采用程序一进行张拉,预应力钢丝宜采用程序二进行张拉。

4)张拉方法与要求

预应力钢筋的张拉可采用单根张拉或整体张拉。预应力钢筋张拉时应注意以下要求:

(1)预应力钢筋张拉前,应对预应力钢筋、张拉设备与夹具进行检查和检验,且对张拉设备进行配套校验,以确定张拉力与仪表读数的关系曲线,保证张拉力的准确。

(2)在确定预应力钢筋张拉顺序时,应考虑尽可能减少台座的倾覆力矩和偏心力,先张拉靠近台座截面重心处的预应力钢筋。

(3)预应力钢筋整体张拉时,应预先调整初应力,使其相互之间的应力一致。

(4)张拉过程中预应力钢筋发生断裂或滑脱的预应力钢筋应予以更换。

(5)施工中应注意安全。张拉时,台座两端及沿台座长度方向应有防护设施,两端严禁站人,也不准进入台座。

(6)张拉过程中,张拉、锚固预应力钢筋应专人操作,并做好预应力钢筋张拉记录。

5)预应力钢筋的校核

(1)张拉力校核:预应力钢筋的张拉力,一般采用伸长值校核。其实际伸长值与理论伸长值的偏差不应超过±6%;若超过,应暂停张拉,查明原因并采取措施予以调整后,方可继续张拉。预应力钢筋的理论伸长值 ΔL 按下式计算:

$$\Delta L = \frac{F_P l}{A_P E_S} \tag{6-2}$$

式中　F_P——预应力钢筋的张拉力，N；

l——预应力钢筋的长度，mm；

A_P——预应力钢筋的截面面积，mm^2；

E_S——预应力钢筋的弹性模量，N/mm^2。

预应力钢筋的实际伸长值宜在初应力约为 $10\%\sigma_{con}$ 时开始测量，并加初应力以下的推算伸长值。预应力钢筋为钢丝时，伸长值可不作校核；但应在钢丝锚固后，采用钢丝内力测定仪检查钢丝的预应力值，其偏差不得大于或小于设计规定相应阶段预应力值的5%。

(2)位置校核：预应力钢筋张拉锚固后，预应力钢筋位置与设计位置的偏差不得大于5 mm，且不得大于构件截面最短边长的4%。

预应力钢筋张拉锚固后，实际预应力值与工程设计规定检验值的相对允许误差应在±5%以内。

(二)混凝土的浇筑与养护

1. 混凝土的浇筑

为了减少混凝土的收缩和徐变引起的预应力损失，在确定混凝土配合比时，应优先选用干缩性小的水泥，采用低水灰比、控制水泥用量和级配良好的骨料等技术措施。

在预应力钢筋张拉、绑扎、预埋铁件安装及立模工作完成后，应立即浇筑混凝土，每条生产线应一次连续浇筑完成。混凝土浇筑时，振动器不得碰撞预应力钢筋并保证混凝土振捣密实。混凝土未达到一定强度前，不允许碰撞或踩动预应力钢筋。

2. 混凝土的养护

预应力混凝土可采用自然养护或湿热养护。

自然养护按规定不得少于14 d，干硬性混凝土浇筑完毕后，应立即覆盖进行养护。

湿热养护时，为了减少温差造成的应力损失，在混凝土未达到一定强度（$10\ N/mm^2$）前，温差应控制在一定范围内（一般不超过20 ℃）。机组流水法钢模制作预应力构件，湿热养护时钢模与预应力钢筋同步伸缩，故不存在温差引起的预应力损失。

(三)预应力钢筋的放张

1. 放张要求

放张预应力钢筋时，混凝土必须达到设计要求的强度；若设计无要求，则应不得低于混凝土强度标准值的75%。同时，应保证预应力钢筋与混凝土之间具有足够的黏结力。

2. 放张顺序

预应力钢筋的放张顺序应符合设计要求。若设计无要求，则应满足下列规定：

(1)轴心预压力的构件（如压杆、桩等），所有预应力钢筋应同时放张。

(2)偏心预压力的构件（如吊车梁），先同时放张预压力较小区域的预应力钢筋，再同时放张预压力较大区域的预应力钢筋。

(3)若不能按以上规定放张，则应分阶段、对称、相互交错地放张，以防止在放张过程中构件发生弯曲、裂纹及预应力钢筋断裂等现象。

3. 放张方法

预应力钢筋放张时，应缓慢放松锚固装置，使各根预应力钢筋缓慢放松。施工中可采用千斤顶、砂箱、楔块、钢丝钳和氧炔焰切割等方法。

(1)中小型预应力混凝土构件中的钢丝或细钢筋宜采用钢丝钳或氧炔焰切割放张。预应力钢丝的放张宜从生产线中间处开始,以减少回弹量且有利于脱模。

(2)单根预应力钢筋,一般采用千斤顶放张。粗钢筋宜用氧炔焰预热熔割放张。

(3)构件预应力钢筋较多时,整批同时放张可采用砂箱、楔块等放松装置。

任务三　后张法施工

后张法就是先制作混凝土构件,并在预应力钢筋的位置预留出相应孔道,待混凝土强度达到设计规定的强度值后,穿入预应力钢筋进行张拉,并利用锚具把预应力钢筋锚固,最后进行孔道灌浆。预应力钢筋的张拉力主要通过锚具传递给混凝土构件,使混凝土产生预压应力。图6-12为预应力混凝土后张法生产示意。

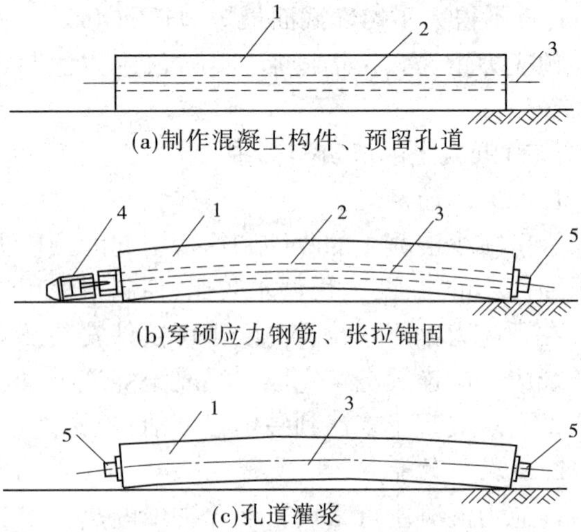

1—混凝土构件;2—预留孔道;3—预应力钢筋;
4—千斤顶;5—锚具

图6-12　预应力混凝土后张法生产示意

后张法施工由于直接在钢筋混凝土构件上进行预应力钢筋的张拉,所以不需要固定台座设备,也不受地点限制。它既适用于预制构件生产,也适用于现场大型预应力构件施工,且是预制构件拼装的重要手段。

根据施工方法不同,后张法预应力施工又可分为有黏结预应力施工和无黏结预应力施工两类。

一、锚具及张拉设备

(一)锚具

1. 锚具的要求

锚具是预应力钢筋张拉和永久固定在预应力混凝土构件上传递预应力的工具,按锚固性能不同,可分为Ⅰ类锚具和Ⅱ类锚具。Ⅰ类锚具适用于承受动、静荷载的预应力混凝土结构;Ⅱ类锚具仅适用于有黏结预应力混凝土结构,且锚具处于预应力变化不大的部位。锚具除必须满足承载锚固性能外,尚应具有下列性能:

(1)在预应力锚具组装件达到实际破断拉力时,全部零件均不得出现裂缝和破坏(设计规定者除外)。

(2)除能满足分级张拉和补张拉外,宜具有能放松预应力钢筋的性能。

(3)锚具或其附件上宜设置灌浆孔,灌浆孔应有足够的截面面积,以保证浆液畅通。

2. 锚具的种类

后张法所采用的锚具根据其锚固原理和构造形式不同,分为螺杆锚具、夹片式锚具、锥销式锚具和镦头锚具四种体系。在预应力钢筋张拉过程中,根据锚具所在位置与作用不同，可分为张拉端锚具和固定端锚具；根据锚固的预应力钢筋不同，可分为单根粗钢筋锚具，钢筋束、钢绞线束锚具和钢丝束锚具。

1）单根粗钢筋锚具

根据构件的长度和张拉工艺的要求，单根预应力钢筋可在一端或两端张拉。一般张拉端采用螺丝端杆锚具，固定端采用帮条锚具或镦头锚具。

（1）螺丝端杆锚具：由螺丝端杆、垫板和螺母三部分组成，适用于锚固直径不大于36 mm 的热处理钢筋。螺丝端杆锚具与预应力钢筋采用对焊连接，张拉设备与螺丝端杆用螺母锚固，如图 6-13 所示。

（2）帮条锚具：由三根帮条和衬板组成。帮条采用与预应力钢筋同类别的钢筋，衬板采用普通低碳钢的钢板。帮条锚具的三根帮条应呈 120°角均匀布置，并垂直于衬板与预应力钢筋焊接牢固，如图 6-14 所示。

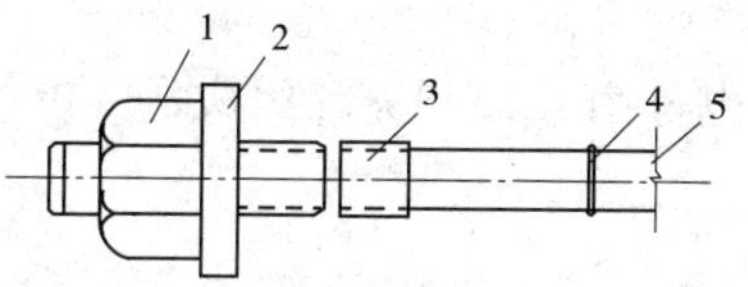

1—螺母；2—垫板；3—螺丝端杆；
4—对焊接头；5—预应力钢筋

图 6-13 螺丝端杆锚具

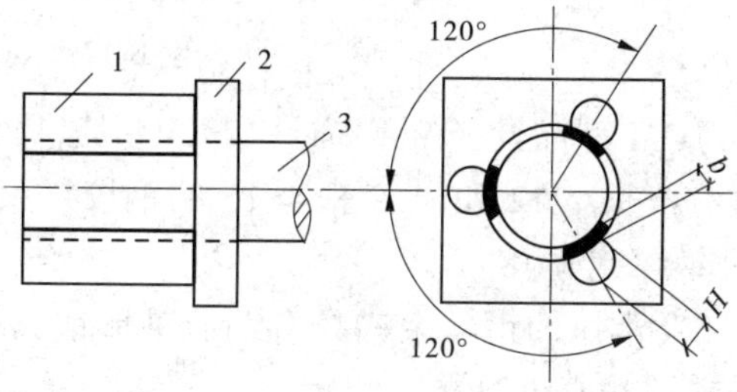

1—帮条；2—衬板；3—预应力钢筋

图 6-14 帮条锚具

（3）镦头锚具：由镦头和垫板组成。镦头一般是直接在预应力钢筋端部热镦、冷镦或锻打成型。

2）钢筋束、钢绞线束锚具

钢筋束、钢绞线束具有强度高和柔性好的优点。目前，常用的锚具有 JM 型锚具、KT-Z 型锚具、XM 型锚具、QM 型锚具和镦头锚具。

（1）JM 型锚具：由锚环和夹片组成，是一种利用楔块原理锚固多根预应力钢筋的锚具，其构造如图 6-15 所示。它既可作为张拉端锚具，亦可作为固定端锚具，适用于锚固 3~6 根Φ^{l}12 的钢筋束或 5~6 根Φ^{j}12 的钢绞线束。

（2）KT-Z 型锚具：由锚塞和锚环组成，为可锻铸铁锥形锚具，其构造如图 6-16 所示。KT-Z 型锚具可用于锚固 3~6 根Φ 12 的钢筋束或钢绞线束。

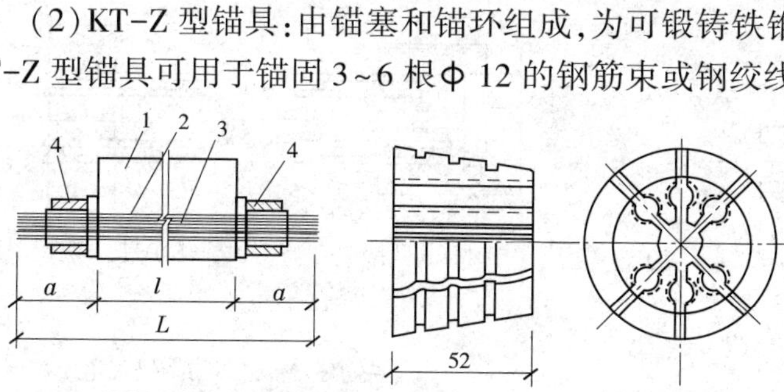

1—混凝土构件；2—孔道；3—钢筋束；4—JM-6 型锚具的夹片

图 6-15 JM 型锚具

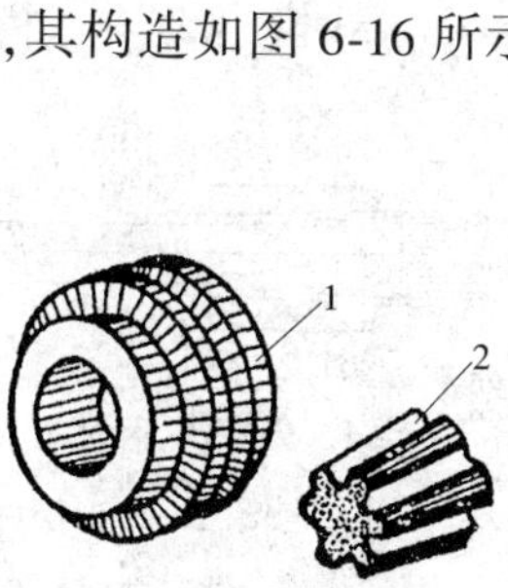

1—锚环；2—锚塞

图 6-16 KT-Z 型锚具

(3)XM型锚具：由锚板与三片夹片组成，属新型大吨位群锚体系锚具，有单孔锚具和多孔锚具，其构造如图6-17所示。它既可锚固单根预应力钢筋，又可锚固多根预应力钢筋；当锚固多根预应力钢筋时，既可单根张拉、逐根锚固，又可成组张拉，成组锚固；既可用做工作锚具，又可用作工具锚具。其具有通用性强、性能可靠、施工方便等特点。

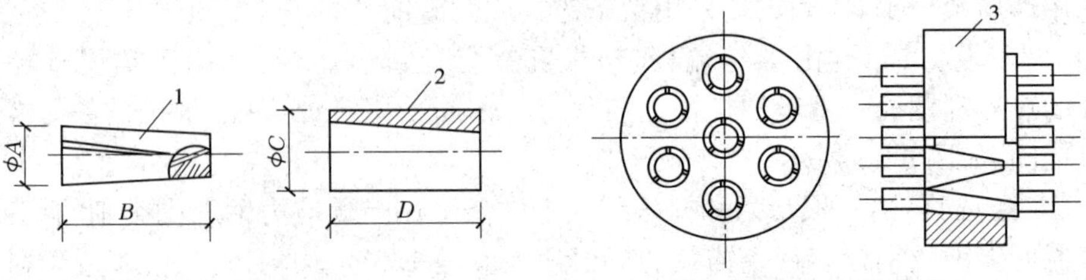

(a)单孔XM型锚具　　(b)多孔XM型锚具

1—夹片；2—锚环；3—锚板

图6-17　XM型锚具

(4)QM型锚具：QM型锚具与XM型锚具相似，也是由锚板和夹片组成的。其适用于锚固4~31根ϕ^j12和3~9根ϕ^j15的钢绞线束。

3)钢丝束锚具

目前，常用的钢丝束锚具有钢质锥形锚具、锥形螺杆锚具和钢丝束镦头锚具，也可用XM型锚具和QM型锚具。

(1)钢质锥形锚具：由锚环和锚塞组成，锚塞上刻有细齿槽，夹紧钢丝防止滑动。用于锚固以锥锚式双作用千斤顶张拉的钢丝束，其构造如图6-18所示。

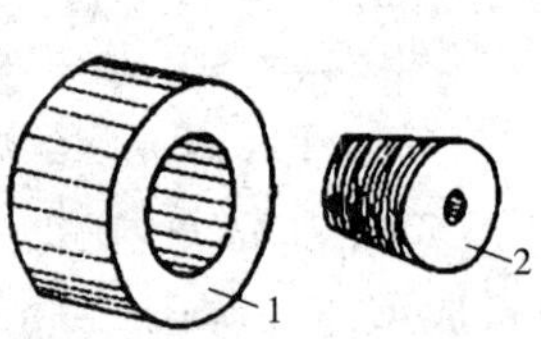

1—锚环；2—锚塞

图6-18　钢质锥形锚具

(2)锥形螺杆锚具：由锥形螺杆、套筒、螺母等组成。其适用于锚固14~28根Φ5的钢丝束，多用于张拉端，其构造如图6-19所示。

(3)钢丝束镦头锚具：用于锚固12~54根Φ5碳素钢丝的钢丝束。分为张拉端使用的DM5A型和固定端使用的DM5B型。DM5A型锚具由锚环和螺母组成，DM5B型锚具仅有一块锚板，其构造如图6-20所示。

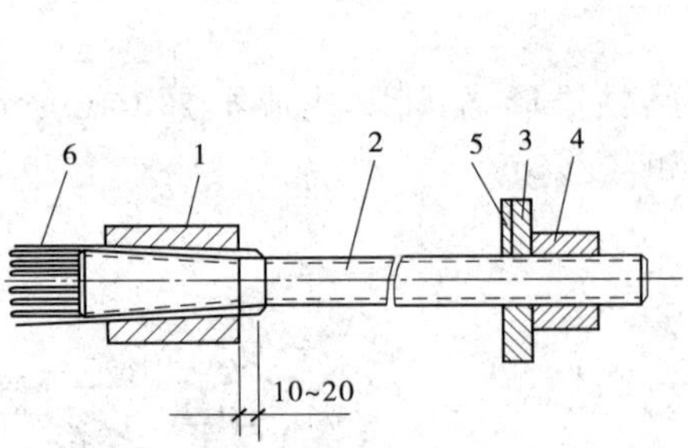

1—套筒；2—锥形螺杆；3—垫板；4—螺母；

5—排气槽；6—碳素钢丝ϕ^j5

图6-19　锥形螺杆锚具

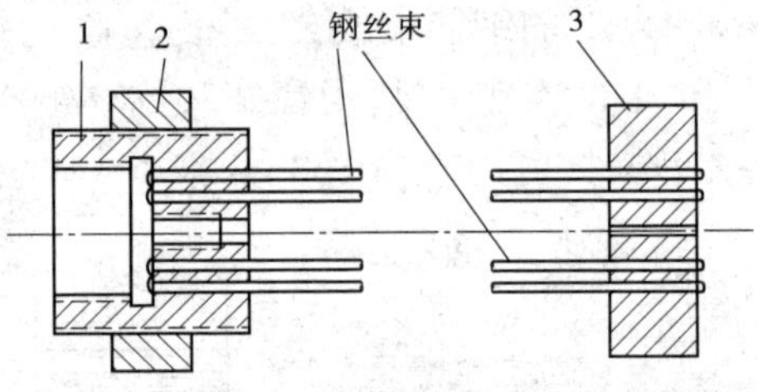

(a)DM5A型锚具　　(b)DM5B型锚具

1—锚环；2—螺母；3—锚板

图6-20　钢丝束镦头锚具

(二)张拉设备

后张法使用的张拉设备主要有千斤顶和高压油泵。

(1)拉杆式千斤顶(YL 型):主要用于张拉带有螺丝端杆锚具的粗钢筋,锥形螺杆锚具钢丝束及镦头锚具的钢丝束。其构造如图 6-21 所示。

(2)锥锚式千斤顶(YZ 型):主要用于张拉 KT-Z 型锚具锚固的钢筋束、钢绞线束和使用锥形锚具锚固的预应力钢丝束。其构造如图 6-22 所示。

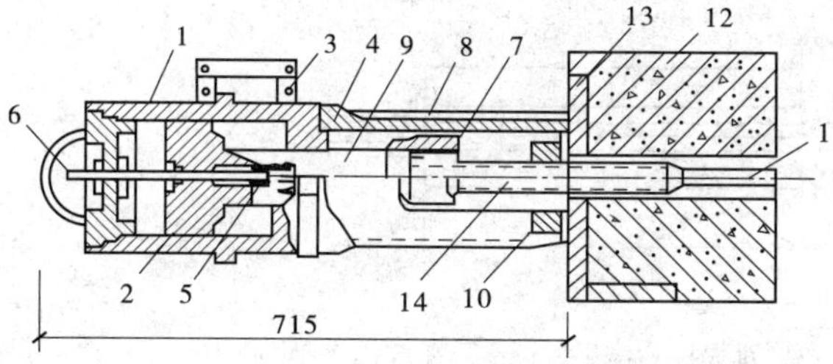

1—主缸;2—主缸活塞;3—主缸油嘴;4—副缸;5—副缸活塞;6—副缸油嘴;7—连接器;8—顶杆;9—拉杆;10—螺母;11—预应力钢筋;12—混凝土构件;13—预埋钢板;14—螺丝端杆

图 6-21　拉杆式千斤顶构造示意

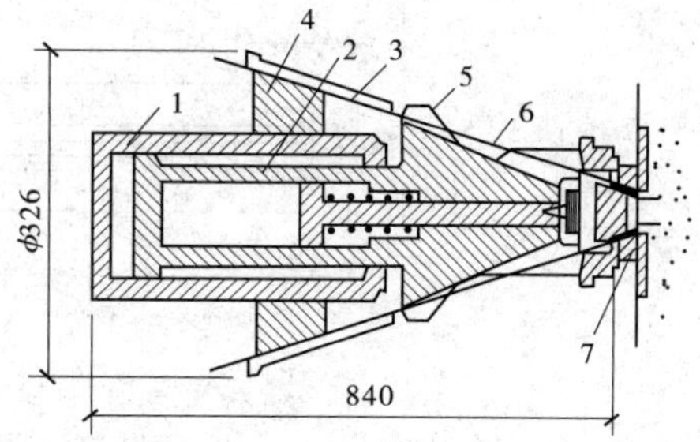

1—主缸;2—副缸;3—楔块;4—锥形卡环;5—推楔翼片;6—钢丝;7—锥形锚头

图 6-22　锥锚式千斤顶构造示意

(3)穿心式千斤顶(YC 型):主要用于张拉采用 JM 型、QM 型、XM 型的预应力钢丝束、钢筋束和钢绞线束。其构造如图 6-23 所示。

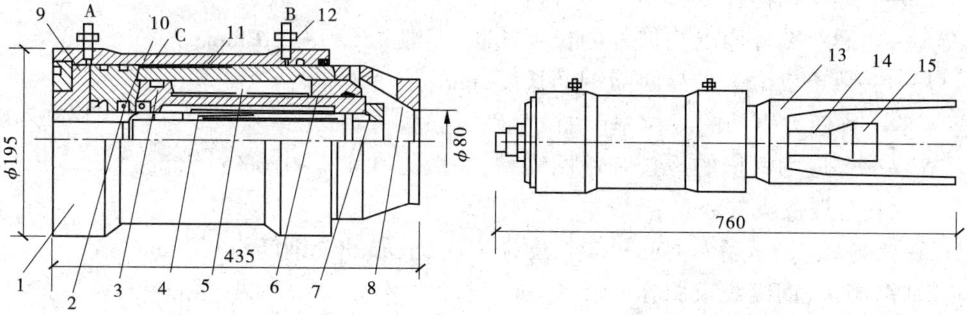

1—大缸缸体;2—穿心套;3—顶压活塞;4—护套;5—回程弹簧;6—连接套;7—顶压套;8—撑套;9—堵头;10—密封圈;11—两缸缸体;12—油嘴;13—撑脚;14—拉杆;15—连接套筒

图 6-23　YC-60 型千斤顶构造示意

(4)高压油泵:高压油泵与液压千斤顶配套使用,选用时,应使油泵的额定压力大于等于千斤顶的额定压力。高压油泵按驱动方式分为手动和电动两种,一般采用电动高压油泵。

二、预应力钢筋的制作

(一)单根预应力钢筋制作

单根预应力钢筋一般采用热处理钢筋,其制作包括配料、对焊、冷拉等工序。预应力钢筋的下料长度计算时应考虑锚具种类、对焊接头或镦粗头的压缩量、张拉伸长值、冷拉的冷拉率和弹性回缩率、构件长度等因素。

(1)预应力钢筋采用螺丝端杆锚具两端张拉时(见图6-24),其下料长度为:

$$L = \frac{L_0}{1 + \gamma - \delta} + n\Delta = \frac{l + 2l_2 - 2l_1}{1 + \gamma - \delta} + n\Delta \tag{6-3}$$

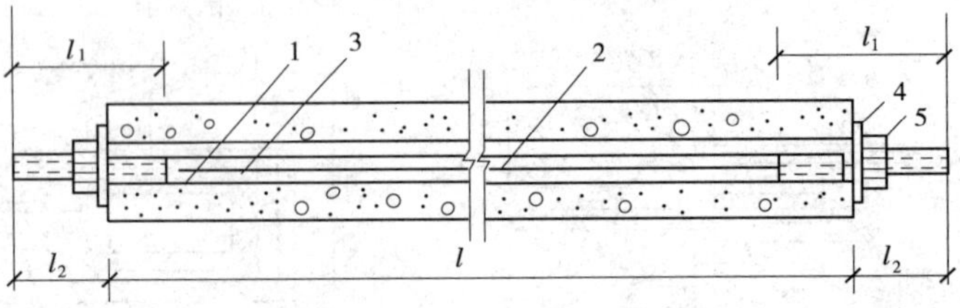

1—螺丝端杆;2—预应力钢筋;3—对焊接头;4—垫板;5—螺母

图6-24 粗钢筋下料长度计算简图

(2)预应力钢筋一端采用螺丝端杆锚具张拉,固定端采用帮条锚具或镦头锚具时,其下料长度为:

$$L = \frac{l + l_2 + l_3 - l_1}{1 + \gamma - \delta} + n\Delta \tag{6-4}$$

式中 l——构件的孔道长度,mm;

l_1——螺丝端杆长度,mm,一般为320 mm;

l_2——螺丝端杆伸出构件外的长度,mm,一般为120~150 mm;

l_3——帮条或镦头锚具所需钢筋长度,mm;

γ——预应力钢筋的冷拉率(由试验确定);

δ——预应力钢筋的冷拉弹性回缩率,一般为0.4%~0.6%;

n——对焊接头的数量;

Δ——每个对焊接头钢筋对焊长度损失,一般取一个钢筋直径,mm。

(二)钢筋束、钢绞线束制作

钢筋束由直径为10 mm的热处理钢筋编束而成,钢绞线束由直径为12 mm或15 mm的钢绞线束编束而成。预应力钢筋的制作一般包括开盘冷拉、下料和编束等工序。钢绞线在切断前,在切口两侧各50 mm处,应用铅丝绑扎,以免钢绞线松散;编束时将钢绞线理顺后,用铅丝每隔1.0 m左右绑扎成束,在穿筋时应注意防止扭结。

以钢绞线束采用夹片锚具,穿心式千斤顶张拉为例(见图6-25),其下料长度L为:

两端张拉时 $$L = l + 2(l_1 + l_2 + l_3 + 100) \tag{6-5}$$

一端张拉时 $$L = l + 2(l_1 + 100) + l_2 + l_3 \tag{6-6}$$

式中 l——构件的孔道长度,mm;

l_1——夹片式工作锚厚度,mm;

l_2——穿心式千斤顶长度,mm;

l_3——夹片式工具锚厚度,mm。

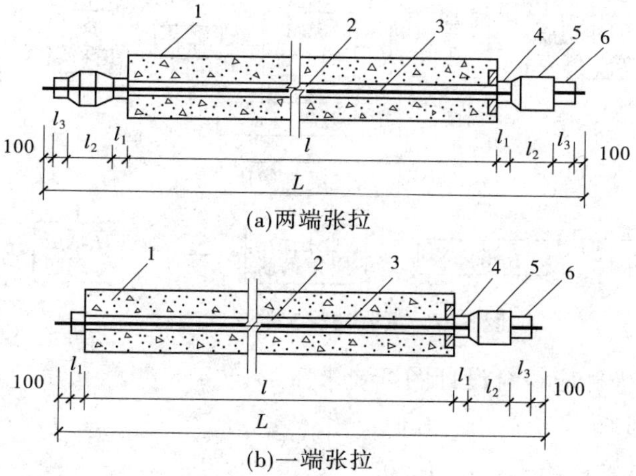

1—混凝土构件;2—孔道;3—钢绞线;4—夹片式工作锚;5—穿心式千斤顶;6—夹片式工具锚

图 6-25　钢绞线下料长度计算简图

(三)钢丝束制作

钢丝束用作预应力钢筋时,一般由几根到几十根直径为 3~5 mm 的平行碳素钢丝编束而成,其制作工序包括调直、下料、编束和安装锚具等。

当用钢质锥形锚具、XM 型锚具时,钢丝束的制作和下料长度计算基本上与预应力钢筋束、钢绞线束相同。当采用镦头锚具一端张拉时,应考虑钢丝束张拉锚固后螺母位于锚环中部,钢丝的下料长度 L 可按下式计算(见图 6-26):

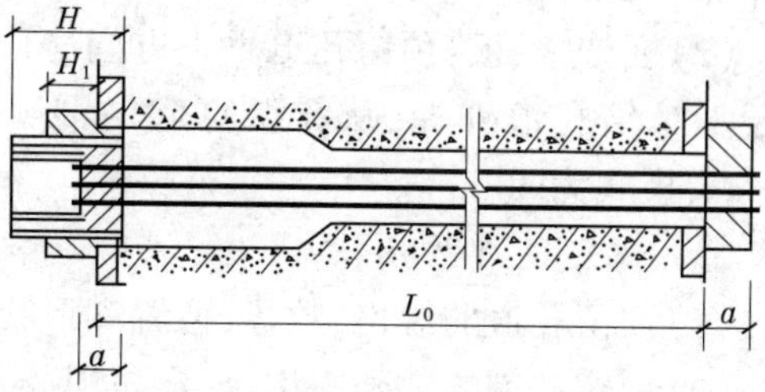

图 6-26　采用镦头锚具钢丝下料长度计算简图

$$L = L_0 + 2a + 2\delta - 0.5(H - H_1) - \Delta L - C \tag{6-7}$$

式中　L_0——构件的孔道长度,mm;

a——锚杯底部厚度或锚板厚度,mm;

δ——钢丝镦头预留量,mm;

H——锚板高度,mm;

H_1——螺母高度,mm;

ΔL——钢丝束张拉伸长值,mm;

C——张拉时构件混凝土的弹性压缩值,mm。

三、后张法施工工艺

后张法施工工艺与预应力施工有关的是孔道留设、预应力钢筋张拉和孔道灌浆三部分。后张法施工的工艺流程如图 6-27 所示。

(一)孔道留设

孔道留设是后张法构件制作中的关键工作。预应力钢筋孔道形状有直线、曲线和折

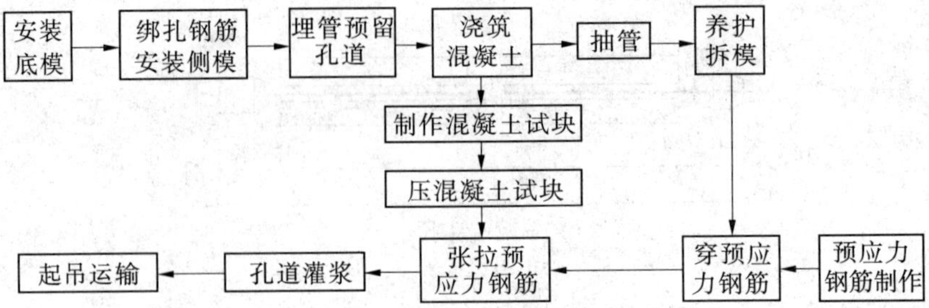

图6-27 后张法施工的工艺流程

线三种类型,其曲线坐标应符合设计图纸要求。

1. 孔道直径与间距

1)孔道直径

预留孔道的直径应根据预应力钢筋根数、曲线孔道形状和长度、穿筋难易程度等因素确定,孔道内径应比预应力钢筋与连接器外径大6~15 mm,孔道面积宜为预应力钢筋净面积的3~4倍。

2)孔道间距

(1)预制构件:孔道的水平净间距不宜小于50 mm,且不宜小于粗骨料最大粒径的1.25倍;孔道至构件边缘的净间距不应小于30 mm,且不应小于孔道直径的一半。

(2)框架梁、板:预留孔道垂直方向净间距不应小于孔道外径,水平方向净间距不宜小于1.5倍孔道外径;从孔壁算起的混凝土最小保护层厚度,梁底为50 mm,梁侧为40 mm,板底为30 mm。

2. 孔道留设的要求

(1)预留孔道的规格、数量、位置和形状应符合设计要求。

(2)预留孔道的定位应牢固,浇筑混凝土时不应出现位移和变形。

(3)孔道应平顺,端部的预埋锚垫板应垂直于孔道中心线。

(4)成孔用管道应密封良好,接头应严密且不得漏浆。

(5)在曲线孔道的波峰部位应设置泌水管、灌浆孔,且应能保证浆液畅通,排气孔不得遗漏或堵塞。

(6)曲线孔道控制点的竖向位置偏差应符合设计要求。

3. 孔道留设的方法

孔道留设的方法一般有钢管抽芯法、胶管抽芯法和预埋管法。钢管抽芯法只可留设直线孔道。

1)钢管抽芯法

钢管抽芯法是在制作后张法预应力混凝土构件时,在预应力钢筋位置处预先埋设钢管,待混凝土初凝后再将钢管旋转抽出的留孔方法。其具体施工要求如下:

(1)钢管应平直,表面要光滑,安放位置要准确。一般采用间距不大于1 m的钢筋井字架固定钢管位置。

(2)每根钢管的长度不宜超过15 m,较长构件则用两根钢管,中间用0.5 mm厚的铁皮套管连接(见图 6-28)。

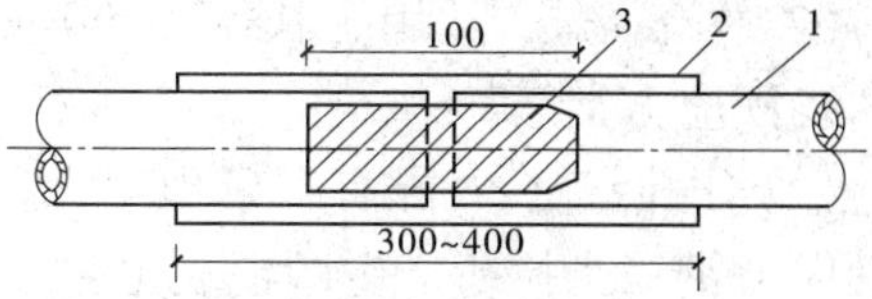

1—钢管;2—铁皮套管;3—硬木塞

图 6-28　钢管连接方式

(3)在混凝土浇筑后,每隔一定时间慢慢转动钢管,防止钢管与混凝土黏结。

(4)恰当掌握抽管时间,过早会坍孔,太晚则抽管困难。一般在初凝后、终凝前,以手指按压混凝土不粘浆且无明显印痕时可抽管。

(5)抽管顺序宜先上后下,抽管应边抽边转,速度均匀,与孔道成一直线。

2)胶管抽芯法

胶管抽芯法是在制作后张法预应力混凝土构件时,在预应力钢筋的位置处预先埋设胶管,待混凝土初凝后再将胶管抽出的留孔方法。其具体施工要求如下:

(1)胶管宜采用 5~7 层帆布橡胶管,胶管两端应有密封装置。

(2)为防止浇筑混凝土时胶管产生位移,直线段每隔 60 cm 用钢筋井字架固定牢靠,曲线段应适当加密。

(3)浇筑混凝土前,胶管内应充入压力为 0.6~0.8 MPa 的压缩空气或压力水(管径可增大约 3 mm),并将胶管端部密封。

(4)待混凝土初凝后,放出压缩空气或压力水,管径缩小,混凝土脱开,随即拔出胶管。抽管宜按先上后下、先曲后直的顺序将胶管抽出。

3)预埋管法

预埋管法是在制作后张法预应力混凝土构件时,用钢筋井字架将金属波纹管或塑料波纹管固定在预应力钢筋的位置处留设孔道的一种施工方法。其适用于预应力钢筋密集或曲线预应力钢筋的孔道埋设,但在后张法施工中,不得采用波纹管或其他金属管埋设的管道。

在预应力钢筋孔道两端或中间,应设置灌浆孔和排气孔。灌浆孔可设置在锚垫板上或利用灌浆管引至构件外,其间距对抽芯成孔不宜大于 12 m,孔径一般不宜小于 20 mm。

曲线预应力钢筋孔道的每个波峰处,应设置泌水管。泌水管伸出混凝土构件表面的高度不宜小于 0.5 m,泌水管也可兼作灌浆孔用。

(二)预应力钢筋张拉

预应力钢筋张拉是生产预应力构件的关键。张拉预应力钢筋时,构件混凝土的强度应符合设计规定,若设计无规定,则不宜低于混凝土标准强度的 75%。

1. 张拉控制应力

后张法施工时,张拉控制应力应符合设计规定,其张拉控制应力一般不宜超过表 6-1 的规定。施工中为了抵消由于应力松弛、摩擦、钢筋分批张拉及温度变形等因素产生的预应力损失,其最大张拉控制应力可按设计值提高 5%。

2. 张拉方法

根据预应力混凝土结构特点、预应力钢筋形状与长度,以及施工方法的不同,预应力钢筋张拉方法有以下几种:

(1)一端张拉:适用于长度 $L \leqslant 20$ m 的直线预应力钢筋与锚固损失影响长度 $L_f \geqslant L/2$ 的曲线预应力钢筋。

(2)两端张拉:适用于长度 $L>20$ m 的直线预应力钢筋与锚固损失影响长度 $L_f<L/2$ 的曲线预应力钢筋。

(3)分批张拉:对配有多束预应力钢筋的构件或结构分批进行张拉的方法。由于后批预应力钢筋张拉所产生的混凝土弹性压缩对先批张拉的预应力钢筋造成预应力损失,先批张拉的预应力钢筋张拉力应注意加上该弹性压缩损失值增加到每根预应力钢筋的张拉力内。

(4)分段张拉:多用于多跨连续梁板分段施工中通长预应力钢筋的张拉。

(5)分阶段张拉:在后张法传力梁等结构中,为了平衡各阶段的荷载,多采取分阶段逐步施加预应力的方法。

(6)补偿张拉:为克服弹性压缩损失、减少钢材应力松弛损失及混凝土收缩徐变损失等,对已张拉的预应力钢筋在早期预应力损失基本完成后,再进行补张拉的方法。

3. 张拉顺序

预应力钢筋张拉顺序的确定,应考虑混凝土不产生超应力、构件不扭转与侧弯、结构不变位等因素。因此,当设计无规定时,应采取分批、分阶段、对称张拉。

平卧重叠浇筑的预应力混凝土构件,预应力钢筋的张拉顺序是先上后下,逐层进行。为了减少上下层之间因摩擦引起的预应力损失,可逐层加大张拉力。

后张法施工预应力钢筋的张拉程序、张拉力计算及伸长值验算与先张法相同。

(三)孔道灌浆

1. 孔道灌浆的作用

(1)保护预应力钢筋,防止锈蚀。

(2)使预应力钢筋与构件混凝土有效的黏结,以控制超载时裂缝的间距与宽度,并减轻构件端部锚具的负荷状况。

2. 灌浆材料

(1)孔道灌浆应采用强度等级不低于42.5的普通硅酸盐水泥配制的水泥浆,水灰比不应大于0.45。

(2)水泥浆应有足够的强度和流动性。水泥浆的抗压强度不应小于30 N/mm^2,3 h泌水率宜为0,且不应大于1%。

(3)为改善水泥浆性能,可掺缓凝减水剂。严禁掺入各种含氯化物或对预应力钢筋有腐蚀作用的外加剂。

3. 施工要求

(1)灌浆前应全面检查构件孔道及灌浆孔、泌水孔、排气孔是否畅通。对抽芯成孔,可采用压力水冲洗孔道;对预埋管成孔,必要时可采用压缩空气清孔。对锚具夹片空隙和其他可能产生的漏浆处进行密封,封堵材料的抗压强度大于10 MPa时方可灌浆。

(2)灌浆过程中,可用电动或手动灰浆泵进行灌浆,水泥浆应均匀缓慢地注入,不得中断。在灌满孔道并封闭气孔后,宜继续以0.5~0.7 MPa的压力灌浆,并稳定2 min后,再封闭灌浆孔。

(3)当孔道直径较大且水泥浆不掺微膨胀剂或减水剂进行灌浆时,可采取二次灌浆法或重力补浆法提高灌浆的密实性。

(4)灌浆顺序应先下后上。曲线孔道灌浆宜由最低点注入水泥浆,至最高点排气孔排尽空气并溢出浓浆。

四、无黏结预应力混凝土施工

无黏结预应力混凝土施工同后张法相似,但无须预留管道与灌浆,而是将无黏结预应力钢筋同普通钢筋一样铺设在结构模板设计位置上,用 20~22 号铁丝与非预应力钢丝绑扎牢靠后浇筑混凝土;待混凝土达到设计强度后,对无黏结预应力钢筋进行张拉和锚固,借助于构件两端锚具传递预压应力。

(一)无黏结预应力钢筋的制作

1. 预应力钢筋的组成

无黏结预应力钢筋由预应力钢筋、涂料层、外包层组成(见图 6-29)。

(1)预应力钢筋:一般选用 7 根 $\phi^{s}5$ 高强钢丝组成的钢丝束或钢绞线。

(2)涂料层:一般选用 1 号或 2 号建筑油脂作为无黏结预应力钢筋的表面涂料。

(3)外包层:一般常用的包裹物有塑料布、塑料薄膜或牛皮纸,也可选用聚氯乙烯、高压聚乙烯、低压聚乙烯和聚丙烯等挤压成型作为预应力钢筋的涂层外包层。

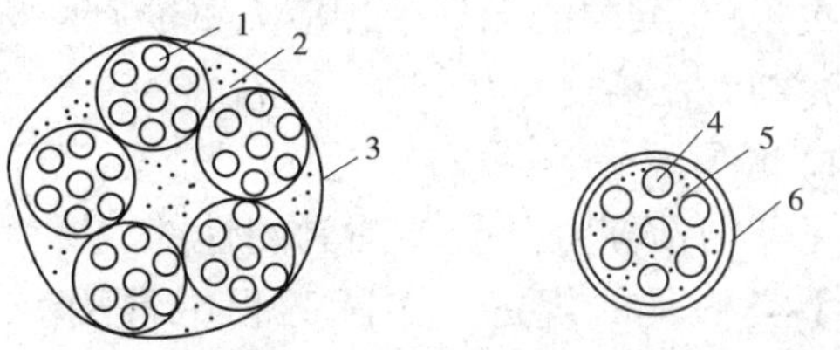

(a)无黏结钢绞线束　　(b)无黏结钢丝束或单根钢绞线

1—钢绞线;2—沥青涂料;3—塑料布外包层;
4—钢线;5—油脂涂料;6—塑料管外包层

图 6-29　无黏结预应力钢筋横截面示意

2. 预应力钢筋的制作工艺

无黏结预应力钢筋的制作一般有缠纸工艺和挤压涂层工艺两种。

(1)缠纸工艺:在缠纸机上连续完成编束、涂油、镦头、缠塑料布和切断等工序。

(2)挤压涂层工艺:钢丝束通过涂油装置涂油后,通过塑料挤压机涂刷塑料薄膜,再经冷却筒槽成型塑料套管。其具有效率高、质量好、设备性能稳定等特点。

(二)无黏结预应力混凝土施工工艺

无黏结预应力构件施工中的主要问题是无黏结预应力钢筋的铺设、张拉和端部锚头处理。

1. 无黏结预应力钢筋的铺设

(1)无黏结预应力钢筋在铺设前应检查其外包层的完好程度,对轻微破损者将塑料带补包好,对破损严重的应予以报废。

(2)混凝土保护层应符合设计要求,无设计时按防火等级要求设置。

(3)铺设顺序。无黏结预应力钢筋通常在绑扎完构件底部钢筋后进行。在单向板中,无黏结预应力钢筋与非预应力钢筋铺设基本相同;在双向板中,一般是根据双向钢丝束交点的标高差绘制钢丝束的铺设顺序图,钢丝束波峰低的底层钢丝束先行铺设,然后依次铺设波峰高的上层钢丝束,这样可以避免钢丝束之间的相互穿插。

(4)就位固定。无黏结预应力钢筋的垂直位置宜用支撑钢筋或钢筋马凳控制,其间距不应大于 2 m;无黏结预应力钢筋的水平位置应保持顺直。

无黏结预应力钢筋铺设固定完毕后,应进行隐蔽工程验收,合格后方可浇筑混凝土。

2. 无黏结预应力钢筋的张拉

无黏结预应力钢筋的张拉与有黏结预应力钢丝束的张拉相似。

(1)张拉程序:一般采用0→103%σ_{con}。

(2)张拉方法:无黏结曲线预应力钢筋的长度超过25 m时,宜采取两端张拉。当预应力钢筋长度超过50 m时,宜采取分段张拉。若遇到摩擦损失较大,宜先松动一次再张拉。

(3)张拉顺序:应根据设计顺序,先铺设的先张拉,后铺设的后张拉。无黏结预应力混凝土楼盖结构的张拉顺序,宜先张拉楼板,后张拉楼面梁。板中的无黏结预应力钢筋,可依次张拉;梁中的无黏结预应力钢筋宜对称张拉。

3. 锚具及端部处理

1)锚具要求

无黏结预应力混凝土锚具的性能,应符合Ⅰ类锚具的规定。实际工程中常用钢丝束镦头锚具和夹片式锚具。

2)端部处理

无黏结预应力钢筋锚头端部处理,目前常采用两种方法:一种方法是在孔道中注入油脂并加以封闭,如图6-30所示;另一种方法是在两端留设的孔道内注入环氧树脂水泥砂浆(抗压强度不低于35 MPa),并将锚头封闭,防止预应力钢筋锈蚀。

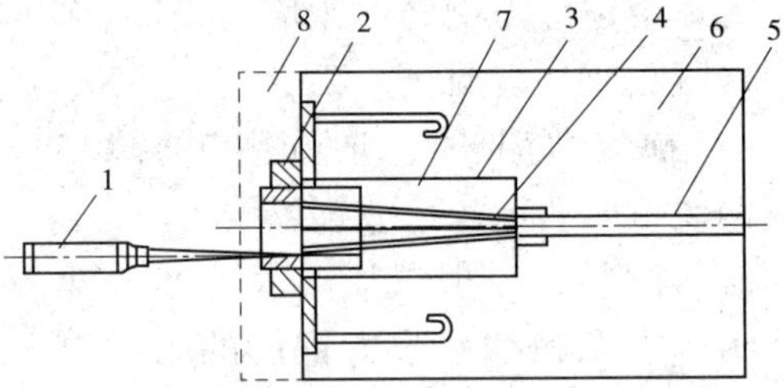

1—油枪;2—锚具;3—端部孔道;4—无涂层的端部钢丝;5—有涂层的无黏结预应力钢筋;6—构件;7—注入孔道的油脂;8—混凝土封闭

图6-30 端部处理方法

任务四 预应力混凝土工程施工质量验收与安全技术

一、施工质量验收

(一)一般规定

(1)预应力工程的施工应由具有相应资质等级的预应力专业施工单位承担。

(2)预应力钢筋张拉机具设备及仪表应定期维护和校验。使用过程中出现反常现象时或在千斤顶检修后,应重新标定。

(3)浇筑混凝土前,应对预应力工程进行隐蔽工程验收。

(二)原材料

(1)水泥、外加剂等原材料应具有产品合格证;使用的外加剂应符合质量要求和标准规定,严禁使用含氯化物外加剂。

(2)预应力钢筋的外观及力学性能应符合国家标准。

(3)锚具、夹具和连接器应按设计要求选用,其外观、硬度、静载锚固性能应符合国家规范。

(4)无黏结预应力钢筋的涂包质量应符合无黏结预应力钢绞线标准的规定。

(5)预应力混凝土用金属波纹管的尺寸和性能应符合国家现行标准《预应力混凝土用金属波纹管》(JG/T 225—2020)的规定。在使用前应进行外观检查,其内外表面应清洁,无锈蚀,不应有油污、孔洞和不规则的褶皱,咬口不应有开裂或脱扣。

(三)预应力钢筋的制作与安装

(1)预应力钢筋安装时,其品种、级别、规格、数量必须符合设计要求。

(2)施工过程中应避免电火花损伤预应力钢筋,受损伤的预应力钢筋应予以更换。

(3)预应力钢筋下料长度必须经过计算,当需要搭接和接长时,必须符合规范要求。

(4)预应力钢筋应采用砂轮锯或切断机切断,不得采用电弧切割。

(5)后张法有黏结预应力钢筋预留孔道的规格、数量、位置、间距和形状应符合设计要求。

(6)浇筑混凝土前穿入孔道的后张法有黏结预应力钢筋宜采取防止锈蚀的措施。

(四)预应力钢筋的张拉和放张

(1)预应力钢筋的张拉应符合控制应力规定。

(2)预应力钢筋张拉和放张时,应严格遵守张拉和放张程序、顺序的规定,并防止断裂和滑脱,断裂和滑脱的数量应在规范规定范围以内。

(3)预应力钢筋张拉和放张时混凝土强度必须符合设计要求与相关规定。

(4)预应力钢筋张拉锚固后实际建立的预应力值与工程设计规定检验值的相对允许偏差为±5%。

(五)灌浆和封锚

(1)后张法有黏结预应力钢筋张拉后应尽早进行孔道灌浆,孔道内水泥浆应饱满、密实。

(2)灌浆应遵循灌浆程序和灌浆压力控制规定。

(3)锚具的封闭和保护应符合设计要求和相关规定。

(4)后张法预应力钢筋锚固后的外露部分宜采用机械方法切割,其外露长度不宜小于预应力钢筋直径的1.5倍,且不宜小于30 mm。

二、施工安全技术

(1)在进行预应力钢筋张拉时,任何人员不得站在预应力钢筋的两端,同时在千斤顶的后面应设立防护装置。

(2)操作千斤顶和测量伸长值的人员,要严格遵守操作规程,应在千斤顶侧面操作;操作人员上岗必须戴防护眼镜或防护面罩,防止高压油泄漏伤害眼睛。

(3)油泵开动过程中,不得擅自离开岗位;若需离开,则必须把油阀全部松开或切断电路。

练习题

1. 什么叫预应力混凝土?有什么特点?

2. 阐述先张法与后张法的生产工艺,并分析其异同点。

3. 说明先张法中夹具的种类及其要求。

4. 试述先张法中预应力钢筋的张拉控制与校核方法。

5. 预应力钢筋的放张条件是什么？对预应力钢筋的放张有何要求？

6. 后张法预应力钢筋、锚具、张拉设备应该如何配套使用？

7. 如何计算预应力钢筋的下料长度？计算时应考虑什么因素？

8. 后张法的张拉方法和张拉顺序如何确定？

9. 孔道留设有哪些方法？分别应注意哪些问题？

10. 预应力混凝土施工中,可能产生哪些预应力损失？如何控制？

11. 在后张法施工中,孔道灌浆有何作用？如何进行孔道灌浆？

12. 分析有黏结预应力施工与无黏结预应力施工有何区别？无黏结预应力钢筋的锚头端部如何处理？

13. 分析预应力钢筋张拉与钢筋冷拉有何不同？

项目七　结构安装工程施工

【学习目标】

熟悉常用起重机械与设备的类型、工作特点及适用范围。掌握装配式混凝土结构构件安装的施工方案、施工工艺与方法，钢结构安装的施工工艺与技术要求。熟悉结构安装工程的施工质量验收与安全技术要求。

任务一　起重机械与索具设备

结构安装工程是用各种起重机械将房屋的预制构件安装到设计位置，组装成房屋结构的施工过程，是装配式结构房屋施工的主导工程。

结构安装工程常用的起重机械有桅杆式起重机、自行式起重机、塔式起重机等。常用的索具设备有卷扬机、滑轮组、钢丝绳、吊具等辅助工具。

一、起重机械

(一)桅杆式起重机

桅杆式起重机又称拔杆，是简易的起重设备，工程中常用的有独脚拔杆、人字拔杆、悬臂拔杆和牵缆式拔杆等。这类起重机构造简单，装拆方便，起重量大(可达 1 000 kN 以上)，受地形限制小；但灵活性差，服务半径小，移动困难，施工时需要拉设较多的缆风绳。其多用于安装工程量较集中、构件重量大、场地狭窄的吊装作业。

1. 独脚拔杆

独脚拔杆由拔杆、滑轮组、卷扬机、缆风绳和锚碇等组成，如图 7-1(a)所示。

独脚拔杆按材料分木独脚拔杆、钢管独脚拔杆和型钢格构式独脚拔杆三种。木独脚拔杆现已很少使用；钢管独脚拔杆的起重力一般在 300 kN 以内，起重高度在 30 m 以内；型钢格构式独脚拔杆的起重力可达 1 000 kN，起重高度可达 60 m。

独脚拔杆的拔杆应有不大于 10°的倾角，主要靠缆风绳保持稳定；缆风绳的数量应根据起重量、起重高度、绳索强度而定，一般为 6~12 根，缆风绳和地面夹角一般为 30°~45°。

2. 人字拔杆

人字拔杆由两根拔杆(圆木或钢管)、缆风绳、滑轮组、导向滑车等组成，如图 7-1(b)所示。拔杆下端两脚的距离为高度的 1/3~1/2，缆风绳的数量根据拔杆的起重量和起重高度决定，一般不少于 5 根。人字拔杆起重量大，侧向稳定性好，但构件起吊后活动范围小，常用于吊装重型柱等构件。

3. 悬臂拔杆

悬臂拔杆是在独脚拔杆的中部装上一根起重臂而成的，如图 7-1(c)所示。其特点是有较大的起重高度和相应的工作幅度,悬臂起重杆左右摆动角度大、起重量小,适用于轻型构件的安装。

4. 牵缆式拔杆起重机

牵缆式拔杆起重机是在独脚拔杆下端装上一根可以回转和起伏的起重臂而成的,且下部设有专门行走装置,如图7-1(d)所示。牵缆式拔杆起重机的缆风绳不少于6根,起重臂可上下起伏,机身可做360°回转,起重量可达600 kN,起重高度可达80 m,适用于构件多且较集中的结构安装工程。

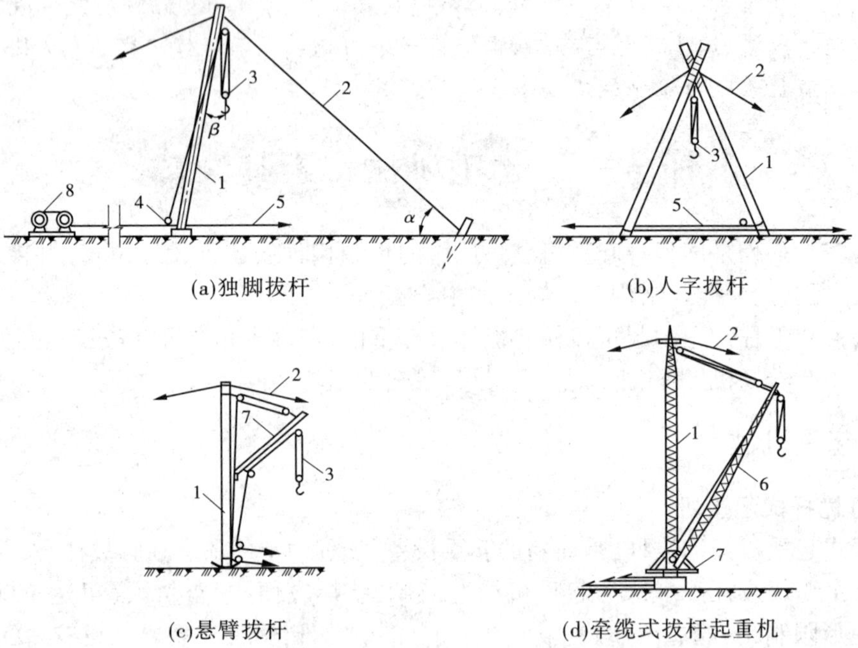

1—拔杆;2—缆风绳;3—起重滑轮组;4—导向装置;5—拉索;6—起重臂;7—回转盘;8—卷扬机

图7-1 桅杆式起重机

(二)自行式起重机

自行式起重机包括履带式起重机、汽车式起重机和轮胎式起重机等。

1. 履带式起重机

1)履带式起重机的构造及特点

履带式起重机是在行走的履带底盘上装有起重装置的起重机械,主要由行走装置、回转机构、机身及起重臂等部分组成(见图7-2),是一种自行式、全回转的起重机械,具有操作灵活,使用方便,在一般平整坚实的场地上可以载荷行驶和作业的特点。但履带式起重机稳定性较差,不宜超负荷吊装,且在作业时坡度不得大于3°,对路面易造成损坏,在工地之间迁移需要采用平板车拖运。目前,国内常用的履带式起重机有W系列和QU系列及一些进口机械。

2)履带式起重机的技术性能

履带式起重机的技术性能包括三个主要参数:起重量Q、起重半径R、起重高度H。

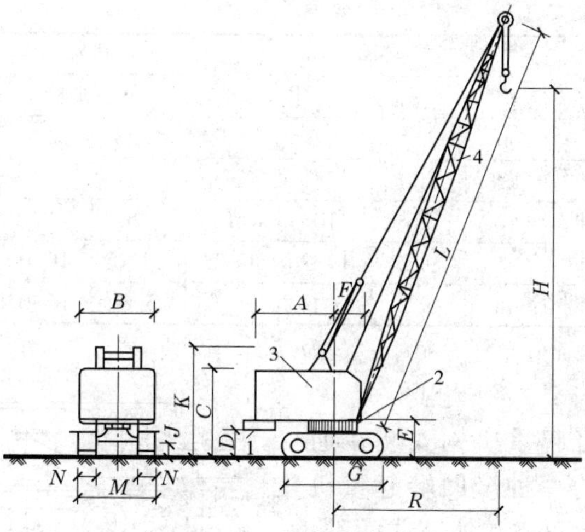

1—行走装置；2—回转机构；3—机身；4—起重臂；$A,B,C\cdots$—外形尺寸；
L—起重臂长度；H—起重高度；R—起重半径

图 7-2　履带式起重机外形

起重半径 R 是指起重机回转中心至吊钩的水平距离，起重高度 H 是指起重吊钩至地面的垂直距离。

起重量 Q、起重半径 R、起重高度 H 这三个参数之间存在相互制约的关系，其数值变化取决于起重臂的长度及其仰角的大小。当臂长不变时，起重机仰角增大，起重量 Q 和起重高度 H 增大，起重半径 R 减少；当起重机仰角不变时，随着起重臂长度的增加，起重半径 R 和起重高度 H 增加，起重量 Q 减少。

起重半径 R、起重高度 H 与起重臂长度 L 及其仰角 α 间的几何关系如下：

$$R = F + L\cos\alpha \tag{7-1}$$

$$H = E + L\sin\alpha - d_0 \tag{7-2}$$

式中　d_0——吊钩中心至起重臂顶端定滑轮中心最小距离，m；

E——起重臂下铰中心距地面高度，m；

F——起重臂下铰中心距回转中心距离，m。

履带式起重机的技术性能可查起重机手册中的起重机性能表或起重机性能曲线。表 7-1 为 W_1-50、W_1-100、W_1-200 型起重机技术性能。

表 7-1　履带式起重机技术性能

参数	单位	型号							
		W_1-50			W_1-100		W_1-200		
起重臂长度	m	10	18	18(带鸟嘴)	13	23	15	30	40
最大起重半径	m	10.0	17.0	10.0	12.5	17.0	15.5	22.5	30.0

续表 7-1

参数		单位	型号							
			W_1-50			W_1-100		W_1-200		
最小起重半径		m	3.7	4.5	6.0	4.23	6.5	4.5	8.0	10.0
起重量	最小起重半径时	kN	100	75	20	150	80	500	200	80
	最大起重半径时	kN	26	10	10	35	17	82	43	15
起重高度	最小起重半径时	m	9.2	17.2	17.2	11.0	19.0	12.0	26.8	36.0
	最大起重半径时	m	3.7	7.6	14.0	5.8	16.0	3.0	19.0	25.0

注:表中数据所对应的起重臂仰角为 $\alpha_{min}=30°$, $\alpha_{max}=77°$。

2.汽车式起重机

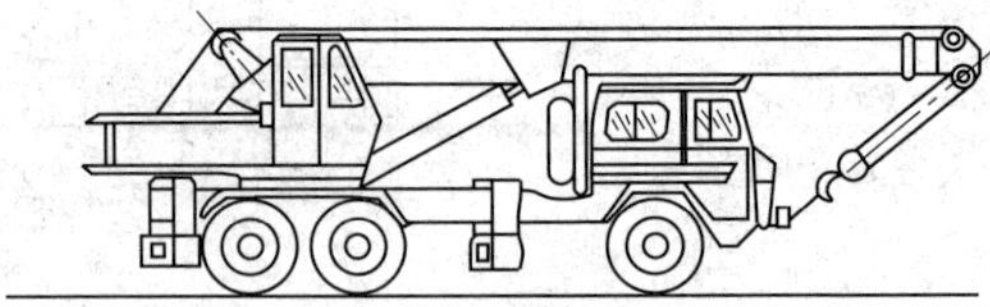

图 7-3 汽车式起重机

汽车式起重机是将起重机构安装在通用或专用汽车底盘上的一种全回转起重机(见图 7-3),起重臂有桁架式和伸缩式两种。汽车式起重机具有行驶速度快、转移迅速、对路面破坏小、不能负荷行驶等特点;起重机行驶和工作的场地应保持平坦坚实,且吊装作业时必须使用支腿支撑地面以保持稳定。其适用于流动性大或经常改变作业地点的吊装,常用于一般单层工业厂房的结构吊装。

目前,工程中常用的汽车式起重机型号有 QY8、QY12、QY16、QY32、QY40、QY65 等,部分型号汽车式起重机的技术性能见表 7-2。

表 7-2 汽车式起重机的技术性能

参数		单位	型号									
			QY8				QY16			QY32		
起重臂长度		m	6.95	8.50	10.15	11.7	8.8	14.4	20.0	9.5	16.5	30
最小起重半径		m	3.2	3.4	4.2	4.9	3.8	5.0	7.4	3.5	4.0	7.2
最大起重半径		m	5.5	7.5	9.0	10.5	7.4	12	14	9.0	14.0	26.0
起重量	最小起重半径时	kN	80	67	42	32	160	80	40	320	220	80
	最大起重半径时	kN	26	15	10	8	40	10	5	70	26	6
起重高度	最小起重半径时	m	7.5	9.2	10.6	12.0	8.4	14.1	19	9.4	16.45	29.43
	最大起重半径时	m	4.6	4.2	4.8	5.2	4.0	7.4	14.2	3.8	9.25	15.3

3.轮胎式起重机

轮胎式起重机是一种装在专用轮胎式行走底盘上的一种全回转起重机(见图 7-4),其上部构造和履带式起重机基本相同,吊装作业时则与汽车式起重机相同。轮胎式起重机具有横向稳定性好,转弯半径小,在平坦地面上进行小起重量作业时可负荷行走等特点,适宜于作业地点相对固定而作业量较大的情况,但不适合在松软泥泞的建筑场地上作业。常用的轮胎式起重机有 QLY16 型和 QLY25 型两种,可用于一般单层工业厂房的结构吊装。

(三)塔式起重机

塔式起重机的种类繁多,按其有无行走机构可分为固定式和移动式两种,按其回转形式可分为上回转和下回转两种,按其变幅方式可分为水平臂架移动小车变幅和起重臂变幅两种,按起重能力可分为轻型塔式起重机(起重量为 5~30 kN)、中型塔式起重机(起重量为 30~150 kN)、重型塔式起重机(起重量为 200~400 kN)。

塔式起重机具有适用范围广、回转半径大、起升高度较高、效率高、操作简便等特点。目前,在我国高层工业与民用建筑工程中已经得到广泛使用。常用的塔式起重机主要有轨道式、爬升式和附着式三种。

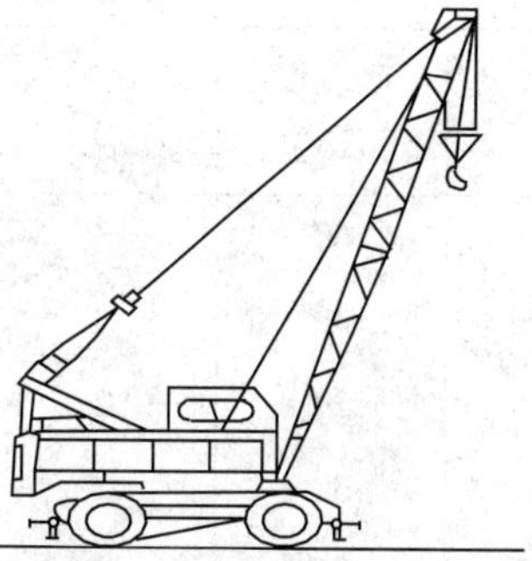

图 7-4　轮胎式起重机

1. 轨道式塔式起重机

轨道式塔式起重机常用的有 QT_1-6 型、QT-60/80 型、QT-15 型、QT-20 型、TD-25 型等。

QT_1-6 型塔式起重机是轨道式上旋转塔式起重机(见图 7-5),起重量为 20~60 kN,起重半径为 8.5~20 m,轨距 3.8 m,可负荷行走,其起重性能见表 7-3。其适用于一般工业与民用建筑的结构吊装、工程材料运输等工作。

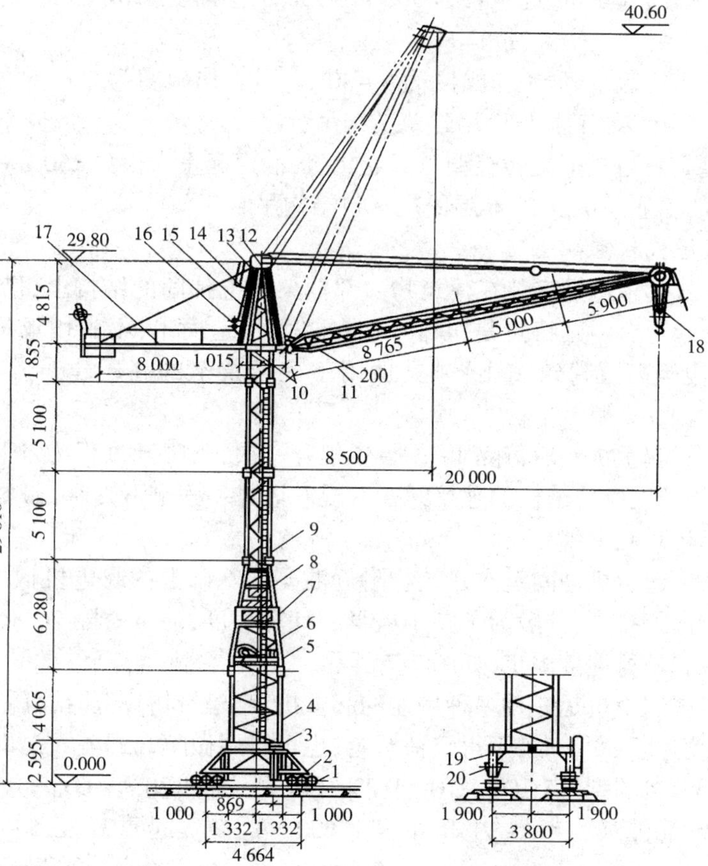

1—被动台车;2—活动侧架;3—平台;4—第一节架;5—第二节架;6—卷扬机构;7—操纵配电系统;8—司机室;9—互换节架;10—回转机构;11—起重臂;12—中央集电环;13—超负荷保险装置;14—塔顶;15—塔帽;16—手摇变幅机构;17—平衡臂;18—吊钩;19—固定侧架;20—主动台车

图 7-5　QT_1-6 型塔式起重机外形与构造示意

表7-3 QT_1-6型塔式起重机的起重性能

工作幅度(m)	起重量(kN)	起重绳数(最少)	起重速度(m/min)	起升高度(m)		
				无高接架	带1节高接架	带2节高接架
8.5	60	3	11.4	30.4	35.5	40.6
10	49	3	11.4	29.7	34.8	39.9
12.5	37	2	17	28.2	33.6	38.4
15	30	2	17	26.0	31.1	36.2
17.5	25	2	17	22.7	27.8	32.9
20	20	1	34	16.2	21.3	26.4

QT-60/80型塔式起重机,额定起重力矩为600~800 kN·m,适用于工业厂房与较高的民用建筑结构吊装。

QT-15型塔式起重机,起重量为50~150 kN,工作幅度为8~25 m,适用于一般工业与民用建筑结构吊装。

QT-20型塔式起重机,工作幅度为9~30 m,当工作幅度为9 m时,主钩最大起重量为200 kN,适用于多层工业与民用建筑结构吊装。

TD-25型是轨道式下旋转轻型塔式起重机,额定起重力矩为250 kN·m,适用于跨度在15 m以内的工业厂房及5~6层民用建筑结构吊装。

2. 爬升式塔式起重机

爬升式塔式起重机是安装在建筑物内部框架或电梯间的结构上,借助套架和爬升机构自行爬升的起重机。其特点是机身小,自重轻,构造简单,不占用场地,适用于框架结构、剪力墙结构等高层建筑施工,尤其适用于现场狭窄的高层建筑施工。常用型号有QT_5-4/40型、QT_3-4型等。

爬升式塔式起重机一般每隔1~2层楼爬升一次,其爬升过程为:固定下支座→提升套架、固定→松开底座与结构的连接螺栓→提升塔身→固定下支座,如图7-6所示。

3. 附着式塔式起重机

附着式塔式起重机是固定在建筑物附近混凝土基础上的起重机械,它可借助顶升系统将塔身自行向上接高,一般为了减小塔身的计算长度,通常每隔20 m左右将塔身与建筑物用锚固装置进行连接固定,如图7-7所示。

附着式塔式起重机是一种多种用途的起重机,当建筑物较低时,可做轨道式起重机使用,但起升高度大于36 m时,不得负荷行走;也可以用做爬升式塔式起重机使用。常用的附着式塔式起重机的型号有QT_4-10型、ZT-100型、ZT-120型、QT_1-4型等。QT_4-10型附着式塔式起重机最大起重力矩可达1 600 kN·m,起重高度5~10 m,回转半径3~30 m。

附着式塔式起重机的顶升系统主要由顶升套架、引进轨道及小车、液压顶升机组等三部分组成,其顶升过程如下(见图7-8):

(1)吊运一节标准节到摆渡小车上,并将过渡节与塔身标准节相连的螺栓松开,准备

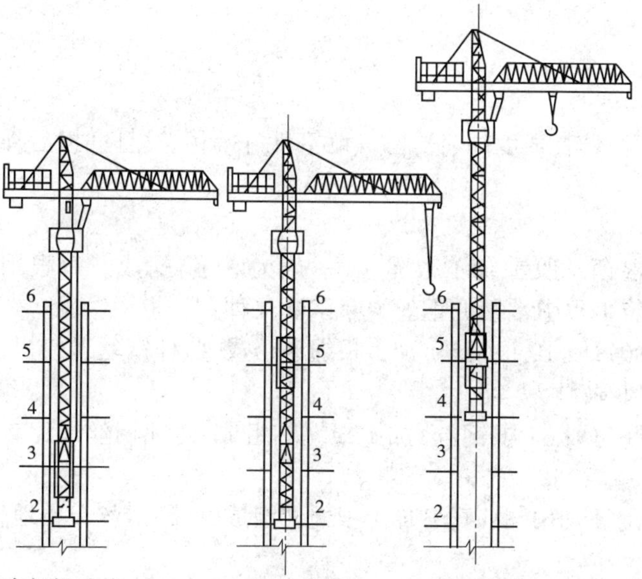

(a)套架提升前　(b)提升套架　(c)提升塔架

图 7-6　爬升过程示意

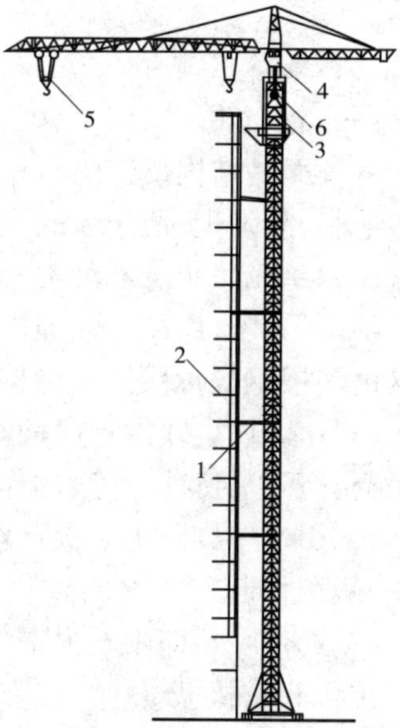

1—撑杆;2—建筑物;3—标准节;4—操作室;
5—起重小车;6—顶升套架

图 7-7　附着式塔式起重机

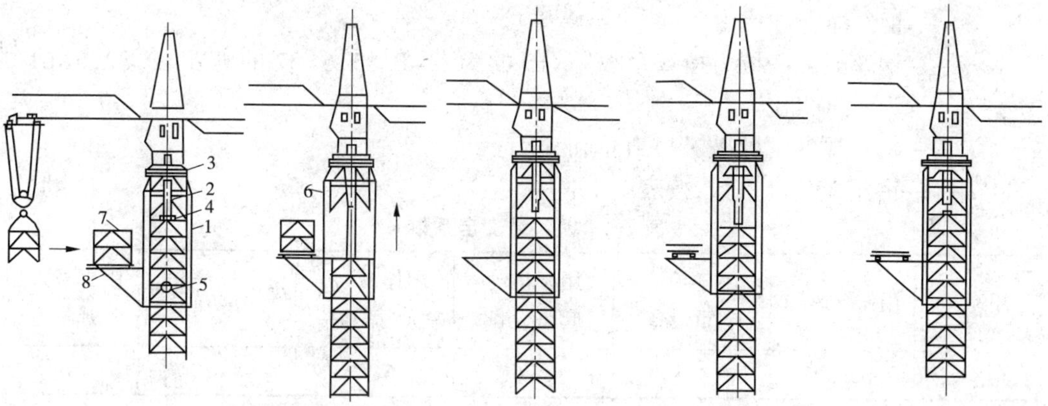

(a)准备状态　(b)顶升塔顶　(c)推入塔身标准节　(d)安装塔身标准节　(e)塔顶与塔身连成整体

1—顶升套架;2—液压千斤顶;3—承座;4—顶升横梁;5—定位销;6—过渡节;7—标准节;8—摆渡小车

图 7-8　附着式塔式起重机顶升过程示意

顶升。

(2)启动液压千斤顶,将上部结构包括顶升套架提升到超过一个标准节的高度,然后用定位销将套架与塔身固定。

(3)回缩液压千斤顶,形成引进空间,将装有标准节的摆渡小车开到引进空间内。

(4)利用液压千斤顶稍微提起待接高的标准节,退出摆渡小车;然后将待接高的标准节平稳地落在下面的塔身上,并用螺栓连接。

(5)拔出定位销,下降过渡节,使之与已接高的塔身连成整体。

二、索具设备

(一)钢丝绳

钢丝绳是结构吊装的常用绳索,具有强度高、韧性好、耐磨性好等优点,且磨损后外表产生毛刺,易发现,便于事故预防。

1. 钢丝绳的构造与种类

结构吊装常用的钢丝绳由6根钢丝股围绕1根绳芯(一般为麻芯)捻成。每根钢丝股又由多根钢丝捻成。在结构安装工程中常用的钢丝绳有以下几种:

(1)6×19+1:即由6根钢丝股(每股19根钢丝)加1根绳芯组成,此种钢丝绳较粗,硬而耐磨,但不易弯曲,一般用作缆风绳。

(2)6×37+1:即由6根钢丝股(每股37根钢丝)加1根绳芯组成,此种钢丝绳比较柔软,一般用作起重吊索。

(3)6×61+1:即由6根钢丝股(每股61根钢丝)加1根绳芯组成,此种钢丝绳质地软,用于重型起重机械。

2. 钢丝绳的允许拉力

钢丝绳的允许拉力应满足下式要求:

$$S \leqslant \frac{\alpha P}{K} \tag{7-3}$$

式中 S——钢丝绳允许拉力,kN;

α——钢丝绳破断拉力换算系数,6×19的为$\alpha=0.85$,6×37的为$\alpha=0.82$,6×61的为$\alpha=0.80$;

P——钢丝绳的钢丝破断拉力总和,kN;

K——钢丝绳安全系数,按表7-4取用。

表7-4 钢丝绳安全系数K

用途	用作缆风绳	用于手动起重设备	用于机动起重设备	用作吊索,无弯曲时	用作捆绑吊索	用于载人的升降机
安全系数	3.5	4.5	5~6	6~7	8~10	14

(二)吊具

结构安装常用的吊具有吊钩、吊索(千斤绳)、卡环(卸甲)、横吊梁(铁扁担)等。

1. 吊钩

吊钩是用整块优质碳素钢锻造而成的,一般有单钩和双钩两种。吊钩的表面应当光滑,不得有剥裂、刻痕、裂缝等缺陷。吊装时吊钩不得直接钩在构件的吊环中。

2. 吊索

吊索主要用于绑扎和起吊构件,一般用6×61和6×37钢丝绳制成,其形式如图7-9所示。在结构吊装中吊索的拉力应符合允许拉力的要求。

3. 卡环

卡环主要用于吊索间或吊索与构件间的连接,按销子和弯环的连接方式分为螺栓式卡环和活络卡环，如图 7-10 所示。

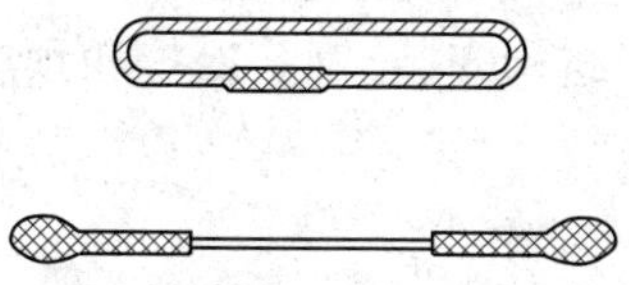

图 7-9　吊索

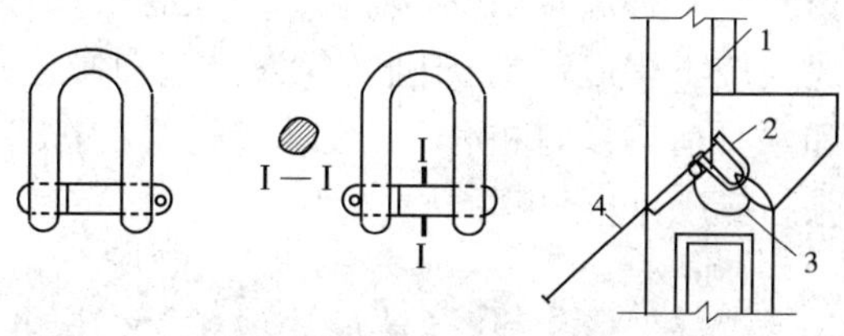

(a)螺栓式卡环　(b)活络卡环　(c)用活络卡环绑扎

1—吊索；2—活络卡环；3—销子安全绳；4—白棕绳

图 7-10　卡环及其使用示意

4. 横吊梁

常用钢板、钢管、型钢等制作横吊梁，用直吊法吊装柱子时，使用钢板横吊梁可以使柱子保持垂直。屋架吊装时可用钢管或型钢横吊梁降低索具高度，使索具夹角满足要求，如图 7-11 所示。

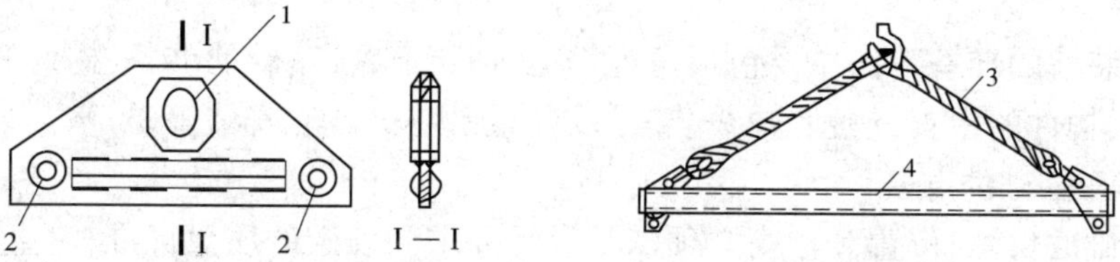

(a)型钢横吊梁　(b)钢管横吊梁

1—挂起重机吊钩的孔；2—挂卡环的孔；3—吊索；4—钢管

图 7-11　横吊梁

(三)滑轮组

滑轮组一般由一定数量的定滑轮、动滑轮及绳索组成，如图 7-12 所示。

滑轮组既省力又可根据需要改变力的方向，是起重设备不可缺少的组成部件。利用滑轮组能用较小吨位的卷扬机起吊较大重量的构件。滑轮组引出线的跑头拉力是滑轮组省力程度的指标，跑头拉力取决于滑轮组的工作线数和滑轮轴承的摩阻力。工作线数是指滑轮组中共同负担构件重力的绳索根数，工作线数可通过以动滑轮组合体为隔离体来分析确定。滑轮组的跑头拉力 S_P 可按下式计算：

$$S_P = KQ \tag{7-4}$$

$$K = \frac{f^n(f-1)}{f^n - 1} \tag{7-5}$$

式中　S_P——滑轮组引出绳的跑头拉力，kN；

Q——计算荷载(吊装荷载)，kN；

K——滑轮组省力系数；

n——工作线数；

f——单个滑轮阻力系数，青铜轴套轴承 $f=1.04$，滚珠轴承 $f=1.02$，无轴套轴承 $f=1.06$。

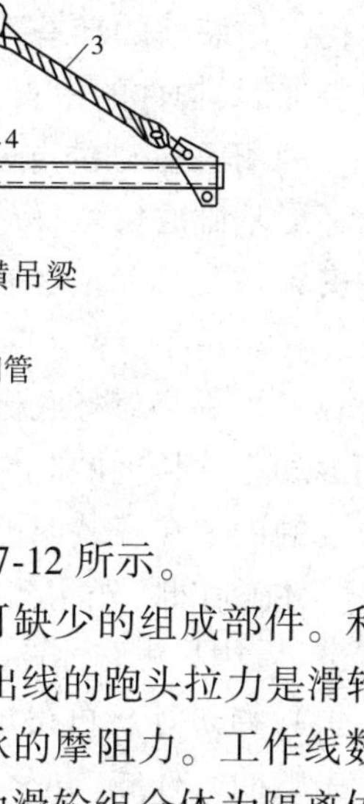

1—定滑轮；2—动滑轮；3—重物；4—跑头拉力

图 7-12　滑轮组

(四)卷扬机

卷扬机是一种起重、拉伸机械。一般有手动和电动两类。

在建筑施工中电动卷扬机又分为快速和慢速两种。快速卷扬机(JJK型)主要用于垂直运输和水平运输及打桩作业,慢速卷扬机(JJM型)主要用于结构安装、钢筋冷拉和预应力钢筋张拉等。

任务二　装配式混凝土结构安装

装配式混凝土结构安装多见于工业厂房,一般除基础现场浇筑外,其他构件多为预制构件,如柱、吊车梁、连系梁、屋架、天窗架、屋面板、基础梁等。中小型构件多在预制厂制作,大型构件多在施工现场制作,用起重机在施工现场装配成整体。其施工特点是结构高度较大,占地面积相对较小,构件种类多、数量大,各类构件的接头处理复杂,技术要求高。在结构安装施工中,应做好安装前的准备、结构安装方案与吊装工艺的确定等工作。

一、构件安装前的准备工作

构件吊装前的准备工作主要包括清理场地,铺筑道路,基础的准备,构件的运输、堆放和拼装加固,构件的检查、清理、弹线、编号及起重吊装机械的安装等。

(一)杯形基础的准备

杯形基础的尺寸、位置和标高必须满足设计要求和规定的质量标准,它直接影响整个结构安装的质量和正常使用,其准备工作主要包括杯底抄平和杯口顶面弹线。

1. 杯底抄平

杯底抄平是对杯底标高进行一次检查和调整,以保证吊装后的牛腿标高。考虑预制钢筋混凝土柱长度的制作误差,浇筑基础时,杯底标高一般比设计标高降低50 cm,使柱子长度的误差在安装时能够调整。

具体操作时,先测杯底标高,在杯口内壁上弹出比杯口顶面设计标高低100 mm的水平线,然后用尺测量水平基准线到杯底的垂直距离(小柱测中间一点,大柱测四个角点取平均值),通过计算可得出杯底的实际标高。牛腿面设计标高与杯底实际标高之差,就是柱子牛腿面到柱底的应有长度,这个长度与在柱子上实际量得的长度比较,可得到柱子安装时实际需要调整的高差,结合柱底面的平整程度,可求出杯底应达到的标高。然后用水泥砂浆或细石混凝土将杯底垫至这个标高(允许误差为±5 mm),即完成杯底抄平。杯底抄平后,应将杯口遮盖以防杂物落入。

2. 杯口顶面弹线

首先检查杯口尺寸,在基础顶面弹出十字交叉的安装中心线,并画上红三角。中心线对定位轴线的允许误差为±10 mm。

(二)构件的运输与堆放

1. 构件运输

预制构件从工厂运至施工现场,应根据运距、构件类型、重量、尺寸和体积等情况,选择合理适用的装卸机械和运输车辆。运输过程中必须保证构件不倾倒、不损坏、不变形,同时应满足下列要求：

(1)构件运输时的混凝土强度，若设计无要求，则不应低于设计强度标准值的75%。

(2)构件装卸时的吊点应符合设计的规定，运输过程中构件应有保护和临时加固措施。构件的支垫位置和支垫方法应符合设计要求或按实际受力情况确定，上、下层垫木应在同一垂直线上。

(3)运输道路应平整坚实，有足够的宽度和转弯半径，使车辆及构件能顺利通过。

(4)构件的运输顺序及卸车位置应按施工组织设计的规定进行，以免造成构件的二次搬运。

2. 构件堆放

(1)构件应按施工组织设计规定的构件现场就位位置堆放。

(2)堆放场地应平整坚实，构件堆放时应按受力情况搁置在垫木或支架上。

(3)重叠堆放时，构件之间要垫上垫木，上、下层垫木应在同一垂线上；一般梁可叠放2~3层，大型屋面板不宜超过6块，空心板不宜超过8块。

(4)构件叠放时应使吊环向上，标志向外。

(三)构件的检查、清理、弹线与编号

1. 构件的检查与清理

为保证结构安装工程质量，对所有构件要进行全面检查。检查的内容如下：

(1)按设计图纸检查构件型号，清点构件数量。

(2)检查构件强度。一般规定，构件吊装时混凝土强度不低于75%的设计强度标准值，对于大跨度构件应达到100%的设计强度标准值(如屋架)；预应力混凝土构件孔道灌浆的强度不应小于15 N/mm^2。

(3)检查构件的外形尺寸，以及预埋件、预留孔洞和吊环位置是否正确。

(4)检查构件表面有无裂缝、变形及其他损坏现象。

(5)清除预埋铁件上的污物，以保证构件的拼装和焊接质量。

2. 构件弹线

构件经检查质量合格后，即可在构件上弹出安装的定位墨线和校正用墨线作为构件安装、对位、校正时的依据，具体做法如下：

(1)柱子：在柱身三面弹出安装中心线，所弹中心线的位置应与柱基杯口面上的安装中心线相吻合。此外，在柱顶与牛腿面上还要弹出安装屋架及吊车梁的定位线。

(2)屋架：屋架上弦顶面应弹出几何中心线，上弦中线应延至屋架两端下部，并从跨度中央向两端分别弹出天窗架、屋面板或檩条的安装定位线。

(3)梁(包括薄腹梁、吊车梁、托架梁)：在两端及顶面弹出安装中心线。

3. 构件编号

按图纸对构件进行编号，编号写在构件明显的部位。从外形上不易辨别上下左右的构件，应在构件上用记号标明，以免安装时出现差错。

二、结构安装方案

结构安装方案的主要内容包括吊装机械的选择、结构安装方法、起重机的布置与开行路线等。

(一)吊装机械的选择

吊装机械的选择应按工程结构的特点、高度、平面形状、尺寸,构件长度、重量、体积大小、安装位置及现场施工条件等因素确定。

结构安装常用的起重机械主要有履带式起重机、汽车式起重机、轮胎式起重机、塔式起重机等。一般建筑高度在18 m以下的结构安装多选用汽车式起重机、履带式起重机、轮胎式起重机;建筑高度在18 m以上的结构、构件重量在30 kN以下,一般选用塔式起重机;当构件体积较大或重量较大时可采用多型号或多台起重机同时进行吊装。在吊装过程中,当各种构件的重量、起重高度等相差太大时,可选用同一型号的起重机用不同的臂长进行吊装,以充分发挥起重机的性能。

选择塔式起重机型号时,首先应分析结构特点、构件重量、起重半径、起重高度是否满足要求。当塔式起重机的起重能力用起重力矩表达时,应分别计算出主要构件所需的起重力矩,取其最大值作为选择依据,并绘制剖面图,在图上标明各主要构件吊装重物时所需的起重半径,如图7-13所示。

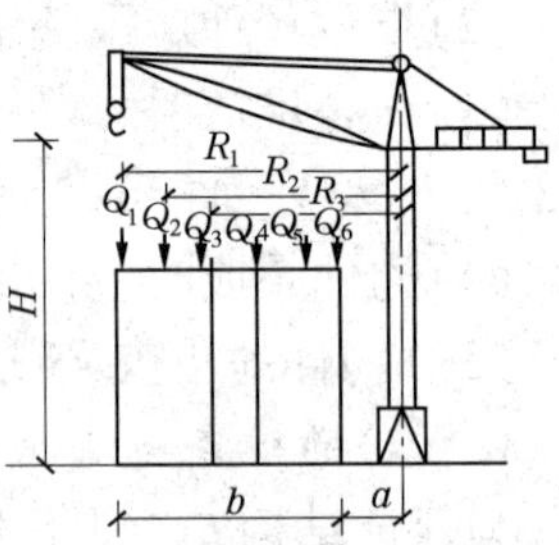

图7-13　塔式起重机工作参数

1. 起重量

起重机的起重量必须大于所安装构件重量与索具重量之和,公式如下:

$$Q \geqslant Q_1 + Q_2 \tag{7-6}$$

式中　Q——起重机的起重量,kN;

Q_1——构件的重量,kN;

Q_2——索具的重量,kN。

2. 起重高度

起重机的起重高度必须满足构件安装高度的要求(见图7-14):

$$H \geqslant h_1 + h_2 + h_3 + h_4 \tag{7-7}$$

式中　H——起重机的起重高度,m,即停机面至吊钩中心的垂直距离;

h_1——安装支座顶面高度,m,从停机面算起;

h_2——安装间隙,m,不小于0.3 m;

h_3——绑扎点至构件吊起后底面的距离,m;

h_4——索具高度,m,绑扎点至吊钩中心的垂直距离。

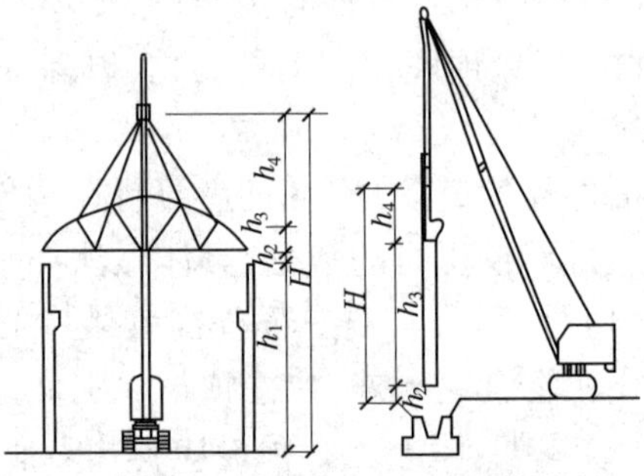

(a)安装屋架　(b)安装柱子

图7-14　起重高度计算简图

3. 起重半径

(1)当起重机可以开行至吊装位置附近吊装时,对起重机工作无特殊要求的构件,可按计算的起重量和起重高度查阅起重机性能表选择起重机型号及臂长,并查得相应的起重半径,以这个起重半径确定起重机开行路线和停机点位置。

(2)当起重机停机位置受到限制,不能直接开到吊装位置附近时,需要根据要求的最小起重半径、起重量、起重高度,查阅起重机性能表,选择起重机型号及起重臂长。

(3)当起重机的起重臂需要跨过已安装好的构件进行吊装时,需要求出起重机吊装该构件时的最小臂长及相应的起重半径,一般有数解法和图解法两种(见图 7-15)。

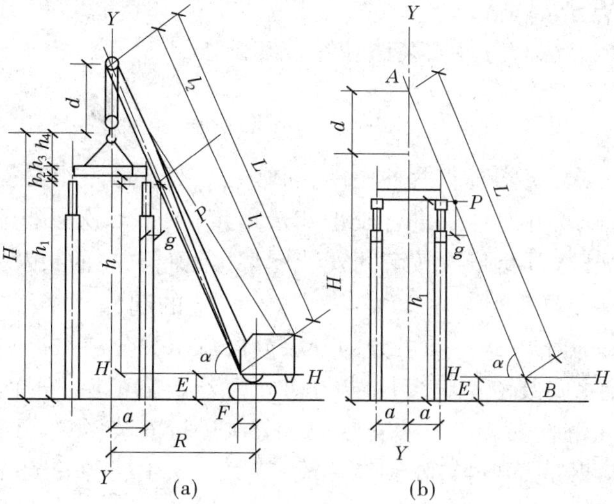

图 7-15　吊装屋面板时起重机最小臂长计算

①数解法:如图 7-15(a)所示,起重机的起重臂长度为:

$$L = l_1 + l_2 = \frac{h}{\sin\alpha} + \frac{a + g}{\cos\alpha} \tag{7-8}$$

$$\alpha = \arctan\sqrt[3]{\frac{h}{a + g}} \tag{7-9}$$

式中　h——起重臂下铰至吊装构件支座顶面的高度,m,$h = h_1 - E$,h_1 为从停机面至构件安装表面间的垂直距离,m;

a——起重机吊钩跨过已安装结构的水平距离,m;

g——起重臂轴线与已安装好构件间的水平距离,m,至少取 1 m;

α——起重臂的仰角,(°)。

将式(7-9)求得的 α 值代入式(7-8)可得出所需的最小起重臂长度。

②图解法:用图解法求起重机最小臂长及相应的起重半径较为直观,如图 7-15(b)所示,但为保证精确度,要选择适当的作图比例。图解法步骤如下:按选定比例绘制厂房一个节间的剖面图,并过吊装屋面板时起重机吊钩伸入跨内所需水平距离 a 位置处,作铅垂线 YY;作与停机面距离等于 E 的水平线 HH,HH 线是起重臂下端转轴的运动轨迹;自屋架顶面向起重机方向水平量一距离等于 g,标记为 P 点;过 P 点可作若干条直线,分别与水平线 HH 及铅垂线 YY 相交,则 HH 线与 YY 线所截得的若干线段都满足起重臂长度的要求,设其中最短的一条交 YY 线于 A 点,交 HH 线于 B 点,则线段 AB 的长度即是最小起重臂长度 L_{min}。

根据数解法和图解法所求得的最小起重臂长度为理论值 L_{min},查起重机性能表或性能曲线,从规定的几种臂长中选择一种臂长 $L \geq L_{min}$,即为吊装屋面板时所选用的起重臂长度。根据实际采用的 L 及相应的 α 值及式(7-8)计算起重半径,按计算出的 R 值及已选定的起重臂长度 L 查起重机性能表或性能曲线,复核起重量 Q 及起重高度 H,若满足要求,即可根据 R 值确定起重机吊装屋面板时的停机位置。

(二)结构安装方法

装配式结构安装方法有分件安装法和综合安装法。

1. 分件安装法

1)单层结构安装

起重机每开行一次,仅安装一两种构件,通常分三次开行才能安装完全部构件。即第一次开行安装全部柱子,并对柱子进行校正和最后定位;第二次开行安装全部吊车梁、连系梁及柱间支撑;第三次开行依次按节间安装屋架、天窗架、屋面板及屋面支撑等。

2)多层结构安装

多层结构安装按流水方式不同可分为分层分段流水和分层大流水两种安装方法。

(1)分层分段流水安装法是将多层结构划分为若干施工层,每个施工层再划分为若干安装段。起重机在每一安装段内按安装顺序分次进行安装,每次开行安装一种构件,直到该段的构件全部安装完毕,再转移到另一段,待每一施工层各安装段构件全部安装完毕并最后固定后再安装上一施工层构件。

(2)分层大流水安装时每个施工层不再划分流水段,而是按一个楼层组织各个工序的流水作业,这种方法适用于每层面积不大的工程。

2. 综合安装法

综合安装是以一个柱网(节间)或若干个柱网为一个安装段,以房屋全高为一个施工层组织各工序流水施工,起重机把一个安装段的构件吊装至房屋的全高,然后转入下一个安装段施工。开始时,先安装4~6根柱子,并立即进行校正和最后固定,然后安装该1~2个节间内的吊车梁、连系梁、屋架、屋面板等构件,再按节间、顺序用同样的方法继续安装,直至整个厂房结构安装完毕。

当结构宽度大而采用起重机跨内开行时,由于结构被起重机的通道暂时分割成几个从上到下的独立部分,故综合安装法特别适用于起重机在跨内开行时的结构安装。

分件安装法与综合安装法相比较,前者安装速度快,每次开行只安装一种或几种构件,易按构件特点合理确定吊装工作参数,操作简单而连续,可充分发挥起重机性能;后者安装速度慢,按节间安装,起重机需要不断变更工作参数和更换吊具,操作复杂,影响工作效率。前者开行路线长,后者开行路线短。前者工序衔接合理,构件的固定、校正时间充分,构件平面布置容易;后者工序衔接较零乱,构件的固定、校正时间短,构件平面布置困难。鉴于以上原因,只有在特殊情况下,如采用牵缆式拔杆起重机吊装,起重机移动较困难才采用综合安装法;当采用履带式起重机或汽车式起重机吊装时,一般宜采用分件安装法施工。

(三)起重机的布置与开行路线

1. 起重机的布置

起重机的布置主要应考虑结构平面形状和构件重量、起重机性能、施工现场条件等因素,通常有单侧布置、双侧布置(环形布置)、跨内单行布置、跨内环行布置等方式。

1) 单侧布置

当结构宽度较小、构件较轻时，采用单侧布置，如图 7-16(a)所示。同时，起重半径应满足：

$$R \geqslant b + a \tag{7-10}$$

式中　b——结构宽度，m；

a——结构外侧边至起重机轨道中心线间的距离，m，一般取 3~5 m。

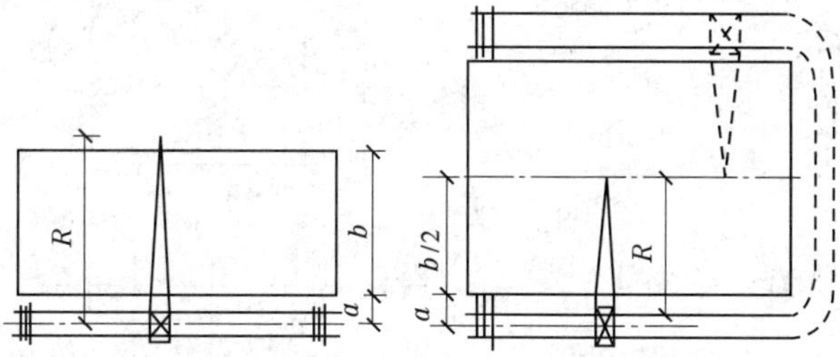

(a)单侧布置　(b)双侧(环行)布置

图 7-16　塔式起重机沿建筑物布置

2) 双侧(环形)布置

当构件宽度较大、构件较重，采用单侧布置起重机的起重力矩不能满足结构吊装要求时，起重机可采用双侧(环行)布置，如图 7-16(b)所示。双侧布置时，起重半径应为：

$$R \geqslant \frac{b}{2} + a \tag{7-11}$$

3) 跨内单行布置

当房屋周围场地狭窄，不允许在外侧布置起重机，只有布置在跨内才能满足技术要求时采用跨内单行布置，如图 7-17(a)所示。跨内单行布置可减少轨道长度并节约施工用地，但构件通常布置在起重机的起重半径之外，增加二次搬运。

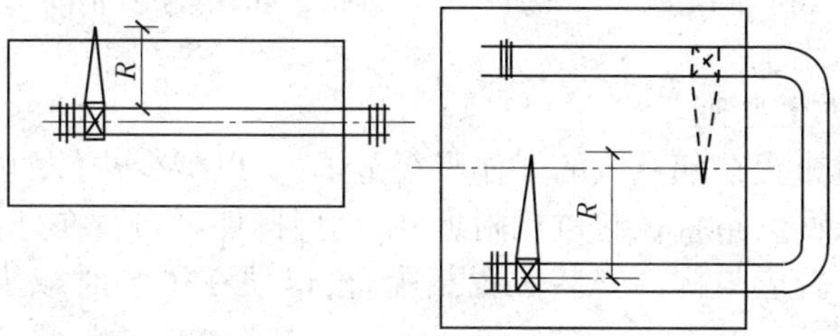

(a)跨内单行布置　(b)跨内环行布置

图 7-17　塔式起重机在跨内布置

4) 跨内环行布置

当结构跨度较大、构件较重、起重机跨内单行布置不能起吊全部构件，在施工现场起重机又不能在跨外环行布置时，可采用这种方式，如图 7-17(b)所示。

2. 起重机的开行路线

起重机开行路线和起重机的停机位置与起重机性能、构件的尺寸及重量、构件的平面布置、构件的供应方式、安装方法等因素有关。

起重机开行路线的选择，应以开行路线的总长度较短和线路能够重复使用为目标，使安装方案趋于经济合理。安装柱时,根据厂房跨度大小、柱的尺寸、重量及起重机性能,可沿跨中开行或跨边开行。当柱布置在跨外时,起重机一般沿跨外开行。

跨中开行时,根据起重半径满足不同条件,可在一个停机点上同时吊装左右侧两根柱子或四根柱子;跨外或跨边开行时,在一个停机点上可吊装一根柱子,或满足几何条件时可同时吊装同侧的两根柱子,如图7-18所示。

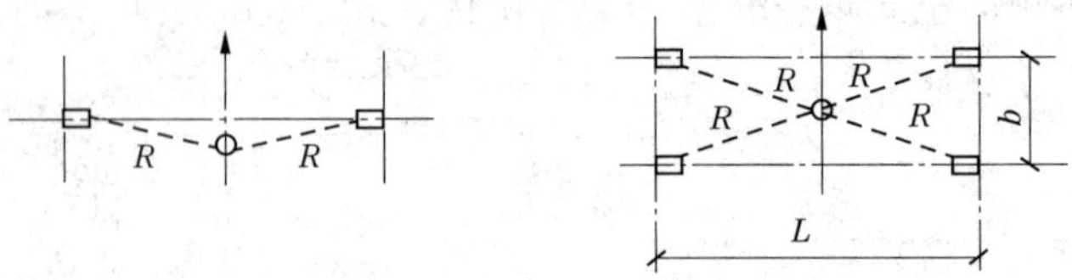

(a)跨中开行

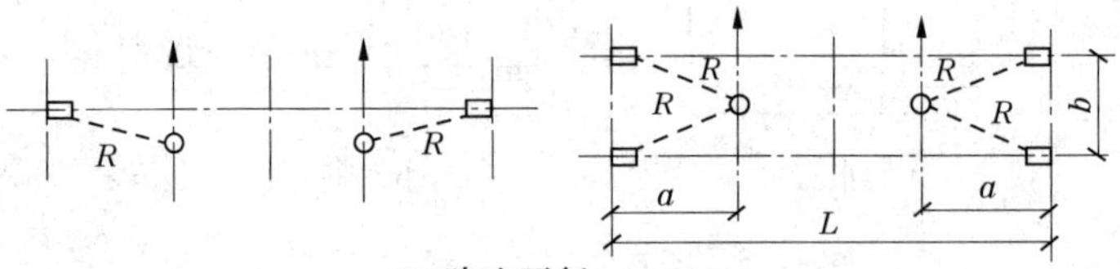

(b)跨边开行

图7-18　吊装柱时起重机的开行路线及停机点

安装屋架、屋面板等屋面构件时,起重机大多沿跨中开行。

当建筑物具有多跨并列,且有纵横跨时,可先安装各纵向跨,然后安装横向跨,以保证各纵向跨安装时起重机械、运输车辆畅通。如果各纵跨有高低跨时,则应先吊装高跨,然后逐步向两边吊装。

三、构件的平面布置

构件的平面布置与起重机的性能、安装方法、工程特点等条件有关,在确定施工方案后,可根据施工现场实际情况制订。构件的平面布置可分为预制阶段和吊装阶段,两者之间紧密关联,必须同时考虑。

(一)构件平面布置原则

(1)构件应尽量布置在起重机的工作半径范围内,以减少构件的二次搬运。

(2)重型构件应尽量布置在起重机附近,中小型构件可布置在外侧。

(3)构件布置位置应与构件安装位置相配合,以便在吊装时减少起重机的移动和变幅。

(4)构件布置力求占地少,保证起重机械、运输车辆的道路畅通。

(5)要注意构件安装时的朝向(如屋架),以免安装时在空中调头,影响安装进度,也不安全。

(6)现场预制构件应在坚实的地基上浇筑,防止因地基下沉而影响构件质量。

构件平面布置方式有与起重机轨道方向平行布置、与起重机轨道方向垂直布置、与起重机轨道方向成斜角布置三种。

在现场预制位置制作的构件,柱子可以采用叠层浇制;较长的柱可斜向布置,适用于旋转法吊装;起重机在跨内开行时,柱可以垂直布置;梁可安排在柱的外侧制作。

(二)预制阶段构件的平面布置

1. 柱子的布置

柱子的布置常采用斜向布置、纵向布置两种方式。

1)斜向布置

斜向布置即柱子预制时与厂房纵轴线成一斜角。这种布置主要是为了配合旋转法起吊柱子。根据旋转法起吊的要求,柱子最好按图 7-19(a)所示的三点(杯形基础中心、柱脚、绑扎点)共弧斜向布置。当场地受限制或柱子较长,柱的平面布置按三点共弧有困难时,可采用两点(柱脚、杯口中心)共弧,如图 7-19(b)所示。

2)纵向布置

纵向布置即柱子预制时与厂房轴线平行排列(见图 7-20),纵向布置主要是配合滑行法起吊柱子。布置时可考虑起重机停于两柱之间,每停机一次安装两根柱子。

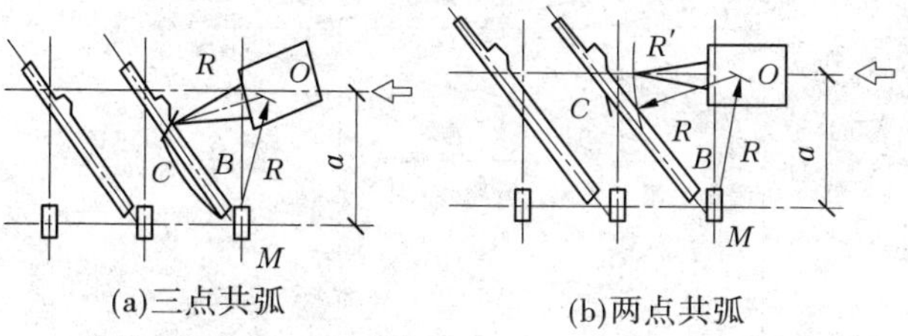

图 7-19 柱子的斜向布置

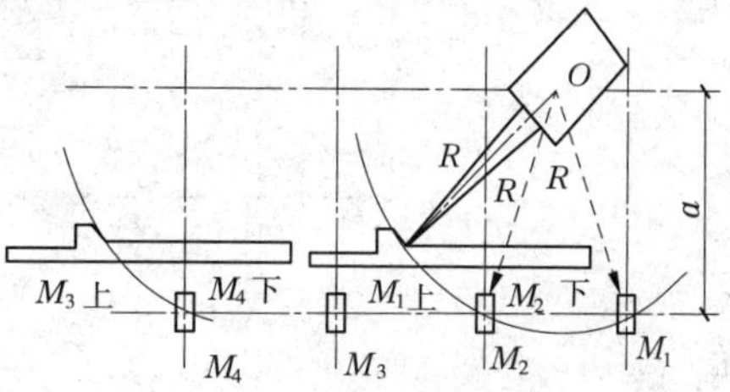

图 7-20 柱子的纵向布置

2. 屋架的布置

钢筋混凝土屋架或预应力混凝土屋架多采用在跨内平卧叠层预制,每叠 3~4 榀,布置方式有正面斜向布置、正反斜向布置和正反纵向布置(见图 7-21)。工程中多采用正面斜向布置,因其便于扶直和就位,只有在场地受到限制时,才考虑其他两种形式。

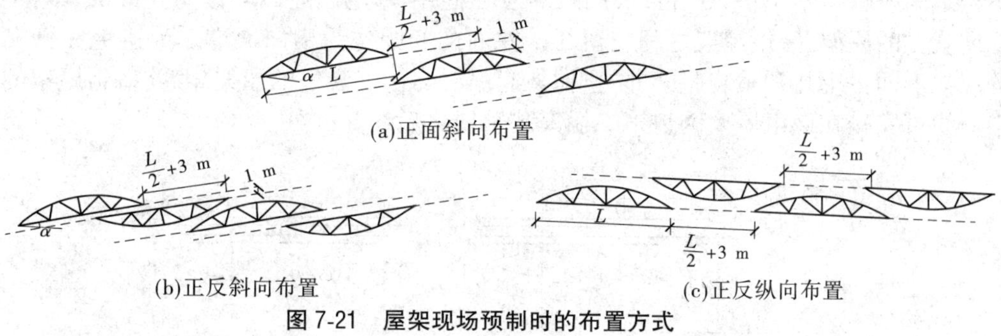

图 7-21 屋架现场预制时的布置方式

在布置屋架的预制位置时,要考虑屋架的扶直、就位要求及扶直的先后顺序,同时屋架的两端朝向也应符合屋架安装时对朝向的要求。

3. 吊车梁的布置

吊车梁在现场预制时,可靠近柱基础纵向轴线或略作倾斜布置,也可在柱子之间预制。若具有运输条件,也可在场外集中预制。

(三)安装阶段构件的就位布置

构件安装阶段的就位布置主要是指柱子安装后,屋架、吊车梁、连系梁、屋面板等构件的就位布置。

1. 屋架的就位布置

屋架一般布置在跨内,首先用起重机将屋架由平卧转为直立,这一工作称为屋架的扶直;屋架扶直后应立即进行就位。屋架就位方式一般有两种情况:一种是靠柱边斜向就位,另一种是靠柱边成组纵向就位。

(1)屋架斜向就位(见图7-22)。屋架一般靠柱边就位,但应离开柱边不小于0.2 m,并可利用柱子作为屋架的临时支撑;当受场地限制时,屋架的端头也可稍许伸出跨外。安装屋架时,起重机一般沿跨中开行,假设起重机回转半径为A,则在距开行路线A+0.5 m的范围内,不宜布置屋架和其他构件。

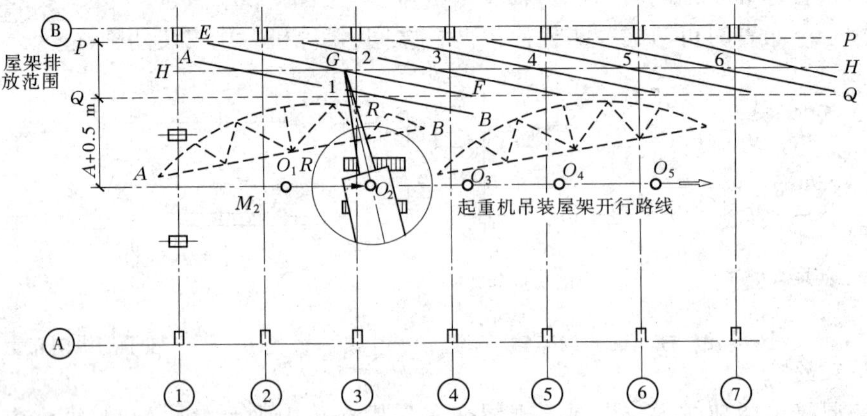

图7-22 屋架斜向就位

(2)屋架纵向就位(见图7-23)。一般以4~5榀为一组靠柱边顺轴线纵向排列,各榀屋架之间应保持不小于20 cm的净距,相互之间用铁丝拉紧撑牢,以防止倾倒。对于成组纵向就位的屋架,每组屋架之间应留3 m左右的间距作为横向通道。为避免在已安装好的屋架下面去绑扎和吊装屋架,防止屋架起吊时与已安装好的屋架相碰,每组屋架的就位中心线可安排在该组屋架倒数第二榀安装轴线之后约2 m处。

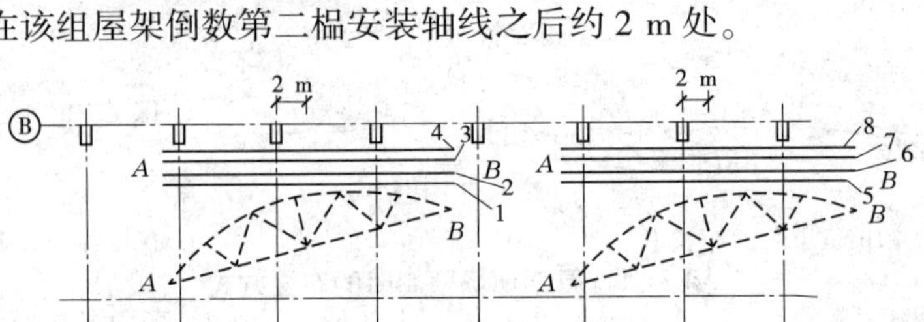

图7-23 屋架分组纵向就位

2. 吊车梁、连系梁和屋面板的就位布置

吊车梁、连系梁和屋面板大多在预制厂制作,运至现场吊装。构件运至现场后,应按平面布置所设定的位置，按编号、吊装顺序进行就位。

（1）吊车梁、连系梁的就位布置，一般在其吊装位置的柱列附近，跨内跨外均可，也可以从运输车辆上直接起吊。

（2）屋面板可6~8块为一叠，靠柱边堆放；当在跨内就位时，应向后退3~4个节间开始堆放；若在跨外就位，应后退1~2节间开始就位。

四、构件的安装工艺

结构构件安装过程包括绑扎、吊升、对位、临时固定、校正、最后固定等工序。

（一）柱的吊装

1. 柱的绑扎

柱的绑扎常用吊索、卡环和铁扁担等吊具。施工中常采用活络卡环。

柱的绑扎方法、绑扎位置和绑扎点数，应根据柱的形状、断面、长度、配筋情况和起重机性能等情况确定。自重130 kN以下或柱长在12 m以内的中小型柱，大多采用一点绑扎；重型或配筋少而细长的柱，则需要采用两点或两点以上绑扎。有牛腿的柱，一点绑扎的位置，常选在牛腿下200 mm处。一般按起吊后柱身是否垂直，分为斜吊绑扎法和直吊绑扎法。

1）斜吊绑扎法

当柱平卧状态的抗弯能力满足吊装要求时，可采用斜吊绑扎法（见图7-24）起吊。斜吊绑扎可用两端带环的吊索及活络卡环绑扎，也可在柱吊点处预留孔洞，采用柱销绑扎。

2）直吊绑扎法

当柱平卧状态的抗弯强度不满足时，吊装前需将柱翻身，采用直吊绑扎法（见图7-25）起吊。柱起吊后，柱身呈垂直状态，铁扁担跨于柱顶之上，吊索分别在柱两侧，通过铁扁担与吊钩连接。直吊绑扎时柱与杯口垂直，插入基础杯口时容易对位。

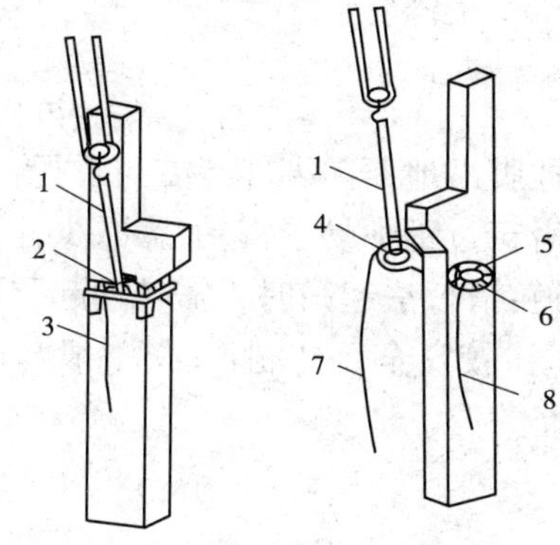

(a)采用活络卡环　(b)采用柱销

1—吊索；2—活络卡环；3—活络卡环插销拉绳；4—柱销；
5—垫圈；6—插销；7—柱销拉绳；8—插销拉绳

图7-24　柱的斜吊绑扎法

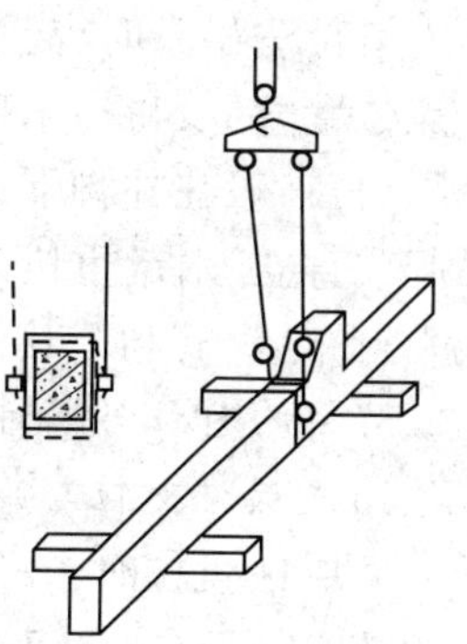

图7-25　柱的直吊绑扎法

2. 柱的吊升

柱的吊升方法应根据柱的重量、长度、现场施工条件、起重机性能等确定。按吊升过程中柱运动的特点,吊升方法可分为旋转法和滑行法两种。

1)旋转法

旋转法吊升的特点是三点共弧,如图 7-26 所示。即在场地平面内,柱的绑扎点、柱脚和基础杯口中心三点位于起重机的工作半径圆弧上,且使柱脚和基础杯口尽可能靠近,以减少起重臂的回转幅度。

旋转法吊升时,起重臂边升钩边回转,柱则绕柱脚在竖直平面内旋转,当柱呈直立状态时,起重臂停止转动,将柱吊离地面插入杯口。柱在吊装过程中所受震动较小,生产效率高,但对起重机的机动性要求较高。柱制作时,一般与厂房纵向轴线成斜向布置,占用场地大。旋转法吊升宜选用自行式起重机。

2)滑行法

滑行法吊升的特点是两点共弧,如图 7-27 所示。在场地平面内,柱的绑扎点和基础杯口中心两点位于起重机工作半径的圆弧上,且两点尽可能靠近,以减少起重臂工作时的回转幅度。

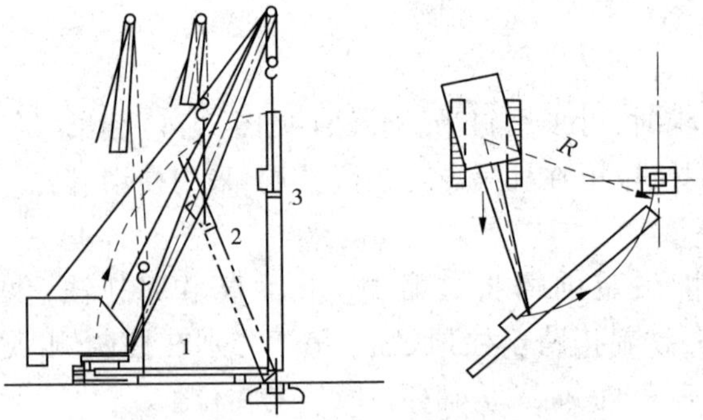

(a)旋转过程　(b)平面布置

1,2,3—柱的位置

图 7-26　旋转法吊装柱

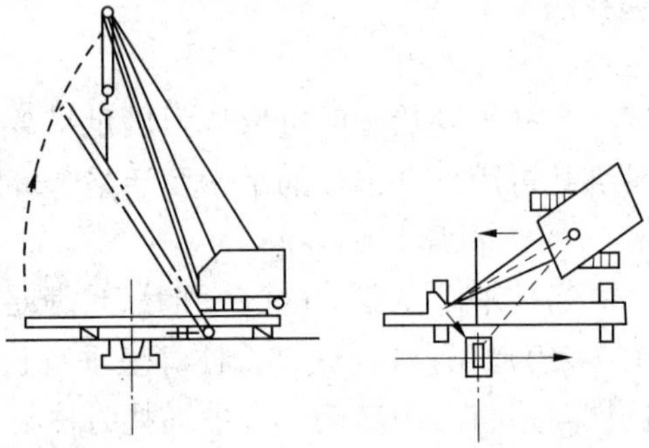

(a)滑行过程　(b)平面布置

图 7-27　滑行法吊装柱

滑行法吊升时,起重臂不动,升钩的同时,柱脚沿地面向绑扎点方向滑行,直至柱在绑扎点位置直立,将柱吊离地面插入杯口。柱在滑行过程中易受震动,为减少柱脚与地面的摩阻力,一般在柱脚下设置托板、滚筒,并铺滑道;滑行法起吊时不需转动起重臂即可将柱吊起成直立,对起重机的机动性要求不高,操作比较安全。柱制作时,一般与厂房纵向轴线平行布置,有利于其他构件布置和起重机开行。

3. 柱的对位与临时固定

1)底层柱对位与临时固定

底层柱就位时,一般在柱脚距杯底 30~50 mm 开始对位。对位时用 8 只楔块从柱的四边放入杯口(见图 7-28),并用撬棍拨动柱脚,使柱与杯口上的安装中心线对准,并保持柱身基本垂直。

柱对位后将 8 只楔块略打紧,放松吊钩,让柱靠自重沉至杯底,再检查安装中心线对准情况,若符合要求,立即将楔块打紧,将柱临时固定,起重机脱钩。吊装重型柱或细长柱

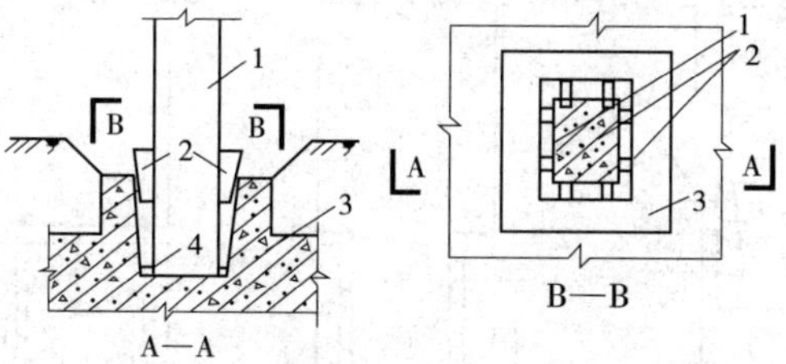

1—柱子;2—楔子;3—杯形基础;4—石子

图 7-28　柱临时固定

时,除靠柱脚处的楔块临时固定外,必要时可采取增设缆风绳或加斜撑等措施来加强柱临时固定的稳定性。

2)上层柱对位与临时固定

在多层装配式结构中,上节柱安装在下节柱的柱头上,下柱和上柱对位应在起重机脱钩前进行,将上柱底中心线对准下柱顶中心线即可。柱的临时固定可用固定器或管式支撑。

4. 柱的校正与最后固定

1)底层柱的校正与最后固定

(1)柱的校正。包括平面位置、标高及垂直度三个方面。柱的平面位置和标高已分别在对位和杯底抄平时完成,柱临时固定后,主要是进行垂直度的校正。

柱的垂直度校正可用两台经纬仪,从柱相邻两边检查柱中心线的垂直度。其允许偏差:当柱高小于 5 m 时,为 5 mm;当柱高大于 5 m 时,为 10 mm。测出的实际偏差大于规定值时,应进行校正。

当偏差较小时,可用打紧或稍放松楔块的方法校正。当偏差较大时,可用螺旋千斤顶斜顶或平顶、钢管支撑斜顶等方法进行校正(见图 7-29)。当柱顶加设缆风绳时,也可用缆风绳来纠正柱的垂直偏差。

(2)柱的最后固定。柱校正后,应立即进行最后固定,即在柱脚与杯口的空隙中浇筑细石混凝土。灌缝一般分两次进行,第一次灌至楔块底面,待混凝土强度达到 25%设计强度后拔出楔块,第二次浇筑细石混凝土至杯口顶部。

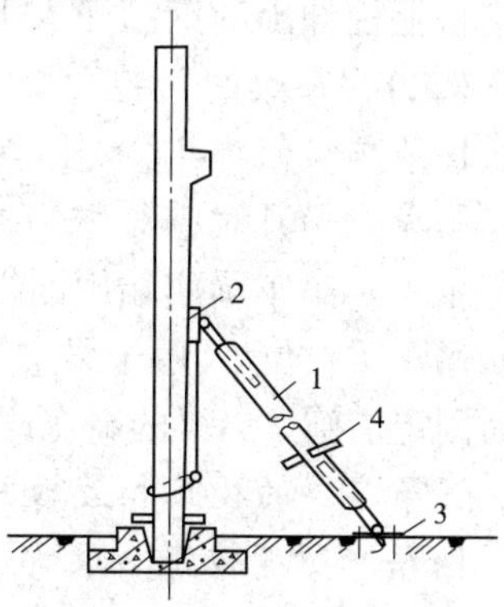

1—钢管撑杆校正器;2—头部摩擦板;3—底板;4—转动手柄

图 7-29　钢管撑杆校正柱子垂直度

2)上层柱的校正

柱的校正需要分三次进行:第一次在脱钩后焊接前进行初校;在柱头焊接后进行二校,主要校正焊接应力引起的偏差;第三次在柱子与梁连接后和吊装楼板前进行,这样可以消除荷载和焊接产生的偏差。

3)柱接头施工

柱接头形式有榫式、插入式、浆锚式等三种(见图 7-30)。

(1)榫式接头。

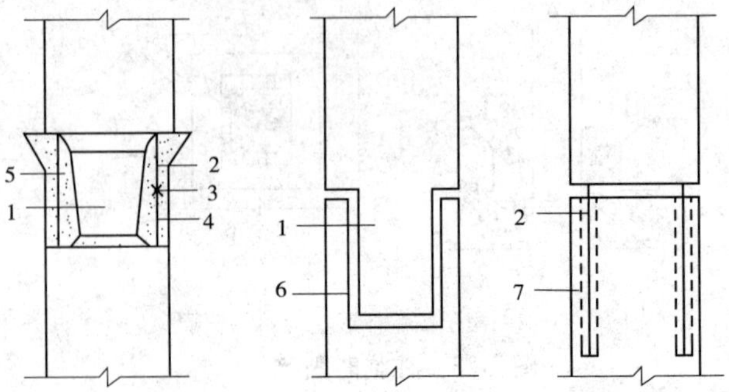

(a)榫式接头　(b)插入式接头　(c)浆锚式接头

1—榫头;2—上柱外伸钢筋;3—剖口焊;4—下柱外伸钢筋;
5—后浇接头混凝土;6—下柱杯口;7—下柱顶预留孔

图 7-30　柱与柱的接头

上柱下部有一榫头,承受施工荷载,上、下柱外露的受力钢筋采用剖口焊接,配置一定数量的箍筋,浇筑混凝土后形成整体。

(2)插入式接头。

将上柱下端制成榫头,下柱顶端制成杯口,上柱榫头插入下柱杯口后用水泥砂浆填实,这种接头不需要焊接。

(3)浆锚式接头。

将上柱伸出的钢筋插入下柱的预留孔中,用水泥砂浆锚固形成整体。

(二)吊车梁的吊装

1. 吊车梁的绑扎、吊升、对位与临时固定

吊车梁吊升时应对称绑扎,吊钩应对准梁的重心,对称起吊,从而使吊车梁在起吊后保持水平。吊车梁两端用溜绳控制,以防与柱子相碰。

吊车梁对位后,由于梁本身的稳定性较好,在就位时用垫铁垫平即可,一般不需要采取临时固定措施。当梁的高宽比大于4时,为防止吊车梁倾倒,可用铅丝将其临时绑在柱子上。

2. 吊车梁的校正和最后固定

1)吊车梁的校正

吊车梁的校正一般在全部结构安装完毕,并经校正和最后固定后进行,主要包括垂直度校正和平面位置校正。垂直度校正常用靠尺或线锤检查,吊车梁垂直度允许偏差为5 mm。若偏差超过规定值,可在梁底支垫铁片进行校正,每处垫铁不得超过3块。平面位置校正包括纵向轴线和跨距两项内容,常用的方法有通线法和仪器放线法。

(1)通线法:根据柱的定位轴线,在厂房两端地面定出吊车梁定位轴线的位置,打下木桩,用经纬仪先将厂房两端的4根吊车梁位置校准,并用钢尺校核轨距,然后在4根已校正的吊车梁端上设支架(高约200 mm),根据吊车梁的定位轴线拉钢丝通线,以此来检查并拨正各吊车梁的中心线(见图7-31)。

(2)仪器放线法:又称平移轴线法,即在柱列边设置经纬仪,逐根将吊车梁准线投射到吊车梁顶面处的柱身上,并做出标志。若吊装准线到柱定位轴线间的距离为 a,则吊装准线标志到吊车梁定位轴线的距离就为 $\lambda-a$(λ 为柱定位轴线到吊车梁定位轴线的距离,

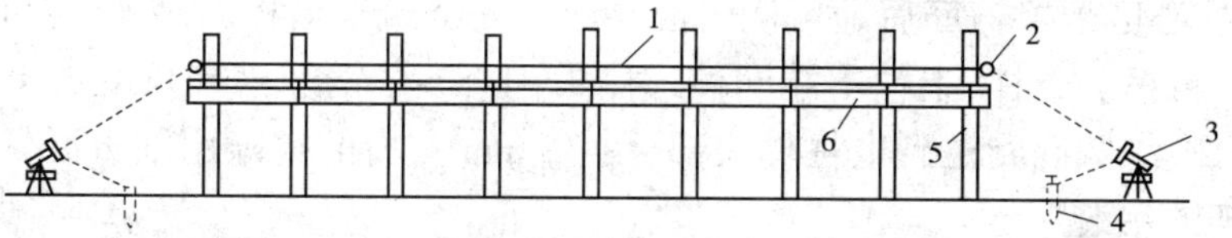

1—通线;2—支架;3—经纬仪;4—木桩;5—柱;6—吊车梁

图 7-31　通线法校正吊车梁

一般为 750 mm)。可据此来逐根拨正吊车梁的中心线,并检查两列吊车梁间的轨距是否符合要求(见图 7-32)。

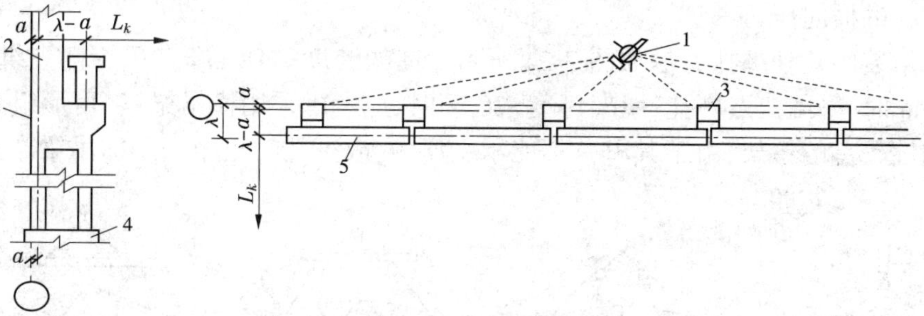

1—经纬仪;2—标志;3—柱;4—柱基础;5—吊车梁

图 7-32　仪器放线法校正吊车梁

2)吊车梁的最后固定

吊车梁校正完毕后应立即进行最后固定,一般用连接钢板与柱侧面、吊车梁顶端的预埋铁件相焊接,并在接头处支模,浇筑细石混凝土进行最后固定。

3)梁柱接头

梁柱接头的形式很多,常用的有明牛腿式刚性接头、齿槽式接头、浇筑整体式接头等(见图 7-33)。

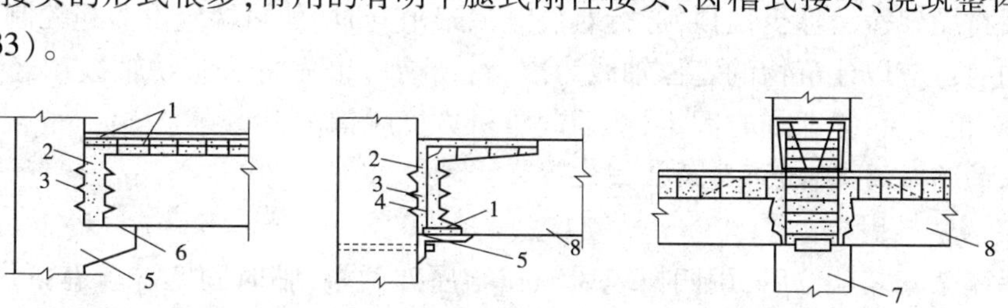

(a)明牛腿式刚性接头　(b)齿槽式接头　(c)浇筑整体式接头

1—剖口焊钢筋;2—后浇细石混凝土;3—齿槽;4—附加钢筋;5—牛腿;6—垫板;7—柱;8—梁

图 7-33　梁柱接头

(1)明牛腿式刚性接头:将梁端与牛腿上预埋的钢板焊接好以后起重机方可脱钩,再将梁柱的钢筋用剖口焊接,最后灌以混凝土形成接头。

(2)齿槽式接头:在梁柱接头处设置角钢,做临时牛腿以支撑梁。角钢支撑面积小,不太安全,只有在梁一端的上部接头钢筋焊好两根后方能脱钩,然后浇筑混凝土,当混凝土的强度达到 10 MPa 时,才允许吊装上柱。

(3)浇筑整体式接头:柱为每层一节,梁搁在柱上,梁底钢筋按锚固长度要求上弯或焊接,将节点核心区配置箍筋后即可浇筑混凝土。先浇筑至楼板面高度,当混凝土强度达到10 MPa后,再吊装上柱,上柱下端同榫式柱头,上、下柱钢筋搭接长度大于20d(d为钢筋直径);第二次浇筑混凝土到上柱榫头部,留35 mm左右的空隙用细石混凝土捻缝。

(三)屋架的吊装

1. 屋架的绑扎

屋架的绑扎点应选在上弦节点处,左右对称并高于屋架重心,吊索的布置必须使起重机的吊钩位于屋架正中。绑扎点的数量、位置与屋架的形式及跨度有关,一般由设计确定。屋架翻身扶直时,吊索与水平线的夹角不宜小于60°;吊装时不宜小于45°,以避免屋架承受过大的横向压力。

屋架吊装的几种绑扎方法如图7-34所示。屋架跨度≤18 m时,采用两点绑扎;屋架跨度>18 m时,采用四点绑扎;屋架跨度>30 m时,应考虑采用横吊梁;三角形组合屋架等平面内刚性较差的屋架,由于其下弦不能承受压力,故绑扎时也应采用横吊梁。

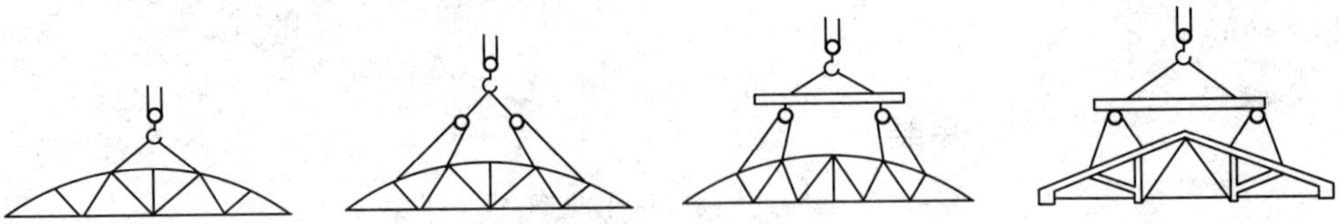

(a)跨度≤18 m时　(b)跨度>18 m时　(c)跨度>30 m时　(d)三角形组合屋架

图7-34　屋架吊装的绑扎方法

2. 屋架的吊升

屋架的吊升方法有单机吊装和双机吊装两种。一般屋架采用单机吊装,只有当屋架跨度大或重量大时,才用双机吊装。吊装时先将屋架吊至吊装位置的下方超过柱顶约30 cm,然后将屋架缓缓降至柱顶,进行对位。屋架吊升时,其两端应设溜绳控制。

屋架的对位应以建筑物的定位轴线为准,对位前应事先将建筑物轴线用经纬仪放在柱顶面上,对位以后,立即临时固定,然后起重机方能脱钩。

3. 屋架的临时固定、校正与最后固定

1)屋架的临时固定

第一榀屋架安装就位后,用四根缆风绳拉牢屋架两端,临时固定。若有抗风柱,则可与抗风柱连接固定。第二榀屋架用校正器(工具式支撑)临时固定在第一榀屋架上,以后各榀屋架的临时固定均用校正器临时固定在前一榀屋架上。屋架跨度≤15 m时,可设置一根校正器;屋架跨度>15 m时,宜设置两根校正器,且校正器的手柄方向应一致;伸缩缝处的一对屋架,可用小校正器临时固定。

2)屋架的校正

屋架校正的主要内容是检查并校正垂直度,一般用经纬仪或线锤检查,用校正器校正垂直偏差。当屋架跨度≤24 m且无天窗时,可检查跨中一点;当有天窗或屋架跨度≥30 m时,应检查两点。

(1)用经纬仪检查屋架垂直度时,在屋架上弦安装三个卡尺(一个安装在屋架中央,两个安装在屋架两端),自屋架上弦几何中心线量出50 cm,在卡尺上做出标志,然后在距

屋架中线 50 cm 处,在地上设一台经纬仪,用其检查三个卡尺的标志是否在同一垂直面上,如图 7-35 所示。

(2)用垂球检查屋架垂直度时,卡尺标志的设置与前述相同,标志距屋架几何中心线的距离取 30 cm,在两端卡尺标志之间连一通线,从中央卡尺的标志处向下挂线锤,以检查三个标志是否在同一垂面上。

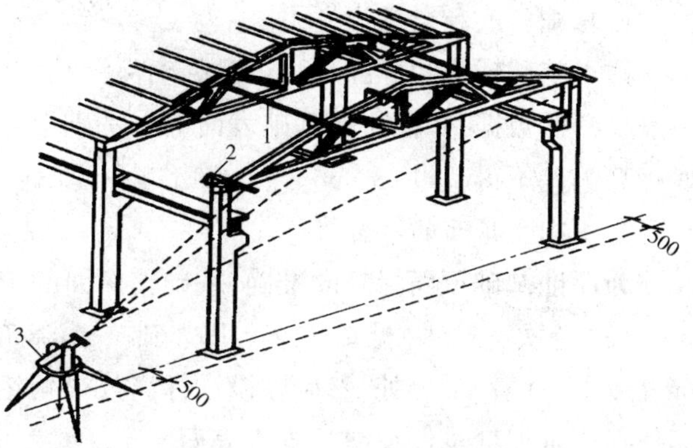

1—工具式支撑;2—卡尺;3—经纬仪

图 7-35 屋架的临时固定与校正

3)屋架的最后固定

屋架经校正后,就可紧固锚栓或电焊作最后固定。用电焊作最后固定时,应避免同时在屋架两端的同一侧施焊,以免因焊缝收缩使屋架倾斜。屋架安装的垂直偏差不宜超过屋架高度的 1/250。

(四)天窗架和屋面板的吊装

1. 天窗架的吊装

天窗架可与屋架组装后一起绑扎吊装,也可单独进行吊装。天窗架单独吊装应在天窗架两侧的屋面板吊装后进行,其吊装方法和屋架基本相同。

2. 屋面板的吊装

屋面板的四角一般设有预埋吊环,用带钩的吊索钩住吊环即可起吊。屋面板的吊装顺序应由两边檐口左右对称地逐块铺向屋脊,以免屋架受荷不均。屋面板就位后,应立即电焊固定,每块屋面板至少有 3 点与屋架(或天窗架)焊牢,且必须保证焊缝质量。

任务三 钢结构安装

钢结构具有强度高、抗震性能好、施工速度快等优点,因而广泛用于高层和超高层建筑,其缺点是用钢量大、造价高、防火要求高。用于高层建筑的钢结构体系,一般有框架体系、框架剪力墙体系、框筒体系、组合筒体系、交错钢桁架体系等。钢结构安装工程施工应符合《钢结构工程施工规范》(GB 50755—2012)的相关规定。

一、钢结构安装前的准备工作

(一)施工组织设计

钢结构安装前应编制钢结构工程的施工组织设计,其内容包括:计算钢结构构件和连接件数量,选择安装机械,确定安装流水程序及构件吊装方法,制订进度计划,确定劳动组织,规划钢构件堆场,确定质量标准、安全措施和特殊施工技术等。

(二)基础准备

基础准备包括轴线误差量测、基础支撑面的准备、支撑面和支座表面标高与水平度的检验、地脚螺栓位置和伸出支撑面长度的量测等。

1. 基础轴线和标高检查

柱子基础轴线和标高是否正确是确保钢结构安装质量的基础,应根据基础的验收资料复核各项数据,并标注在基础表面上。基础上柱的定位轴线偏差不得超过1.0 mm,柱底标高偏差不得超过±3 mm。

2. 基础支撑面的准备

为保证基础顶面标高的准确,基础支撑面的施工有一次浇筑、二次浇筑两种方法。

(1)一次浇筑法(见图7-36):即基础一次浇筑到设计标高。基础表面先浇筑到设计标高以下20~30 mm处,然后在设计标高处设角钢或槽钢制导架,测准其标高,再以导架为依据用水泥砂浆仔细铺筑支座表面。

(2)二次浇筑法(见图7-37):即在基础浇筑时预留标高。基础表面先浇筑至距设计标高40~60 mm处,柱子吊装时,在基础面上放钢垫板(不得多于5块)以调整标高,待柱子吊装就位后,再在钢柱脚底板下浇筑细石混凝土。

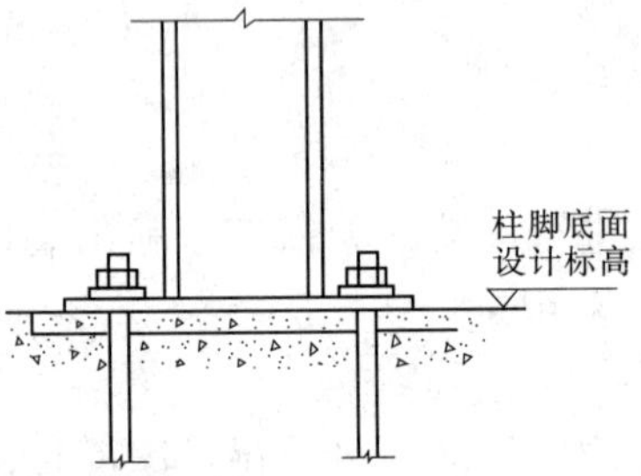

图7-36 钢柱基础一次浇筑法

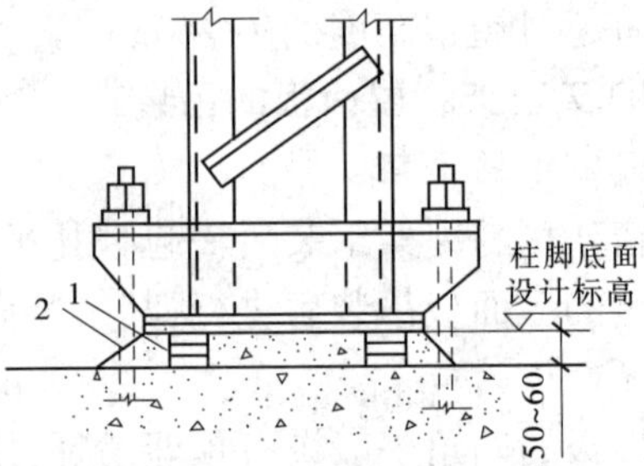

1—钢垫板;2—细石混凝土

图7-37 钢柱基础二次浇筑法

基础支撑面、地脚螺栓的允许偏差应符合《钢结构工程施工质量验收标准》(GB 50205—2020)的相关要求(见表7-5)。

表7-5 支撑面、地脚螺栓(锚栓)位置的允许偏差 (单位:mm)

项目			允许偏差
支撑面	标高		±3.0
	水平度		l/1 000
地脚螺栓(锚栓)	螺栓中心偏移		5.0
	螺栓露出长度	螺栓直径 $d \leq 30$	0 +1.2d
		螺栓直径 $d > 30$	0 +1.0d
	螺纹长度	螺栓直径 $d \leq 30$	0 +1.2d
		螺栓直径 $d > 30$	0 +1.0d
预留孔中心偏移			10.0

(三)构件的检查与弹线

1. 构件的检查

钢结构构件成品进场时,应对构件的质量检查记录及产品合格证进行验收检查,安装前对柱、梁、支撑等主要构件应进行复查,主要是对外形尺寸、接件位置及角度、焊缝、栓钉焊、高强度螺栓接头摩擦面加工质量、构件表面油漆等进行全面检查,在符合设计文件或有关标准要求后,方能进行安装。

2. 构件的弹线

在钢柱的底部和上部标出两个方向的轴线,在钢柱底部适当高度处标出标高准线,以便于校正钢柱的平面位置和垂直度、桁架、吊车梁及屋架的标高等;同时,吊点亦应做出标记,以便于吊装时按规定吊点绑扎。对不易辨别上下、左右的构件,应在构件上加以标明,以便于吊装。

(四)构件的运输与堆放

钢结构构件的运输应根据施工组织设计要求的流水施工顺序,分单元成套供应。钢构件应保证构件不产生变形,不损伤涂层。

钢结构构件的堆放场地应平整坚实,无积水。堆放时应按构件的种类、型号分区存放。钢结构底层应设有垫枕,并且应有足够的支撑面,以防支点下沉。构件叠放时,各层钢构件的支点应在同一垂直线上,并应防止钢构件被压坏和变形。

二、钢结构构件的安装工艺

(一)单层工业厂房钢结构构件安装

单层工业厂房钢结构构件主要包括柱、吊车梁、桁架或屋架等,其安装方法应根据构件的形式、尺寸、重量、安装标高等合理确定。

1. 钢柱的安装

1)钢柱的吊升

钢柱通常采用自行式起重机或塔式起重机吊装,其吊装方法与装配式钢筋混凝土柱相似,亦为旋转法或滑行法吊装,对重型钢柱可采用双机抬吊的方法进行吊装。

2)钢柱的校正与固定

钢柱的校正包括平面位置、标高、垂直度等。标高控制可通过在基础顶面安放标高控制块完成;平面位置和垂直度可采用经纬仪检验,若超过允许偏差,则采用螺旋千斤顶或油压千斤顶进行校正。在校正过程中,随时观察柱底部和标高控制块之间是否脱空,以防校正过程中造成水平标高的误差。钢柱垂直度校正及承重块布置如图 7-38 所示,钢柱平面位置校正如图 7-39 所示。

为防止钢柱位移,校正后在柱四边用 10 mm 厚的钢板定位,并用电焊固定。钢柱复校后,再紧固锚固螺栓,并将承重块上下点焊固定,防止走动。

2. 吊车梁的安装

1)吊车梁的吊升

吊车梁一般为简支梁,梁端之间留有 10 mm 左右的空隙,梁的搁置处与牛腿面之间也留有空隙,设钢垫板。吊车梁的吊装常采用自行式起重机,对重量很大的吊车梁,可用

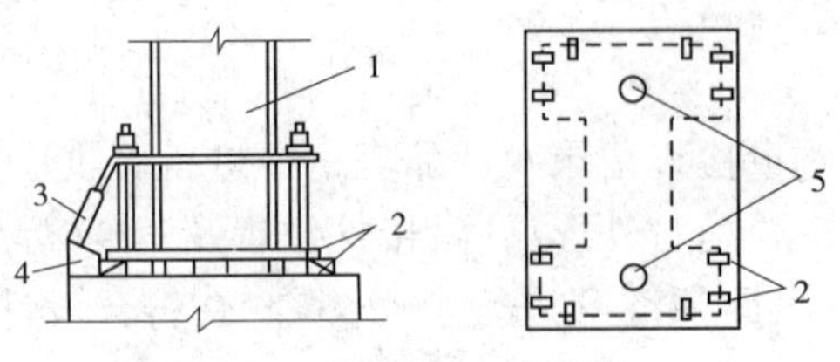

1—钢柱;2—承重块;3—千斤顶;
4—钢托座;5—标高控制块

图 7-38　钢柱垂直度校正及承重块布置

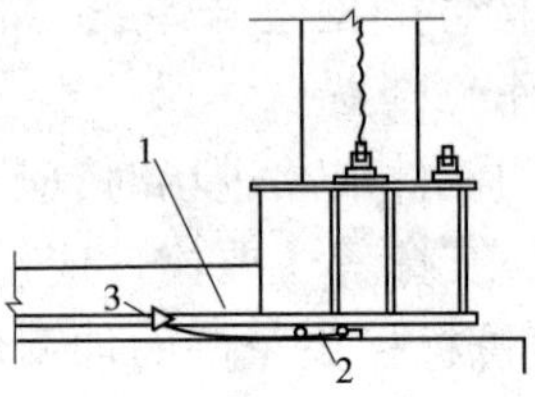

1—螺旋千斤顶;2—链条;3—千斤顶托座

图 7-39　钢柱平面位置校正

双机抬吊。吊车梁吊装前应做好以下工作:

(1)严格控制定位轴线,密切注意钢柱吊装后的位移和垂直度偏差。

(2)实测吊车梁搁置处梁高制作的误差,认真做好临时标高垫块工作。

2)吊车梁的校正与固定

吊车梁的校正包括标高、垂直度、轴线和跨距等。标高的校正可在屋盖吊装前进行,其他项目的校正宜在屋盖吊装完成后进行,因为屋盖的吊装可能引起钢柱在跨度方向有微小的变动。

吊车梁的轴线可采用通线法和平移轴线法检验;跨距的检验可用钢尺测量,跨度大的车间用弹簧秤拉测检验。若超过允许偏差,则可采用千斤顶、撬棍、钢楔等进行校正。

吊车梁安装经检验校正后,梁与牛腿用螺栓连接,梁与制动架之间用高强度螺栓连接。

3. 钢桁架(钢屋架)的安装

1)钢桁架(钢屋架)的吊升

钢桁架吊装可采用自行式起重机或塔式起重机进行安装。工程中桁架多用悬空吊装,为使桁架在吊升后不致发生摇摆和其他构件碰撞,安装时在离支座的节间附近应用溜绳控制,以此保持其位置的正确性。

钢桁架的侧向稳定性较差,如果吊装机械的起重量和起重臂长度允许,则最好经扩大拼装后进行组合吊装,即在地面上将两榀桁架及其上的天窗架、檩条、支撑等拼装成整体,一次进行吊装,这样不但可提高吊装效率,也有利于保证吊装的稳定性。

2)钢桁架(钢屋架)的校正与固定

钢桁架检验校正主要包括垂直度和弦杆的正直度。桁架的垂直度可用挂线垂球检验,而弦杆的正直度则可用拉紧的测绳进行检验。

钢桁架临时固定若需用临时螺栓和冲钉,则每个节点处应穿入的数量必须由计算确定,并应符合下列规定:①不得少于安装孔总数的1/3;②至少应穿两个临时螺栓;③冲钉穿入数量不宜多于临时螺栓的30%;④扩钻后的螺栓(A级、B级)孔不得使用冲钉。钢桁架一般采用电焊或高强度螺栓最后固定。

(二)高层建筑钢结构安装

高层建筑钢结构的安装,必须按照建筑物的平面形状、结构形式、安装机械的数量和位置等,合理划分安装施工流水区段,确定安装顺序。安装前,应根据安装流水段和构件安装顺序,编制构件安装顺序表,注明每一构件的节点型号、连接件的规格数量、高强度螺栓的规格数量及焊接形式等。

1. 钢柱的安装

1) 钢柱的吊升

高层建筑钢结构柱一般3~4层一节，在起吊点位置含有吊耳。钢柱的吊装应根据其重量和起重机的性能，采用单机起吊或双机抬吊（见图7-40），单机起吊时需在柱子根部垫以垫木，以旋转法起吊，严禁柱根拖地。

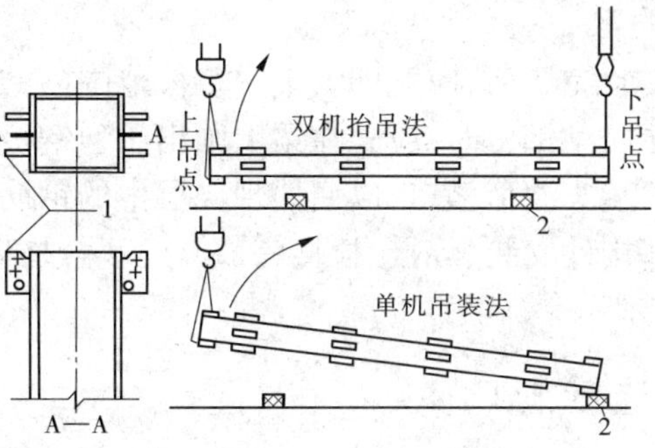

1—吊耳；2—垫木

图7-40 钢柱起吊示意图

2) 钢柱的安装与校正

为了控制安装误差，对高层钢结构先确定标准柱（能控制框架平面轮廓的少数柱子），一般选择平面转角柱为标准柱。正方形框架取4根转角柱，长方形框架当长边与短边之比大于2时取6根柱，多边形框架则取转角柱为标准柱。

钢柱就位后，先校正标高，再校正位移，最后校正垂直度。校正后采用焊接或栓接固定。柱子要按规范规定的数值进行校正，标准柱子的垂直度偏差应校正到零。当上柱与下柱发生扭转错位时，可在连接上下柱的耳板处加垫板进行调整。

（1）标高校正。钢柱标高的调整，每安装一节钢柱后，对柱顶进行一次标高实测，标高误差超过6 mm时，需进行调整；若误差大于20 mm，则不宜一次调整，可先调整一部分，待下一次再调整，否则一次调整过大会影响支撑的安装和钢梁表面标高。中间柱的标高宜稍高些，因为钢框架安装工期长，结构自重不断增大，中间柱承受的结构荷载较大，基础沉降亦大。钢柱标高的调整多用低碳钢板垫到规定要求。

（2）轴线位移校正。一般以下节钢柱顶部的实际柱中心线为准，安装钢柱的底部对准下节钢柱的中心线即可。校正位移时应注意防止钢柱发生扭转。

2. 钢梁的安装

1) 钢梁的吊升

钢梁在吊装前，应于柱子牛腿处检查标高和柱子间距；主梁吊装前，应在梁上装好轻便走道，以保证施工人员的安全。

钢梁一般在梁端上翼缘500 mm处开孔作为吊点，采用两点平吊。为加快吊装速度，对于重量梁，可利用多头吊索一次吊装数根（见图7-41）。工程中为减少高空作业、保证工程质

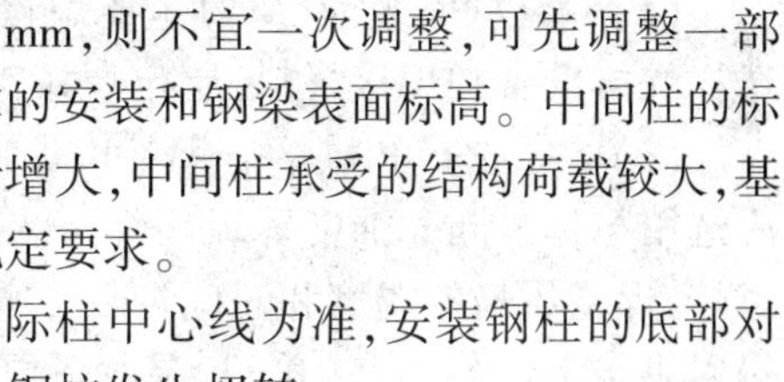

图7-41 钢梁起吊示意

量、加快吊装速度,也可将梁、柱在地面组装成排架进行整体吊装。

2)钢梁的安装与校正

安装框架主梁时,要根据焊缝收缩量预留焊缝变形量。安装主梁时应对与其相连柱的垂直度进行监测、校正,以保证柱除预留焊缝收缩值外,各项偏差均应符合规范规定。

钢梁安装顺序一般为:同一列柱,应先从中间跨开始对称地向两端扩展;同一跨钢梁,先安上层梁,再安中、下层梁。

当一节柱的各层梁安装完毕后,应立即安装本节柱范围内的各层楼梯,并铺设各层楼面的压型钢板。安装楼层压型钢板时,应先在梁上画出压型钢板铺放的位置线;铺放时要对正相邻两排压型钢板的端头波形槽口,以便使现浇层中的钢筋能顺利通过。

在每一节柱内的全部构件安装、焊接、栓接完成并验收合格后才能从地面引测上一节柱子的定位轴线。

三、钢结构构件的连接施工

钢结构构件的现场连接是钢结构施工中的重要问题,目前钢结构的现场连接主要有高强度螺栓和剖口电焊连接。钢柱多为剖口电焊连接;梁与柱、梁与梁的连接视约束要求而定,有的用高强度螺栓,有的则剖口焊和高强度螺栓共用。对连接的基本要求是:提供设计要求的约束条件,应有足够的强度和规定的延性,制作和施工简便。

(一)焊接施工

1.焊接工艺与要求

钢结构安装中柱与柱、柱与梁之间的连接多采用剖口电焊,其工艺流程为:焊接设备、材料、安全设施准备→定位焊接衬垫板、引弧板→坡口检查与清理→预热→焊接→焊缝检查→焊接验收。

1)焊接前的准备工作

(1)钢结构安装前,应对主要焊接接头(柱与柱、梁与柱)的焊缝进行焊接工艺试验,选择焊接设备和焊接材料,制定焊接工艺参数和技术措施。

(2)焊条选择和烘焙。钢结构焊接应根据所用钢材种类正确选择焊条,焊接厚钢板,应选用与母材同一强度等级的焊条或焊丝。焊条和粉芯焊丝使用前必须按质量要求进行烘焙,焊条烘焙的温度和时间取决于焊条的种类;通常焊条在使用前应在300~350 ℃烘箱内烘焙1 h,然后在100 ℃温度下恒温保存,焊接时随用随取。

2)垫板和引弧板的准备

剖口电焊采用的垫板和引弧板应与母材一致,间隙过大的焊缝宜用紫铜板。垫板尺寸一般厚6~8 mm、宽50 mm,长度应考虑引弧板的长度;引弧板长50 mm左右,引弧长30 mm。

3)坡口检查与清理

柱与柱、柱与梁上下翼缘的剖口电焊接,电焊前应对坡口组装的质量进行检查、修整,同时,焊接前对坡口进行清理,去除对焊接有妨碍的水分、垃圾、油污和锈蚀等。

4)预热

预热可以减缓焊接区的激热和速冷,避免产生焊接延迟裂纹。厚度大于50 mm的碳素结构钢和厚度大于 36 mm 的低合金结构钢,施焊前应进行预热,焊接后应进行热处理。预热区一般在焊道两侧,每侧宽度均应大于焊件厚度的 2 倍,且不应小于 100 mm。环境温度低于 0 ℃时,预热、后热温度应根据工艺试验确定。

5)焊接

(1)定位点焊:焊接结构在拼接、组装时要确定构件的准确位置,应先进行定位点焊,定位点焊的长度、厚度应由计算确定。电流要比正式焊接时提高 10%~15%,定位点焊的位置应尽量避开构件的端部、边角等应力集中的地方。

(2)柱与柱的对接焊,应由两名焊工在两相对面等温、等速对称焊接。

(3)梁和柱接头的焊接,应设长度大于 3 倍焊缝厚度的引弧板,一般先焊梁的下翼缘板,再焊上翼缘板。梁的两端应先焊一端,待其冷却至常温后再焊另一端,不宜对一根梁的两端同时施焊。

6)焊缝质量检验

钢结构焊缝质量检验一般分为 3 级,高层建筑钢结构的焊缝质量属于 2 级检验,要求对全部焊缝进行外观检查,50%的焊缝长度进行超声波检查;经检查发现焊缝不合格,必须按同样的焊接工艺进行补焊、返修和检查;同一条焊缝,修理不宜超过 2 次,否则应更换母材;发现焊接引起母材裂纹或层状撕裂时,宜更换母材。

2. 焊接顺序

构件焊接顺序的正确确定能减少焊接变形,保证焊接质量。一般情况下应从焊件的中心向四周扩展,采用结构对称、节点对称的焊接顺序。先焊收缩量大的焊缝,后焊收缩量小的焊缝;焊缝相交时,先焊纵向焊缝,待冷却至常温后,再焊横向焊缝;钢板较厚时分层施焊。

(二)高强度螺栓连接施工

高强度螺栓连接施工方便、可拆可换、传力均匀、接头刚性好、承载能力大、疲劳强度高、螺母不易松动、结构安全可靠,近年来在高层建筑钢结构施工中应用愈来愈多,已成为主要的连接形式之一。

高强度螺栓可分为扭矩形高强度螺栓(大六角头高强度螺栓)和扭剪型高强度螺栓两种。高强度螺栓和与之配套的螺母、垫圈总称为高强度螺栓连接副(见图 7-42)。

高强度螺栓连接可分为摩擦型连接和承压型连接两种,前者在荷载设计值下,以连接件之间产生相对滑移,作为其承载能力极限状态;后者在荷载设计值下,以螺栓或连接件达到最大承载能力,作为承载能力极限状态。高层建筑钢结构中常用摩擦型连接。

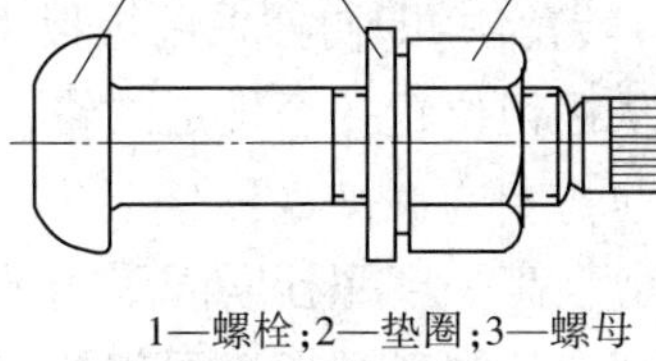

1—螺栓;2—垫圈;3—螺母

图 7-42　高强度螺栓连接副

1. 施工准备工作

1)高强度螺栓连接副的验收与保管

高强度螺栓连接副进场时应检查出厂质量保证书,运至工地的扭剪型高强度螺栓连接副应及时检验其螺栓楔负荷、螺母保证载荷、螺母及垫圈硬度、连接副的紧固轴力平均值和变异系数,检查结果应符合有关的规定,还应按《钢结构工程施工质量验收标准》(GB 50205—2020)的规定进行高强度螺栓连接摩擦面的抗滑移系数试验和复验。

高强度螺栓连接副在运输、装卸、保管过程中,为防止损坏螺纹,应按包装箱上注明的批号、规格分类保管。

2)摩擦面的处理

高强度螺栓连接时,必须对构件摩擦面进行加工处理,一般可采用喷砂、酸洗或砂轮打磨等方法。处理好的构件摩擦面应有保护措施,不得涂油漆或污损,安装前应逐个复验其抗滑移系数,符合设计要求后方可安装。

3)扳手及连接板的准备

安装前扭矩扳手必须校正,其扭矩相对误差不得大于±5%。校正用的扭矩扳手,其扭矩相对误差不得大于±3%。

高强度螺栓板面接触应平整,其连接板不能有挠曲变形,安装前应认真检查,对变形的连接板应矫正平整。

2. 安装工艺要求

(1)一个接头上的高强度螺栓连接,应从螺栓群中部开始安装,向四周扩展,逐个拧紧。高强度螺栓的初拧、复拧、终拧宜在同一天内完成。

(2)当梁与柱接头为腹板栓接、翼缘焊接时,宜按先栓后焊的方式进行施工。

(3)一个接头多个高强度螺栓穿入方向应一致。垫圈有倒角的一侧应朝向螺栓头和螺母,螺母有圆台的一面应朝向垫圈,螺母和垫圈不允许装反。

(4)高强度螺栓应自由穿入螺栓孔内,高强度螺栓接头各层钢板安装时发生错孔,允许用铰刀扩孔。一个节点中的扩孔数不宜超过该节点孔数的25%,扩孔后的孔径不应超过1.2倍的螺栓直径,严禁用气割扩孔。

(5)高强度螺栓连接副在终拧以后,螺栓丝扣外露应为2~3扣。

3. 紧固方法

高强度螺栓拧紧一般分为初拧和终拧,对于大型节点可分为初拧、复拧和终拧。初拧扭矩值一般为终拧扭矩值的50%,复拧扭矩值应等于初拧扭矩值。

1)扭矩形高强度螺栓连接紧固

扭矩形高强度螺栓连接紧固一般采用扭矩法和转角法。

(1)扭矩法:即采用显示扭矩值的专用扳手,通过初拧使接头各层钢板达到充分密贴,终拧扭矩把螺栓拧紧。

(2)转角法:即初拧采用短扳手将螺母拧至使构件靠拢,并做标记;终拧采用长扳手将螺母从标记位置拧至规定的终拧位置。

2)扭剪型高强度螺栓紧固

扭剪型高强度螺栓紧固采用带有两个套筒的专用扳手紧固。紧固时专用扳手的两个套筒分别套住螺母和螺栓尾部的梅花头,两个套筒按反向旋转,拧断螺栓尾部的梅花头即达到相应的扭矩值。一般初拧用定扭矩扳手,终拧用专用电动扳手。

4. 质量检查

(1) 扭矩形高强度螺栓终拧检查,先用小锤(0.3 kg)敲击法进行普查,以防漏拧;然后对每个节点螺栓数的10%(不少于2个)进行扭矩检查;扭矩检查应在螺栓终拧1 h后、24 h内进行。若有不符合规定的,应再扩大检查10%;若仍有不合格者,则整个节点的高强度螺栓应重新拧紧。

(2) 扭剪型高强度螺栓终拧检查,以目测尾部梅花头拧断为合格,未在终拧中拧掉梅花头的螺栓数不应大于该节点螺栓数的5%。对不能用专用扳手拧紧的,则按上述扭矩形高强度螺栓检查方法处理。

任务四　结构安装工程施工质量验收与安全技术

一、施工质量验收

(一) 混凝土结构安装质量验收

(1) 现场预制构件,其外观质量、尺寸偏差及结构性能应符合标准图或设计的要求。

(2) 预制构件与结构之间的连接应符合设计要求。连接处钢筋或预埋件采用焊接或机械连接时,接头质量应符合国家现行标准《钢筋焊接及验收规程》(JGJ 18—2012)和《钢筋机械连接技术规程》(JGJ 107—2016)的要求。

(3) 装配式结构中的接头和拼缝应符合设计要求。承受内力的接头和拼缝,当其混凝土强度未达到设计要求时,不得吊装上一层结构构件;当设计无具体要求时,应在混凝土强度不小于10 N/mm^2 或具有足够的支撑时方可吊装上一层结构构件。已安装完毕的装配式结构,应在混凝土强度达到设计要求后,方可承受全部设计荷载。

(4) 预制构件堆放和运输时的支撑位置和方法应符合标准图或设计的要求。

(5) 预制构件应按标准图或设计的要求吊装。起吊时绳索与构件水平夹角不小于45°,否则应采用吊架或经验算后确定。

(6) 预制构件安装就位后,应采取保证构件稳定的临时固定措施。

(二) 钢结构安装质量验收

(1) 钢结构安装应按施工组织设计进行,安装程序必须保持结构的稳定性且不导致永久性变形。

(2) 钢结构安装前,应按构件明细表核对进场的构件,查验产品合格证和设计文件;工厂预拼装过的构件在现场拼装时,应根据预拼装记录进行。

(3) 钢结构基础施工时,应注意保证基础顶面标高及地脚螺栓位置的准确,其偏差值应在允许偏差范围内。

(4) 钢结构安装偏差的检测,应在结构形成空间刚度单元并连接固定后进行,应符合《钢结构工程施工质量验收标准》(GB 50205—2020)的要求。

二、施工安全技术

(一) 吊装机械的安全技术

(1) 吊装所用的钢丝绳,事先必须认真检查,表面磨损、腐蚀达钢丝直径的10%时,不准使用。钢丝绳若断丝数目超过规定,应予以报废。

(2)吊钩和卡环若有永久变形或裂纹,则不能使用。

(3)起重机的行驶道路必须坚实可靠。若地面为松软土层要进行压实处理,必要时,需铺设道木进行加固。

(4)履带式起重机必须负荷行走时,重物应在履带的正前方,并用绳索带住构件,缓慢行驶,构件离地不得超过 50 cm。起重机在接近满荷时,不得同时进行两种操作动作。

(5)起重机工作时,严格注意勿碰撞高压架空电线、起重臂、钢丝绳、重物等,与架空电线要保持一定的安全距离。

(6)新到、修复或改装的起重机在使用前必须进行检查、试吊,并要进行静、动负荷试验。

(7)起吊构件时,升降吊钩要平稳,避免紧急制动和冲击。

(8)起重机停止工作时,起重装置要关闭上锁。吊钩必须升高,防止摆动伤人,并不得悬挂物件。

(9)雷雨季节,起重设备在 15 m 以上高度时,必须装置避雷设施。

(二)操作人员的安全技术

(1)从事安装工作的人员,不准酒后作业。心脏病或高血压患者,不能高空作业。新工人要经过培训后才能从事安装施工作业。

(2)操作人员进入现场,必须戴安全帽、手套;高空作业时,必须系好安全带,所用的工具,要用绳子扎好或放入工具包内。

(3)电焊工在焊接时,应戴防护面罩;潮湿地点工作时,应穿胶靴。

(4)在高空安装构件时,应搭设临时操作平台。用撬杠校正构件位置必须防止因撬杠滑脱而引起高空坠落、伤人。

(5)冬雨期施工时,为防止构件因潮湿或有积雪等使操作人员滑倒,必须采取防滑措施。

(6)登高用的梯子必须牢固,梯子与地面的夹角一般以 65°~75°为宜。

(7)结构安装时,要听从统一号令,统一指挥。

(三)现场设施的安全技术

(1)吊装现场周围应设置临时栏杆,禁止非工作人员入内。

(2)要配备悬挂式斜靠的轻便爬梯,供人上下之用。

(3)若需在悬空的屋架上弦行走,则应在其上设置安全栏杆。

(4)遇到6级以上大风和雷雨天气,一般不得进行高空作业;必须进行时,要采取妥善的安全措施。

练习题

1. 常用起重机械有哪些类型？各有什么特点？起重机的主要工作参数是什么？

2. 结构安装前准备工作包括哪些内容？有什么具体要求？

3. 构件检查有哪些内容？为什么构件吊装前要进行弹线和编号？

4. 柱子的绑扎方法有几种？各有什么特点？绑扎时应注意哪些事项？

5. 柱子的吊升方法有几种？各有什么特点？适用于什么情况？对柱的平面布置各有什么要求？

6. 柱子的校正包括哪些方面？如何进行校正？

7. 怎样校正吊车梁？有哪些方法？试叙述校正的原理和操作过程。

8. 装配式混凝土结构安装方案包括哪些内容？

9. 装配式混凝土结构构件平面布置时应遵循哪些原则？

10. 预制阶段柱的布置方式有几种？各有什么特点？

11. 预制阶段屋架的布置方式有几种？安装阶段屋架的扶直方法有几种？

12. 起重机的开行路线与构件在预制阶段的平面布置和安装阶段的平面布置有何关系？

13. 多层装配式房屋结构吊装，起重机应根据什么条件布置？有哪些布置方式？

14. 分件安装法和综合安装法有什么不同？试比较两种方法的优缺点？

15. 简述单层工业厂房钢结构柱、梁的安装工艺与方法。

16. 简述高层建筑钢结构柱、梁的安装工艺与方法。

17. 简述钢结构构件的连接方法与工艺要求。

项目八　防水工程施工

【学习目标】

了解防水工程的分类、要求,以及防水材料的种类与要求。熟悉防水工程的防水等级、设防要求、构造组成及适用范围,防水工程的施工质量验收与安全技术要求。掌握屋面卷材防水的施工工艺、方法与技术要求,屋面涂膜的施工工艺、方法与技术要求,地下防水混凝土、附加卷材防水的施工工艺、方法与技术要求。

任务一　防水工程的基本知识

防水工程是房屋建筑的一项重要工程,其质量的好坏不仅关系到建筑物的使用寿命,而且直接关系到生产活动和人们的生活环境及卫生条件。因此,防水工程在满足设计合理性的同时,必须严格控制施工质量,以保证建筑物的耐久性和正常使用。

一、防水工程的分类

防水工程按其构造做法不同可分为结构自防水和附加防水层防水。

(1)结构自防水:即依靠建筑物构件材料自身的密实性及某些构造措施(坡度、埋设止水带等),以达到防水的目的。

(2)附加防水层防水:即在建筑物需要防水的部位附加防水材料做成的防水层,以达到防水的目的。

防水工程按建筑工程部位不同可分为屋面防水、地下防水、外墙面防水和厕浴间的楼地面防水等。

防水工程根据所用材料的不同可分为柔性防水(如各种卷材防水、涂膜防水等)和刚性防水(如水泥砂浆防水、细石混凝土防水等)。

二、建筑防水的等级及设防要求

(一)屋面工程防水等级及设防要求

根据《屋面工程技术规范》(GB 50345—2012)的规定,屋面工程应根据建筑物的性质、重要程度、使用功能要求及防水层合理使用年限,将屋面防水划分为Ⅰ、Ⅱ两个等级,具体防水等级和设防要求见表8-1、表8-2。

(二)地下工程防水等级及设防要求

根据《地下防水工程质量验收规范》(GB 50208—2011)的规定,地下工程的防水等级分为4级。各级防水标准等级应符合表8-3、表8-4的规定。

表 8-1　屋面防水等级和设防要求

项目	屋面防水等级	
	Ⅰ级	Ⅱ级
建筑物类型	重要建筑和高层建筑	一般建筑
设防要求	两道防水设防	一道防水设防
防水层做法	卷材防水层+卷材防水层 卷材防水层+涂膜防水层 复合防水层 瓦+防水层 压型金属板+防水垫层	卷材防水层 涂膜防水层 复合防水层 瓦+防水垫层 压型金属板、金属面绝热夹芯板

表 8-2　屋面防水层使用不同材料最小厚度规定　（单位:mm）

防水材料		Ⅰ级	Ⅱ级
合成高分子防水卷材(每道)		1.2	1.5
高聚物改性沥青防水卷材(每道)	聚酯胎、玻纤胎、聚乙烯胎	3.0	4.0
	自粘聚酯胎	2.0	3.0
	自粘无胎	1.5	2.0
防水涂膜(每道)	合成高分子	1.5	2.0
	聚合物水泥	1.5	2.0
	高聚物改性沥青	2.0	3.0
复合防水	合成高分子防水卷材+合成高分子防水涂膜	1.2+1.5	1.0+1.0
	自粘聚合物改性沥青防水卷材(无胎)+合成高分子防水涂膜	1.5+1.5	1.2+1.0
	高聚物改性沥青防水卷材+高聚物改性沥青防水涂膜	3.0+2.0	3.0+1.2
	聚乙烯丙卷材+聚合物水泥防水胶结材料	(0.7+1.3)×2	0.7+1.3

表 8-3　地下工程防水等级标准

防水等级	防水标准
Ⅰ级	不允许渗水,结构表面无湿渍
Ⅱ级	不允许漏水,结构表面可有少量湿渍; 房屋建筑地下工程:总湿渍面积不大于总防水面积(包括顶板、墙面、地面)的 1‰;任意 100 m^2 防水面积上的湿渍不超过 2 处,单个湿渍的最大面积不大于 0.1 m^2; 其他地下工程:湿渍总面积不应大于总防水面积的 2‰;任意 100 m^2 防水面积上的湿渍不超过 3 处,单个湿渍的最大面积不大于 0.2 m^2;其中,隧道工程平均渗水量不大于 0.05 L/(m^2·d),任意 100 m^2 防水面积上的渗水量不大于 0.15 L/(m^2·d)
Ⅲ级	有少量漏水点,不得有线流和漏泥砂; 任意 100 m^2 防水面积上的漏水或湿渍点数不超过 7 处,单个漏水点的最大漏水量不大于 2.5 L/d,单个湿渍的最大面积不大于 0.3 m^2
Ⅳ级	有漏水点,不得有线流和漏泥砂; 整个工程平均漏水量不大于 2 L/(m^2·d),任意 100 m^2 防水面积上的平均漏量不大于 4 L/(m^2·d)

表 8-4　地下防水层使用不同材料最小厚度规定　(单位:mm)

防水材料		单层厚度	双层厚度
合成高分子类防水卷材	三元乙丙橡胶防水卷材	1.5	1.2+1.2
	聚氯乙烯防水卷材	1.5	1.2+1.2
	聚乙烯丙纶复合防水卷材	卷材:0.9 粘结料:1.3 芯材厚度:0.6	卷材:0.7+0.7 粘结料:1.3+1.3 芯材厚度:0.5
	自粘胶膜防水卷材	1.2	—
高聚物改性沥青类防水卷材	弹性体改性沥青防水卷材	4.0	4.0+3.0
	改性沥青聚乙烯胎防水卷材	4.0	4.0+3.0
	自粘聚合物改性沥青防水卷材(聚酯毡胎体)	3.0	3.0+3.0
	自粘聚合物改性沥青防水卷材(无胎体)	1.5	1.5+1.5
防水涂料	有机涂料	1.2	—
	无机涂料(水泥基)	3.0	—
	无机涂料(水泥基渗透结晶型)	1.0	—

三、防水材料要求

防水材料是做好各类防水工程的基础,是保证建筑物不受雨水浸入、地下水及其他水分渗透的主要屏障,控制好防水工程质量的一个重要方面就是合理地选用防水材料。防水材料应具备良好的水密性、大气稳定性、温度稳定性和一定的力学性能要求,同时做到施工简便、对环境污染少。

(一)防水材料的种类

常用的防水材料有防水卷材、防水涂料、刚性防水材料、基层处理剂、胶粘剂及建筑防水密封材料等。

1. 防水卷材

防水卷材是一种由工厂制作成型的可卷曲的片状防水材料(见图 8-1)。根据其主要防水组成材料可分为沥青防水卷材、高聚物改性沥青防水卷材和合成高分子防水卷材,以及金属卷材、膨润土防水毯等。

图 8-1 防水卷材

1)沥青防水卷材

沥青防水卷材是用原纸、纤维织物、纤维毡等胎体材料浸涂沥青胶,表面撒布粉状、片状或粒状材料而制成的可卷曲的片状防水材料,俗称沥青油毡。常见的有纸胎沥青油毡、玻纤胎沥青油毡等。这类卷材耐高低温性能差,强度低,延伸率小,目前在工程中已很少使用。

2)高聚物改性沥青防水卷材

高聚物改性沥青防水卷材是以纤维织物或纤维毡等材料为胎体,以合成高分子聚合物改性沥青为涂盖层,以粉状、粒状、片状或高分子薄膜、铝箔等材料为覆面材料制成的可卷曲片状卷材。这类防水卷材具有高温不流淌、低温不脆裂、抗拉强度高、延伸率大等特点。在其底面敷以热熔胶,可热熔施工,简化了施工工艺,提高了施工安全性。目前,在屋面及地下平面防水工程中应用广泛。

高聚物改性沥青防水卷材的品种较多,国内常用的有 SBS 改性沥青热熔卷材、APP 改性热熔卷材、APAO 改性沥青热熔卷材和再生胶改性沥青热熔卷材等。

高聚物改性沥青防水卷材的外观质量应符合表 8-5 的要求,其物理性能应满足《屋面工程质量验收规范》(GB 50207—2012)和《地下防水工程质量验收规范》(GB 50208—2011)的相应规定。

表 8-5 高聚物改性沥青防水卷材外观质量要求

项目	质量要求
孔洞、缺边、裂口	不允许
边缘不整齐	不超过 10 mm
胎体露白、未浸透	不允许
撒布材料粒度、颜色	均匀
每卷卷材的接头	不超过 1 处,较短的一段不应小于 1 000 mm,接头处应加长 150 mm

3)合成高分子防水卷材

合成高分子防水卷材是以合成橡胶、合成树脂或两者的共混体为基料,加入适量化学助剂和填充料,经一定工序加工而成的可卷曲片状防水材料;或将上述材料与合成纤维等复合形成两层或两层以上的有胎防水材料。这种卷材具有拉伸强度高、抗撕裂强度高、断裂伸长率大、耐热性好、低温柔性好、耐腐蚀、耐老化及可冷施工等一系列优异性能。工程中可采用冷粘铺贴、焊接、机械固定等工艺施工,适用于各种屋面防水、地下室防水,不适用于屋面有复杂设施、平面标高多变和小面积防水工程。

合成高分子防水卷材可分为橡胶、树脂、橡塑共混三大系列卷材。橡胶系主要有三元乙丙橡胶卷材(EPDM)、氯化聚乙烯橡胶共混卷材(CPE)、再生胶类卷材等;树脂系主要有聚氯乙烯卷材(PVC)、氯化聚乙烯卷材、高密度聚乙烯卷材等;橡塑共混系主要有乙丙橡胶聚丙烯共聚卷材(TPO)、自粘卷材等。

合成高分子防水卷材的外观质量应符合表8-6的要求,其物理性能应满足《屋面工程质量验收规范》(GB 50207—2012)和《地下防水工程质量验收规范》(GB 50208—2011)的相应规定。

表8-6　合成高分子防水卷材外观质量要求

项目	质量要求
折痕	每卷不超过2处,总长度不超过20 mm
杂质	大于0.5 mm颗粒不允许,每平方米不超过9 mm^2
胶块	每卷不超过6处,每处面积不大于4 mm^2
凹痕	每卷不超过6处,深度不超过本身厚度的30%;树脂类深度不超过5%
每卷卷材的接头	橡胶类每20 m不超过1处,较短的一段不应小于3 000 mm,接头处应加长150 mm;树脂类20 m长度内不允许有接头

2. 防水涂料

防水涂料是以高分子材料为主体,在常温下呈无定形状态(液态或经拌制成液态),经涂布在结构物表面固化形成具有相当厚度和有一定防水功能膜层材料的总称。

防水涂料在固化前呈黏稠状液态,使用时无须加热,便于操作;固化成膜后的防水涂膜具有良好的延伸性、耐水性和耐候性,能形成无接缝的完整防水膜,黏结质量容易保证,维修也比较方便。因此,防水涂料广泛应用于工业与民用建筑的屋面防水工程、地下室防水工程和地面防潮、防渗等,特别适用于各种不规则部位的防水。

防水涂料应具有良好的防水性、耐久性与较低的温度敏感性,满足一定的固化含量和力学性能要求,且应施工简便,对环境污染小。

防水涂料一般按涂料的类型或涂料成膜物质的主要成分进行分类。

(1)根据涂料的类型不同,防水涂料可分为挥发型、反应型、反应挥发型、水化结晶渗透型等四类。

①挥发型防水涂料:包括溶剂型和水乳型。

溶剂型涂料:结膜致密,但易燃、易爆、有毒,施工时对环境有污染。如聚氯乙烯涂料、乙丙橡胶涂料等。

水乳型涂料:无毒、不燃、无污染,可在潮湿的基层上施工,操作简便,但成膜速度慢、致密性较低,一般不宜在 5 ℃以下施工。如丙烯酸酯乳液、氯丁橡胶乳液等。

②反应型防水涂料:包括固化剂固化型和湿气固化型。其特点是成膜时无体积收缩、涂膜致密、涂刷一遍即可获得所要求的涂膜厚度,但现场配制必须精确、均匀,质量不易保证。如聚氨脂涂料等。

③反应挥发型涂料:可在潮湿的基层上施工,成膜迅速,固含量较高,厚涂层无起泡、起鼓问题,但浸水后涂层强度有所下降,用于地下工程时应进行长期浸水试验。如聚合物水泥复合涂料等。

④水化结晶渗透型涂料:结膜致密,抗渗能力强,可在潮湿的基层上施工,厚涂层无起泡、起鼓问题,但成膜后应保持水养护环境。如无机涂料。

(2)根据涂料成膜物质的主要成分不同,防水涂料可分为沥青基防水涂料、高聚物改性沥青防水涂料和合成高分子防水涂料三类。

①沥青基防水涂料:以沥青为基料配制而成的水乳型或溶剂型防水涂料。常见的有水性石棉沥青防水涂料、石灰乳化沥青防水涂料和膨润土乳化沥青防水涂料等。其适用于防水要求较低的屋面工程。

②高聚物改性沥青防水涂料:以沥青为基料,用合成高分子聚合物进行改性配制而成的水乳型、溶剂型、热熔型防水涂料。与沥青基防水涂料相比,其柔韧性、抗裂性、强度、耐高低温性能、使用寿命等方面都有了较大改善。常见的有再生胶改性沥青、水乳型氯丁橡胶沥青、SBS 橡胶改性沥青防水涂料等。其可用于防水要求较高的屋面工程。

③合成高分子防水涂料:以合成橡胶或合成树脂为主要成膜物质配制而成的水乳型或溶剂型防水涂料。其具有较高的强度和延伸率,优良的柔韧性、耐高低温性能、耐久性和防水能力,适用于防水要求高的屋面及地下防水工程。

3. 刚性防水材料

刚性防水材料是指以水泥、砂、石子为原料,或其内掺入少量外加剂、高分子聚合物等材料,通过调整配合比、抑制或减少孔隙率、改变孔隙特征、增加各原材料界面间的密实性等方法配制而成的具有一定抗渗能力的水泥砂浆、混凝土类防水材料。

刚性防水材料与前述防水卷材、防水涂料相比,材料易得,价格便宜,耐久性好,但表观密度大,抗拉强度低,易受混凝土或砂浆的干湿变形、温度变形和结构变位而产生裂缝。

4. 基层处理剂

基层处理剂是在防水层施工之前,预先涂刷在基层上的一种稀质涂料,目的是增强防水材料与基层之间的黏结力。基层处理剂的选择应与所用的防水材料相配套。

1)沥青卷材防水层的基层处理剂

沥青卷材防水层的基层处理剂常采用冷底子油。冷底子油是由 10 号或 30 号石油沥青溶解于汽油、柴油、煤油、甲苯或二甲苯等溶剂中制成的溶液。其可用于涂刷在水泥砂浆、混凝土基层或金属配件的基层上做卷材沥青胶结料的基层处理剂。施工中可根据需要配制成慢挥发性冷底子油、快挥发性冷底子油和速干性冷底子油。

(1)慢挥发性冷底子油,即石油沥青:轻柴油或煤油=4:6。

(2)快挥发性冷底子油,即石油沥青:轻柴油或煤油=5:5。

(3)速干性冷底子油,即石油沥青:汽油=3:7。

2)高聚物改性沥青防水卷材和合成高分子防水卷材的基层处理剂

高聚物改性沥青防水卷材和合成高分子防水卷材的品种繁多,性能各异,所采用的基层处理剂也不尽相同,一般都由卷材生产厂家配套供应,使用时可参照说明书要求进行选用。

3)防水涂料的基层处理剂

防水涂料与基层的黏结强度较高,基本上不需要基层处理剂。若需要增加涂膜防水层与基层的黏结能力,可采用防水涂料与相应的溶剂按厂家提供的比例调稀后作为基层处理剂使用。

5.胶粘剂

胶粘剂是涂布于基层与卷材、卷材与卷材之间起黏结作用的一种材料。不同性质的卷材所使用的胶粘剂也不同,应根据所用卷材选用与之相配套的胶结材料。

1)沥青防水卷材的胶粘剂

沥青防水卷材的胶粘剂可采用沥青胶(又称沥青玛瑞脂),是用一种或两种标号的沥青按一定配比融合,经熬制脱水后而形成的胶粘剂。为了提高沥青胶的耐热度、韧性、黏结力和抗老化能力,可在熔融后的沥青中加入适当品种和数量的填充材料。常用的填充材料有石棉粉、滑石粉、云母粉和粉煤灰等。

沥青胶的标号以耐热度表示,标号为S-60~S-85。使用时应根据屋面的使用条件、坡度和当地历年极端最高气温,按规范的规定选用。

2)高聚物改性沥青防水卷材和合成高分子防水卷材的胶粘剂

高聚物改性沥青防水卷材和合成高分子防水卷材的胶粘剂一般均由卷材生产厂家配套生产供应,使用时可参照说明书进行选用。胶粘剂的质量要求如表8-7所示。

表8-7 胶粘剂的质量要求

项目	高聚物改性沥青防水卷材	合成高分子防水卷材
黏结剥离强度(N/10 mm)	≥8	≥15
浸水168 h后黏结剥离强度保持率(%)	—	≥70

3)黏结密封胶带

黏结密封胶带主要用于合成高分子卷材与卷材间搭接黏结和封口黏结,一般有双面胶带和单面胶带两种。

6.建筑防水密封材料

建筑防水密封材料是以高分子材料为主体,加入适量的填充料和其他化学助剂配制而成的膏状防水材料。其主要应用于屋面节点部位、各种防水材料的接缝与收头、由于开裂产生的裂缝,以及建筑物门窗四周、玻璃镶嵌等部位。

建筑防水密封材料分为改性沥青密封材料和合成高分子密封材料两类。目前,常用的不定形密封材料有:沥青嵌缝油膏、聚氯乙烯接缝膏、塑料油膏、丙烯酸类密封膏、聚氨酯密封膏、聚硫密封膏和硅酮密封膏等;常用的定形密封材料包括密封条和止水带,如铝合金门窗橡胶密封条、丁腈橡胶-PVC 门窗密封条、自粘性橡胶、橡胶止水带、塑料止水带等。定形密封材料按密封机制的不同可分为遇水非膨胀型和遇水膨胀型两类。

(二)防水材料的验收与保管

1. 防水材料的进场验收

(1)防水材料进场时应检查产品合格证书和性能检测报告,材料的品种、规格、性能等技术指标应符合现行国家产品标准和设计要求。

(2)防水材料进场后对防水卷材应进行外观质量检查。对各种防水材料应按规范规定进行物理性能复检。不合格的防水材料严禁在建筑工程中使用。

2. 防水材料的保管

(1)不同品种、标号、规格和等级的防水材料应分别存放。存放时应保证阴凉、干燥、通风,避免雨淋、日晒和受潮,严禁接近火源和热源,避免与化学介质及有机溶剂等有害物质接触。

(2)防水卷材宜直立堆放,其高度不宜超过两层。

(3)防水涂料应储存于清洁、密闭的塑料桶或内衬塑料桶的铁桶中,容器表面应有明显标志,内容包括:生产厂名、厂址、产品名称、标记、净重、商标、生产日期或生产批号、有效日期、运输和储存条件。反应型和水乳型涂料储存和保管环境温度不宜低于 5 ℃,溶剂型涂料储存和保管环境温度不宜低于 0 ℃。

任务二　屋面防水工程

屋面工程包括屋面结构层以上的屋面找平层、隔气层、保温层、防水层和保护层等,是房屋建筑一项重要的分部工程。其除能够足以承受屋面荷载,还应具有良好的保温、隔热、隔声效果和抗渗防漏能力。

屋面防水工程根据所用材料的不同,主要有卷材防水屋面、涂膜防水屋面和刚性防水屋面等。

一、卷材防水屋面

卷材防水屋面是指用胶粘剂或热熔法逐层粘贴卷材进行防水的屋面,具有自重轻、防水性能较好的优点。其防水层具有较好的柔韧性,对结构的振动和胀缩变形有一定的适应性。目前,常用的卷材有沥青防水卷材、高聚物改性沥青防水卷材和合成高分子防水卷材等。其一般构造层次如图 8-2 所示。

(一)施工工艺流程

卷材防水屋面施工工艺流程是:基层处理→找平层施工→基层处理剂施工→卷材防水层施工→保护层施工。

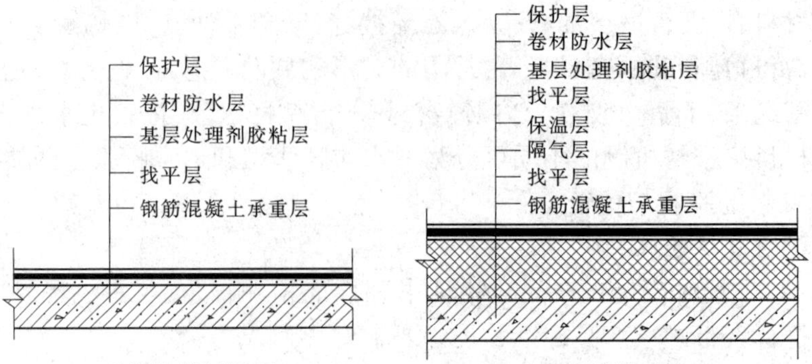

(a)无保温卷材屋面　　(b)保温卷材屋面

图 8-2　卷材防水屋面构造层次示意图

(二)施工要求

1. 基层处理

屋面基层应具有足够的强度和刚度,承受荷载时不致产生显著的变形,同时应做到干燥洁净、表面平整。

屋面结构层最好是采用整体现浇混凝土板。当屋面结构层为装配式钢筋混凝土板时,应采用细石混凝土灌缝,其强度等级不得低于 C20。为增强灌缝的密实度,灌缝的细石混凝土宜掺微膨胀剂。当屋面板板缝宽度大于 40 mm 或上窄下宽时,应在板下吊模设置构造钢筋后,再浇筑细石混凝土。

2. 找平层施工

找平层的作用是保证卷材铺贴平整,黏结牢固。找平层可采用 1∶2.5 水泥砂浆、C20 细石混凝土,沥青砂浆多在冬雨期或采用水泥砂浆有困难和抢工期时采用。

(1)找平层厚度与技术要求:找平层厚度与基层的结构形式有关,其具体要求见表 8-8。

表 8-8　找平层的厚度和技术要求

类别	基层种类	厚度(mm)	技术要求
水泥砂浆找平层	整体现浇混凝土	15~20	1∶2.5(水泥∶砂)体积比,宜掺抗裂纤维
	整体或板状材料保温层	20~25	
细石混凝土找平层	装配式混凝土板	30~35	C20 混凝土,宜加钢筋网片
	板状材料保温层		C20 混凝土

(2)找平层的坡度要求:为了满足屋面排水的要求,找平层施工时应有一定的排水坡度。其具体要求见表 8-9。

表 8-9　找平层的坡度要求

项目	平屋面		天沟、檐沟		雨水管周边 ϕ500 范围
	结构找坡	材料找坡	纵向	沟底水落差	
坡度要求	≥3%	≥2%	≥1%	≤200 mm	≥5%

(3)找平层在转角处的要求：铺抹找平层时，基层与突出屋面结构(女儿墙、变形缝、烟囱等)的交接处和基层的转角处，应做成圆弧形，圆弧半径应符合表 8-10 的规定。

表 8-10　找平层转角处圆弧半径

卷材种类	沥青防水卷材	高聚物改性沥青防水卷材	合成高分子防水卷材
圆弧半径(mm)	100~150	50	20

(4)找平层的施工要求如下：

①找平层施工宜设分格缝，缝宽一般为 5~20 mm，缝内应嵌填密封材料。分格缝兼作排气道时，分格缝可适当加宽，并应与保温层连通。分格缝应留设在板端缝处，其纵横缝的最大间距为：水泥砂浆或细石混凝土找平层，不宜大于 6 m。

②水泥砂浆及细石混凝土找平：基层应清扫干净并洒水湿润(有保温层时，不得洒水)；在砂浆收水后、终凝前进行二次压光；铺设 12 h 后，应洒水养护或喷冷底子油养护，不得出现酥松、起砂、起皮等现象。

3. 基层处理剂施工

(1)基层要求：基层处理剂施工前基层必须洁净、干燥。当基层干燥有困难时，应采用排气屋面。排气屋面施工时，排气道应纵横贯通，不得堵塞。

(2)施工方法：基层处理剂施工可采用喷涂法或涂刷法。

(3)施工要求：基层处理剂喷、涂应薄而均匀，不得有漏喷、麻点或气泡。在大面积喷、涂之前应用毛刷对屋面节点、管道等突出部位的周边、拐角等处先行涂刷。当基层处理剂需要喷、涂两遍时，待第一遍干燥后方可进行第二遍喷、涂。基层处理剂干燥后应立即铺贴卷材。

4. 卷材防水层施工

1)施工顺序

卷材铺设应按“先高后低，先远后近”的顺序进行，即高低跨屋面，先铺高跨后铺低跨；等高的大面积屋面，先铺离上料地点远的部位，后铺较近的部位，避免踩坏和破坏已铺好的屋面。

对于每一跨在大面积卷材铺贴前，应先做好节点、附加层和排水较为集中部位(水落口处、檐口、天沟等)的防水增强处理，然后由屋面最低标高处向上铺贴，以保证顺水搭接。铺贴天沟、檐沟卷材时，宜顺天沟、檐口方向，减少搭接。

2)铺贴方向

卷材的铺设方向应根据屋面坡度和屋面是否存在振动按规范确定。

(1)屋面坡度<3%时,卷材宜平行屋脊方向铺贴。

(2)屋面坡度为3%~15%时,卷材可平行或垂直屋脊方向铺贴。

(3)屋面坡度>15%或屋面存在振动时,沥青防水卷材应垂直屋脊方向铺贴,高聚物改性沥青防水卷材、合成高分子防水卷材可平行或垂直屋脊方向铺贴。

(4)屋面坡度>25%时,一般不宜使用卷材做防水层;若采用卷材做防水层,则应垂直屋脊方向铺贴并采取固定措施,且固定点应密封。

当采用叠层卷材组成防水层时,上下层卷材不得相互垂直铺贴。

3)搭接方法与宽度要求

铺贴卷材应采用搭接法,上下两层及相邻两幅卷材的搭接缝应错开,一般相邻两幅卷材的短边搭接缝应相互错开500 mm以上,上下两层卷材应错开1/3或1/2幅宽。平行于屋脊的搭接缝应顺流水方向,垂直于屋脊的搭接缝应顺年最大频率风向(主导风向)。

叠层铺贴的各层卷材,在天沟与屋面的交接处,应采用叉接法搭接,搭接缝应错开;搭接缝宜留在屋面或者天沟侧面,不宜留在沟底。

坡度超过25%的拱形屋面和天窗下的坡面上,应尽量避免短边搭接;若需短边搭接,则搭接处应采取防止卷材下滑的措施。

各种卷材的搭接宽度应符合表8-11的要求。

表8-11 卷材搭接宽度 (单位:mm)

卷材种类		短边搭接		长边搭接	
		满粘法	空铺法、点粘法、条粘法	满粘法	空铺法、点粘法、条粘法
沥青防水卷材		100	150	70	100
高聚物改性沥青防水卷材		80	100	80	100
合成高分子防水卷材	胶粘剂	80	100	80	100
	胶粘带	50	60	50	60
	单缝焊	60,有效焊接宽度不小于25			
	双缝焊	80,有效焊接宽度为10×2+空腔宽			

4)铺贴方法

防水卷材的铺贴方法有多种,应根据屋面卷材类型及基层的结构类型、干湿程度等实际情况来选择。

(1)根据铺贴形式不同,一般有满粘法、点粘法、条粘法和空铺法等。满粘法适用于屋面面积较小、屋面结构变形较小、找平层干燥的情况。点粘法、条粘法和空铺法多用于构件变形较大、基层潮湿或做排气屋面的情况。

①满粘法:卷材与基层用胶粘剂全部粘贴的施工方法。

②点粘法:卷材与基层采用点状黏结的施工方法。

③条粘法:卷材与基层采用条状黏结的施工方法。

④空铺法:卷材与基层仅在四周一定宽度内粘贴,其余部分不粘贴的施工方法。

点粘法、条粘法和空铺法施工时在卷材与卷材搭接处应满粘,叠层铺设时除第一层外其他层均应满粘。点粘法要求每平方米至少有 5 个黏结点，每点面积不少于 100 mm×100 mm；条粘法要求每幅卷材与基层黏结面不少于 2 条，每条宽度不少于 150 mm。

(2)根据施工方法不同，沥青防水卷材一般采用浇油、刷油等方法进行铺贴，工程中已很少使用。高聚物改性沥青防水卷材依据其品种不同，可采用热熔法、冷粘法和自粘法施工。合成高分子防水卷材的铺贴方法有冷粘法、自粘法和热风焊接法等。

①热熔法：即利用火焰加热器加热防水卷材底面的热溶胶后直接与基层进行粘贴的施工方法，是高聚物改性沥青热熔卷材的一种铺贴方法。热熔法具有黏结牢固，省工省料，施工速度快，受温度影响小，对基层表面干燥程度要求相对较宽松等优点，目前在工程中应用广泛。施工中可采用滚铺法或展铺法进行铺贴。

热熔法施工时喷枪与卷材的距离要适当，一般为 50～100 mm，与基层呈 30°～45°角，将火焰对准卷材与基层交接处，同时加热卷材底面热熔胶面和基层，加热应均匀，待热熔胶层出现黑色光泽、发亮至稍有微泡出现时，慢慢放下卷材平铺基层，然后进行排汽辊压使卷材与基层黏结牢固。铺贴时要稍紧一些，不能太松弛。

②冷粘法：即在常温下将胶粘剂涂刷在基层和卷材上，直接进行卷材与基层、卷材与卷材间黏结的施工方法。该方法在常温下作业，施工方便、安全，但要求基层干燥，胶粘剂的溶剂充分挥发，否则不易保证施工质量。

冷粘法施工时胶粘剂涂刷应均匀、不露底、不堆积；铺贴卷材时应平整顺直，搭接尺寸准确，破折溢出的胶粘剂随即刮平封口。搭接缝应满涂胶粘剂，辊压黏结牢固，不得扭曲；搭接缝采用胶粘带时，应与卷材匹配；搭接缝全部粘贴后，缝口要用密封材料封严，密封宽度不应小于 10 mm。

③自粘法：是指带有自粘胶的防水卷材，将卷材自粘胶底面的隔离纸撕去即直接进行粘贴的施工方法。施工中可采用滚铺法或抬铺法进行铺贴。

自粘法施工时基层必须洁净、干燥、坚实、平整；铺贴卷材应平整顺直，搭接尺寸准确，不得扭曲、皱折。黏结搭接缝时，应将相邻卷材待搭接部位上表面的防粘层先熔化掉，同时加热卷材底面胶粘剂，加热后随即粘贴、排汽、辊压，溢出的自粘胶随即刮平封口，搭接缝粘贴密实后，所有接缝口均应用密封材料封严，宽度不应小于 10 mm。

④热风焊接法：即利用热空气焊枪进行防水卷材搭接黏合的施工方法。一般适用于热塑性高分子防水卷材(如 PVC 卷材)和自粘型卷材的接缝施工。

5)卷材屋面施工的气候要求

(1)卷材铺贴严禁在雨、雪天施工，有 5 级以上的大风时不得施工，气温低于 5 ℃时不宜施工，若必须在负温下施工，则应采取相应措施，以保证工程质量。热熔法和焊接法施工时气温不宜低于-10 ℃，冷贴法和热贴法不宜低于 5 ℃，自粘法不宜低于 10 ℃。

(2)夏季施工时，屋面若有露水潮湿，则应待其干燥后方可铺贴卷材，并避免在高温烈日下施工。

(3)若施工中途遇雨、雪，则应做好已铺卷材周边的防护工作。

5. 保护层施工

卷材铺设完毕，经检查合格后，应立即进行保护层的施工，防止防水层受到各种损伤而影响其防水效果和使用寿命。

常用的保护层做法有:绿豆砂保护层、浅色涂料保护层、现浇保护层和预制板块保护层等。

(1)绿豆砂保护层:主要是在沥青卷材防水屋面中采用,目前使用较少。

(2)浅色涂料保护层:常用的有铝基沥青悬浮液、丙烯酸浅色涂料或在涂料中掺入铝粉的反射涂料。浅色涂料应与卷材的材料相容、黏结力强、抗风化性能良好;施工时,浅色涂料保护层应与卷材黏结牢固,厚薄均匀,不得漏涂。

(3)现浇保护层:一般采用20 mm厚的水泥砂浆或30 mm厚掺入适量微膨胀剂的细石混凝土。水泥砂浆保护层的表面应抹平压光,并留设分格缝,分隔面积宜为1 m^2;细石混凝土保护层应振捣密实,表面抹平压光,并留设分格缝,分隔面积不大于36 m^2。

(4)预制板块保护层:即在砂或水泥砂浆层上铺设预制板块做保护层。预制板块铺砌时应保证横平竖直,并满足排水坡度要求。块体材料保护层应留设分格缝,分隔面积不宜大于100 m^2,分格缝的宽度不宜小于20 mm。

刚性保护层与防水层之间要设置隔离层,以保证刚性保护层在温差的作用下能自由伸缩变形而不致损坏防水层。刚性保护层与女儿墙、山墙之间应预留宽度为30 mm的缝隙,并用密封材料嵌填严密。

二、涂膜防水屋面

涂膜防水屋面是在屋面基层上喷涂、刮涂或涂刷抹压防水涂料,经固化后形成具有一定厚度和弹性的无缝整体涂膜,从而达到防水目的的一种防水屋面形式。涂膜防水屋面的构造如图8-3所示,具体施工时有哪些层次,应根据设计要求确定。

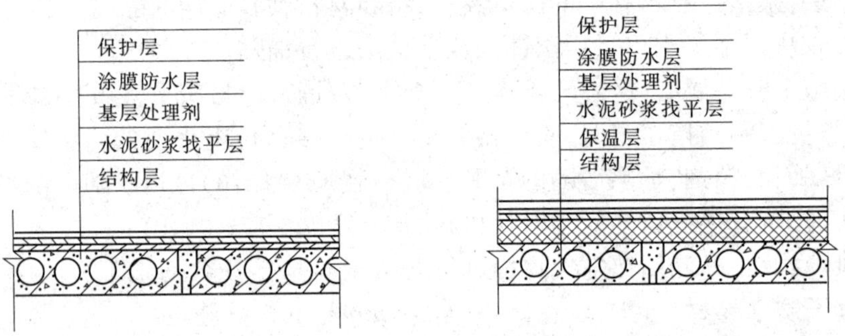

(a)无保温卷材屋面　(b)保温卷材屋面

图8-3　涂膜防水屋面构造层次示意图

涂膜防水屋面操作简单,无污染,大多采用冷施工,施工速度快,无接缝,适应性强,防水性能好且易于修补,其最大的缺点是涂膜的厚度在施工中较难保持均匀一致。

(一)施工工艺流程

涂膜防水屋面的施工工艺与卷材防水屋面基本相同,只是防水层为防水涂料的涂布。涂膜防水屋面的施工工艺流程为:基层表面清理→涂刷基层处理剂→节点和特殊部位附加增强处理→涂布防水涂料及铺贴胎体增强材料→防水层清理、检查、修整→保护层施工。

(二)施工要点

1. 基层表面清理

涂膜防水层对基层表面有比较严格的要求。基层表面必须坚实平整、洁净干燥。当找平层基层有分格缝时,应用防水油膏嵌填密实。

2. 涂刷基层处理剂

为了增强防水涂料与基层之间的黏结作用,在涂布防水涂料之前先在基层上涂刷一层基层处理剂。施工中经常采用防水涂料的稀释液作为基层处理剂。

基层处理剂在涂刷前应充分搅拌,涂刷时,应用刷子用力薄涂,基层处理剂要涂刷均匀,覆盖完全,等其干燥后方可进行涂膜施工。

3. 节点和特殊部位附加增强处理

在大面积涂布防水涂料之前,应先按设计要求做好节点和特殊部位的附加增强处理。通常的处理方法是:在细部节点(如落水口、檐沟、女儿墙根部、立管周围、穿墙管、施工缝等)处加铺有胎体增强材料防水层,即先涂刷一道涂料,随即铺贴事先裁剪好的胎体增强材料,然后用软刷反复刷匀、贴实,干燥后再涂刷一道防水涂料。

落水口、地漏、管道四周与基层交接处,一般先用密封材料密封,再加铺两层胎体增强材料的附加层。

4. 涂布防水涂料

1)施工方法

涂布防水涂料可采用人工涂布法和机械喷涂法。薄质涂料涂布常用的工具有棕刷、长柄刷、胶皮板、圆辊刷等,厚质涂料涂布常用的工具有刮板和抹子等。

2)施工顺序

应按先高后低、先远后近、先立面后平面的顺序涂布,在同一平面上可采用按顺序或分条涂布。

3)涂布要求

(1)防水涂膜应分层、分遍涂布,不得一次涂成。

(2)防水涂膜在满足厚度要求的前提下,涂布应采用多遍涂刷。多遍涂刷时,应待涂层干燥成膜后,方可涂刷后一遍涂料,各道涂布之间的涂刷方向应相互垂直,以提高防水层的整体性和均匀性。每遍涂刷应均匀,不得有露底、漏涂和堆积现象。

(3)防水涂膜最上层涂层的涂刷不应少于两遍,其厚度不应小于 1 mm;合成高分子涂膜位于胎体下面的涂层厚度不宜小于 1 mm。

(4)涂层间的接槎,在每遍涂刷时应退槎 50~100 mm,接槎时也应超过 50~100 mm,避免在搭接处发生渗漏。

(5)防水涂膜严禁在雨、雪天施工,5 级风及其以上不得施工。水乳型涂料的施工环境气温宜为 5~35 ℃,溶剂型涂料宜为-5~35 ℃。

5. 铺贴胎体增强材料

为了加强涂膜对基层开裂、房屋伸缩变形和结构变形的抵抗能力,在涂刷第二遍涂料时或第三遍涂料涂刷前,加铺胎体增强材料。常用的胎体增强材料有玻璃纤维布、合成纤维薄毡、聚酯纤维无纺布等。胎体增强材料的铺贴可以采用湿铺法或干铺法施工。

(1)湿铺法:即在第二遍涂料涂刷时,边倒涂料、边涂布、边铺贴的操作方法。施工时,先在已干燥的涂层上,用刷子或刮板将涂料仔细涂布均匀,然后将成卷的胎体增强材料平放在屋面上,推滚铺贴在刚刷上涂料的屋面上,再用滚刷滚压1遍,务必使全部布眼浸满涂料,使上下两层涂料能良好结合,确保其防水效果。

(2)干铺法:即在上一道涂层干燥后,边在已展开的胎体增强材料表面上用橡皮刮板均匀满刮一道涂料,边干铺胎体增强材料的操作方法。其也可将胎体增强材料按要求在已干燥的涂层上展平后,先在边缘部位用涂料点粘固定,然后在上面满刮一遍涂料,使涂料浸入网眼渗透到已固化的涂膜层上。当涂料的渗透性较差或胎体增强材料比较密实时,不宜采用干铺法施工。

6. 收头处理

为防止涂膜防水收头部位出现翘边现象,所有收头均应用密封材料压边,压边宽度不得小于10 mm。收头处的胎体增强材料应裁剪整齐,压入凹槽内,不得出现翘边、皱折、露白等现象,否则应先进行处理再涂密封材料。

涂膜防水层施工完毕并经验收合格后,在其上面应设置保护层,以提高防水层的合理使用年限。保护层的施工方法和要求与卷材防水屋面基本相同。

三、复合防水屋面

复合防水屋面是指组合利用不同防水材料各自的优势,形成多道防水设防的屋面。可以采用不同卷材复合、卷材与涂膜复合、刚性防水与涂膜复合等多种方案。

复合防水屋面可以充分利用各种防水材料的技术性能优势,实现材料互补,提高防水层的整体防水功能。但若设计、施工不合理,则很难取得预期效果。因此,复合防水屋面设计、施工时,应注意掌握材料的相容性、互补性和各防水层的层次顺序,以及屋面节点的细部处理等。

任务三　地下防水工程

地下防水工程是防止地下水对地下建筑物基础长期浸透,保证地下构筑物或地下室使用功能正常发挥的一项重要工程。由于地下工程常年受潮湿和地表水、地下水的影响,所以对地下工程防水的处理比屋面工程要求更高,严格按照“防、排、截、堵相结合,刚柔相济,因地制宜,综合治理”的原则进行设计和施工,根据建筑物的功能、使用要求和防水等级,合理确定防水方案。目前,地下工程常用的防水方案主要有以下几种:

(1)结构自防水:即采用防水混凝土结构,依靠提高混凝土结构本身的密实性、抗渗性来达到防水目的。防水混凝土结构既能承重又能防水,应用较为广泛。

(2)附加防水层防水:即在地下结构表面加设防水层来达到防水的目的。常用的附加防水层有水泥砂浆防水层、卷材防水层、涂膜防水层等。

(3)渗排水防水:即“以防为主,防排结合”。通常采用盲沟、渗排水层等措施将地下水排走,以达到防水目的。此方法多用于重要的、面积较大的地下防水工程。

一、防水混凝土结构施工

防水混凝土结构是指以调整配合比或掺外加剂的方法来提高自身的密实性而具有一定防水能力的混凝土结构或钢筋混凝土结构，地下工程结构主体的防水混凝土抗渗等级应不小于P6。它兼有承重、围护和抗渗的功能，且能满足一定的耐冻融及耐侵蚀要求。防水混凝土具有材料易得、施工方便、成本较低、耐久性好、防水可靠等优点，在地下防水工程中得到了广泛的应用。其主要适用于一般工业与民用建筑的地下室、水池、水塔、地下通廊、转运站、桥墩、码头、水坝等建筑物和构筑物，不适用于允许裂缝开展宽度大于0.2 mm的结构、遭受剧烈振动或冲击的结构、环境温度高于80 ℃的结构。

（一）防水混凝土的种类

目前，常用的防水混凝土主要有普通防水混凝土、掺外加剂的防水混凝土等。

1. 普通防水混凝土

普通防水混凝土是在普通混凝土骨料级配的基础上，通过调整配合比、控制水灰比、水泥用量、灰砂比和坍落度来提高混凝土的密实性，以达到防水的目的。

2. 掺外加剂的防水混凝土

掺外加剂的防水混凝土是在混凝土中掺入一定量的有机的或无机外加剂，以改善混凝土的性能和内部组织结构，提高混凝土的密实性和抗渗性，从而达到防水目的。常用的外加剂有减水剂、引气剂、密实剂、防水剂及膨胀剂等。

由于外加剂种类较多，各自的性能、效果及适用条件不尽相同，故应根据地下建筑防水结构的要求和施工条件，选择合理、有效的防水外加剂。

（二）防水混凝土的材料要求

1. 原材料要求

（1）水泥：水泥品种应按设计要求选用。严禁使用过期、受潮结块及混入有害物质的水泥，不同品种或强度等级的水泥不得混用。

在受侵蚀性介质作用时，应按介质的性质选用相应的水泥。

（2）细骨料：砂宜用中砂，含泥量不得大于3.0%，泥块含量不得大于1.0%。

（3）粗骨料：石子粒径不得大于40 mm，含泥量不得大于1.0%，泥块含量不得大于0.5%。不得使用碱活性骨料。

（4）水：应采用不含有害物质的洁净水。

（5）外加剂：应符合国家或行业标准一等品及以上的质量要求。

2. 配合比要求

（1）试配要求的抗渗水压值应比设计值提高0.2 MPa。

（2）水泥用量：在满足混凝土抗渗等级、强度等级和耐久性条件下，水泥用量不宜少于260 kg/m^3。

（3）水灰比不得大于0.5，灰砂比宜为1∶1.5～1∶2.5，砂率宜为35%～45%。

（4）坍落度：普通防水混凝土坍落度以30～50 mm为宜，泵送时坍落度宜为120～160 mm。

(三)施工要求

在地下工程防水混凝土的施工过程中必须做好基坑排水和降低地下水位工作,保持基坑干燥,严禁带水作业。施工中除符合普通混凝土结构施工规定外,还应满足以下要求。

1. 模板工程要求

防水混凝土工程所用的模板除满足一般要求外,应特别注意拼缝严密不漏浆,支撑牢固,吸水率小。一般不宜采用对拉螺栓或铁丝贯穿混凝土墙来固定模板,以防止由于螺栓或铁丝贯穿混凝土墙面引起渗漏水。当必须用螺栓贯穿墙固定模板时,必须采取止水措施,可采用螺栓加焊止水环、预埋套管加焊止水环和螺栓加堵头的方法。

2. 钢筋工程要求

迎水面防水混凝土的钢筋保护层厚度不得小于50 mm;防水混凝土结构内部设置的各种钢筋或绑扎铁丝不得接触模板,底板钢筋均不得接触混凝土垫层。

3. 混凝土工程要求

(1)防水混凝土施工时,必须严格按质量配合比准确称量配料,水泥、水、外加剂、掺合料等的计量偏差不应大于1%,砂、石的计量偏差不应大于2%。

(2)防水混凝土必须采用机械搅拌、机械振捣。搅拌时间不应小于2 min,掺外加剂的防水混凝土应根据外加剂的技术要求确定搅拌时间;振捣时间为10~30 s,以混凝土表面开始泛浆和不冒气泡为准,避免漏振、欠振和过振。

(3)防水混凝土在运输过程中应防止漏浆和离析,若发生分层离析、泌水现象,则应在浇筑前进行二次搅拌。

(4)防水混凝土在浇筑时应严格做到分层连续浇筑,浇筑时的自落高度不得大于1.5 m;防水混凝土浇筑后应及时进行养护,洒水养护不应少于14 d。后浇带应采用补偿收缩混凝土,其强度等级不得低于两侧混凝土,养护时间不应少于28 d。

(5)施工缝是防水混凝土的薄弱环节,在施工时应尽量不留或少留。底板混凝土必须连续浇筑,不得留施工缝。墙体上不得留垂直施工缝,垂直施工缝应与变形缝相结合;水平施工缝距底板面应不小于300 mm,距墙孔洞边缘应不小于300 mm,并避免设在墙板承受弯矩或剪力最大的部位。施工缝的形式一般有平口缝、凸缝、高低缝、金属止水缝等,如图8-4所示。

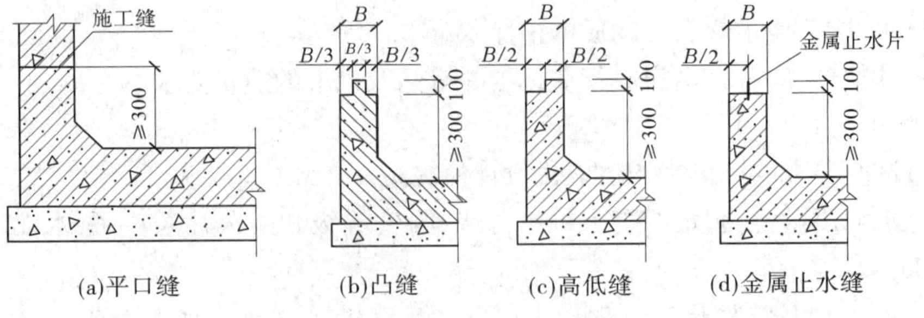

图8-4 防水混凝土施工缝接缝形式

(6)穿墙管道应在浇筑混凝土前预埋。当结构变形或管道伸缩量较小时,穿墙管可采用主管直接埋入混凝土内的固定式防水法;当结构变形、管道伸缩量较大或有更换要求时,应采用套管式防水法;穿墙管线较多时宜相对集中,采用封口钢板式防水法。埋设件端部或预留孔(槽)底部的混凝土厚度不得小于 250 mm;当厚度小于 250 mm 时,应采取局部加厚或加焊止水钢板的防水措施。

二、附加防水层施工

(一)水泥砂浆防水层施工

水泥砂浆防水层是一种刚性防水层,主要依靠特定的施工工艺要求或掺加防水剂来提高水泥砂浆的密实性和抗裂性,从而达到防水抗渗的目的。其适用于结构稳定,埋置深度不大,不会因温度和湿度变化、振动等原因产生裂缝的地上及地下防水工程。其不适用于环境有侵蚀性、持续振动或温度高于 80 ℃的地下工程。

水泥砂浆防水层根据其材料组成和防水层构造不同,分为刚性多层水泥砂浆抹面防水层和掺外加剂的水泥砂浆防水层两大类。

1. 材料要求

(1)水泥:水泥品种应按设计要求选用,其强度等级不应低于 32.5 级。

(2)砂:砂宜采用中砂,平均粒径不小于 0.5 mm,最大粒径不大于 3 mm。含泥量不得大于 1%,硫化物和硫酸盐含量不得大于 1%。

(3)水:应采用不含有害物质的洁净水。

(4)外加剂:应符合国家或行业标准一等品及以上的质量要求。

(5)配合比:普通水泥砂浆防水层的配合比应按表 8-12 选用;掺外加剂、掺合料、聚合物水泥砂浆的配合比应符合所掺材料的规定。

表 8-12　普通水泥砂浆防水层的配合比

名称	配合比(质量比)		水灰比	使用位置(按施工过程)
	水泥	砂		
素灰	1	—	0.37~0.40	水泥砂浆防水层的第一、三层
水泥砂浆	1	1.5~2.0	0.40~0.50	水泥砂浆防水层的第二、四层
水泥浆	1	—	0.55~0.60	水泥砂浆防水层的第五层

2. 基层处理

基层处理是保证防水层与基层表面结合牢固、不空鼓和密实不透水的关键。其包括清理、浇水、刷洗、找平等工序。施工中水泥砂浆防水层的基层质量应符合下列要求:

(1)基层表面应坚实、平整、粗糙、洁净,并充分湿润,无积水。

(2)基层表面的孔洞、缝隙应用与防水层相同的砂浆填塞抹平。

(3)砌体基层应将灰缝剔成 10 mm 深的直角沟槽,以增加防水层和基层的结合强度。

(4)水泥砂浆防水层铺抹前,基层的混凝土和砌筑砂浆强度应不低于设计值的80%。

3. 砂浆的拌制

砂浆拌制应采用机械拌制,量少时可用人工拌制。拌和时要严格按配合比要求拌制均匀,拌和好的砂浆不宜存放过久,以防止离析和初凝。

4. 施工方法

1)刚性多层水泥砂浆抹面防水层

刚性多层水泥砂浆抹面防水层是利用不同配合比的水泥砂浆和水泥浆分层施工,相互交替抹压密实而构成的一种整体防水层。在工程实践中,通常采用四层抹面做法(背水面防水)或五层抹面做法(迎水面防水),如图8-5所示。

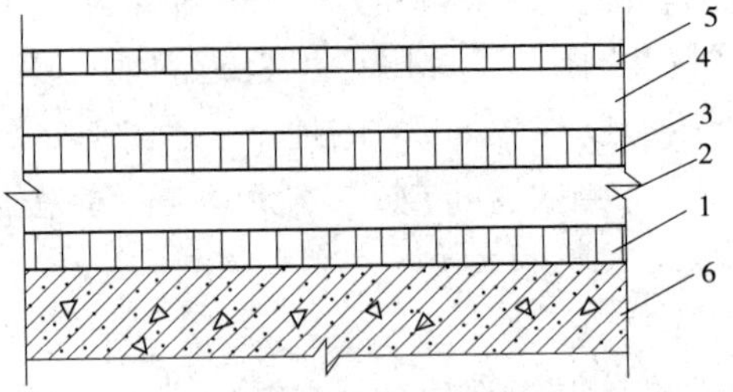

1,3—素灰层;2,4—水泥砂浆层;5—水泥浆层;6—结构层

图8-5 五层做法构造

(1)混凝土顶板及墙面防水层的施工方法。

第一、三层:素灰层,厚2 mm,分两次抹成。在处理好的基层上先抹一层1 mm厚素灰(用铁抹子往返用力抹压5~6遍),随即再抹1 mm厚的素灰找平层,并用湿毛刷按顺序轻涂刷一遍。第三层应在第二层水泥砂浆凝固并有一定强度后进行。

第二、四层:水泥砂浆层,厚4~5 mm。在素灰层初凝时进行,使砂浆压入素灰层约1/4,以使两层结合牢固。第二层抹完后,在水泥砂浆初凝时用扫帚按顺序向一个方向扫出横向条纹;第四层抹完后,在砂浆硬化过程中,用铁抹子分次抹压2~3遍,最后再压光。

第五层:水泥浆层,厚1 mm。在第四层水泥砂浆抹压两遍后,用毛刷均匀地将水泥浆刷在第四层表面,并随第四层一起压实抹光。

(2)对砖石墙面防水层的施工方法。

第一层是刷水泥浆一道,厚度约1 mm,用毛刷往返涂刷均匀,涂刷后,可抹第二、第三、第四层等,其操作方法与混凝土基层的操作相同。

(3)特殊部位的施工要求。

①结构阴阳角处的防水层均需抹成圆角,阴角直径50 mm,阳角直径10 mm。

②防水层在各层应紧密贴合,每层宜连续施工。必须留施工缝时应采用阶梯坡形槎,接槎的搭接要依照层次操作顺序层层搭接。留槎的位置一般留在地面上,亦可留在墙面上,但须离开阴阳角处200 mm。

水泥砂浆防水层施工完毕,水泥砂浆终凝后应立即进行洒水养护,养护温度不宜低于5 ℃,养护时间不得少于14 d。

2)掺外加剂的水泥砂浆防水层

掺外加剂的水泥砂浆是在水泥砂浆中掺入一定比例的防水剂或聚合物材料配制而成的,各种外加剂水泥砂浆应严格按规范或生产厂家提供的配合比配置。常用的外加剂有无机质小分子防水剂(如氯化物金属盐、无机铝盐等)、有机硅防水剂、塑化膨胀剂、聚合物材料(如氯丁橡胶胶乳、丙烯酸酯胶乳、环氧乳液、合成纤维、钢纤维等)。

掺外加剂的水泥砂浆防水层的施工过程类似于刚性多层水泥砂浆抹面防水层,同时根据外加剂性能不同应注意以下具体要求:

(1)有机硅防水砂浆防水层:在处理好的基面上喷碱性硅水1~2遍,然后抹压2~3 mm厚的素水泥浆结合层,待素水泥浆结合层初凝时,再进行防水砂浆的铺设。防水砂浆层按底层、面层分两次施工;施工前先将阴阳角做好,然后开始铺抹底层砂浆,厚度为5~6 mm,边铺边抹压密实,且在初凝时用木抹子搓成麻面,再抹压面层,厚度为15 mm。初凝时压实抹光。

(2)纤维聚合物防水砂浆防水层:施工中不能来回抹压,以免将砂浆带空鼓。一般钢纤维防水层的厚度以10 mm为宜,一道成活,且钢纤维防水层上面必须要做合成纤维的聚合物水泥防水砂浆保护层。纤维聚合物水泥砂浆的养护应采取干湿交替养护法,一般为7 d湿养护21 d干养护,或31 d湿养护25 d干养护,或1 d湿养护27 d干养护等,或按生产厂家提供的养护方法进行养护。

(二)卷材防水层施工

地下工程卷材防水层是由防水卷材和相应的胶结材料胶合而成的一种单层或多层防水层。其适用于受侵蚀性介质作用或受振动作用下的地下防水工程。

1. 材料要求

地下工程附加防水层所用卷材,应选用强度较高、延伸率大、耐久性好、耐腐蚀性强的卷材,一般应采用高聚物改性沥青防水卷材或合成高分子防水卷材。所用的基层处理剂、胶粘剂、密封材料等配套材料应与卷材性质相容。

2. 铺贴方法

地下卷材防水一般采用外防水,即将卷材铺设在建筑结构的外侧(迎水面),在结构主体底板垫层至墙体顶端的基层上,形成封闭的防水层。根据其与地下防水结构的施工先后顺序,可分为外防外贴法和外防内贴法两种。地下工程防水层施工一般采用外防外贴法,只有受施工条件限制而不能用外贴法时才用内贴法。

1)外防外贴法

外防外贴法是在垫层上铺好底层防水层后,先进行底板和墙体结构的施工,再把底面防水卷材延伸铺贴在墙体结构的外侧表面上,最后砌筑保护墙。外防外贴法的优点是:建筑物与保护墙有不均匀沉降时,对防水层影响较小;防水层做好后即可进行漏水试验,修补方便。缺点是:卷材分两次铺贴,施工工序较多,工期较长,施工占地面积较大,且接槎施工较麻烦,不易保证质量,底板与墙身接头处的卷材易受损。

外防外贴法的施工程序为:浇筑防水结构底面混凝土垫层→砌筑底部永久性保护墙

和临时性保护墙→铺贴底板卷材防水层→浇筑底板和侧墙混凝土→拆除临时性保护墙→铺贴墙身卷材防水层→砌筑永久性保护墙,如图 8-6(a)所示。

2)外防内贴法

外防内贴法是在地下结构施工之前,在混凝土底板垫层边沿先砌筑全高度(防水高度)的永久性保护墙,然后将卷材防水层铺贴在保护墙和垫层上,最后进行防水结构的混凝土底板和墙体施工。外防内贴法的优点是:施工工序少,施工较方便,底板和墙体的防水层可以一次铺贴完成,不必留接头,施工占地面积小。缺点是:当建筑物与保护墙之间发生不均匀沉降时,防水结构主体与保护墙发生相对位移,对防水层影响较大;保护墙稳定性差;竣工后若发现漏水,修补较困难。所以,只有当施工场地条件受限时,才可采用这种方法施工。

外防内贴法的施工程序为:浇筑防水结构底面混凝土垫层→在混凝土垫层四周边沿砌筑永久性保护墙→在保护墙及垫层上抹水泥砂浆找平层,干燥后涂刷基层处理剂→铺贴保护墙卷材防水层→铺贴底板卷材防水层→做底板和墙的保护层→防水结构的混凝土底板和墙体施工,如图 8-6(b)所示。

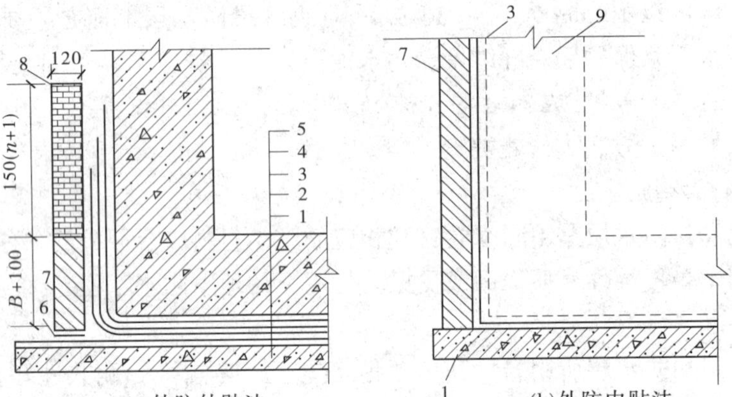

(a)外防外贴法　　(b)外防内贴法

1—垫层;2—找平层;3—卷材防水层;4—保护层;5—构筑物;6—干铺油毡;
7—永久性保护墙;8—临时性保护墙;9—尚未施工的构筑物

图 8-6　地下防水工程卷材防水层铺贴

3. 施工方法与要求

1)施工方法

地下卷材防水应根据防水卷材不同采用热熔法、冷粘法、自粘法或热风焊接法等。一般高聚物改性沥青防水卷材多采用热熔法施工,合成高分子防水卷材多采用冷粘法施工。

为提高卷材防水层抵抗结构变形的能力,多层卷材防水层施工时第一层可采用空铺法、条粘法或点粘法。

2)施工要求

(1)在变形较大、易遭破坏或易老化部位(如变形缝、转角、三面角、穿墙管道周围、地下出入口通道等处)应铺设卷材附加层。附加层可为两层同类油毡或一层抗拉强度较高的卷材。

(2)在分格缝、穿墙管道周围、卷材搭接缝,以及收头部位应做密封处理。

(3)外防外贴法的施工要求如下：

①在底板垫层上砌筑永久性保护墙，墙高应不小于需防水结构底板厚度 B 加 100 mm，且墙下干铺一层油毡。

②在永久性保护墙上应抹 1∶3 水泥砂浆找平层；在临时性保护墙上抹石灰砂浆找平层，并刷石灰浆。若用模板代替临时性保护墙，应在其上涂刷隔离剂。

③在大面积铺贴卷材之前，应先在转角处粘贴一层卷材附加层，然后进行大面积铺贴，先铺平面、后铺立面。在垫层和永久性保护墙上应将卷材防水层空铺，而在临时保护墙(或模板)上应将卷材防水层临时贴附，并分层临时固定在其顶端。

④铺贴立面卷材时，应先将接槎部位的各层卷材揭开，并将其表面清理干净，若卷材有局部损伤，应及时进行修补。卷材接槎的搭接长度：高聚物改性沥青卷材为 150 mm，合成高分子卷材为 100 mm。使用两层卷材时，卷材应错槎接缝，上层卷材应盖过下层卷材。

⑤卷材防水层施工完毕，并经过检查验收合格后，应及时做好卷材防水层的保护结构。一般可采用砌筑永久性保护墙、防水层外抹 1∶3 水泥砂浆或直接粘贴塑料板等方法。

(4)外防内贴法的施工要求如下：

①保护墙与垫层之间须干铺一层油毡；在粘贴防水卷材前，混凝土垫层和永久性保护墙上应抹 1∶3 水泥砂浆找平层。

②找平层干燥后即可涂刷基层处理剂，干燥后方可铺贴卷材防水层。铺贴时应先铺立面、后铺平面，先铺转角、后铺大面。

③卷材防水层铺完经验收合格后即应做好保护层。立面可抹水泥砂浆、贴塑料板，或用氯丁系胶粘剂粘铺石油沥青纸胎油毡；平面可抹 30 mm 厚水泥砂浆，或浇筑厚度不小于 50 mm 的细石混凝土。

(三)涂膜防水层施工

涂膜防水是在需要防水的结构基层表面上涂以一定厚度的防水涂料，经固化后形成连续封闭且具有良好弹性性能的涂膜防水层。其适用于受侵蚀性介质作用或受振动作用的地下防水工程。

1. 材料要求

涂料防水层应采用反应型、水乳型、聚合物水泥防水涂料或水泥基、水泥基渗透结晶型防水涂料。施工中常用聚氨酯、硅橡胶、水乳型氯丁橡胶沥青等防水涂料。

2. 设置方法

地下工程涂膜防水层的设置一般有内防水、外防水、内外结合防水。施工中应根据防水涂料的性能合理确定设置方法，如聚氨酯涂膜防水一般采用外防内涂的施工做法。

3. 施工方法与要求

1)施工顺序

涂膜防水层施工顺序应遵循“先远后近、先高后低、先细部后大面、先立面后平面”的原则，以利于涂膜质量及涂膜保护。

2)施工方法

涂膜防水层施工，可用涂刷法或喷涂法。涂刷或喷涂必须均匀且不得少于两遍，涂喷后一层的涂料必须待前一层涂料成膜后方可进行，其涂刷方向应与前一层垂直。

3)施工要求

(1)基层应坚实、平整、光滑、清净、干燥,表面不得有疏松、砂眼或孔洞存在。

(2)阴阳角处基层应抹成圆弧形;在基层涂布底层涂料之后,应先进行增强涂布,再涂布第一道、第二道涂膜。

(3)管道、地漏等细部基层应抹平压光,管道应高出基层至少20 mm,排水口或地漏应低于防水基层。在底层涂料固化后做增强涂布,增强层固化后再涂刷涂膜防水层。

(4)施工缝(或裂缝处理)。先涂刷底层涂料,固化后铺设1 mm厚100 mm宽的橡胶条,然后涂布涂膜防水层。

(5)平面部位最后一层涂膜完全固化,经检查验收合格后,可空铺一层石油沥青纸胎油毡作为保护隔离层。铺设时可用少许胶粘剂点粘固定,以防在浇筑细石混凝土保护层时发生位移。细石混凝土保护层(厚40~50 mm)浇筑时必须防止油毡隔离层和涂膜防水层损坏。

(6)立面部位在围护结构上涂布最后一道防水层后,可随即直接粘贴聚乙烯泡沫塑料板作为软保护层,粘贴时泡沫塑料板拼缝要严密,以防回填灰土时损伤防水涂膜。

(7)完成软保护层的施工后,即可按照设计要求或规范规定,分步回填三七或二八灰土,并应分层夯实。

任务四　防水工程施工质量验收与安全技术

一、施工质量验收

(一)屋面工程施工质量验收

(1)屋面不得有渗漏和积水现象。检查屋面有无渗漏及积水和排水系统是否畅通,应在雨后或持续淋水2 h后进行。有可能做蓄水检验的屋面,其蓄水时间不得少于24 h。检查时,应对顶层房间的天棚逐间进行仔细检查。若有渗漏现象,应记录渗漏的状态,查明原因,及时进行修补,直至屋面无渗漏。

(2)所使用的各种材料(包括防水材料、找平层、保温层、保护层、隔气层及外加剂、配件等)必须符合设计要求和质量标准。

(3)屋面坡度应准确,排水系统应通畅。找平层平整度偏差不得超过5 mm,不得有酥松、起砂、起皮等现象,出现裂缝应做修补。

(4)卷材防水层的搭接缝应粘(焊)牢固,密封严密,不得有皱折、翘边和鼓泡等缺陷;防水层的收头应与基层黏结并固定牢固,缝口封严,不得翘边;卷材的铺贴方向应正确,卷材搭接宽度的允许偏差为-10 mm。

(5)涂膜防水层与基层应黏结牢固,表面平整,涂刷均匀,无流淌、皱折、鼓泡、露胎体和翘边等缺陷;涂膜防水层的平均厚度应符合设计要求,最小厚度不应小于设计厚度的80%。

(6)卷材、涂膜防水层上的撒布材料和浅色涂料保护层应铺撒或涂刷均匀,黏结牢固;水泥砂浆、细石混凝土或块材保护层与卷材、涂膜防水层间应设置隔离层。

(7)防水层在天沟、檐沟、檐口、水落口、泛水、变形缝和伸出屋面管道的防水构造,必须符合设计要求。

(8)密封材料嵌填必须密实、连续、饱满,黏结牢固,无气泡、开裂、脱落等缺陷。

(二)地下防水工程施工质量验收

地下防水工程的防水层应满铺、接缝严密;各防水层之间、防水层与基层之间应紧密结合,无裂缝、损伤、气泡、脱层或滑动等现象;管道、电缆等穿过防水层的地方应封严;变形缝的止水带不应有折裂、脱焊或脱胶,并用填缝材料严密封填缝隙;预埋件螺栓应拧紧;对防水材料应严格检测,特殊部位和关键工序应严格把关。

二、施工安全技术

屋面工程属于高空作业,防水工程属于高温作业,大部分材料易燃并含有一定的毒性,必须采取必要的措施,防止发生火灾、中毒、烫伤、坠落等工伤事故。

(1)施工前,要进行安全技术交底和安全教育,施工操作过程应符合安全技术规定。

(2)施工时,操作人员必须合理配备和使用工作服、安全帽、口罩、手套等劳动保护用品。

(3)施工时,应注意风向,防止下风向操作中毒和受伤;在通风不良的部位进行含有挥发性溶剂的涂料施工时,宜采取人工通风措施。

(4)熬制玛琋脂和涂料时,应注意控制加热容器的容量和温度,防止"溢锅"和烫伤操作人员。

(5)施工人员不得踩踏未固化的防水涂膜,以防滑倒跌落。

(6)施工现场应有禁烟火标志,并配备足够的灭火器具。

(7)屋面檐口和洞口周围应设置防护栏杆和安全网,必要时应使用安全带;高空操作人员不得过分集中。

(8)地下防水工程施工应检查护坡和支护是否可靠,材料堆放应在安全距离以外。

(9)皮肤病、支气管炎病、结核病、眼病及对沥青、橡胶刺激过敏的人员,不得参加操作。

练习题

1. 屋面工程与地下工程的防水等级如何划分?各防水等级的防水层合理使用年限的确定依据是什么?
2. 卷材防水屋面常采用哪些卷材?简述卷材防水屋面的施工工艺流程及施工要点。
3. 屋面防水可采用哪些方法?各种方法的优缺点是什么?说明其适用范围。
4. 试述卷材屋面的构造组成及其施工要点。
5. 防水涂料如何分类?常用的防水涂料有哪些?各有什么特点?
6. 试述涂膜防水屋面的施工要点。
7. 试述卷材、涂膜防水屋面的质量要求。
8. 地下防水工程的防水方案主要有哪几种?各有什么特点?
9. 地下防水工程防水混凝土中的水泥如何选择?
10. 地下防水工程防水混凝土结构遇穿墙螺栓应如何处理?
11. 地下防水工程混凝土施工缝有哪几种形式?其留设要求是什么?
12. 简述地下防水工程中刚性多层水泥砂浆防水层的施工方法。
13. 试述地下防水工程中卷材外防外贴法与外防内贴法的施工程序,并比较其优缺点。

项目九　建筑装饰工程施工

【学习目标】

了解建筑装饰工程的作用与特点，抹灰工程的分类、组成与材料要求。掌握抹灰工程的施工工艺、方法、技术与质量要求。掌握饰面工程的施工工艺、方法、技术与质量要求。了解楼地面的分类，熟悉楼地面工程的组成，掌握楼地面工程的施工工艺、方法、技术与质量要求。了解吊顶工程的种类，熟悉吊顶的组成，掌握悬吊式顶棚工程的施工工艺、方法、技术与质量要求。了解门窗工程的种类，掌握木门窗、铝合金门窗、塑钢门窗的安装工艺、方法与技术要求。了解隔墙、隔断工程的种类，掌握板块、骨架式隔墙的施工工艺、方法、技术与质量要求。了解涂料、裱糊工程的组成与分类，掌握涂料、裱糊工程的施工工艺、方法、技术与质量要求。

建筑装饰工程是建筑工程中的重要组成部分。根据《建筑装饰装修工程质量验收标准》(GB 50210—2018)，建筑装饰工程包括抹灰工程、门窗工程、吊顶工程、轻质隔墙工程、饰面板(砖)工程、幕墙工程、涂饰工程、裱糊与软包工程、细部工程等。

建筑装饰工程的作用有以下几点：

(1)保护主体，增加建筑物的耐久性而延长使用寿命。

(2)美化建筑物，提高艺术形象。

(3)改善建筑物的保温、隔热、防潮、隔声等使用功能。

建筑装饰工程有以下特点：

(1)工程量大，工期长。一般装饰装修工程占项目总工期的30%~50%。

(2)手工操作多，工作量大，机械化施工的程度低。

(3)造价高。随着人民生活水平的不断提高，装饰的标准越来越高，造价的比重也越来越大。

(4)施工质量对建筑物使用功能和整体建筑效果影响很大。

任务一　抹灰工程

一、抹灰工程的基本知识

(一)抹灰工程分类

抹灰工程按材料和装饰效果分为一般抹灰和装饰抹灰两大类。

一般抹灰主要有石灰砂浆、混合砂浆、水泥砂浆、麻刀灰、纸筋灰和石膏灰等。

装饰抹灰主要有水刷石、斩假石、干粘石、假面砖、拉毛灰、喷涂、滚涂和弹涂等。

(二)抹灰的组成

抹灰一般由底层、中层、面层组成(见图9-1),各层厚度和使用砂浆品种应根据基层材料、部位、质量标准及气候条件确定。

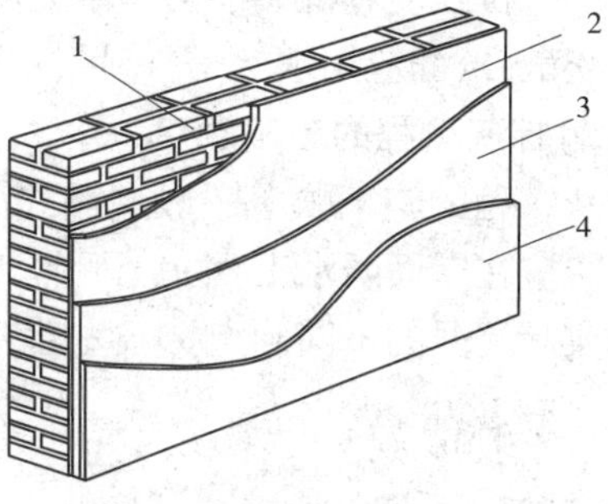

1—基层;2—底层;3—中层;4—面层

图9-1　抹灰的组成

1. 底层

底层砂浆厚度一般为5~7 mm,稠度为100~120 mm。底层主要起与基层的黏结作用,兼起初步找平作用。

室内砖墙宜用石灰砂浆或水泥混合砂浆,室外砖墙宜用水泥混合砂浆,混凝土基层宜用混合砂浆或水泥砂浆,砌块基层宜用水泥混合砂浆或聚合物水泥砂浆,板条基层宜用麻刀灰和纸筋灰。若有防潮、防水要求,应采用水泥砂浆。

2. 中层

中层砂浆厚度一般为5~12 mm,稠度为70~80 mm。中层主要起找平作用,其材料与基层相同。

3. 面层

面层砂浆厚度一般为2~5 mm,稠度为100 mm左右。面层主要起装饰作用。

室内墙面及顶棚抹灰常采用麻刀灰、纸筋灰或石膏灰等。室外抹灰常采用水泥砂浆、干粘石、水刷石等。

(三)抹灰的材料要求

1. 胶凝材料

在抹灰工程中,胶凝材料主要有水泥、石灰、石膏等。

(1)水泥:常用的水泥有普通硅酸盐水泥、矿渣硅酸盐水泥、白水泥及彩色硅酸盐水泥等。水泥强度等级应不小于42.5级,水泥的品种、强度等级应符合设计要求。出厂3个月后的水泥,应经试验后方能使用;受潮结块的水泥应过筛、试验后使用。

(2)石灰:生石灰熟化时宜用不大于3 mm筛孔的筛子过滤,并储存在沉淀池中,熟化陈伏时间应不少于15 d,用于面层时应不少于30 d。磨细生石灰粉一般可直接拌水使用;用于面层时,熟化时间不得少于3 d。

(3)石膏:建筑用石膏应磨成细粉无杂质,宜用乙级建筑石膏,细度通过0.15 mm筛孔,筛余量不大于10%。抹灰用石膏,一般用于高级抹灰或抹灰龟裂的补平。

2. 砂、石粒

(1)砂:抹灰用砂宜采用普通中砂,或中、粗砂混合。要求砂颗粒坚硬洁净,含黏土、淤泥不超过2%,在使用前需过筛去除粗大颗粒及杂质。

(2)石粒:一般由天然大理石破碎而成,也可用石英、长石和瓷土烧制成瓷粒。多用于装饰抹灰材料。

3. 其他材料

麻刀、纸筋、玻璃丝等是抹灰砂浆中常掺加的纤维材料,主要起拉结和骨架作用,以提高抹灰层的抗拉强度和抗裂能力。麻刀应均匀、干燥、不含杂质,长度以20~30 mm为宜,随用随敲打松散;纸筋应用水浸透、捣烂,罩面纸筋应机碾磨细。

(四)抹灰工程的施工顺序

抹灰工程的施工顺序一般遵循先外墙后内墙,先上后下,先顶棚、墙面后地面的顺序。室内抹灰应在屋面防水工程完工后且无后续工程损坏和沾污的情况下进行施工。具体工程可根据实际情况的不同确定抹灰先后顺序。

二、一般抹灰

(一)一般抹灰的分级与质量要求

一般抹灰按操作工序和质量要求分为普通抹灰和高级抹灰两个等级。

1. 普通抹灰

普通抹灰一般做法为一底层、一中层、一面层三遍成活。抹灰应阳角找方,设置标筋,分层赶平、修整,表面压光。要求表面应光滑、洁净、接槎平整,分格缝应清晰。普通抹灰适用于一般居住、公共和工业建筑及非居住房屋等。

2. 高级抹灰

高级抹灰一般做法为一底层、数层中层和一面层多遍成活。抹灰应阴阳角找方,设置标筋,分层赶平、修整,表面压光。要求表面应光滑、洁净、颜色均匀、无抹纹,分格缝和灰线应清晰美观。高级抹灰适用于大型公共建筑、纪念性建筑及特殊要求的高级建筑等。

底、中层抹灰:水泥砂浆每遍厚度宜为5~7 mm;混合砂浆和石灰砂浆每遍厚度宜为7~9 mm。水泥砂浆和混合砂浆抹灰应待前一层抹灰层凝结后,方可涂抹后一层;石灰砂浆抹灰应待前一层七八成干后,方可涂抹后一层。

面层抹灰经过赶平压实后的厚度:麻刀灰不得大于3 mm;纸筋灰、石灰不得大于2 mm。

平整光滑的混凝土内墙面和整体楼板底面可不用抹灰,宜用腻子分遍刮平,总厚度为2~3 mm。

(二)一般抹灰施工

1. 墙面抹灰

墙面抹灰的施工工艺流程为:基层处理→弹线、阴阳角找方→做灰饼、设置标筋→抹底层灰→抹中层灰→抹面层灰。

1)基层处理

(1)对墙体基层表面的灰尘、污垢、油渍、碱膜等进行清除,并充分浇水湿润。

(2)对墙面上的孔洞、剔槽、门窗框与墙体交接处缝隙应用水泥砂浆或混合砂浆分层嵌堵密实。

(3)对不同材质的基层表面应做相应处理,以增强其与抹灰砂浆之间的黏结强度。

①光滑的混凝土基层表面,应凿毛或刷一道素水泥浆,也可用刮腻子处理。

②加气混凝土砌块表面应清扫干净,并刷一道108胶的1:5水溶液。

③板条墙体的板条间缝不能过小,一般以8~10 mm为宜,使抹灰砂浆能挤入板缝空隙,保证灰浆与板条的牢固嵌接。

④对木结构与砌石砌体、混凝土结构等相接处,应先铺设金属网并绷紧牢固,金属网与各基层间的搭接宽度每侧不应小于 100 mm(见图 9-2)。

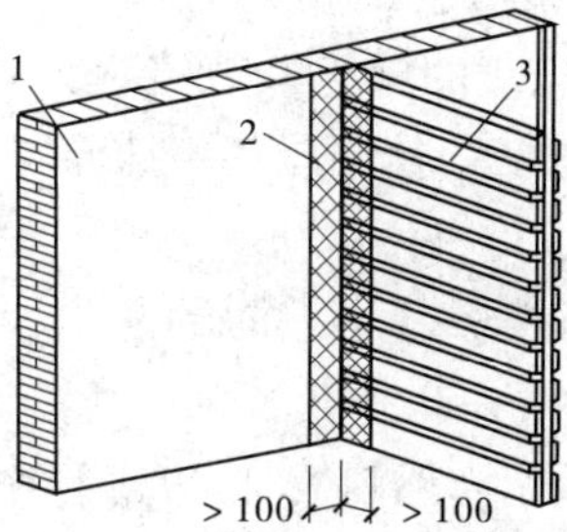

1—砖墙(基体);2—钢丝网;3—板条墙

图 9-2　砖木基层交接处处理

2)弹线、阴阳角找方

弹线、阴阳角找方多见于高级抹灰,即先用方尺将阴阳角找方为 90°,在地面上弹出规方十字线,作为墙角抹灰准线;然后在距墙角 100 mm 处用线坠吊直,在墙面上弹垂直立线作为基线;最后按规方十字线向里反弹出墙角抹灰准线。

3)做灰饼、设置标筋

为控制墙面垂直、平整度和抹灰层厚度,在抹灰前,应根据墙面的平整度和垂直度在墙面的上下角设置灰饼并冲筋,高级抹灰依据准线设置。

(1)做灰饼:灰饼材料一般同抹灰层砂浆,50 mm 见方。做灰饼前,应先用托线板和靠尺检查整个墙面的平整度和垂直度,确定抹灰及灰饼厚度,一般最薄处不应小于 7 mm;然后做上灰饼,根据墙面垂直度做下灰饼(一般位于踢脚线上部)和中间灰饼。

(2)设置标筋:标筋材料一般同抹灰层砂浆,宽度 100 mm 左右。待灰饼稍干后,在上下灰饼间抹砂浆设置标筋,间距一般为 1.2~1.5 m,并检查其平整度和垂直度。标筋稍干后,可以标筋为平整度的基准进行底层、中层抹灰。做灰饼、设置标筋如图 9-3 所示。

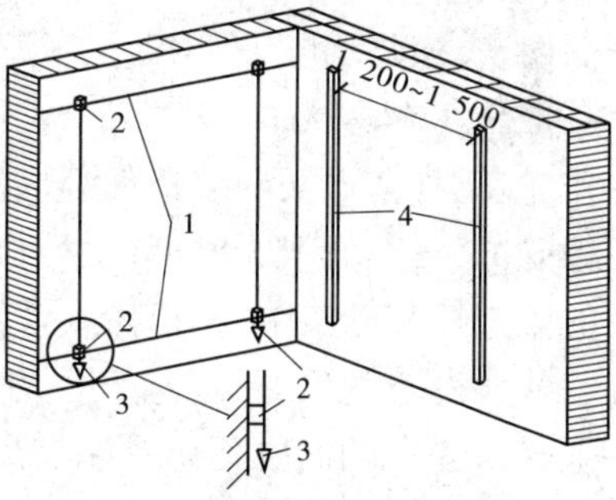

1—引线;2—灰饼;3—吊锤;4—标筋

图 9-3　灰饼和标筋示意图

4)抹底层、中层、面层灰

(1)抹底层灰:待标筋稍干后,即可进行底层灰施工。抹灰时先薄薄地刮一层, 分层与冲筋抹平,并用 2 m 长的大杠刮平、找直,用木抹子搓毛。

(2)抹中层灰:待底层灰凝结后,洒水湿润,再抹中层灰,用大杠刮平找直,用木抹子搓平,抹完后全面检查垂直度和平整度及阴阳角是否方正、顺直。

(3)抹面层灰:待中层灰凝结,洒水湿润后即可抹面层灰。罩面灰一般用铁抹子或塑料抹子分两遍抹成,要求抹平压光。

室内墙面、柱面和门窗洞口的阳角做法应符合设计要求,设计无要求时,应采用 1:2水泥砂浆做护角,护角面层应比底灰和标筋高 2 mm,其垂直高度不应低于 2 m,每侧宽度不应小于 50 mm,以保护墙面转角处不易遭碰撞损坏。

外墙抹灰应先上后下,先檐口再墙面。大面积的外墙可分块、分段施工。在外墙窗台、窗楣、雨篷、阳台、檐口处应做 10%的泛水,下面应做滴水线或滴水槽(见图 9-4)。滴水槽的宽度和深度均不应小于 10 mm,并应整齐一致。

2. 顶棚抹灰

顶棚抹灰的施工工艺流程为：基层处理→弹线→抹底层灰→抹中层灰→抹面层灰。

1) 基层处理

(1) 对楼板基层表面的灰尘、污垢、油渍等进行剔平和清除,并充分浇水湿润。

(2) 顶棚为预制板时,应嵌缝密实;为现浇板时,应清除隔离剂并用钢丝刷刷毛。

2) 弹线

根据墙面上的500 mm标高线在顶棚四周的墙面上弹出顶棚的抹灰厚度基准线。

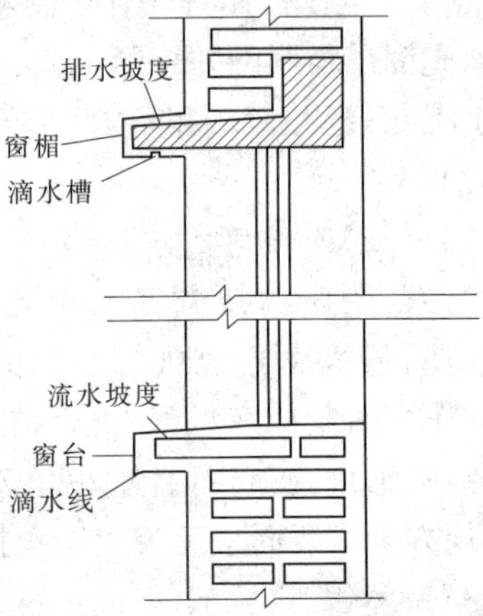

图9-4　流水坡度、滴水线(槽)示意

3) 抹底层、中层、面层灰

(1) 抹底层、中层灰:在顶板混凝土湿润的情况下,先刷108胶素水泥浆一道,随刷随打底,抹底层灰后随即抹中层灰;操作时需用力压抹,用软刮尺刮抹顺平,用木抹子搓平搓毛。

(2) 抹面层灰:待中层灰六七成干时,即可抹罩面灰。抹灰前先将顶面湿润,然后分两遍抹压面层灰,横竖均顺平,用铁抹子压光、压实。

3. 一般抹灰冬季施工要求

冬季施工,抹灰砂浆应采取保温措施。涂抹时,砂浆温度不宜低于5 ℃。砂浆抹灰硬化初期不得受冻,气温低于5 ℃时,室外抹灰所用的砂浆应掺防冻剂,其掺量由试验确定。涂料面层的墙面抹灰砂浆中,不得掺入含氯盐的防冻剂,以免引起涂层表面反碱、咬色。

4. 一般抹灰质量检查

一般抹灰工程的面层不得有爆灰和裂缝。各抹灰层之间及抹灰层与基体之间应黏结牢固,不得有脱层、空鼓等缺陷。抹灰分格缝的宽度和深度应均匀一致、表面光滑、无砂眼,不得有错缝、缺棱掉角。一般抹灰工程质量检查的允许偏差和检验方法见表9-1。

表9-1　一般抹灰工程质量检查的允许偏差和检验方法

项次	项目	允许偏差(mm)		检验方法
		普通抹灰	高级抹灰	
1	立面垂直度	4	3	用2 m垂直检测尺检查
2	表面平整度	4	3	用2 m靠尺和塞尺检查
3	阴阳角方正	4	3	用直角检测尺检查
4	分格条(缝)直线度	4	3	拉5 m线,不足5 m拉通线,用钢直尺检查
5	墙裙、勒脚上口直线度	4	3	拉5 m线,不足5 m拉通线,用钢直尺检查

注:1. 普通抹灰,本表第3项阴角方正可不检查;

2. 顶棚抹灰,本表第2项表面平整度可不检查,但应平顺。

三、装饰抹灰

装饰抹灰的种类很多,其面层灰与一般抹灰在材料及施工方法上有所不同,其底层、中层灰的做法与一般抹灰基本相同，一般为1:3水泥砂浆。下面主要介绍几种常用装饰面层的施工工艺。

(一)水刷石

水刷石面层材料一般采用水泥石子浆。水泥可采用彩色水泥、白水泥或普通水泥；颜料应选用耐碱、耐光、分散性好的矿物颜料；骨料可选用大、中、小粒径(4~8 mm)石粒或玻璃渣、粒砂，骨料颗粒应坚硬、均匀、洁净，色泽一致。

1. 施工工艺

水刷石的施工工艺流程为：基层处理→抹底层、中层灰→弹线、贴分格条→抹面层石子浆→冲刷面层→取分格条及浇水养护。

2. 施工要求

(1)弹线、贴分格条：中层砂浆抹好后按设计要求弹线分格，贴分格条或嵌线条，用水泥浆在木条两侧黏结固定；根据中层抹灰的干燥程度适当将抹灰层润湿，用水灰比为0.37~0.4的素水泥浆满刮一遍。

(2)抹面层石子浆：抹中层灰后随即抹水泥石子浆面层，面层厚度通常为石子粒径的2.5倍。

(3)冲刷面层：面层水泥石子浆初凝后即可用软毛刷蘸水刷掉面层水泥浆，露出石粒；若表面水泥浆已结硬，可使用5%稀盐酸溶液洗刷，然后用水冲洗。水刷石冲洗后应使石子外露约1/2粒径，清晰可见，均匀密布。

(4)取分格条：冲刷面层后，适时取出分格条，用小线抹子顺线溜平，然后根据要求用素水泥浆做出凹缝并上色。

3. 质量要求

水刷石外观应石粒清晰，分布均匀，紧密平整，色泽一致，不得有掉粒和接槎痕迹。水刷石抹完(24 h)后应进行洒水养护，养护时间不少于7 d。

(二)干粘石

干粘石也称干撒石或干喷石，是在水泥砂浆面上用人工或机械喷枪均匀撒喷石渣面层的做法。

1. 施工工艺

干粘石的施工工艺流程为：基层处理→抹底层、中层灰→弹线、贴分格条→抹黏结砂浆→撒石子→修整、拍平→取分格条及浇水养护。

2. 施工要求

(1)弹线、贴分格条：先在已经硬化的1:3水泥砂浆中层上浇水湿润，弹线并贴好分格条，分格条黏结高度应不超过面层厚度，否则不易使面层平整。

(2)面层施工：分格条黏结后，刷水灰比为0.4~0.5的水泥浆一道，再抹聚合物水泥砂浆黏结层，同时将石子甩粘或用机械喷枪喷粘到黏结层上，并拍平压实。石子甩粘或喷粘时应严密、均匀，拍平压实不得将灰浆溢出，以免影响美观。石子嵌入深度不小于石子粒径的1/2，待有一定强度后洒水养护。

3. 质量要求

干粘石施工的质量要求为：石渣黏结牢固，分布均匀，颜色一致，不露浆、不漏粘，阳角处不得有明显黑边。

(三)斩假石

斩假石是一种在硬化后的水泥石子浆面层上用剁斧等专用工具斩剁,形成有规律剁纹的一种装饰面层。

1. 施工工艺

斩假石的施工工艺流程为:基层处理→抹底层、中层灰→弹线、贴分格条→抹面层水泥石子浆→养护→斩剁面层。

2. 施工要求

(1)弹线、贴分格条:斩假石中层灰宜为1∶2水泥砂浆,中层砂浆抹好后洒水湿润,并满刮水灰比为0.37~0.4的素水泥浆一遍,按设计要求弹线分格,粘贴分格条。

(2)抹面层:斩假石面层一般分两次进行。先薄薄地抹一层砂浆,稍收水后再抹1∶1.25的水泥石子浆(与分格条平齐),用刮尺赶平,待收水后再用木抹子打磨压实。抹完24 h后,洒水养护2~3 d。

(3)斩剁面层:面层斩剁前应先进行试剁,试剁时以石粒不脱落为准,并应按设计弹线;斩剁时必须保持墙面湿润。斩剁的顺序一般为先上后下,由左至右;先转角和边缘,后大面;在分格缝和阴、阳角周边应留出15~20 mm的周边不斩剁。斩剁的方向应一致,深浅均匀,深度以1/3石粒粒径为宜,一般两遍成活。斩剁完毕后,墙面应用清水冲刷干净,取出分格条,用钢丝刷刷净。

3. 质量要求

斩假石的质量要求为:剁纹均匀顺直、深浅一致,不得有漏剁处。阳角处横剁或留出不剁的边条,应宽窄一致,棱角不得有损坏。

(四)装饰抹灰的质量检查

装饰抹灰的施工质量应符合设计及施工质量验收规范的要求。其允许偏差和检验方法见表9-2。

表9-2 装饰抹灰的允许偏差和检验方法

项目	允许偏差(mm)				检验方法
	水刷石	干粘石	斩假石	假面砖	
立面垂直度	5	5	4	5	用2 m垂直检测尺检查
表面平整度	3	5	3	4	用2 m靠尺和塞尺检查
阴阳角方正	3	4	3	4	用直角检测尺检查
分格条(缝)直线度	3	3	3	3	拉5 m线,不足5 m拉通线,用钢直尺检查
墙裙、勒脚上口直线度	3	—	3	—	拉5 m线,不足5 m拉通线,用钢直尺检查

任务二　饰面工程

饰面工程是在墙柱表面镶贴或安装具有保护和装饰功能的块料而形成的装饰面层。块料一般有饰面板和饰面砖两大类。

一、饰面板施工

饰面板主要有石材饰面板、天然饰面板(大理石、花岗石、青石板等)、人造石饰面板、金属饰面板、木质饰面板、塑料饰面板、玻璃饰面板等,多为大块料饰面。本任务主要介绍石材饰面板的施工方法。

(一)施工准备

(1)绘制施工大样图:根据墙柱面实测尺寸、饰面板的规格尺寸和设计缝宽,绘制饰面板的安装排列图和有关节点的安装大样图。

(2)饰面板的进场验收:饰面板进场拆包后,应逐块进行检查。饰面板应满足表面平整,边角垂直,无裂缝、缺棱掉角和污染,确保安装后的尺寸宽、高一致。

(3)选板、预拼、编号:饰面板材安装前,应按其纹理和色彩选择归类并试拼,使饰面整体纹理通顺,颜色花纹一致,接缝严密。试拼后按部位编号,以便于施工安装。阳角处相邻两块板材,宜磨边卡角(见图9-5)。

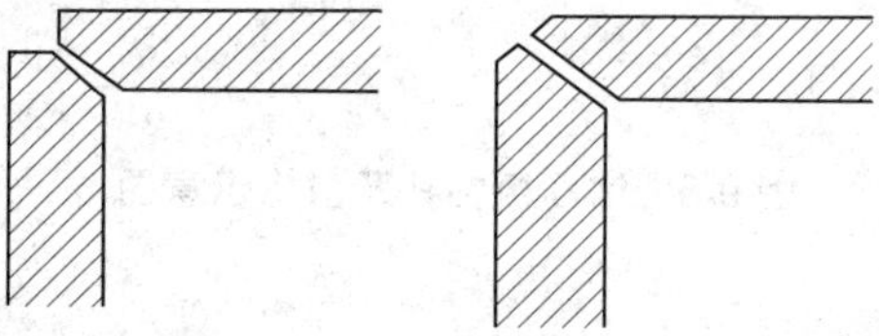

图9-5　阳角板材磨边卡角

(4)天然石材的防碱背涂处理:采用湿作业安装天然石材,应对石材进行防碱背涂处理,即将石材装饰板背面及侧面擦拭干净后,用毛刷分两遍涂刷石材处理剂,第二遍涂刷应在第一遍干燥后进行。

(二)石材饰面板施工

石材饰面板施工方法有镶贴法、湿作业法和干挂法等。施工中常采用湿作业法和干挂法。

1. 湿作业法

湿作业法,又称挂贴法。其施工工艺流程为:饰面板修边打眼→基层处理、挂钢筋网→弹线→饰面板安装定位→灌注水泥砂浆→整理、擦缝。

1)饰面板修边打眼

饰面板安装前先按照设计要求进行修边打眼,一般有钻孔打眼法和开槽法。

(1)钻孔打眼法:当板宽在500 mm以内时,每块板上、下边的打眼数量均不得少于2个;若板宽超过500 mm,则应不少于3个。打眼的位置宜在板宽两端1/4处,孔径5 mm左右,孔深15~20 mm,直孔应钻在距板背面2/3位置处。钻孔应保证竖孔、横孔相连通,如图9-6所示。

(2)开槽法:用电动手提式石材无齿切割机的圆锯片,在需绑扎钢丝的部位上开槽。

采用的是四道槽法。四道槽的位置是:板面的边角处开两条竖槽,其间距为 30~40 mm;板块侧边槽位置上开一条横槽,再在板块背面上的两条竖槽位置下开一条横槽。

2)基层处理、挂钢筋网

将墙面清扫干净,剔出预埋件或预埋筋,无预埋件的可在墙面钻孔固定金属膨胀螺栓。对于加气混凝土或陶粒混凝土等轻型砌块砌体,应在预埋件固定部位加砌黏土砖或局部用细石混凝土填实,然后用Φ 6 钢筋纵横绑扎成网片与预埋件焊牢。纵向钢筋间距为 500~1 000 mm,横向钢筋间距视板面尺寸而定。第一道钢筋应高于第一层板的下口 100 mm 处,以后各道均应在每层板材的上口以下 10~20 mm 处设置,如图 9-7 所示。

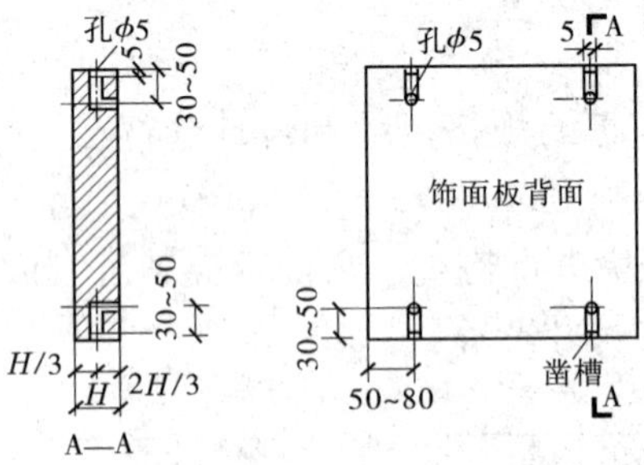

图 9-6 饰面板钻孔及凿槽示意图

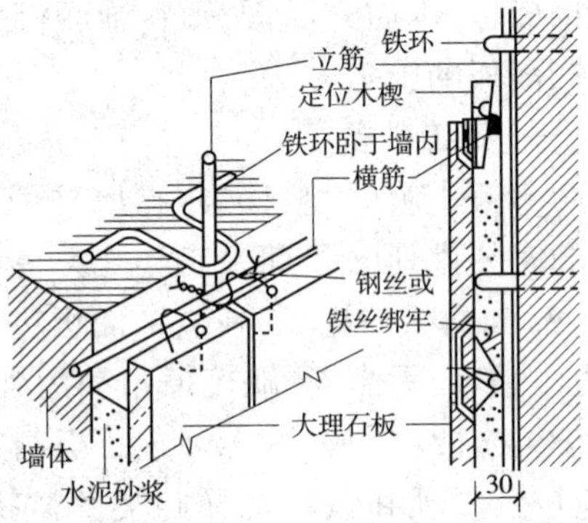

图 9-7 饰面板钢筋网固定及安装示意图

3)弹线

弹线分为板面外轮廓线和分块线。外轮廓线弹在地面,距墙面 50 mm;分块线弹在墙面上,由水平线和垂直线构成。

4)饰面板安装定位

饰面板安装时先穿好钢丝,按照事先找好的水平线和垂直线进行预排,然后在最下一行两端用板材找平找直,拉上横线,再从中间或一端开始安装,并用钢丝把板材与结构表面的钢筋骨架绑扎固定,随时用托线板靠直靠平,保证板与板交接处四角平整。饰面板材安装后,用纸或石膏将底及两侧缝隙堵严,上下口用石膏临时固定,较大的板材固定时要加支撑。板材与基层间的缝隙(灌浆厚度)一般为 20~50 mm。

5)灌注水泥砂浆

灌注水泥砂浆一般采用 1:2. 5 水泥砂浆,稠度为 80~120 mm。灌注前,应浇水将饰面板及基体表面润湿,然后分层灌浆,每次灌浆高度一般为 200~300 mm,待初凝后再继续灌浆,直到距板材上口 50~100 mm 处,作为施工缝,以保证与上层板材灌浆的整体性。当块材为浅色大理石或其他浅色板材时,应采用白水泥、白石屑浆,以防透底影响饰面效果。

一层面板灌浆完毕,待砂浆凝固后,清理干净缝隙与上口余浆,剔除临时固定的石膏,然后按上述方法安装上一层板,直至安装完毕。全部板材安装完毕后,洁净表面。

室内光面、镜面饰面板接缝应干接,接缝处用与板材同颜色的水泥浆嵌擦接缝,缝隙嵌浆应密实,颜色要一致。室外光面和镜面饰面板接缝可干接或在水平缝中垫硬塑料板条,待灌浆砂浆硬化后将板条剔出,用水泥细砂浆勾缝。干接缝应用与光面板同色的彩色水泥浆嵌缝。粗磨面、麻面、条纹面的天然饰面板应用水泥砂浆接缝和勾缝,勾缝深度应符合设计要求。

2. 干挂法

饰面板的干挂法分为普通干挂法和复合墙板干挂法(G·P·C法)。多用于钢筋混凝土外墙或有钢骨架的外墙饰面,不适用于砖墙或加气混凝土墙的饰面。

1)普通干挂法

普通干挂法是直接在饰面板厚度面和反面剔槽或孔,然后用不锈钢连接器与安装在钢筋混凝土墙体内的膨胀金属螺栓或钢骨架相连接。安装时饰面板与主体结构间应保持一定空腔,板缝间加泡沫塑料阻水条,然后用防水密封胶作嵌缝处理。该方法多用于30 m以下的建筑外墙饰面。普通干挂法的构造如图9-8所示。

2)复合墙板干挂法

复合墙板干挂法是以钢筋细石混凝土为衬板,石材薄板为面板,经不锈钢连接环连接并浇筑形成一体的复合饰面板,通过连接器将板材与主体结构的钢架连接安装。复合墙板可根据使用要求加工成不同的规格,常做成一开间一块的大型板材。为防止雨水的渗漏,上下板材的接缝处设两道密封防水层,第一道在上、下花岗岩面板间,第二道在上、下钢筋混凝土衬板间。该方法施工方便、效率高、节约石材,但对连接件质量要求较高,多适用于高层建筑的外墙饰面,高度不受限制。G·P·C法的构造如图9-9所示。

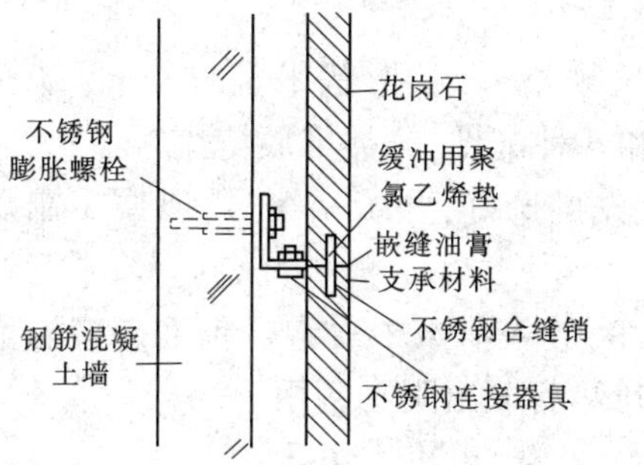

图9-8　普通干挂法的构造示意

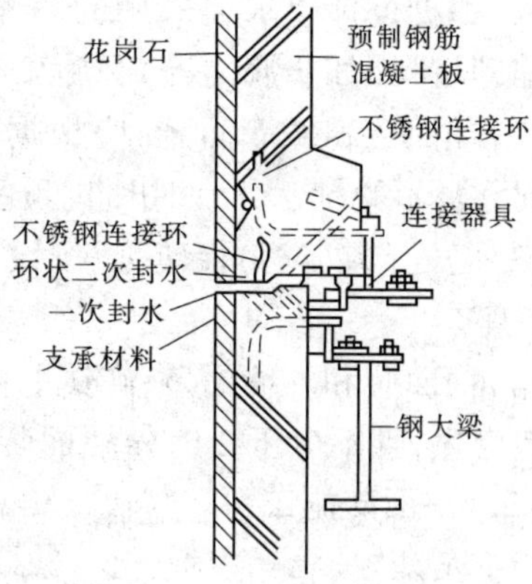

图9-9　G·P·C法的构造示意

(三)饰面板的质量检查

饰面板施工表面应平整、洁净、色泽一致,无污染、裂痕和缺损,嵌缝应密实、平直,宽度和深度应符合设计要求,嵌填材料色泽应一致,石材表面应无泛碱现象。饰面板工程安装和粘贴的允许偏差和检验方法见表9-3。

表9-3 饰面板工程安装和粘贴的允许偏差和检验方法

项次	项目	允许偏差(mm)							检验方法
		石材			瓷板	木板	塑料	金属	
		光面	剁斧石	磨菇石					
1	立面垂直度	2	3	3	2	2	2	2	用2 m垂直检测尺检查
2	表面平整度	2	3	—	2	1	3	3	用2 m靠尺和塞尺检查
3	阴阳角方正	2	4	4	2	2	3	3	用直角检测尺检查
4	接缝直线度	2	4	4	2	2	2	2	拉5 m线,不足5 m拉通线,用钢直尺检查
5	墙裙、勒脚上口直线度	2	3	3	2	2	2	2	拉5 m线,不足5 m拉通线,用钢直尺检查
6	接缝高低差	1	3	—	1	1	1	1	用钢直尺和塞尺检查
7	接缝宽度	1	2	2	1	1	1	1	用钢直尺检查

二、饰面砖施工

饰面砖包括釉面砖、外墙面砖、陶瓷锦砖和玻璃锦砖等。工程中饰面砖使用较多,一般采用镶贴法施工。其施工工艺流程为:墙柱面抹灰→基层处理→弹线分格→饰面砖镶贴→勾缝、擦缝。

(一)施工准备

(1)根据设计要求和采用的镶贴方法,准备好各种饰面砖以及黏结材料(包括胶粘剂)、辅助材料(如金属网等)和施工机具。

(2)釉面砖和外墙面砖,应根据设计要求,挑选规格一致、形状平整方正、不缺棱掉角、不开裂、不脱釉、无凸凹扭曲、颜色均匀的砖块和各种配件,分类堆放待用。

(3)陶瓷(或玻璃)锦砖,应按设计图案要求事先挑选好,并统一编号,以便于镶贴时对号入座。

(4)釉面砖和外墙面砖,在镶贴前应先清扫干净,放入清水中浸泡。釉面砖应浸泡到不冒泡为止,且不少于2 h;外墙面砖则要隔夜浸泡,然后取出阴干备用。

(二)饰面砖施工

1. 基层处理

饰面砖的镶贴基层应满足平整度和垂直度要求,阴阳角方正,并湿润、洁净。

(1)砖墙表面处理:应剔除砖墙表面多余灰浆,再用钢丝刷清除浮土,并浇水充分湿润。

(2)混凝土墙面处理:在基体清理干净后可刷界面剂处理。如果混凝土面较光滑,可先进行凿毛处理,再用钢丝刷清扫一遍,并用清水冲洗干净,也可用刷碱清洗后甩浆进行"毛化处理"。

(3)加气混凝土墙面处理:在基体清理干净后,刷界面剂一道,再铺钉金属网,然后抹1∶1∶4水泥混合砂浆黏结层及1∶2.5水泥砂浆找平层。

2. 镶贴施工要求

1) 内墙釉面砖镶贴

(1) 镶贴前,应在水泥砂浆基层上弹线分格,弹出水平、垂直控制线。在同一墙面上的横、竖排列中,不宜有一行以上的非整砖,非整砖行应安排在次要部位或阴角处。

(2) 在镶贴釉面砖的基层上应做灰饼,并用托线板校正垂直,阳角处做灰饼的面砖正面和侧边均应吊垂直,即所谓双面挂直。

(3) 镶贴用砂浆宜采用 1:2 水泥砂浆,为改善砂浆的和易性,可掺不大于水泥质量 15%的石灰膏,也可采用专用胶粘剂或聚合物水泥浆。

(4) 镶贴釉面砖的基层表面遇到突出的管线、灯具、卫生设备等,应用整砖套割吻合,不得用非整砖拼凑镶贴。同时,在墙裙、浴盆、水池的上口和阴、阳角处应使用配件砖,以便过渡圆滑、美观,且不易碰损。

(5) 阳角处釉面砖应进行 45°磨角后(倒角)粘贴,也可用 0.8 mm 厚的不锈钢或铝合金槽条,内灌水泥浆包嵌釉面砖侧边进行粘贴,这样不但美观,还能起到护角作用。

2) 外墙面砖镶贴

(1) 外墙面底层、中层灰抹完后,养护 1~2 d 即可镶贴施工。

(2) 镶贴前应按设计要求在基层上统一弹线分格、排砖,在层高范围内按预排实际尺寸和面砖块数弹出水平分缝、分层皮数线。一般要求外墙面砖的水平缝与窗台面在同一水平线上,阳角到窗口都是整砖。

(3) 在镶贴面砖前应做标志块灰饼并洒水润湿墙面。

(4) 外墙面砖一般都为离缝镶贴,可通过调整分格缝的尺寸来保证不出现非整砖。

(5) 镶贴外墙面砖的顺序是整体自上而下分层分段进行,每段自上而下镶贴,先贴墙柱、腰线等墙面突出物,然后贴大片外墙面。

(三) 饰面砖的质量检查

饰面砖施工表面应平整、洁净、色泽一致,无污染、裂痕和缺损,接缝应平直、光滑,填嵌应连续、密实,宽度和深度应符合设计要求;阴阳角处搭接方式、非整砖使用部位应符合设计要求;有排水要求的部位应做滴水线(槽)。饰面砖工程安装和粘贴的允许偏差和检验方法见表 9-4。

表 9-4　饰面砖工程安装和粘贴的允许偏差和检验方法

项次	项目	允许偏差(mm)		检验方法
		外墙面砖	内墙面砖	
1	立面垂直度	3	2	用 2 m 垂直检测尺检查
2	表面平整度	4	3	用 2 m 靠尺和塞尺检查
3	阴阳角方正	3	3	用直角检测尺检查
4	接缝直线度	3	2	拉 5 m 线,不足 5 m 拉通线,用钢直尺检查
5	接缝高低差	1	1	用钢直尺和塞尺检查
6	接缝宽度	1	1	用钢直尺检查

任务三　楼地面工程

一、楼地面的组成与分类

(一)楼地面的组成

楼地面是建筑物底层地面和楼层地面的总称,根据《建筑地面工程施工质量验收规范》(GB 50209—2010)规定,建筑地面一般由基层和面层组成。

1. 基层

基层一般包括基层土(楼层板)、垫层、找平层、隔离层、绝热层和填充层等。其作用是承受和传递来自面层的全部荷载。

2. 面层

面层一般有整体面层、板块面层及木竹面层等,其作用是承受表面层的各种荷载。

(二)楼地面的分类

按建筑部位不同,楼地面可分为室外地面、室内底层地面、楼层地面、上人屋顶地面等。其具体分类组成见表9-5。

表9-5　建筑楼地面的分类组成

楼地面种类	内容
整体面层	基层:基土、灰土垫层、砂垫层和砂石垫层、碎石垫层和碎砖垫层、三合土垫层、炉渣垫层、水泥混凝土垫层、找平层、隔离层、填充层、绝热层
	面层:水泥混凝土面层、水泥砂浆面层、水磨石面层、防油渗面层、硬化耐磨面层、不发火(防爆)面层、自流平面层、涂料面层、塑胶面层、地面辐射供暖面层
板块面层	基层:基土、灰土垫层、砂垫层和砂石垫层、碎石垫层和碎砖垫层、三合土垫层、炉渣垫层、水泥混凝土垫层、找平层、隔离层、填充层、绝热层
	面层:砖面层(陶瓷锦砖、缸砖、陶瓷地砖和水泥花砖面层)、大理石面层和花岗岩面层,预制板块面层(预制水泥混凝土、水磨石板块面层)、料石面层(条石、块石面层)、塑料板面层、活动地板面层、地毯面层、地面辐射供暖面层
木竹面层	基层:基土、灰土垫层、砂垫层和砂石垫层、碎石垫层和碎砖垫层、三合土垫层、炉渣垫层、水泥混凝土垫层、找平层、隔离层、填充层、绝热层
	面层:实木地板面层(条材、块材面层)、实木复合地板面层(条材、块材面层)、中密度(强化)复合地板面层(条材面层)、软木类地板面层、地面辐射供暖木板面层

二、楼地面施工

(一)整体面层施工

1. 水泥砂浆楼地面施工

水泥砂浆面层具有施工简便、耐久性好、造价低等特点,但易出现起灰、起砂、裂缝、空鼓等现象。其施工工艺流程为:基层处理→弹线→做标筋→水泥砂浆抹面→养护。

1)基层处理

基层应具有粗糙、洁净、潮湿的表面,清除一切浮灰、油渍、杂质。对表面比较光滑的基层,应进行凿毛处理,并用清水冲洗干净。

2)弹线

在地面施工前,应先在四周墙面上弹出一道水平基准线,作为确定水泥砂浆面层标高的依据。一般以室内地面和楼面建筑标高为依据,在四周墙高0.5 m处弹出水平基准线,据水平基准线量出地面标高并弹于墙面上,作为楼地面面层的水平基准。

3)做标筋

根据水平辅助基准线,从墙角沿墙每隔1.5~2.0 m用1:2水泥砂浆抹80~100 mm见方的标志块,待其硬结后,再用1:2水泥砂浆抹出宽为80~100 mm纵横方向的标筋,以控制面层的标高。做标筋时,应注意控制面层标高与门框的锯口线吻合。

4)水泥砂浆抹面

先将基层浇水湿润,刷素水泥浆一道,随即在标筋之间铺砂浆,随铺随用木抹子拍实,用短木杠按标筋标高刮平,然后用木抹子搓平,并用铁抹子压光,以表面不出现水纹为宜,室内施工顺序由里往外。当水泥砂浆开始初凝时,进行第二次压光,终凝前进行第三次压光。一般水泥砂浆地面压光应三遍成活,以保证工程质量。

面层应在垫层、找平层抗压强度达到1.2 MPa后铺设。厨房、浴室、厕所等房间的地面,应找好排水坡度;有地漏的房间,要在地漏四周做出不小于5%的泛水,避免地面积水或流水不畅。

5)养护

面层抹平压完后,铺盖草垫并浇水进行养护,养护时间不少于7 d,采用矿渣硅酸盐水泥不少于14 d。面层强度达5 MPa后,才允许人在地面上行走或进行其他作业。

2. 现浇水磨石楼地面施工

现浇水磨石楼地面构造做法如图9-10所示,具有坚固耐磨,饰面美观,平整光滑,整体性好,易保持清洁等优点。其施工工艺流程为:基层处理→抹找平层→弹线、嵌分格条→铺抹水泥石子浆面层→养护→磨光→涂草酸、抛光上蜡。

1)基层处理

该基层处理同水泥砂浆楼地面。

2)抹找平层

先刷素水泥浆一遍,随即做灰饼、标筋,然后抹底层、中层灰,用木抹子搓平压实至少两遍,24 h后洒水养护。

3)弹线、嵌分格条

(1)弹线:在找平层上按设计弹纵横分格线或图案分格墨线。

(2)嵌分格条:分格条一般有玻璃条、铜条、不锈钢条等。弹线后按分格墨线位置用水泥浆嵌固分格条,嵌固高度应略大于分格条高度的1/2,水泥浆斜面与地面夹角以30°为准,各分格条交接处用水泥浆粘嵌时,应留出40~50 mm的空隙不粘嵌水泥浆,具体做法见图9-11。分格条间距一般不超过1 m,否则砂浆收缩会产生裂缝。分格条粘嵌好后,经24 h后洒水养护3~5 d。

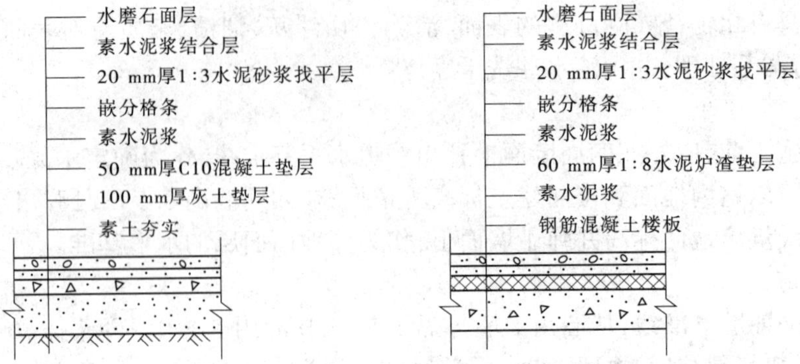

(a)地面构造做法　　(b)楼面构造做法

图 9-10　现浇水磨石楼地面构造做法

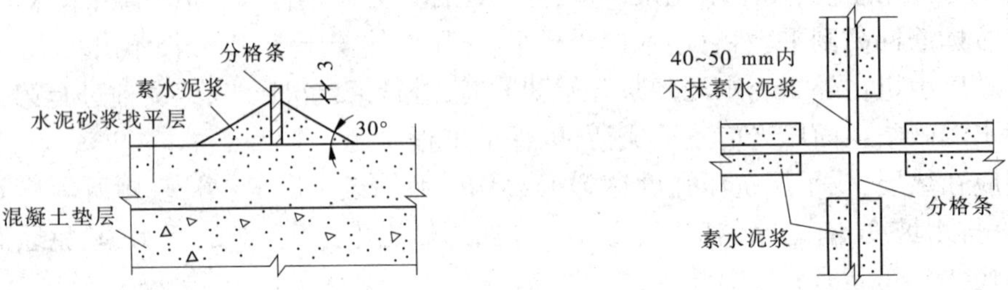

图 9-11　分格条嵌固做法

4)铺抹水泥石子浆面层

分格条粘嵌养护后,边刷素水泥浆边铺设面层水泥石子浆。水泥石子浆应按分格顺序进行铺设,先用木抹子将分格条两边约 100 mm 内的水泥石子浆轻轻拍紧压实,其厚度应高出分格条 1~2 mm,以防在滚压时压弯铜条或压碎玻璃条。

铺设时,若在同一平面上有几种颜色的水磨石,应先做深色后做浅色,先做大面后做镶边。水泥石子浆铺设完成后,用钢滚筒或混凝土滚筒压实,以压出水泥浆为止,随后抹平,水泥石子浆凝结后洒水养护。

5)面层磨光

水磨石开磨前应先试磨,以石粒不松动方可开磨。大面积施工宜用磨石机研磨,小面积、边角处可用小型湿式磨光机研磨。研磨时注意边磨边加水,并及时清除磨出的石浆。

水磨石面层一般采用“二浆三磨”法研磨,即整个磨光过程为磨光三遍,补浆二次。第一遍用 60~80 号粗金刚石磨石粗磨,要求磨匀磨平,使全部分格条外露,并用 2 m 靠尺检查其平整度,磨后将水泥浆冲洗干净,稍干后涂擦一道同色水泥浆以填补砂眼和掉落石粒部位,洒水养护 2~3 d。第二遍用 90~120 号金刚石磨石磨光,要求表面石子粒外露,平整光滑,用水冲洗后再补一道浆。第三遍用 180~240 号油石精磨,磨至表面石粒显露均匀,平整光滑,无砂眼细孔后,用水冲净、晾干。

6)抛光上蜡

水磨石面层质量符合设计要求后,涂 10%浓度的草酸溶液一遍,然后用 280~320 号油石研磨，表面光滑后，再用水冲洗并晾干；也可以将地面冲洗干净，浇上草酸溶液，用布包在磨石机的磨石上研磨，磨至表面光滑后再冲洗并晾干。最后在水磨石面层上薄薄涂一层蜡，稍干后用磨光机研磨，或用钉有细帆布的木块代替油石，装在磨石机上研磨出光亮后，再涂蜡研磨一遍，直到光滑洁亮，然后铺锯末进行养护。

(二)板块面层施工

板块面层包括地砖、大理石和花岗石、预制板块、塑料板、地毯等。本任务主要介绍采用花岗岩、大理石、地砖、陶瓷锦砖及预制水磨石板等铺设的地面，此类地面属于刚性地面，应铺在整体性、刚性均较好的基层上。

陶瓷锦砖、地砖、花岗岩、水泥花砖及预制水磨石板地面的施工工艺流程为：基层处理→弹线→试拼、预排→铺贴→灌缝、养护。

1. 基层处理

板块面层铺贴前，应先挂线检查地面垫层或找平层的平整度，并清理干净。若为光滑的钢筋混凝土楼面，应凿毛，然后清扫并用水刷净，提前一天浇水湿润。

2. 弹线

确定平面标高位置，水泥砂浆结合层厚度应控制在10~15 mm，并在四周墙面上弹出水平控制线；再挂线找中(拉十字线取房间中点)，根据板块尺寸以十字线分块对称布置，若与其他地面颜色不同，分界线应放在门洞口处。

3. 试拼、预排

(1)试拼：根据标准线确定铺砌顺序及标准块位置，按图案、颜色、纹理试拼。

(2)预排：试拼后按两个方向编号进行排列。在房间的两个垂直方向，按标准线铺两条大于板块宽度的干砂带，把板块排好，以检查板块之间的缝隙。板块的缝隙，花岗岩板不大于1 mm，水磨石板和水泥花砖不大于2 mm，预制混凝土板块不应大于6 mm。根据试排结果，在房间墙上弹出主要部位互相垂直的控制线，用以检查和控制板块的位置，并应核对板块与墙面、柱、管线洞口等的相对位置，确定找平层砂浆的厚度。

4. 铺贴

板材在铺砌前应结合其规格尺寸、外观质量、色泽等应进行预选(配)，并事先在水中浸泡或浸水湿润，阴干或擦干后备用。

1)陶瓷锦砖铺贴

陶瓷锦砖铺贴操作方法一般是待垫层砂浆具有一定强度后，用1:1水泥砂浆铺贴。铺贴时，先用方尺找好规矩，拉通线依次向前进行；砖铺上后可用木锤垫木块仔细拍实拍平，贴完一段后洒水湿透粘贴纸背面，在常温下30 min左右可以揭纸；再用开刀修理缝隙，先调竖缝，后调横缝，边调缝边用木锤敲击垫块，拍实拍平，然后用1:1水泥砂浆灌缝嵌实。

陶瓷锦砖铺贴完后，将表面清扫干净，次日铺干锯木屑养护不应少于7 d，养护期间不得上人走动，以免破坏面层。

2)地砖铺贴

地砖铺贴时，先按中心基准线挂好控制线，再按一行(或列)铺平、铺匀1:3(或1:4)干硬性水泥砂浆带(宽为地砖宽度，长为3~5块砖长)，地砖铺贴从整砖行(列)开始，依次退向门口。将砖按控制线就位后，用木锤或胶锤敲平敲实，地砖间的缝隙用抹子拨直拨匀,再敲一遍,砖表面多余灰浆用干净棉纱擦净。

砖面层铺贴 24 h 内,根据各类砖面层的要求,分别进行擦缝、勾缝或压缝工作。缝的深度宜为砖厚度的 1/3,擦缝和勾缝应采用同品种、同强度等级、同颜色的水泥;同时,应随做随即清理面层的水泥,并做好砖面层的养护和保护工作。

3) 预制水磨石、大理石、花岗岩板铺贴

预制水磨石、大理石或花岗岩板块楼地面质地坚硬、密度大、抗压强度高、耐磨性和耐久性好、耐冻性强、湿作业小,并具有装饰性能即颜色花纹的效果好等特点,广泛应用于高等级的公共场所和民用建筑等建筑地面工程。如图 9-12 所示为花岗岩板楼地面的构造做法。

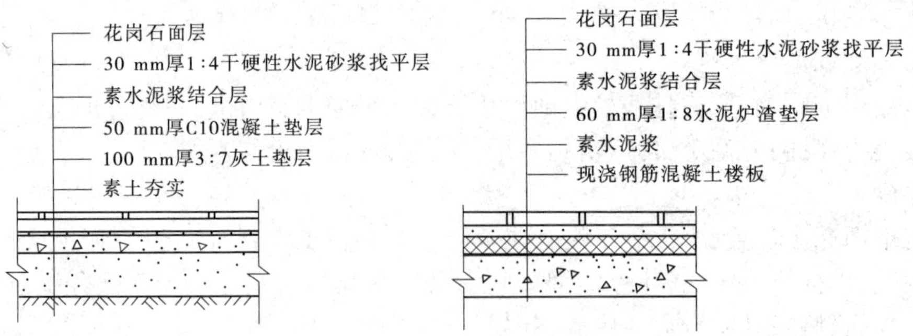

(a)花岗岩地面构造做法　　(b)花岗岩楼面构造做法

图 9-12　花岗岩板楼地面的构造做法

铺贴时,边刷素水泥浆边铺板块,板块要四角同时平稳下落,对准纵横缝后,用橡皮锤轻敲振实,并用水平尺找平找直,要求四角平整,纵横间隙缝对齐。若发现空隙,应将板材掀起用砂浆补实再行安装。

板块面层铺砌后 1~2 d 内进行灌浆擦缝,灌浆 1~2 h 后用棉丝团蘸原稀水泥浆擦缝,与板面擦平,同时将板面上水泥浆擦净。面层铺砌完后,其表面应进行养护并加以保护。待结合层(含灌缝)的水泥砂浆强度达到要求后,方可进行打蜡。

三、质量要求

(一) 整体面层

(1) 铺设整体面层时,其水泥类基层的抗压强度不得小于 1.2 MPa,表面应粗糙、洁净、湿润并不得有积水。铺设前宜涂刷界面处理剂。

(2) 整体面层施工后,养护时间不应少于 7 d;抗压强度应达到 5 MPa 后,方准上人行走;抗压强度应达到设计要求后,方可正常使用。

(3) 当采用掺有水泥的拌和料做踢脚线时,不得用石灰砂浆打底。

(4) 整体面层的抹平工作应在水泥初凝前完成,压光工作应在水泥终凝前完成。

(5) 整体面层的允许偏差和检验方法应符合表 9-6 的规定。

(二) 板块面层

(1) 铺设板块面层时,其水泥类基层的抗压强度不得小于 1.2 MPa。

表 9-6　整体面层的允许偏差和检验方法　（单位：mm）

项次	项目	允许偏差									检验方法
		混凝土面层	水泥砂浆面层	普通水磨石面层	高级水磨石面层	硬化耐磨面层	防油渗混凝土和不发火（防爆）面层	自流平面层	涂料面层	塑胶面层	
1	表面平整度	5	4	3	2	4	5	2	2	2	用2 m靠尺和楔形塞尺检查
2	踢脚线上口平直	4	4	3	3	4	4	3	3	3	拉5 m线和用钢尺检查
3	缝格平直	3	3	3	2	3	3	2	2	2	

（2）铺设板块面层的结合层和板块间的填缝采用的水泥砂浆，应采用强度等级不小于32.5级的硅酸盐水泥、普通硅酸盐水泥或矿渣硅酸盐水泥。

（3）板块的铺砌应符合设计要求，设计无要求时，宜避免出现板块小于1/4边长的边角料。

（4）铺设水泥混凝土板块、水磨石板块、水泥花砖、陶瓷锦砖、陶瓷地砖、缸砖、料石、大理石和花岗岩面层等的结合层和填缝的水泥砂浆，在面层铺设后，表面应覆盖、湿润，其养护时间不应少于7 d。当板块面层水泥砂浆结合层的抗压强度达到设计要求后，方可正常使用。

（5）板块类踢脚线施工时，不得采用石灰砂浆打底。

（6）板、块面层的允许偏差和检验方法应符合表9-7的规定。

表 9-7　板、块面层的允许偏差和检验方法　（单位：mm）

项次	项目	允许偏差											检验方法
		陶瓷锦砖、高级水磨石板、陶瓷地砖面层	缸砖面层	水泥花砖面层	水磨石板块面层	大理石面层和花岗岩面层	塑料板面层	水泥混凝土板块面层	碎拼大理石、碎拼花岗岩面层	活动地板面层	条石面层	块石面层	
1	表面平整度	2.0	4.0	3.0	3.0	1.0	2.0	4.0	3.0	2.0	10.0	10.0	用2 m靠尺和楔形塞尺检查

续表 9-7 (单位:mm)

项次	项目	允许偏差											检验方法
		陶瓷锦砖、高级水磨石板、陶瓷地砖面层	缸砖面层	水泥花砖面层	水磨石板块面层	大理石面层和花岗岩面层	塑料板面层	水泥混凝土板块面层	碎拼大理石、碎拼花岗岩面层	活动地板面层	条石面层	块石面层	
2	缝格平直	3.0	3.0	3.0	3.0	2.0	3.0	3.0	—	2.5	8.0	8.0	拉5 m线和用钢尺检查
3	接缝高低差	0.5	1.5	0.5	1.0	0.5	0.5	1.5	—	0.4	2.0	—	用钢尺检查和楔形塞尺检查
4	踢脚线上口平直	3.0	4.0	—	4.0	1.0	2.0	4.0	1.0	—	—	—	拉5 m线和用钢尺检查
5	板块间隙宽度	2.0	2.0	2.0	2.0	1.0	—	6.0	—	0.3	5.0	—	用钢尺检查

任务四　吊顶工程

吊顶又称顶棚,是室内装饰工程的一个重要组成部分,具有保温、隔热、隔声、吸声作用,也是安装照明、暖卫、通风空调、防火等设备管线的隐蔽层。其形式有直接式和悬吊式两种。

一、直接式顶棚

在结构基层直接进行抹灰、喷浆或直接粘贴饰面材料形成的顶棚饰面是直接式顶棚。

顶棚抹灰通常不做标志块和标筋,先在墙顶四周弹出水平线,以控制抹灰层厚度,然后沿顶棚四周抹灰并找平,抹完底层、中层后再抹面层。顶棚要求表面平顺,无抹纹和接槎,与墙面交角应呈一直线。若有线脚,宜先用准线拉出线脚,再抹顶棚大面,罩面应两遍压光。具体施工要求见本项目“任务一　抹灰工程”,具体质量要求见表 9-1。

二、悬吊式顶棚

(一)悬吊式顶棚的种类

悬吊式顶棚按结构形式分为活动式装配吊顶、隐蔽式装配吊顶、金属装饰板吊顶、开敞式吊顶和整体式吊顶(灰板条吊顶)。

(1)活动式装配吊顶:装饰板明摆、浮搁在铝合金龙骨或轻钢龙骨上,龙骨外露或半露。这种吊顶一般不考虑上人,所以在悬吊体系方面比较简单。

(2)隐蔽式装配吊顶:指龙骨不外露,罩面板呈整体形式。罩面板与龙骨的固定有三种方式:用螺钉拧在龙骨上;用胶粘剂粘在龙骨上;将罩面板加工成企口形式,用龙骨将饰面板连接成整体。

(3)金属装饰板吊顶:一般以加工好的金属条板卡或用螺钉钉在龙骨上。

(4)开敞式吊顶:吊顶的饰面是敞开的,又称格栅式吊顶,其艺术效果是通过将特定形状的单体构件及其巧妙组合造成单体构件的韵律感,从而收到既遮又透的独特效果。

悬吊式顶棚又分为上人吊顶与不上人吊顶两种。上人吊顶是指吊顶内有需要上人进行检修的设备或部位,以及其他有上人要求功能的吊顶;不上人吊顶,是指不需要上人的一般顶棚,可留需要的检查孔。

(二)悬吊式顶棚的组成

悬吊式顶棚由吊筋、龙骨、饰面板三部分组成。

1. 吊筋

吊筋包括吊杆、吊头,承担龙骨和饰面板的全部荷载并传递给结构,也是控制吊顶高度和调平龙骨架的主要受力构件。吊筋一般用Φ 6~Φ 12 的钢筋或 8 号镀锌铁丝。

2. 龙骨

龙骨按材料种类不同有木龙骨、轻钢龙骨、铝合金龙骨等,承担饰面板的全部荷载并传递给吊筋。龙骨分为主龙骨(大龙骨)和次龙骨(中、小龙骨),次龙骨固定于主龙骨之下,饰面层再固定在次龙骨上。

3. 饰面板

饰面板是吊顶的装饰层,具有吸声、隔热、保温、防火等功能。吊顶用饰面板品种繁多,按板材所用材料不同有石膏类、无机矿物材料类、塑料类、金属类等饰面板。

吊筋和龙骨应具有足够的强度、刚度和稳定性,应能保证饰面板的平整、稳定和牢固。吊筋、龙骨及饰面板应根据材料不同做好防腐、防火、防蛀处理,其安装间距、连接方式应符合设计要求。

(三)悬吊式顶棚施工

悬吊式顶棚的施工工艺流程为:基层处理→弹线定位→安装吊筋→安装龙骨→防腐处理→安装饰面板→安装压条。

1. 基层处理

顶棚基层必须有足够的强度,吊顶工程施工前应对已安装好的通风、电器等线路设施进行检查、验收。

2. 弹线定位

根据楼层标高水平线,一般常用+0.500 m 标高线为基线,顺墙高量至顶棚设计标高,沿墙四周弹顶棚标高水平线。沿已弹好的顶棚标高水平线,画好龙骨的分档位置线。

3. 安装吊筋

吊筋可在现浇混凝土板或预制混凝土板缝中按设计预埋吊筋,若无预埋吊筋可用膨胀螺栓或用射钉固定吊筋,但要保证其强度。木龙骨可用木板条或方木做吊筋。

4. 安装龙骨

根据不同材料的吊顶,龙骨的做法不尽相同,下面主要介绍木龙骨、轻钢龙骨、铝合金龙骨的安装。

1)木龙骨的安装

木龙骨俗称木搁栅,可用圆木、半圆木或方木,小龙骨底面应刨光、刨平、截面一致,一般应做防腐和防火处理。龙骨一般为凹方型材,其截面为25 mm×30 mm、开凿深15 mm、宽25 mm的凹槽,中心距300 mm,拼接按凹槽对凹槽的方法进行咬接,拼口处涂胶并用圆钉固定,具体尺寸和拼接见图9-13。

木龙骨的安装一般先以水平标高基准线沿四周墙(柱)面固定边龙骨,具体方法是在墙上按500~800 mm的间距打孔,在孔内打入木楔,将边龙骨钉固于木楔上;或者直接用水泥钢钉通过钻孔将边龙骨钉固于混凝土墙、柱面上。最后将拼接组合好的木龙骨架托起,调平后与沿墙边龙骨和吊筋进行固定。

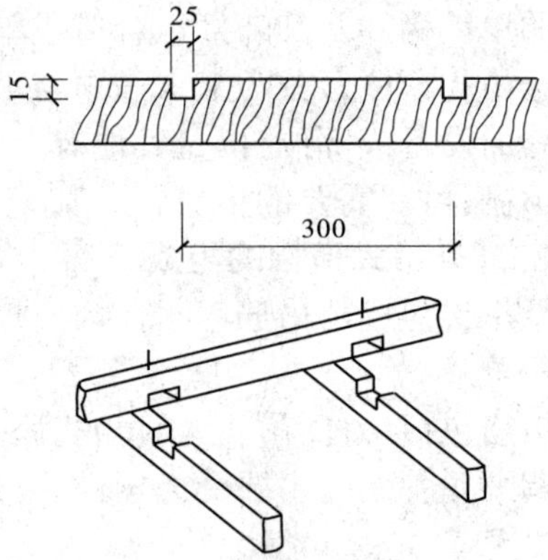

图9-13　木龙骨拼接示意

2)轻钢龙骨的安装

轻钢龙骨有U形和T形两种,U形轻钢龙骨吊顶安装示意见图9-14。主龙骨按弹线位置就位,利用吊件悬挂在吊筋上,待全部主龙骨安装就位后进行调直、调平、定位、固定。主龙骨安装完毕后安装次龙骨,通长的次龙骨与主龙骨垂直,横撑龙骨与通长次龙骨垂直;次龙骨紧贴主龙骨安装,并与主龙骨扣牢,位置应准确,并充分考虑缝隙尺寸。龙骨中间部分按具体设计要求起拱(一般起拱高度为房间短向跨度的3/1 000)。安装完毕后,应对整个龙骨架的安装质量进行严格检查,要求加载后龙骨架无翘曲、颤动现象。

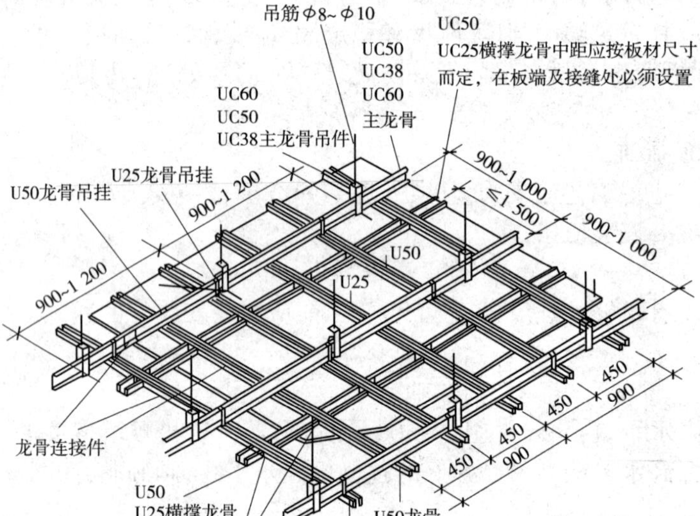

图9-14　U形轻钢龙骨吊顶安装示意

3)铝合金龙骨的安装

铝合金龙骨按龙骨结构形式不同分为T形和TL形,TL形铝合金龙骨吊顶安装示意见图9-15。铝合金吊顶龙骨的安装方法与轻钢龙骨吊顶基本相同。首先按标高将主龙骨大致就位,次龙骨紧贴主龙骨安装就位,然后拉满纵横控制标高线,从一端开始,边安装边调整，将龙骨调平调直，最后将边龙骨用间距≤500 mm 的高强水泥钉钉牢。

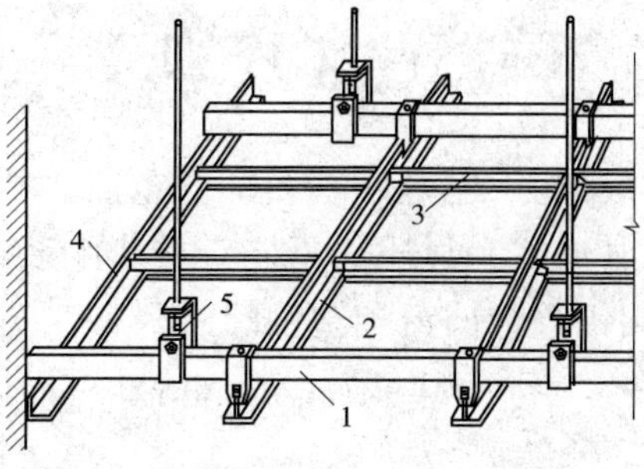

1—主龙骨；2—中龙骨；3—小龙骨；4—角条；5—大吊挂件

图 9-15　TL 形铝合金龙骨吊顶安装示意

5. 饰面板安装

不同饰面板的安装方法各有不同，通常可采用黏结法、钉固法、螺固法、卡固法、嵌入法、搁置法等。

(1) 黏结法：直接将饰面板用胶粘剂粘贴在龙骨上。

(2) 钉固法：用钉将饰面板固定在龙骨上。钉头应略低于板面，并用腻子刮平钉眼。

(3) 螺固法：采用自攻螺丝或螺丝将饰面板固定在龙骨上。

(4) 卡固法：将饰面板材直接卡接固定在龙骨上，多用于铝合金吊顶。

(5) 嵌入法：将饰面板加工成企口暗缝，与 T 形龙骨嵌入固定。

(6) 搁置法：将饰面板材直接搁放在龙骨搁栅上，四周可用木条或卡子固定。多用于 T 形龙骨上的饰面板安装。

三、质量要求

吊顶工程所用的材料品种、规格、颜色及标高、造型、各组成构件的固定安装方法等均应符合设计要求；面板与龙骨应连接紧密，表面平整，不得有污染、裂缝、翘曲、缺损等缺陷，接缝应均匀一致。龙骨吊顶工程安装的允许偏差和检验方法见表 9-8。

表 9-8　龙骨吊顶工程安装的允许偏差和检验方法

项次	项目	允许偏差(mm)								检验方法
		明吊顶				暗吊顶				
		石膏板	金属板	矿棉板	塑料板、玻璃板	纸板、石膏板	金属板	矿棉板	木板、塑料板、搁栅	
1	表面平整度	3	2	3	2	3	2	2	2	用 2 m 靠尺和塞尺检查
2	接缝直线度	3	2	3	3	3	1.5	3	3	拉 5 m 线，不足 5 m 拉通线，用钢直尺检查
3	接缝高低差	1	1	2	1	1	1	1.5	1	用钢直尺和塞尺检查

任务五　门窗工程

门窗是建筑物的重要组成部分,也是建筑装饰的重点。常用的有木门窗、钢门窗、铝合金门窗、塑钢门窗等形式,其形式和材质的不同直接影响装饰的档次与效果。目前,室内多采用木门窗,室外多采用铝合金门窗和塑钢门窗。

一、木门窗

木门窗通常在木材加工厂内制作,施工现场以安装门窗框、扇为主要施工内容。木门窗的安装一般有先立口和后塞口两种方法。

(一)木门窗框安装

1. 先立口法

先立口法,即在砌墙前,将木门窗框按设计要求的位置立直、找正后用临时斜撑固定,上吊压重,保持位置稳固,然后砌墙,将门窗框直接砌固在墙中。

安装固定前要注意门窗框的标高、垂直度和水平度。垂直和水平方向要拉通线,使所有门窗在同一直线上,保证立面门窗的整体美观。门窗框与砖石砌体、混凝土或抹灰层接触部位应进行防腐处理。

2. 后塞口法

后塞口法,即在砌筑墙体时预先按门窗尺寸留好洞口,洞口尺寸应比门窗框大40~50 mm(每边大20~25 mm),在洞口两边预埋好木砖,待墙体砌好后再将门窗框塞入洞口内,在木砖处垫好木片,待水平和垂直校正无误后,用钉子钉牢,每个木砖应至少钉两颗钉子。木砖应预先做好防腐处理,其位置应错开门窗扇安装铰链处。

(二)木门窗扇安装

(1)安装前应检查门窗扇的型号、规格、质量是否符合要求,并量好门窗框的高低、宽窄尺寸,根据测得的准确尺寸修刨门窗扇。

(2)将门窗扇放入框中试装合格后,按扇高的1/10~1/8处在框上按合页大小画线,并剔出合页槽,槽深一定要与合页厚度相适应,槽底要平。

(3)门窗扇安装时,应保持冒头、窗芯水平,双扇门窗的冒头要对齐,开关灵活,但不准出现自开或自关的现象。

二、铝合金门窗

铝合金门窗是将经过表面处理的型材,通过下料、打孔、铣槽等工序,制作成门窗框料构件,然后与连接件、密封件、开闭五金件一起组合装配而成。根据结构与开启形式的不同,铝合金门窗可分为推拉门窗、平开门窗、固定窗等。按门窗型材截面宽度尺寸的不同,可分为多种系列,常用的有50、55、60、65、70、80、90、100系列等。

(一)铝合金门窗制作

铝合金门窗制作的施工工艺流程为:断料→钻孔→组装→保护或包装。

(1)断料:即用铝合金切割机,在确保精度的要求下进行切割。注意要保证方正,当对角线长度大于等于 2 m 时,其对角线偏差不应大于 3 mm;当对角线长度在 2 m 以内时,其对角线偏差不应大于 2 mm。

(2)钻孔:铝合金门窗的组装采用钻孔后螺钉连接,钻孔前要先在工作台上画好线,钻孔位置要准确。钻孔孔位、孔距的偏差应控制在±0. 5 mm 内。

(3)组装:铝合金门窗的组装方式,常用的有 45°对接、直角对接、垂直插接三种。横竖杆件的固定,一般采用专用连接件或角铝,用螺钉、螺栓、铝拉钉等固定。

(4)保护和包装:铝合金门窗组装完后,应用塑料胶纸将所有的型材表面包起来,防止其表面的氧化膜保护层在运输和施工中遭到破坏。若远距离运输,应对门窗进行包装。

(二)铝合金门窗的安装

1. 安装工艺

铝合金门窗的安装工艺流程为:门窗洞口检查处理→安装立柱→安装连接件→铝合金门窗安装→门窗四周嵌缝→安装门窗扇、五金配件→清理、校正。

2. 安装要求

(1)铝合金门窗框的安装,应在主体结构基本结束后进行;铝合金门窗框的每条边上要各安装两个角码,或用厚 1. 5 mm 的镀锌锚板,以便固定窗框用。

(2)铝合金门窗安装前应对预留洞口进行检查,洞口尺寸应比门窗框尺寸每边大 20~25 mm。对于大型组合铝合金门窗,应安装立柱,立柱与主体结构要牢固连接,门窗框与立柱通过连接件固定。

(3)安装时,将铝合金门窗框临时用木楔固定,待检查其垂直度、水平度及上下左右间隙均符合要求后,用水泥钉(或膨胀螺栓)将角码(或镀锌锚板)钉固在门窗洞口墙内。

(4)由于铝合金的线膨胀系数较大,安装时外框与洞口应弹性连接并保证牢固,不得将门窗外框直接埋入墙体。窗框与窗洞墙间缝隙应采用矿棉条或毡条分层填塞,缝隙表面留 5~8 mm 深的槽口,填嵌密封油膏,密封胶表面应光滑顺直、无裂纹。

(5)门窗扇的安装,宜在室内外装饰施工结束后进行,以免污染或损坏。安装后应调整导向轮、门扇间隙和开启速度。

三、塑钢门窗

塑钢门窗是由聚氯乙烯或其他树脂为主要材料,在空腹腔内嵌装型钢或铝合金型材,由塑钢型材和钢衬两部分组成的空腹异型材制作而成的门窗。塑钢门窗是目前最具气密性、水密性、耐腐蚀性、隔热保温、隔声、耐低温、阻燃、电绝缘性、造型美观等优异综合性能的门窗。

(一)安装工艺与方法

1. 安装工艺

塑钢门窗的安装一般采用后塞口的施工方法,其安装工艺流程为:门窗洞口处理→安装连接件→塑钢门窗安装→门窗四周嵌缝→安装门窗扇、五金配件→清理、校正。

2. 安装方法

塑钢门窗与墙体的连接应采用弹性连接固定的方法,一般有连接件法、直接固定法和假框法三种安装固定方法。

(1)连接件法:用专用铁件卡在门窗框异型材的外侧,用射钉或膨胀螺栓固定在墙体上。

(2)直接固定法:在砌筑墙体时先将木砖预埋入门窗洞口内,安装时用木楔调整门窗框与洞口间隙,用木螺钉直接将门窗框与预埋木砖连接固定。

(3)假框法:先在门窗洞口内安装一个与塑钢门窗框配套的镀锌铁皮金属框,或者利用木门窗更换成塑钢门窗时,将原来的木门窗框保留不动,将塑钢门窗框直接固定在原来的木门窗框上,最后将接缝及边缘部分用盖条板盖住。

(二)安装要求

(1)安装前对洞口应进行清理,门窗框固定前要找好水平和垂直,同一立面应拉通线,并弹线,保证门窗的水平、垂直和立面整体美观。

(2)塑钢门窗框、副框和扇的安装必须牢固,确定连接点的位置时,首先应考虑能使门窗扇通过合页作用于门窗框的位置,在横档或竖框的地方不宜设连接点。固定点应距窗角、中横框、中竖框 150~200 mm,固定点间距应不大于 600 mm。固定片或膨胀螺栓的数量与位置应正确。

(3)塑钢门窗框与墙体间缝隙应采用 PE 高发泡条、矿棉毡或其他软填料填嵌饱满,填塞不宜过紧,以免框架变形。缝隙外表面留出 10 mm 左右的空槽,采用密封胶密封。注嵌缝膏时墙体应干净、干燥,注胶时室内外的周边均需注满、打匀,注嵌缝膏后应保持 24 h 并不得见水。

(4)门窗框的安装,应在主体结构基本结束后进行;门窗扇的安装,宜在室内外装饰施工结束后进行,以免污染或损坏。

任务六　隔墙、隔断工程

隔墙、隔断是用来分割房间和建筑物内部空间的,其要求自身质量轻,厚度薄,并能达到通风、采光、隔声、防火、防潮的要求。工程中常用轻质隔墙,一般包括板块隔墙、骨架式隔墙、活动隔墙和玻璃隔墙等。

一、板块隔墙

板块隔墙是指采用高度等于室内净高的各种板材进行拼装而成的非承重隔墙,一般有加气混凝土条板、泰柏板和各种复合轻质墙板等隔墙。本部分主要介绍加气混凝土条板隔墙的施工方法。

(一)施工方法与要求

1. 施工方法与顺序

加气混凝土条板隔墙一般采用垂直安装,安装应使用专用工具。加气混凝土条板隔墙安装顺序应从门洞处向两端依次进行,门洞两侧宜用整块板;无门洞的墙体,应从一端向另一端安装。

2. 节点构造要求

(1)墙板上、下部位连接(见图 9-16):一般采用刚性连接,即在板的上端抹黏结砂浆,与楼板或梁底部黏结，板的下端先用木楔顶紧，再填入细石混凝土，最后做地面。

(2)转角和丁字板墙节点连接(见图 9-17、图 9-18)：主要采用黏结砂浆黏结，并在一定距离(700~800 mm)斜向下钉入经过防锈处理的钉子或Φ 8 的钢筋，钉入长度不得小于 150 mm。

(3)隔墙板材间的连接：隔板的两端应与主体结构连结牢靠，板与板之间用黏结砂浆黏结，沿板缝上下各 1/3 处按 30°角斜向钉入铁销或铁钉(见图 9-16)。

(4)隔墙板与门窗框接缝处，用木贴脸压缝。

3. 施工要求

(1)墙板安装前，应按设计图纸要求，先在楼板(梁)底部和楼地面上弹好墙板位置线，并将黏结面用钢丝刷刷去油垢、清除干净。

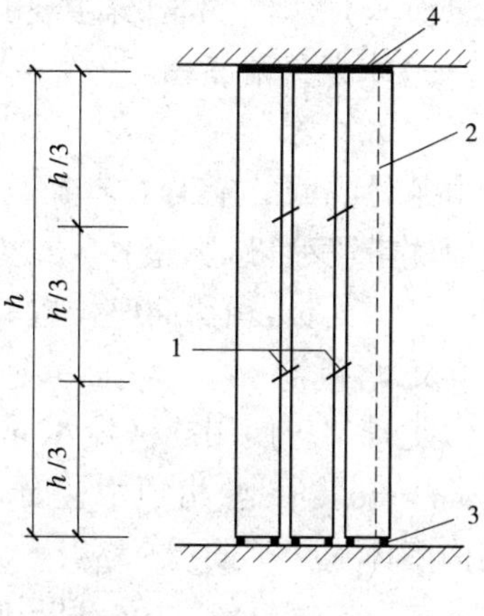

1—铁销；2—转角处铁钉；3—木楔；4—黏结砂浆

图 9-16　加气混凝土条板上、下部位连接示意

(2)安装时板与板拼缝间应满铺黏结砂浆，拼接时以挤出砂浆为宜，缝宽不得大于 5 mm。板底木楔应经防腐处理，顺板方向楔紧。

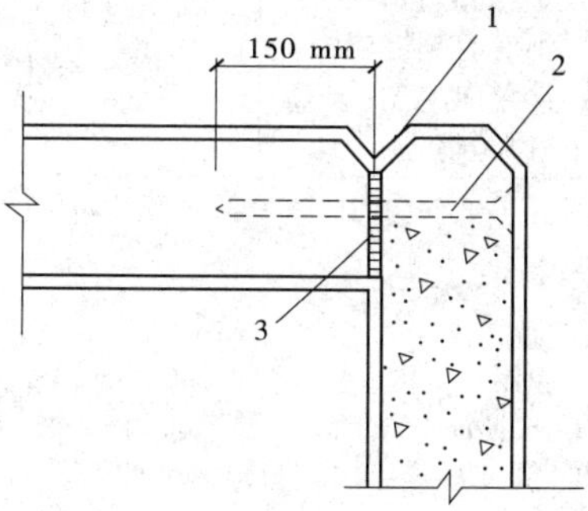

1—八字缝；2—Φ 8 钢筋；3—黏结砂浆

图 9-17　转角墙板节点构造

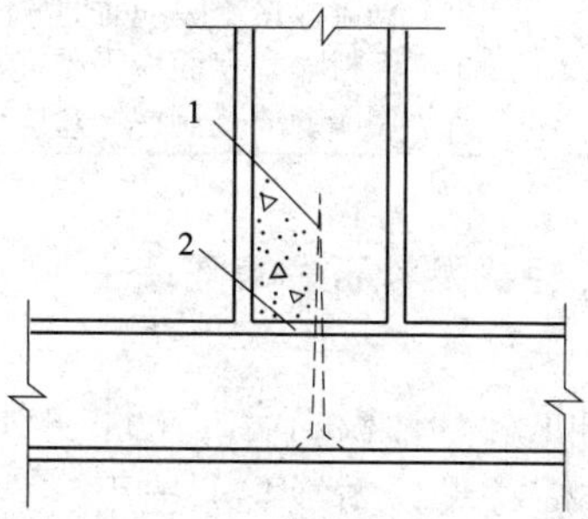

1—Φ 8 钢筋；2—黏结砂浆

图 9-18　丁字墙板节点构造

(3)每块墙板安装后，应用靠尺检查墙面垂直度和平整度。

(4)有门窗洞口的墙体，一般均采取后塞口，其余量不得超过 10 mm。

(5)对于双层墙板的加气混凝土条板隔墙，安装时应使两面墙板的拼缝相互错开。

(二)质量要求

加气混凝土条板隔墙安装，要求墙面垂直，表面平整，其垂直度和平整度偏差最大不应超过 3 mm。隔墙板的最小厚度不宜小于 125 mm；小于 125 mm 时，其最大长度不应超过 3.5 m。其具体施工质量要求及质量检验见表 9-9。

二、骨架式隔墙

骨架式隔墙是指以饰面板材固定于骨架两侧面形成的轻质隔墙，其骨架多以木龙骨和轻钢龙骨为主，其饰面材料一般有石膏板、埃特板、GRC(玻璃纤维增强水泥)板、FC(纤维水泥加压)板等。本部分主要介绍轻钢龙骨石膏板隔墙的施工方法。

(一)木龙骨隔断墙

1. 施工工艺

木龙骨隔墙的施工工艺流程为:清理基层地面→弹线、找规矩→在地面用砖、水泥砂浆做地枕带(又称踢脚座)→立边框墙筋→安装沿地、沿顶木棱→立隔断竖向龙骨→钉横龙骨→封饰面板,预留插座位置并设加强垫木→饰面板处理。

2. 施工要求

木龙骨架应使用规格为 40 mm×70 mm 的红、白松木。竖向龙骨的间距一般在 450~600 mm。安装沿地、沿顶木棱时,应将木棱两端伸入砖墙内至少 120 mm,以保证隔断墙与结构墙体连接牢固。

表 9-9 板材隔墙的施工质量要求及质量检验

项次	项目内容	质量要求	质量检验
1	原材料	隔墙板材及接缝材料的品种、规格、性能、颜色应符合设计要求,并应有相应等级的检测报告	观察,检查产品合格证、进场验收记录和性能检测报告
2	基层	安装隔墙板材所需预埋件,连接件的位置、数量及连接方法应符合设计要求,基层应平整、洁净	观察,检查隐蔽工程验收记录
3	综合质量	隔墙板材安装必须牢固,连接方法、接缝方法应符合设计要求 隔墙板材安装应垂直、平整、位置正确,板材不应有裂缝或缺损 板材隔墙表面应平整光滑、洁净,色泽一致,接缝应均匀、顺直 隔墙上的孔洞、槽、盒应位置正确,套割方正,边缘整齐	观察,手摸检查

(二)轻钢龙骨石膏板隔墙

1. 主要材料及配件

轻钢龙骨石膏板隔墙的主件、配件、紧固材料、填充隔声材料,以及饰面板材的规格、厚度等均应按设计图纸要求选用。

(1)主件:主要有沿顶龙骨、沿地龙骨、加强龙骨、竖向龙骨、横向龙骨。

(2)配件:主要有支撑卡、卡托、角托、连接件、固定件、附墙龙骨、压条等。

(3)紧固材料:主要有射钉、膨胀螺栓、镀锌自攻螺丝、木螺丝和黏结嵌缝料等。

2. 施工工艺与要求

轻钢龙骨石膏板隔墙的施工工艺流程为:放线→安装门洞口框→安装沿顶龙骨和沿地龙骨→竖向龙骨分档→安装竖向龙骨→安装横向卡档龙骨→安装石膏饰面板→施工接缝处理→面层施工。

(1)放线:根据设计施工图,在地面和墙面上放出隔墙位置线、门窗洞口边框线,并放好顶龙骨位置边线。

(2)安装门洞口框:放线后按设计要求将隔墙的门洞口框安装完毕。

(3)安装沿顶龙骨和沿地龙骨:按已放好的隔墙位置线,安装顶龙骨和地龙骨,用射钉固定于主体结构上,其射钉间距一般为 600 mm,最大不得超过 1 m。

(4)竖向龙骨分档:根据隔墙放线门洞口位置,在安装顶、地龙骨后,按饰面板的规格分档,不足模数的分档应避开门洞框边第一块饰面板位置,使非整块石膏饰面板不在门洞框处。

(5)安装竖向龙骨:按分档位置安装竖向龙骨,竖向龙骨上下两端插入沿顶龙骨及沿地龙骨,调整垂直及定位准确后,用抽心铆钉固定;靠墙、柱边龙骨用射钉或木螺丝与墙、柱固定,钉距一般为 1 m。

(6)安装横向卡档龙骨:根据设计要求,隔墙高度大于 3 m 时应加横向卡档龙骨,采用抽心铆钉或螺栓固定。

(7)安装石膏饰面板:石膏饰面板安装可横向或纵向铺设,一般从门口处开始,无门洞口的墙体由墙的一端开始。石膏饰面板一般用自攻螺钉固定,必须与龙骨紧靠。板边钉距为 200 mm,板中间距为 300 mm,螺钉距石膏板边缘的距离不得小于 10 mm。两层石膏板的安装接缝应错开,不能与第一层的接缝落在同一龙骨上。

(8)接缝处理:石膏板墙接缝处理主要有无缝(暗缝)、压缝、控制缝和明缝几种处理方法。无缝处理是采用石膏腻子和接缝纸带抹平,压缝处理是用木压条、金属压条或塑料压条压在缝隙处,控制缝处理在隔墙长度约为 12 m 时应设置,明缝处理是在压接缝处压进金属压条或塑料压条。目前,采用较多的处理方法是无缝处理,其具体程序如下:清除干净接缝内浮土,用腻子嵌缝、刮平→待嵌缝腻子凝固后,在接缝上薄刮一层稠度较稀的胶状腻子(厚约 1 mm,宽度为拉结带宽)→粘贴拉结带,由上而下刮平压实→刮一层比拉结带宽 80 mm 左右、厚约 1 mm 的中层腻子→待中层腻子凝固后,用大刮刀将腻子填满楔形槽与板抹平。

(三)质量要求

骨架式隔墙应满足墙面牢固、垂直、表面平整的要求,其垂直度和平整度偏差最大不应超过 3 mm。隔墙板分档尺寸,板缝一致,无变形和裂缝。其具体施工质量要求及质量检验见表 9-10。

表 9-10 骨架式隔墙的施工质量要求及质量检验

项次	项目内容	质量要求	质量检验
1	原材料	骨架式隔墙所用龙骨、配件、墙面板、填充材料及嵌缝材料的品种、规格、性能应符合设计要求,并应有相应等级的检测报告	观察,检查产品合格证、进场验收记录、性能检测报告和复验报告
2	安装质量	骨架式隔墙工程边框龙骨必须与基体结构连接牢固,并应平整、垂直,位置正确 骨架式隔墙中龙骨间距和构造连接方法应符合设计要求。骨架内设备管线的安装、门窗洞口等部位加强龙骨应安装牢固、位置正确,填充材料的设置应符合设计要求 木龙骨及木墙面板的防火和防腐处理必须符合设计要求 骨架式隔墙的墙面板应安装牢固,无脱层、翘曲、折裂及缺损。接缝方法应符合设计要求 骨架式隔墙内的填充材料应干燥,填充应密实、均匀,无下坠	观察,检查隐蔽工程验收记录
3	表面质量	骨架式隔墙表面应平整光滑、洁净,色泽一致,接缝应均匀、顺直 隔墙上的孔洞、槽、盒应位置正确,套割方正,边缘整齐	观察,手摸检查

任务七 涂料、裱糊工程

一、涂料工程

涂料工程是将建筑涂料涂刷在木材、金属、抹灰层或混凝土等表面干燥后形成一层与基层牢固黏结的坚韧涂膜，以达到防潮、防腐、防锈作用，提高耐久性，具有装饰、保护和改善使用环境的功能。

(一)涂料的组成与分类

1.涂料的组成

建筑涂料一般由成膜基料(胶粘剂，如油料和树脂)、分散介质(有机溶剂和水)、填料(颜料及辅助材料)等三种基本成分组成。

2.涂料的分类

建筑装饰涂料品种繁多，使用时应按其性质和用途加以认真选择。

(1)按成膜物质不同，可分为有机涂料、无机涂料和复合涂料。其中，有机涂料又分为溶剂型、水溶性和乳液涂料。

(2)按涂层质感不同，可分为薄质涂料、厚质涂料、复层涂料和多彩涂料等。

(3)按用途不同，可分为外墙涂料、内墙涂料、底板涂料和顶棚涂料等。

(二)涂料工程施工

涂料工程施工包括基层处理、打底子、刮腻子、磨光和涂刷等基本工序。工程中应按设计要求及《建筑装饰装修工程质量验收标准》(GB 50210—2018)的具体工序规定组织施工。

1.基层处理

(1)木材面：应清除钉子、油污等，除去松动节疤，裂缝，凹陷处均应用腻子补平；含水量不宜大于12%。

(2)金属面：应清除油污、锈面、鳞皮、焊渣、毛刺和旧涂层等，表面应平整。对于金属表面的锈层可用人工打磨、机械喷砂、喷丸(直径0.2~1 mm的铁丸或钢丸)或化学除锈法清除；对于焊渣和毛刺可用砂轮机去除。

(3)混凝土和抹灰层：基层应平整、洁净、干燥，阴阳角密实，不得有起皮、松散等缺陷，缝隙和小孔洞等应用腻子补平。施用溶剂型涂料的基层含水量应不大于8%，施用乳液型涂料的基层含水量应不大于10%。新建工程的混凝土或抹灰基层在涂饰涂料前应涂刷抗碱封闭底漆，旧墙面在涂饰涂料前应清除疏松的旧装修层并涂刷界面剂。

2.刮腻子

腻子是由涂料、填料(石膏粉、大白粉)、水或松香水等拌制成的膏状物。刮基层腻子应平整坚实、牢固、无粉化起皮和裂缝，待其干燥后用砂纸打磨。所用腻子应按基层和涂料的性质配套选用，厨房、卫生间墙面必须使用耐水腻子。

3.施工方法

涂料工程的施工方法主要有刷涂、滚涂、喷涂、弹涂等。工程中应根据涂料的性能和现有设备来选定。一般涂料工程施工时环境温度不宜低于 10 ℃，当遇有大风、雨、雾情况时，不可施工。

(1)刷涂：即用毛刷在基层表面进行涂料覆涂施工的一种方法。该方法设备简单，操作方便，但工效低，不适用于快干或扩散性不良的涂料施工。

刷涂的顺序是先左后右，先上后下，先难后易，先边后面。一般是二道成活，高中级装饰可增加 1 或 2 道刷涂。刷涂涂层应厚薄均匀，颜色一致，无漏刷、流淌和刷纹。

(2)滚涂：即利用软毛辊、花样辊在基层表面进行涂料覆涂施工的一种方法。该方法具有设备简单、操作方便、工效高、涂饰效果好等优点。

滚涂的顺序基本与刷涂相同。滚涂涂层应涂膜厚薄均匀、平整光滑、不流挂、不漏底，花纹图案完整清晰、匀称一致、颜色协调。

(3)喷涂：即利用喷枪将涂料喷于基层上的机械施涂方法。该方法工效高，涂料分散均匀，平整光滑，涂层外观质量好，但是涂料消耗大，施工时应采取通风、防火、防爆等安全措施；适宜于大面积施工。通过调整涂料的黏度、喷嘴口径大小及喷涂压力可获得平壁状、颗粒状或凹凸花纹状的涂层。

喷涂时喷枪嘴与被喷涂面的距离应控制在 400～600 mm，出料口应与被喷涂面保持垂直，喷涂的压力一般控制在 0.4～0.8 MPa，喷枪移动速度应均匀一致。除喷涂复层涂料的主涂料时应一道成活，其他涂料一般二道成活，喷涂面的搭接宽度应控制在喷涂宽的 1/3 左右。喷涂涂层应厚薄均匀，平整光滑，不出现露底、皱纹、流挂、针孔、气泡和失光现象。

(4)弹涂：即借助专用的电动或手动弹涂机将不同颜色的涂料弹到饰面基层上的机械施涂方法。其饰面可形成大小近似、颜色不同、互相交错的圆粒状色点或深浅色点相间的彩色涂层。

弹涂首先应进行封底处理，即在基层表面先刷 1～2 度涂料，作为底色涂层。待底色涂层干燥后，才能进行弹涂。弹涂时，弹涂机口应垂直对正墙面，保持 300～500 mm 的距离，按一定手势和速度，自上而下，自右(左)至左(右)，循序渐进。弹涂涂层应弹点密度均匀适当、上下左右接头不明显。对于压花型彩弹，在弹涂以后，应有专人进行批刮压花。

(三)涂料工程质量要求

水溶性涂料与溶剂型涂饰工程的施工质量要求及质量检验见表 9-11 和表 9-12。

表 9-11　水溶性涂料涂饰工程的施工质量要求及质量检验

项次	项目内容	质量要求	质量检验
1	材料质量	水溶性涂料涂饰工程所用材料的品种、型号和性能符合设计要求	检查产品合格证书、性能检测报告和进场报告
2	涂饰颜色和图案	水溶性涂料涂饰工程的颜色和图案符合设计要求	观察
3	涂饰综合质量	水溶性涂料涂饰工程应涂饰均匀、黏结牢固、不得漏涂透底、起皮和掉粉	观察，手摸检查
4	基层处理	水溶性涂料涂饰工程基层处理符合规范，即本任务建筑涂料工程施工中基层处理要求	观察，手摸检查，检查施工记录

表 9-12 溶剂型涂料涂饰工程的施工质量要求及质量检验

项次	项目内容	质量要求	质量检验
1	涂料质量	溶剂型涂料涂饰工程所用涂料的品种、型号和性能符合设计要求	检查产品合格证书、性能检测报告和进场报告
2	颜色、光泽、图案	溶剂型涂料涂饰工程的颜色、光泽、图案符合设计要求	观察
3	涂饰综合质量	溶剂型涂料涂饰工程应涂饰均匀、黏结牢固、不得漏涂透底、起皮和返锈	观察,手摸检查
4	基层处理	溶剂型涂料涂饰工程基层处理符合规范,即本任务建筑涂料工程施工中基层处理要求	观察,手摸检查,检查施工记录

二、裱糊工程

裱糊工程一般用在室内装饰,是将壁纸、墙布用胶粘剂裱糊在室内墙、柱及顶棚面的一种装饰工程。其具有施工简单、进度快,色彩丰富、质感性强,既耐用又易清洗的特点,多用于高级室内装饰。

(一)壁纸与墙布分类

1. 壁纸的类型

(1)普通壁纸:以纸为基底,用高分子乳液涂布面层,经过印花、压纹等工序制作而成,如印花涂塑壁纸、压花涂塑壁纸、复塑壁纸等。此类壁纸具有良好的透气性,价格便宜,但不能清洗,易断裂,目前使用较少。

(2)发泡壁纸(浮雕壁纸):以专用纸做基材,涂塑掺有发泡剂的聚氯乙烯糊状料,印花后经加热发泡制作而成,如高发泡印花壁纸、低发泡印花压花壁纸等。此类壁纸表面呈凹凸花纹,有一定的吸声功能,强度高,可擦洗,使用广泛。

(3)麻草壁纸:以纸为基层,以编织的麻草为面层,经复合加工而成。它具有阻燃、吸声、散潮湿、不变形、无污染等特点,并具有浓郁的自然气息,是一种新型的室内装饰墙纸。

(4)纺织纤维壁纸(花色线壁纸):用棉、麻、丝等天然纤维或化学纤维制成的各种粗细纱或织物,经不同的纺纱或粘线工艺将纱线粘到基层纸上制成的壁纸。此类壁纸具有质感强、立体感强、色调柔和、高雅等特点,且具有无毒、吸声、透气等功能,是目前在高级装修中较流行的一种室内装饰壁纸。

(5)特种壁纸:一种具有特殊功能的塑料面层壁纸,也称专用壁纸,如耐水壁纸、防火壁纸、抗腐蚀壁纸、抗静电壁纸、金属面壁纸、图景画壁纸、彩色砂粒壁纸、防污壁纸及自粘型壁纸等。

2. 墙布的类型

(1)玻璃纤维墙布:以中碱玻璃纤维织成的坯布为基材,经染色、挺括处理,加入适量色浆作印花处理制作而成。该墙布具有布纹质感、耐火、耐潮、不易老化等优点,但覆盖能力稍差,多适用于一般民用建筑室内装饰。

(2)纯棉装饰墙布:以纯棉平布经过处理和印花、涂层等工序制作而成。该墙布具有无光、吸声、耐擦洗、静电小、强度大、蠕变性小及色调、纹样丰富等特点,适用于住宅、宾馆等公共建筑的建筑室内装饰。

(3)化纤装饰墙布:以化纤布为基材,经一定处理后印花而成。该墙布具有无毒、无味、透气、防潮、耐磨、不分层等特点,适用于宾馆、会议室和住宅等室内装饰。

(4)无纺墙布是采用棉、麻等天然纤维或合成纤维,经过无纺成型、上树脂、印制彩色花纹而成。该墙布具有一定的透气性、防潮性,色彩鲜艳、图案雅致、富有弹性、耐擦洗、不易折断、不易老化,适用于各种建筑的室内墙面装饰。

(二)裱糊工程施工

裱糊工程的施工原则是先裱糊顶棚后裱糊墙面,其具体施工工艺流程为:基层处理→弹线→裁纸→润纸、刷胶→壁纸、墙布裱糊→饰面修整。

1. 基层处理

裱糊工程基层应坚实、洁净、干燥;表面应平整光洁,颜色一致,无疏松、砂粒、孔洞、麻点和飞刺;接缝应平整,不显接槎,不露钉头,钉眼应用油性腻子填平。混凝土和抹灰基层的含水量不得大于8%,木基层的含水量不得大于12%。

混凝土和抹灰面:基层修正、清理后,满刮1或2道腻子,干燥后用砂纸磨平、磨光;泛碱部位宜使用9%的稀醋酸中和、清洗。

木材和石膏板面:基层的接缝、钉眼宜用腻子嵌缝、填平,用砂纸磨平;或粘贴玻璃网格布、丝绸条、绢条等,然后局部刮腻子补平。腻子刮完后应作基层封闭处理,涂刷封底涂料或底胶不少于两遍。

2. 弹线

裱糊工程施工前应先在基层上弹线分格,弹线一般从阴角开始按照壁纸的尺寸进行分块弹线控制,应注意在阳角处不得留接缝。

3. 裁纸

根据弹线找规矩的实际尺寸统一规划裁纸,并编号,以便施工时按顺序粘贴。裁纸时壁纸一般以上口为准,下口可比规定尺寸略长10~20 mm,墙布一般比规定尺寸略长50~150 mm。若为带花饰的壁纸(墙布),应将上口的花饰对好,小心裁割,不得错位。

4. 润纸、刷胶

1)壁纸的润纸、刷胶

壁纸的品种较多,性能也各不相同,施工中应根据其特点进行润纸和刷胶。具体要求如下:

(1)普通壁纸:裱糊前应进行闷水处理,即在水槽内先浸泡2~3 min,取出后抖去多余水分,静置2 min后刷胶裱糊;刷胶时,基层和壁纸背面均应涂刷胶粘剂。

(2)复合壁纸:裱糊前不得浸水,应先在壁纸背面涂刷胶粘剂,放置数分钟,裱糊时,基层表面应涂刷胶粘剂。

(3)麻草壁纸和纺织纤维壁纸:不宜在水中浸泡,裱糊前宜用湿布清洁背面。带背胶的壁纸裱糊前应在水中浸泡数分钟。刷胶时,基层和壁纸背面均宜涂刷胶粘剂。

(4)金属壁纸:裱糊前应浸水1~2 min,阴干5~8 min后在其背面刷胶。刷胶应使用专用的壁纸粉胶,一边刷胶,一边将刷过胶的部分向上卷在发泡壁纸卷上。

2)墙布的润纸、刷胶

由于墙布无吸水膨胀的特点,故不需要预先用水湿润。黏结时应选用黏结强度较高的胶粘剂,裱糊前应在基层表面涂胶,墙布背面一般不涂胶(纯棉装饰墙布除外)。

5.壁纸、墙布裱糊

1)裱糊顺序

墙面裱糊先垂直面后水平面,先细部后大面,先保证垂直后对花拼缝。垂直面是先上后下,先长墙面后短墙面;水平面是先高后低。

2)裱糊方法

裱糊方法一般有搭接法、拼接法和推贴法等。

(1)搭接法裱糊:壁纸(墙布)上墙后,先对花拼缝并使相邻的两幅重叠,然后用直尺与壁纸裁割刀在搭接处的中间将双层壁纸切透,再分别撕掉切断的两幅壁纸边条,最后用刮板或毛巾从上向下均匀地赶出气泡和多余的胶液使之贴实。

(2)拼接法裱糊:壁纸上墙前先按对花、拼缝裁纸,上墙后,相邻的两幅壁纸直接拼缝、对花,然后用刮板或毛巾从上向下斜向赶出气泡和多余的胶液使之贴实。

(3)推贴法裱糊:多用于顶棚裱糊。裱糊时将壁纸卷成一卷,一人推着前进,另一人将壁纸赶平、赶密实。推贴法胶粘剂宜刷在基层上,不宜刷在纸背上。

3)施工要求

(1)墙与顶棚裱糊的搭接应根据设计要求而定,一般,有挂镜线的房间应以挂镜线为界,无挂镜线的房间则以弹线为准。

(2)顶棚宜沿房间的长边方向裱糊,先裱糊靠近主窗处,方向与墙平行。

(3)墙面应采用整幅壁纸(墙布)裱糊,不足幅宽的应用在不明显的部位或阴角处。

(4)裱糊前,应先卸去开关、插座等突出墙面的电气盒盖等,裱糊后剪去不需要部分,使突出物四周不留缝隙。壁纸与顶棚、挂镜线、踢脚线的交接处应严密顺直。

(5)裱糊时从墙的阴角开始铺贴第一张,按已画好的垂直线吊直,并从上往下铺平、刮平、刮实,阴角处接缝应搭接,搭接面根据阴角垂直度而定,一般宽度不小于3 mm。

(6)阳角处裱糊不得有拼缝,应包角压实,壁纸裹过阳角不小于20 mm。

(7)对有装饰图案的壁纸、墙布,应先裱糊对花,铺贴前应力求花形与颜色一致,拼缝处花形应对接拼好。

(8)裱糊好的壁纸、墙布,压实后应将挤出的胶粘剂及时用湿温毛巾擦净,表面不得有气泡、斑污等。

(9)对湿度较大房间和经常潮湿的墙体应采用防水性的壁纸及胶粘剂,有酸性腐蚀的房间应采用防酸壁纸及胶粘剂。

(10)冬期施工应在采暖条件下进行,室内操作温度不应低于5 ℃。潮湿季节白天应开窗通风,夜晚关窗以防潮气侵入。

6. 饰面修整

饰面裱糊后应认真检查,若有翘边、翘角、气泡、皱折及胶痕未擦净等现象,应及时处理和修整;若接缝处刷胶少,局部漏胶,边缝没压实,应及时刷胶辊压修补好;若有空鼓、气泡,可用注射器将泡刺破并注入胶液,用辊压实。

(三)质量要求

裱糊工程所用壁纸、墙布的种类、规格、图案、颜色和燃烧性能等级必须符合设计要求及国家现行标准的有关规定。裱糊工程的施工质量要求及检验见表9-13,其表面平整度和垂直度偏差均不应超过3 mm。

表9-13 裱糊工程的施工质量要求及检验

项次	项目内容	质量要求	质量检验
1	基层处理	基层处理符合规范,即本任务裱糊工程施工中基层处理要求	观察,手摸检查,检查施工记录
2	颜色和图案	裱糊后各幅拼接应横平竖直,拼接处花纹、图案应吻合、色泽一致,不离缝,不搭接,不显拼缝	观察,拼缝检查距离墙面1.5 m处正视
3	综合质量	(1)壁纸、墙布应粘贴牢固,不得有漏贴、补贴、脱层、空鼓和翘边 (2)表面应平整,不得有波纹起伏、气泡、裂缝、皱折及斑污,斜视时应无胶痕 (3)复合压花壁纸的压痕及发泡层应无损坏 (4)壁纸、墙布与各种装饰线、设备线盒应交接严密 (5)壁纸、墙布边缘应平直整齐,不得有纸毛、飞刺 (6)壁纸、墙布阴角处搭接应顺光,阳角处应无接缝	观察,手摸检查

练习题

1. 试述装饰工程的作用与特点。
2. 试述抹灰工程的分类、组成与材料要求。
3. 分析抹灰工程的施工工艺与施工要点。
4. 简述抹灰工程的质量检查内容与方法。
5. 简述饰面工程的施工准备内容与要求。
6. 简述饰面板的湿作业法和干挂法的施工方法。
7. 简述饰面工程的质量检查内容与方法。
8. 简述楼地面工程的分类与组成。
9. 试述现浇水磨石地面的施工工艺与质量要求。
10. 试述块料地面的施工工艺、方法与质量要求。
11. 按安装方法,吊顶可分为几类?各自有什么特点?
12. 吊顶由哪几部分组成?什么是开敞式吊顶?

13. 简述悬吊式顶棚的施工工艺与施工要点。
14. 木门窗的安装方法有哪两种?
15. 简述铝合金门窗制作与安装工艺及塑钢门窗的安装工艺。
16. 隔墙与隔断的类型有几种?简述板块与骨架式隔墙的施工工艺与要求。
17. 简述涂料工程的施工工艺、方法与要求。
18. 简述壁纸与墙布的类型与特点。
19. 简述裱糊工程的基本施工工艺、方法与质量要求。

参考文献

[1] 包永刚,王廷栋. 建筑施工技术[M]. 郑州:黄河水利出版社,2011.
[2] 建筑施工手册(第五版)编委会. 建筑施工手册[S]. 5 版. 北京:中国建筑工业出版社,2013.
[3] 中华人民共和国住房与城乡建设部,中华人民共和国国家市场监督管理总局. 建筑与市政地基基础通用规范:GB 55003—2021[S]. 北京:中国建筑出版传媒有限公司,2021.
[4] 中华人民共和国住房与城乡建设部,中华人民共和国国家质量监督检验检疫总局. 建筑地基基础工程施工规范:GB 51004—2015[S]. 北京:中国计划出版社,2015.
[5] 中华人民共和国住房与城乡建设部,中华人民共和国国家质量监督检验检疫总局. 建筑地基基础工程施工质量验收标准:GB 50202—2018[S]. 北京:中国计划出版社,2018.
[6] 中华人民共和国住房与城乡建设部. 建筑地基处理技术规范:JGJ 79—2012[S]. 北京:中国建筑工业出版社,2012.
[7] 中华人民共和国住房与城乡建设部. 建筑基坑支护技术规程:JGJ 120—2012[S]. 北京:中国建筑工业出版社,2012.
[8] 中华人民共和国住房与城乡建设部. 岩土锚杆与喷射混凝土支护工程技术规范:GB 50086—2015[S]. 北京:中国计划出版社,2015.
[9] 中华人民共和国住房与城乡建设部. 建筑施工门式钢管脚手架安全技术标准:JGJ/T 128—2019[S]. 北京:中国建筑工业出版社,2019.
[10] 中华人民共和国住房与城乡建设部,中华人民共和国国家质量监督检验检疫总局. 建筑施工脚手架安全技术统一标准:GB 51210—2016[S]. 北京:中国建筑工业出版社,2016.
[11] 中华人民共和国住房与城乡建设部. 建筑施工碗扣式钢管脚手架安全技术规范:JGJ 166—2016[S]. 北京:中国建筑工业出版社,2016.
[12] 中华人民共和国住房与城乡建设部,中华人民共和国国家市场监督管理总局. 砌体结构通用规范:GB 55007—2021[S]. 北京:中国建筑出版传媒有限公司,2021.
[13] 中华人民共和国住房与城乡建设部,中华人民共和国国家质量监督检验检疫总局. 砌体结构工程施工规范:GB 50924—2014[S]. 北京:中国建筑工业出版社,2014.
[14] 中华人民共和国住房与城乡建设部,中华人民共和国国家质量监督检验检疫总局. 砌体结构工程施工质量验收规范:GB 50203—2011[S]. 北京:中国建筑工业出版社,2011.
[15] 中华人民共和国住房与城乡建设部,中华人民共和国国家市场监督管理总局. 混凝土结构通用规范:GB 55008—2021[S]. 北京:中国建筑出版传媒有限公司,2021.
[16] 中华人民共和国住房与城乡建设部,中华人民共和国国家质量监督检验检疫总局. 混凝土结构工程施工规范:GB 50666—2011[S]. 北京:中国建筑工业出版社,2011.
[17] 中华人民共和国住房与城乡建设部,中华人民共和国国家质量监督检验检疫总局. 混凝土结构工程施工质量验收规范:GB 50204—2015[S]. 北京:中国建筑工业出版社,2014.
[18] 中华人民共和国住房与城乡建设部,中华人民共和国国家市场监督管理总局. 大体积混凝土施工标准:GB 50496—2018[S]. 北京:中国建筑工业出版社,2018.
[19] 中华人民共和国住房与城乡建设部,中华人民共和国国家市场监督管理总局. 钢结构通用规范:

GB 55006—2021[S]. 北京:中国建筑出版传媒有限公司,2021.
[20] 中华人民共和国住房与城乡建设部,中华人民共和国国家质量监督检验检疫总局. 钢结构工程施工规范:GB 50755—2012[S]. 北京:中国建筑工业出版社,2012.
[21] 中华人民共和国住房与城乡建设部,中华人民共和国国家市场监督管理总局. 钢结构工程施工质量验收标准:GB 50205—2020[S]. 北京:中国计划出版社,2020.
[22] 中华人民共和国住房与城乡建设部,中华人民共和国国家质量监督检验检疫总局. 屋面工程质量验收规范:GB 50207—2012[S]. 北京:中国建筑工业出版社,2012.
[23] 中华人民共和国住房与城乡建设部,中华人民共和国国家质量监督检验检疫总局. 屋面工程技术规范:GB 50345—2012[S]. 北京:中国建筑工业出版社,2012.
[24] 中华人民共和国住房与城乡建设部,中华人民共和国国家质量监督检验检疫总局. 地下防水工程质量验收规范:GB 50208—2011[S]. 北京:中国建筑工业出版社,2011.
[25] 中华人民共和国住房与城乡建设部,中华人民共和国国家质量监督检验检疫总局. 建筑装饰装修工程质量验收规范:GB 50210—2018[S]. 北京:中国建筑工业出版社,2018.
[26] 中华人民共和国住房与城乡建设部,中华人民共和国国家质量监督检验检疫总局. 建筑地面工程施工质量验收规范:GB 50209—2010[S]. 北京:中国计划出版社,2010.